U0181101

国 家 出 版 基 金 资 助 项 目
“十三五”国家重点出版物出版规划项目
先进制造理论研究与工程技术系列

机器人先进技术研究与应用系列

绳驱超冗余机器人运动学及轨迹规划

Kinematics and Trajectory Planning of Cable-driven Hyper-redundant Robots

徐文福 梁 斌 著

哈爾濱工業大學出版社
HARBIN INSTITUTE OF TECHNOLOGY PRESS

内 容 简 介

本书围绕绳驱超冗余机器人存在驱动空间、关节空间、任务空间等多重空间，不同维度状态变量的映射问题，系统阐述了其运动学及轨迹规划方面的理论和方法，包括位置级和速度级运动学，基于分段几何法、改进模式函数法的逆运动学求解与轨迹规划，狭小空间作业的末端位姿与臂型同步规划、基于两层几何迭代的轨迹规划、基于扩展虚拟关节的避障轨迹规划、整臂臂型及目标位姿测量等。本书注重基础理论与应用技术的结合，突出了绳驱超冗余机器人研究的最新成果。

本书可作为机器人工程、智能制造工程及相近专业本科生、研究生的教材，也可供从事机器人技术开发及应用的科研人员和技术人员参考。

图书在版编目(CIP)数据

绳驱超冗余机器人运动学及轨迹规划/徐文福，梁斌著.—哈尔滨：哈尔滨工业大学出版社，2022.6

(机器人先进技术研究与应用系列)

ISBN 978-7-5603-9302-5

Ⅰ.①绳… Ⅱ.①徐… ②梁… Ⅲ.①机器人-运动学 Ⅳ.①TP242

中国版本图书馆 CIP 数据核字(2021)第 014076 号

策划编辑　王桂芝　李子江
责任编辑　那兰兰　马　媛　谢晓彤　庞亭亭
出版发行　哈尔滨工业大学出版社
社　　址　哈尔滨市南岗区复华四道街 10 号　邮编 150006
传　　真　0451-86414749
网　　址　http://hitpress.hit.edu.cn
印　　刷　辽宁新华印务有限公司
开　　本　720 mm×1 000 mm　1/16　印张 21.5　字数 421 千字
版　　次　2022 年 6 月第 1 版　2022 年 6 月第 1 次印刷
书　　号　ISBN 978-7-5603-9302-5
定　　价　116.00 元

国家出版基金资助项目

机器人先进技术研究与应用系列

序

机器人技术是涉及机械电子、驱动、传感、控制、通信和计算机等学科的综合性高新技术，是机、电、软一体化研发制造的典型代表。随着科学技术的发展，机器人的智能水平越来越高，由此推动了机器人产业的快速发展。目前，机器人已经广泛应用于汽车及汽车零部件制造业、机械加工行业、电子电气行业、医疗卫生行业、橡胶及塑料行业、食品行业、物流和制造业等诸多领域，同时也越来越多地应用于航天、军事、公共服务、极端及特种环境下。机器人的研发、制造、应用是衡量一个国家科技创新和高端制造业水平的重要标志，是推进传统产业改造升级和结构调整的重要支撑。

《中国制造 2025》已把机器人列为十大重点领域之一，强调要积极研发新产品，促进机器人标准化、模块化发展，扩大市场应用；要突破机器人本体、减速器、伺服电机、控制器、传感器与驱动器等关键零部件及系统集成设计制造等技术瓶颈。2014 年 6 月 9 日，习近平总书记在两院院士大会上对机器人发展前景进行了预测和肯定，他指出：我国将成为全球最大的机器人市场，我们不仅要把我国机器人水平提高上去，而且要尽可能多地占领市场。习总书记的讲话极大地激励了广大工程技术人员研发机器人的热情，预示着我国将掀起机器人技术创新发展的新一轮浪潮。

随着我国人口红利的消失，以及用工成本的提高，企业对自动化升级的需求越来越迫切，“机器换人”的计划正在大面积推广，目前我国已经成为世界年采购机器人数量最多的国家，更是成为全球最大的机器人市场。哈尔滨工业大学出版社出版的“机器人先进技术研究与应用系列”图书，总结、分析了国内外机器人技术的最新研究成果和发展趋势，可以很好地满足机器人技术开发科研人员的需求。

“机器人先进技术研究与应用系列”图书主要基于哈尔滨工业大学等高校在机器人技术领域的研究成果撰写而成。系列图书的许多作者为国内机器人研究领域的知名专家和学者，本着“立足基础，注重实践应用；科学统筹，突出创新特色”的原则，不仅注重机器人相关基础理论的系统阐述，而且更加突出机器人前沿技术的研究和总结。本系列图书重点涉及空间机器人技术、工业机器人技术、智能服务机器人技术、医疗机器人技术、特种机器人技术、机器人自动化装备、智能机器人人机交互技术、微纳机器人技术等方向，既可作为机器人技术研发人员的技术参考书，也可作为机器人相关专业学生的教材和教学参考书。

相信本系列图书的出版，必将对我国机器人技术领域研发人才的培养和机器人技术的快速发展起到积极的推动作用。

蔡鹤皋

2020 年 9 月

前　言

随着科学技术的发展，航空、航天、深海、核电等领域的设备集成度越来越高，结构日益复杂，研制及维护成本不断攀升，对这类设备进行装配、检测、维修、维护等精细作业的需求也越来越迫切。由于作业环境恶劣(超高/低温、高压、辐射)、空间狭小、任务复杂、危险性高，不适合人直接进入现场开展作业。因此利用智能机器人代替人执行上述任务，可大大提高安全性和作业效率，具有极其重要的战略意义和应用前景。

传统的6自由度或7自由度机器人为离散关节型机器人，其电机、传动机构、传感器(协作机器人还集成了驱动器)等机电部件集成于关节中，整个运动部件的质量、惯量和尺寸均比较大，操作臂除了需要携带有效载荷运动外，还要克服自身的质量，有效载荷比(载荷质量/自身质量)不高。同时，为确保机电设备在极端环境中的生存能力，往往需要采用专门的防护措施，使其在外太空、深海、核辐射条件下能正常工作，不但增加了成本，也进一步增加了运动部件的质量和尺寸。另外，由于运动空间受限，障碍物较多，而传统机械臂自由度少、尺寸大，无法在拥挤环境中沿空间曲线穿越各类障碍物并执行精细作业任务。

绳驱超冗余机器人(本书将自由度数大于等于10的机器人定义为超冗余机器人)将电机、控制电路、减速装置等机电部件集中放置在机器人基座控制箱中，通过多根绳索驱动操作臂运动，可实现远程动力传输。这样的设计不但大大减少了运动部件(即机械臂)的质量和尺寸，还避免了机电部件暴露在恶劣环境中(必要时可对控制箱进行防护，如包覆保护层，防护手段简单易行)，具有极强的环境适应能力。另外，由于具有超冗余自由度，除了能够在三维空间中实现末端

定位定姿外，超冗余机器人还具有极强的运动灵活性和障碍规避能力，能够针对不同的作业条件呈现出相应的构型以适应环境约束，特别适合在多障碍环境或狭小空间中执行作业任务，如核工业设备或油气管道的检测与维修、灾害救援、军事侦察等任务，具有广阔的应用前景。

然而，一方面，绳驱超冗余机器人存在“电机—绳索—关节—末端”多重空间的映射关系，且不同状态空间的维数不同使其运动学建模及求解比传统关节式机器人要复杂得多；另一方面，当其进入狭小空间或多障碍物环境中执行作业任务时，不仅需要控制其末端执行器的位置和姿态，还需要控制整个机械臂的空间形状，使其不与障碍物发生碰撞，因此，需要考虑“整臂构型—末端轨迹”的同步规划问题。针对上述问题，作者及其团队成员多年来在国家重点研发计划、国家自然科学基金及省市科技计划的支持下，开展了长期的研究，取得了一系列的研究成果。基于此，本书对绳驱超冗余机器人运动学及轨迹规划相关理论和方法进行了系统、深入的论述。书中涉及的理论及方法大多发表在顶级国际期刊或学术会议论文集中，并已实际应用于重要工程项目中，具有较强的创新性和实用价值。通过本书的学习，读者将会在绳驱超冗余机器人方面的理论、方法和实践上得到极大的提高。

本书共包含 10 章内容：第 1 章为绪论，主要介绍绳驱超冗余机器人的结构特点、应用场景、国内外研究现状及发展趋势等；第 2 章为绳驱超冗余机器人位置级运动学，主要介绍绳驱超冗余机器人作动空间、驱动空间、关节空间和任务空间的多重映射关系，以及不同空间状态变量的位置级运动学方程；第 3 章为绳驱超冗余机器人速度级运动学与静力学，阐述了不同空间状态变量的速度级运动学方程、绳索驱动性能评价、静力学方程及绳索拉力分配方法；第 4 章为基于分段几何法的逆运动学求解与轨迹规划，介绍一种模仿人手肩部、肘部、腕部进行几何分段，进而建立各段运动学方程并进行解析求解和轨迹规划的方法；第 5 章为基于改进模式函数法的逆运动学求解与轨迹规划，介绍一种采用模式函数构建超冗余机器人空间脊线进而求解关节角并规划其运动轨迹的方法，同时满足末端位置、指向和臂型要求；第 6 章为障碍物混合建模及自主避障轨迹规划，主要介绍一种兼顾计算效率和计算精度的超冗余机器人障碍物混合建模与障碍回避轨迹规划方法；第 7 章为狭小空间作业的末端位姿与臂型同步规划，阐述了基于臂型线、臂型面约束的同时考虑机器人末端位姿和整臂臂型的逆运动学求解及轨迹规划方法；第 8 章为基于两层几何迭代的逆运动学求解与轨迹规划，介绍一种将机械臂末端位置和指向作为内层迭代求解目标、滚转角作为外层迭代求解变量的数值求解方法；第 9 章为基于扩展虚拟关节的逆运动学求解与避障轨迹规划，介绍一种通过扩展虚拟关节放宽方程约束条件、实现快速求解和避障轨迹规划的方法;第10章为绳驱超冗余机器人及操作目标测量方法,设计了一套基于全局视觉及手眼视觉融合的绳驱机器人及操作目标同步测量系统,并提出相应的视觉测量方法,以解决大范围、高精度的测量问题。

本书第1～3章和第6～8章由徐文福撰写,第4、5、9、10章由梁斌撰写,全书由徐文福统稿。除了作者徐文福、梁斌,课题组的研究生也做了大量工作。本书参考了课题组研究生牟宗高、彭键清、刘天亮、王浩淼、符海明、付亚南、严盼辉等的学位论文,博士生牟宗高、刘天亮、胡忠华、彭键清、杨太玮等完成了大量的文字撰写、图表设计和校核等工作。本书在撰写过程中得到了哈尔滨工业大学李兵教授、刘宇教授,清华大学王学谦教授的大力支持和帮助,他们对章节内容安排、前沿技术阐述和具体内容撰写提出了很多建设性的意见。本书也得到了哈尔滨工业大学袁晗老师的帮助,袁老师在公式的推导和校核上提供了大量帮助。在此一并感谢。另外,对本书所参考的所有文献的作者表示诚挚的谢意。

本书所论述的相关研究成果,得到了国家重点研发计划“智能机器人”重点专项项目(2018YFB1304600)、广东特支计划科技创新领军人才(2017TX04X0071)、深圳市优秀科技创新人才培养项目(杰出青年基础研究)(RCJC20200714114436040)、深圳市基础研究学科布局(JCYJ20180507183610564)等课题的资助。在此一并表示感谢。

由于作者水平有限,书中的疏漏或不足之处在所难免,热诚欢迎读者批评指正。

作 者

2022年1月

目　录

第1章 绪论

本章对绳驱超冗余机器人的驱动原理、结构特点、应用场景、典型系统及其共性关键技术等展开讨论。首先，介绍了超冗余机器人的定义及绳驱构型的分类；其次，介绍其在航天、核电、军用装备维护保养以及灾害救援等方面的应用场景，进而分析了超冗余机器人系统，以及超冗余机器人运动学、轨迹规划方法的国内外研究现状和发展趋势；最后，对未来的研究前景进行了展望。

绳驱超冗余机器人(本书将自由度数大于等于10的机器人定义为超冗余机器人)采用独特的动力传动机构,将电机、驱动器、控制器、减速装置等(合称为机电部件)放置在机器人基座上,通过绳索驱动操作臂运动,实现了机电分离。这种设计将机电部件和操作臂分开,不但使得机电部件不易受恶劣环境(如超低/高温、核辐射、化工污染等)的影响,提高了机器人的环境适应能力;而且大大减小了操作臂自身的尺寸和质量,提高了载荷比和功率密度比。另外,由于具有超冗余自由度,绳驱超冗余机器人除了能够在三维空间中实现末端定位定姿外,还可灵活地改变自身形状以穿越狭小空间或多障碍环境,在受限空间中的运动能力较强。

简言之,绳驱超冗余机器人具有机电分离、体型纤细、臂型曲率连续、运动冗余性高等特点,因而具有广阔的应用前景。在工业领域,其可通过末端的执行器,完成狭小空间中对飞机零部件的装配;在安全服务领域,其可利用末端的传感器,完成对核电站错综复杂的冷却管路的检修作业以及在地震等废墟中进行救援搜救工作;在航空航天领域,其可以代替人工完成飞机油箱的检查,可在太空中对卫星零部件进行检修;在军事领域,其可以很好地隐藏在障碍物中,并且能够穿越障碍物执行侦查任务;在医疗领域,其可对人们的消化道、口腔、腹腔等进行仔细检查,也可用来进行微创手术等。本章将首先介绍绳驱超冗余机器人的典型应用场景,然后分析其研究现状和未来发展趋势。

1.1 超冗余机器人的定义及绳驱构型分析

1.1.1 超冗余机器人的定义

英国学者Robinson根据不同机器人的结构特征,将机器人分为离散型机器人(Discrete Robot)、蜿蜒型机器人(Serpentine Robot)和连续体型机器人(Continuum Robot)三大类,如图1.1所示。其中离散型机器人关节数目较少、连杆较长,传统的关节型机器人大多属于此种类型;蜿蜒型机器人由数目众多的短连杆和关节组成,多个子节构成类似于蛇形生物的机器人;连续体型机器人采用柔性杆件支撑,与大象鼻子、章鱼触手等生物器官相类似,这些柔性支撑在外部力或者力矩的作用下发生了弹性形变而整体弯曲变形,形成圆滑的曲线并且由此实现了其在三维空间的运动。

为了便于讨论，假设机器人的驱动空间有 n 个自由度，末端效应器有 m 个自由度，完成相应任务需要末端效应器具有 r 维运动能力($r \leqslant m$，也称 r 为任务自由度)。若 $n = r$，则机器人为全自由度机器人(非冗余机器人)；若 $n > r$，则机器人为冗余机器人，当 $n \gg r$ 时，称为超冗余机器人。

本书主要针对3D空间的情况，机器人末端效应器有6个自由度(3个平动自由度+3个转动自由度)，即 $m = 6$。在不进行特殊说明时，任务自由度 $r = m = 6$。当驱动空间自由度 $n \geqslant 10$ 时，相应的机器人为超冗余机器人。

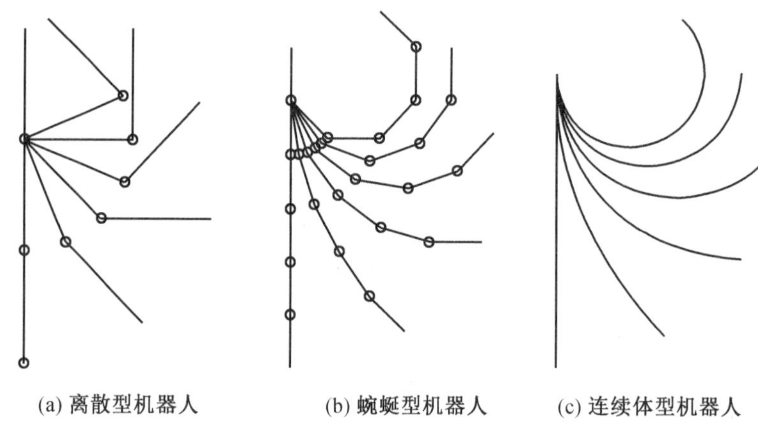

(a) 离散型机器人　(b) 蜿蜒型机器人　(c) 连续体型机器人

图 1.1　机器人的结构分类

1.1.2　绳驱超冗余机器人结构分类

绳驱超冗余机器人采用绳索驱动的方式，实现远程动力传输，大大减小了操作臂的尺寸和质量，主要有4种结构，分别如图1.2～1.5所示，各种结构的实现方式和优缺点如下。

(1) 结构1：纯柔性分段驱动结构。采用"柔性杆件＋绳索驱动"的结构，即利用纯弹性体作为支撑骨架，多根绳索系于每一段的终端，利用绳索的作用使其发生弯曲。图1.2所示为其中的一段，由3根驱动绳索(简称驱动绳)进行驱动；为实现复杂的空间运动，可以将多段进行连接。这种构型没有传统意义上的运动副(关节)，完全依靠杆件自身的弹性变形实现操作臂的运动，结构简单、柔顺性和安全性好，但操作臂刚度低、载荷能力小，末端位姿精度和操作力不高，常用于医疗机器人领域。

(2) 结构2：刚柔混合分段驱动结构。采用"刚性连杆＋弹性部件＋绳索驱动"的结构，每一段由多个刚性连杆、弹性部件(如弹簧)和运动副(如万向节)组成，如图1.3所示。弹簧被均匀地布置在关节四周或直接安装于中心位置，以实现多个运动副同时运动。为方便讨论，将每个运动副及与其相连的杆件、弹性部件等统一称为节(Knot)；由驱动绳驱动的整体称为段(Segment)。因而，整个机械臂可以认为是由多个段组成，而每个段由多个节组成。该结构也具有良好的柔顺性，操作臂刚度也比结构 1 要高，然而，由于分离弹簧的存在，因此“等曲率”或“分段等曲率”的前提无法保证，运动学求解精度不高(相应的末端位姿精度也不高)，末端操作力也较低。

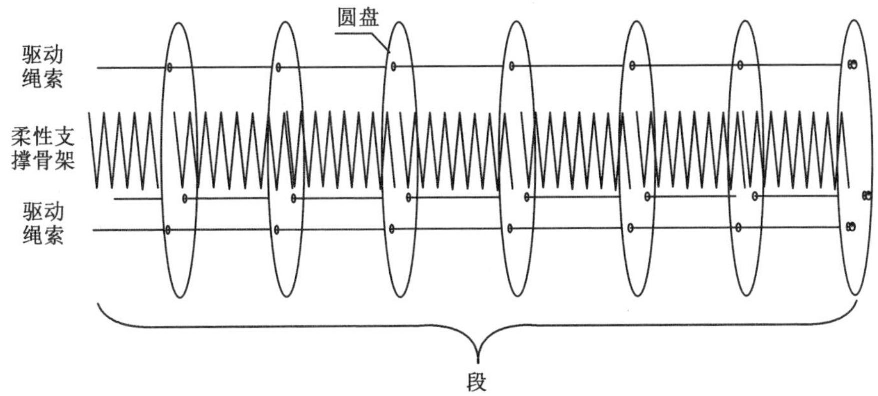

图 1.2　结构 1:纯柔性分段驱动结构

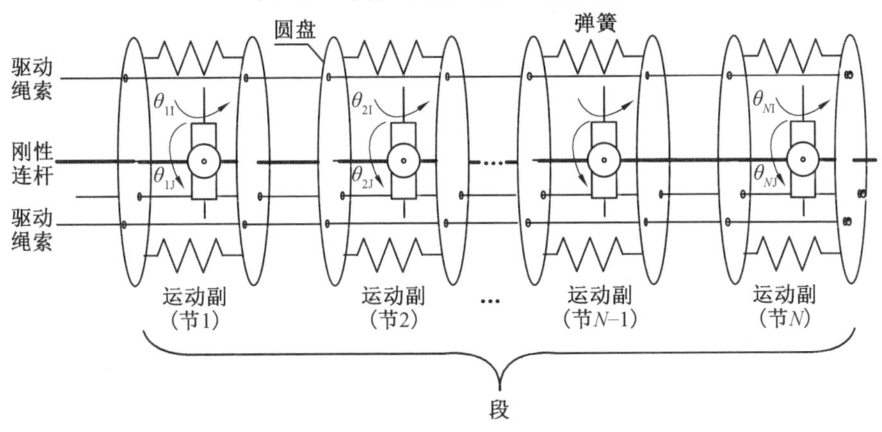

图 1.3　结构 2:刚柔混合分段驱动结构

(3) 结构 3:离散式纯刚性全驱动结构。采用“离散式刚性连杆 + 绳索驱动”的结构，除绳索之外，操作臂全由刚性部件组成，各连杆之间通过运动副连接，每个运动副由绳索驱动(全驱动)，从而实现整个机械臂的运动，如图 1.4 所示。此种结构下，每个段就只有 1 个节。由于绳索只有单向作用力，对于 n 自由度运动副而言，至少需要($n+1$) 根绳索的联合作用才能保证其完整的运动能力。当操作臂有 m 个运动副时，整臂自由度数为 $m\times n$，至少需要 $m\times(n+1)$ 套驱动机构(每套驱动机构包括绳索、电机、传动机构等)。与前面两种结构相比，此种结构的机械臂刚度、负载能力和操作能力都大大提高，但所需要的电机，以及相应的传动机构、传感器、控制器等也大大增多，增加了成本和系统的复杂性。英国 OC Robotics 公司(该公司于 2017 年 6 月被美国通用电气航空集团收购)研制的用于核电站检查的蛇形机器人(Snake Robot)即采用此结构,单台售价约236万人民币(不包括末端工具)。

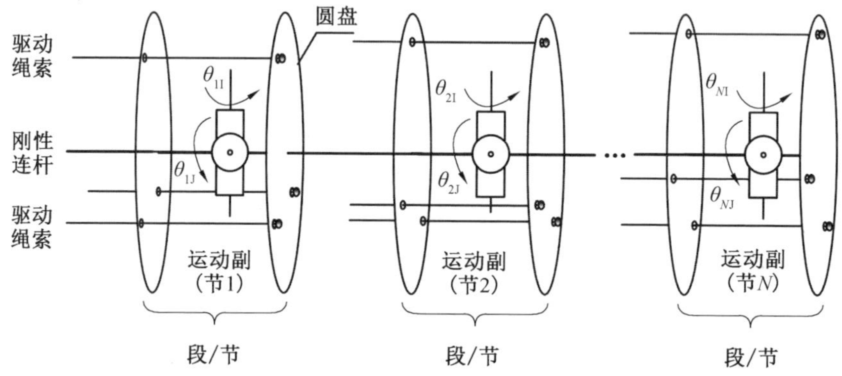

图1.4 结构3:离散式纯刚性全驱动结构

(4)结构4:主被动混合驱动分段联动结构。采用“离散式刚性连杆+联动机构+绳索驱动”的“主动-被动”混合驱动形式,整个操作臂分为多个段,每个段再分为多个节。段与段之间、节与节之间均通过运动副(如万向节)相连,每个段由驱动绳进行驱动(主动驱动),而同一段内的多个节由联动绳进行约束(被动驱动),以保证段内实现等曲率变形。联动绳的作用实际上是使段内同一方向的自由度耦合在一起,类似于同步带,而驱动绳索对每一段的终端进行控制,结构4的原理如图1.5所示。此种结构克服了传统柔性机器人刚度低、精度差和负载能力弱等根本问题,实现了高刚度、高精度和大载荷比的目标;与离散式纯刚性全驱动结构相比,此种结构所采用的电机、传动机构、传感器、控制器等数量大大减少,成本也大大降低。该结构由本书作者提出,并基于此开发了多代样机,在实际工程中发挥了重要作用。主被动混合驱动分段联动机器人三维图如图1.6所示。

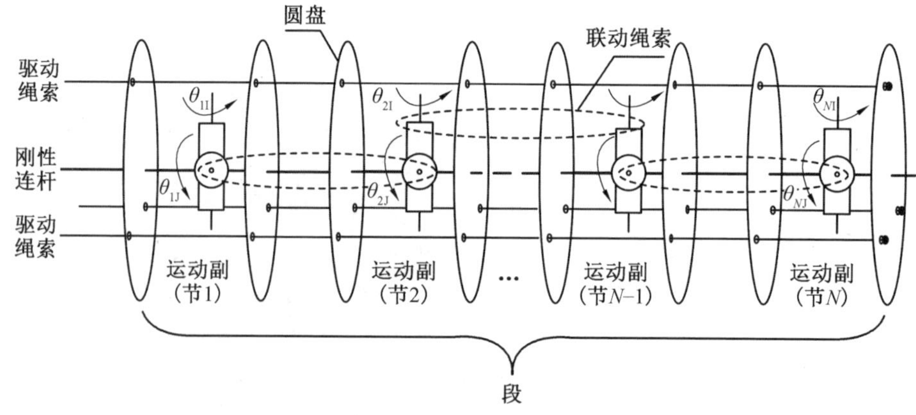

图1.5 结构4:主被动混合驱动分段联动结构

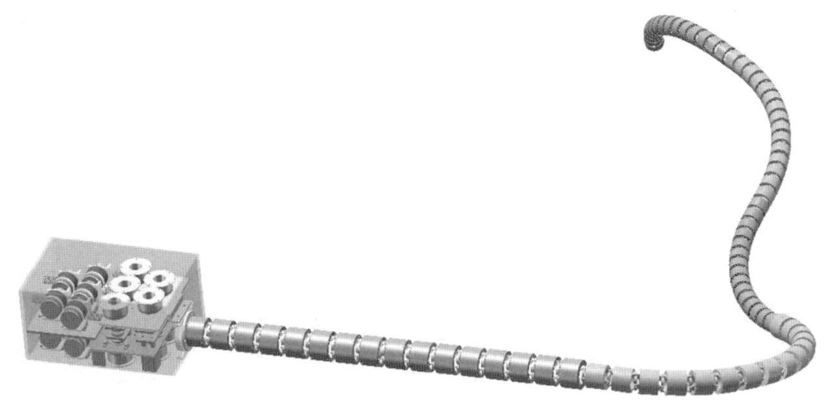

图 1.6 主被动混合驱动分段联动机器人三维图

本书所论述的方法适用于结构 3 和结构 4，即离散式纯刚性全驱动结构和主被动混合驱动分段联动结构，运动学的推导以“段”为运动学基本单元。

1.2 绳驱超冗余机器人应用场景分析

1.2.1 航天器在轨服务

随着空间技术的发展，各类航天器在军用和民用领域正日益发挥着越来越重要的作用。然而，由于高能粒子辐射、极冷极热等恶劣太空环境的影响，以及轨道垃圾的撞击，在轨运行的卫星容易发生故障，甚至完全失效，造成巨大的经济损失。为了减小损失，提高空间探索的效率，各国正积极探索航天器在轨服务技术。宇航员进行太空维修作业风险极大且成本高昂，利用智能机器人代替人执行太空任务，可大大提高安全性和作业效率，具有极其重要的战略意义和应用前景。传统的 6 自由度或 7 自由度空间机械臂为离散型机器人，其电机、传动机构、传感器、伺服控制器等机电部件集成于关节中，整个运动部分的质量、惯量和尺寸均比较大。为确保机电设备在极端环境中的生存能力，往往需要采用专门的防护措施，使其在外太空、深海、核辐射条件中能正常工作，这不但增加了成本，也进一步增加了运动部件的质量和尺寸。另外，由于运动空间受限、障碍物多，传统机械臂自由度少、尺寸大，无法在拥挤环境中沿空间曲线穿越各类障碍物并执行精细作业任务。

绳驱超冗余机器人具有极强的灵活性和柔顺性，能够穿越狭小空间，并适应极端环境，因而在航天器维护中具有巨大的应用潜力。将绳驱超冗余机器人与航天器服务结合起来，可对目标航天器进行在轨维护，尤其是受限空间中的检测、维修、装配等作业任务。以我国某故障卫星为例，该卫星入轨后太阳帆板二次展开和天线展开未能完成，卫星无法正常工作。对该故障卫星的帆板修复需要进入帆板与星体的狭缝(狭缝最小高度约60 mm，长度约1.1 m)中进行维修作业，星体与帆板之间的狭缝充满多层包覆、星上线缆、支架等众多障碍，这是传统空间机器人无法完成的。采用绳驱超冗余机器人对故障卫星进行维修的场景如图1.7所示，操作臂进入狭缝中，到达故障点，采用激光切割或其他手段排除故障。

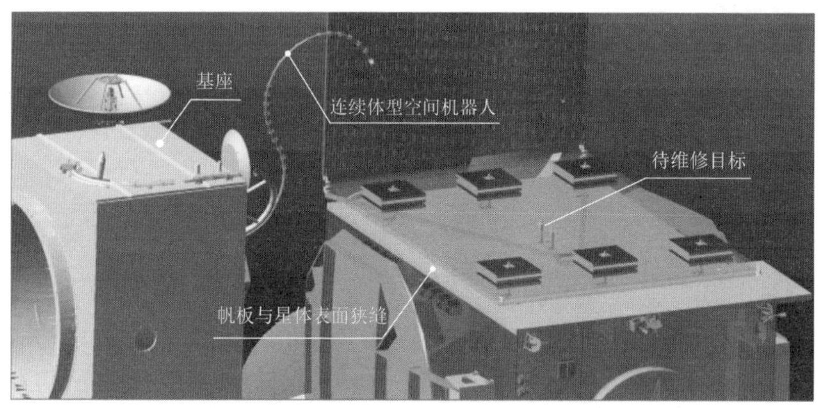

图 1.7　绳驱超冗余机器人对故障卫星进行维修

还有一种典型应用为对大型航天器(如空间站)舱内/舱外设备进行维修维护，如图1.8所示，利用绳驱超冗余机器人对空间站帆板驱动机构进行检测。该机器人可灵活地穿越桁架，利用携带的工具对目标点进行检测或维修，避免了宇航员出舱开展相应的工作。

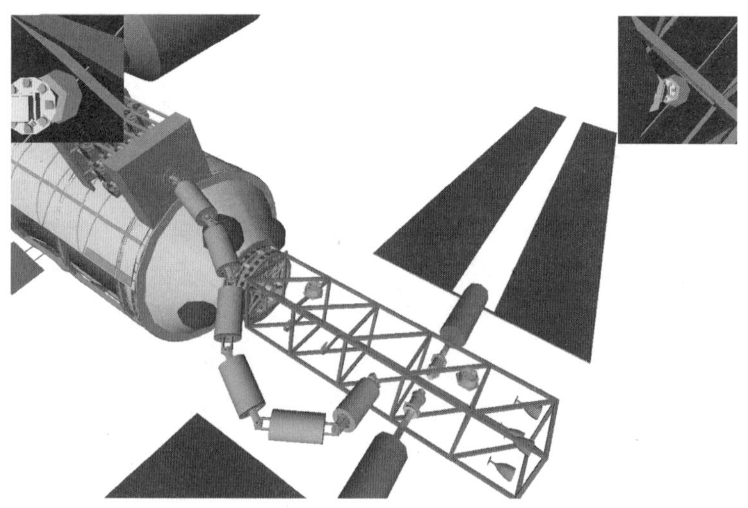

图 1.8　绳驱超冗余机器人对空间站帆板驱动机构进行检测

1.2.2 星球表面探测及采样

对地外星球的探测不但有助于揭开太阳系和生命的起源、演化之谜，而且可以促进地球防护、空间科学和空间技术应用的发展，能为更远的深空探测关键技术提供验证。通过发射星球表面巡视器，携带超冗余机器人对星球表面进行采样分析，并深入孔穴中进行探测，可为科学家提供翔实的探测数据。

欧洲空间局(ESA) 正在研制一种可用于火星探测的超冗余机器人，该机器人与火星车协同开展探测任务，远距离行走由火星车实现，以扩大探测范围；而对于狭窄、拥挤空间或者洞穴的探测，则由超冗余机器人来完成，当火星车被卡住时，超冗余机器人还可附在其轮子上增大摩擦以帮其脱困。ESA 提出的火星车与超冗余机器人协同开展火星探测的设想如图 1.9 所示。

图 1.9 ESA 提出的火星车与超冗余机器人协同开展火星探测的设想

1.2.3 核电站关键设施维护保养

核电站是利用核分裂(Nuclear Fission) 或核融合(Nuclear Fusion) 反应所释放的能量产生电能的发电厂。核电作为一种安全、清洁、低碳、可靠的能源，已被越来越多的国家所接受和采用，是应对越来越严重的能源、环境危机的重要手段，在未来的低碳能源中将继续扮演重要角色。目前世界上已有 30 多个国家或地区建有核电站，预计到 2030 年还将有 10 ～ 25 个国家加入核电俱乐部，装机容量将增加至少 40%。

然而，核电站在运行过程中会产生大量放射性物质，虽然核电安全标准高(尤其是第三、四代核电站)，有各种安全措施保障这些放射性物质不对核电站工作人员和核电站周围居民的健康造成损害，但对核电设备的维护保养是一个巨大的难题。一方面，停机检修不仅会造成巨大损失，检修过程对工作人员而言还具有巨大危险。另一方面，核事故发生的风险依然存在，而一旦发生核事故，将产生严重后果。苏联切尔诺贝利核事故、日本福岛核事故均为特大核泄漏事故，等级为 7 级 —— 国际上衡量核事故严重性的最高级别，影响为“大量核污染泄漏到工厂以外，造成巨大健康和环境影响”。

依据“防患于未然”的原则，核电站的监测和预警是核电站安全中最重要的一环，特别是在当前，很多核电站经过长时间的运行后，设备的老化、磨损问题已越来越严重。因此，在未来必须加强对核电设施的监测和维护，及时发现并更换老化、故障设备，并对废弃核装置进行去污和拆卸等，以保证核电站正常、安全地运行。这些作业需要在放射性环境下进行，若由工作人员直接进入对设备进行维修、检查等操作，无疑会受到大量的辐射，严重的可能造成人员伤亡；同时，需要监测和维护的设备繁多、作业环境复杂、场地狭窄，有些地方还是人不可到达的区域；另外，人工操作任务繁重，人为失误可能引起更为严重的事故（如美国三哩岛、苏联切尔诺贝利核事故，就与操作员的判断和操作失误有关）。因此，采用机器人代替人进入核电站开展日常监测和维护工作，具有广阔的应用前景，成为当今世界的热门课题。采用绳驱超冗余机器人对核电设备进行检查和维修的方案如图 1.10 所示。

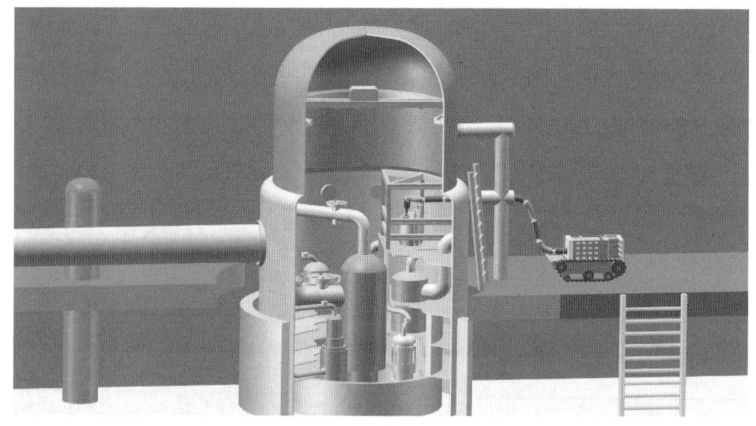

图 1.10　采用绳驱超冗余机器人对核电设备进行检查和维修的方案

1.2.4　军用飞机能源补给与维修维护

军用飞机需要通过地面油泵车进行加油，工作人员会将加油管接在机翼端的加油口，通过操作加油面板进行加油，其过程相对麻烦。因此可以将油路设计于机器人臂杆中间，将其建立成智能压力加油系统。机器人在视觉伺服的作用

下,代替油泵车实现加油口的自动对准和智能加油。这种自主加油模式大大降低了油料保障人员的作业强度,原来需要 6 人在机棚全程保障,现在只要 1 人在指挥控制中心操作即可,同时缩短了飞机加油时间,成倍提高了保障效益。

另外,飞机燃油泄漏也是一个头疼的问题,不仅浪费了资源、增加了成本,而且飞机很有可能提前迫降、发生事故。为确保军用飞机能够安全飞行,机务人员需要定期地检查飞机油箱的密封状态。而飞机油箱渗漏及腐蚀的检查相当棘手,目前主要通过人工的方式实现漏点及腐蚀位置的确定,工作人员常要进入飞机油箱进行检查。在飞机油箱作业中存在着易燃、易爆、人员中毒和飞机设备损坏的危险性。油箱遍布油渍,并混杂着油气,为一个易燃易爆的恶劣环境,人进入油箱需遵循严格的安全规范。

因此,采用绳驱超冗余机器人对军用飞机进行燃油加注及油箱检查具有巨大应用前景。机器人可以连续执行加油任务,作业时间可以更长;油箱检查覆盖面更大,能检查人不便检查的区域;不存在中毒问题;而且由于机器人电机及控制电路远离操作点,避免了油气环境下的易燃易爆问题。简言之,采用绳驱超冗余机器人替代人进行上述作业,无疑会降低机务人员工作强度、保障人员安全、提高维修效率及降低油箱安全隐患,从而对缩短飞机停场时间、降低经济损失具有重要意义。采用绳驱超冗余机器人进行飞机油箱检查的方案如图 1.11 所示。

图 1.11　采用绳驱超冗余机器人进行飞机油箱检查的方案

1.2.5 航母及大型舰船的远海保障

舰船远海防卫作战一般远离本土水域，以大型水面舰船等远程力量为主要兵力，缺少岸基兵力，特别是岸基航空兵的支援，因此保持舰船部队的战斗力将更加依赖于舰船装备的“战力再生”以及维修保障。装备保障特点包括：

(1) 作战节奏快、损耗大，要求装备保障具有高时效性。

(2) 多领域实施作战行动，要求具备全维装备保障能力。

(3) 参战力量多元，要求做好装备保障统筹协调工作。

随着远海防卫作战空间全维化，制空权、制信息权乃至制太空权的争夺越来越关键。舰船执行远海防卫作战任务时，航行时间长、航程远，装备使用强度大，远离本土，后方支援保障比较困难，作战海区高温(严寒)、高湿、高盐情况严重。装备保障需要在恶劣的环境下保持装备的完好率，保证舰船执行远海防卫作战任务期间装备安全、稳定、可靠，实施起来较传统的装备保障难度更大。因此，要求舰船具备独立维修保障的能力。动力系统是舰船的心脏，对其进行检测、维护、维修保障至关重要。舰船装备常规动力系统结构通常比较复杂且空间有限，如图 1.12(a) 中所示的航空母舰。舰船装备核动力系统一般具有核辐射危害，空间也比较复杂，如图 1.12(b) 中所示的核潜艇核反应堆冷却系统。另外，一些作战装备维护需要大量的人力成本，因此，需要发展无人化、智能化的装备保障系统。

绳驱超冗余机器人可进入航母、潜艇等大型舰船的狭小空间进行灵巧操作作业，包括探伤、维修、保养等，保证装备的时效性和全维性，极大增强舰船远海防卫作战的能力。

(a) 航空母舰

(b) 核潜艇核反应堆冷却系统

图 1.12 舰船动力系统维护保障

1.2.6 智能车库电动汽车充电服务

结合电动汽车发展规划及应用推广的实际情况，国家发展和改革委员会提出了“适度超前”原则及“一表一车位”模式推进充电设施建设。充电基础设施建

设的推进,对解决电动汽车充电问题大有裨益,是发展新能源汽车产业的基础保障。另外,汽车停车难的问题是社会的另一大困扰,而立体车库作为高空间利用率的停车方式,发挥着越来越重要的作用。立体车库与智能充电桩机器人相结合,自动为停放在立体车库中的新能源汽车充电,可以赋予车库以新的功能和生机,将有效缓解当前停车难、充电难的社会难题,为未来提供一种创新发展模式。

对于作业空间狭小的立体车库环境,无法通过人手动的方式为汽车插上充电头,传统的由刚性连杆组成的离散型机器人难以施展,采用绳驱超冗余机器人可有效解决这一问题。以绳驱柔性机器人作为载体,在中空臂杆中穿过充电线,操作臂末端搭载充电头及摄像头等工具,通过控制臂的运动即可搜寻电动汽车充电口,完成车库中新能源汽车自动充电的任务。

1.2.7　灾害环境探测与生命救援

地质灾害是一种突发的、不可预测的自然灾害,容易产生严重的次生灾害,对社会产生极大影响。随着科学技术不断进步,特种机器人以不同的应用方式越来越多地被大家熟知。机器人技术是一个多学科交叉融合的技术,不但对环境有很好的适应性,而且可以达到较高的智能化程度,在代替人类深入危险恶劣环境实施作业方面有很大的优越性。所以将特种机器人技术应用到救灾技术领域是非常有必要的,研制出辅助或者代替人类深入废墟危险环境实施侦察、探测、救援等的特种机器人是当前非常具有挑战性的新领域。灾后搜救工作对救援人员来说是非常复杂、危险和紧迫的,给救援工作的开展带来了极大的困难。绳驱超冗余机器人以体积小、灵活等优点成为灾后辅助救援的有效工具,在灾后救援工作中具有以下非常明显的优势:

(1) 可以连续执行救援任务。

(2) 能够在高温、高压等危险环境中工作。

(3) 可以搭载必要的操作工具深入废墟狭窄空间进行远程操作。

(4) 可以深入救援人员无法到达的地带拍摄资料供救援人员参考。

(5) 质量轻,不容易引起危险建筑物的二次坍塌。

卡内基梅隆大学 Choset 教授开发的 U－snake 机器人被成功地应用于地震灾后救援工作。2017 年 9 月,墨西哥发生大地震,大量的建筑物坍塌,在这种环境下想要开展搜救工作很困难。卡内基梅隆大学仿生实验室应红十字会邀请,携带实验室开发的 U－snake 机器人赴墨西哥开展灾后救援工作,救援现场如图 1.13 所示。

图 1.13　U－snake蛇形机器人用于灾后救援

1.3　绳驱超冗余机器人系统国内外研究现状

1.3.1　国外绳驱超冗余机器人系统研究现状

美国的学者K. K. Smith和W. M. Kier最早开展了关于生物器官(如章鱼触手、大象鼻子等)运动机理的研究，并且发表了相关的文章，促进了后期美国Rice大学的科研机构对仿象鼻机器人的研究。自此，连续体型机器人这一机器人领域逐渐引起了许多学者的重视，并对此展开了不同结构及理论的研究。英国学者Robinson和Davies等于1999年对不同机器人的结构特征进行总结，提出了连续体型机器人的概念，并将机器人分为离散型机器人、蜿蜒型机器人和连续体型机器人三大类。

绳索驱动连续体型机器人将绳索驱动和连续体型机器人结合起来，有利于减少机械臂的尺寸大小，实现高精度的传动。1999年，比利时鲁汶大学的Peirs等研制了由超弹性镍钛合金材料制作的2自由度内窥镜机器人，该机器人直径仅为5 mm，可实现90°弯曲。利用线切割将合金管切成包含薄关节与圆环的结构，机器人轴向和扭转刚度大于弯曲刚度，故在驱动绳索的作用下实现的是臂段的弯曲运动。鲁汶大学研制的内窥镜机器人如图1.14所示。

此外，美国Clemson大学的Walker教授团队对连续体型机器人进行了长时间深入的研究。其设计的一款仿象鼻机器人，质量为4 kg，总长度为830 mm，直径从根部的101 mm逐渐减小到末端的63 mm。该机器人由4个关节段组成，每

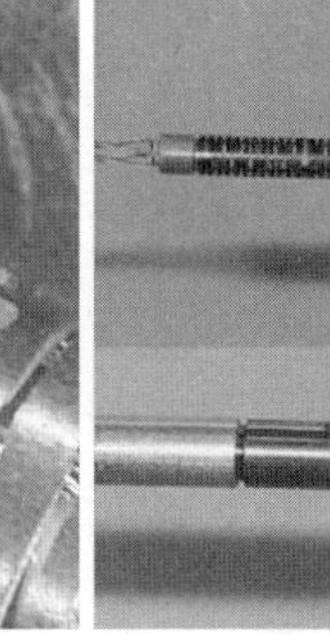

(a) 镍钛合金机器人关节结构　　(b) 内窥镜机器人效果图

图 1.14　鲁汶大学研制的内窥镜机器人

个关节段具有 2 个自由度，能够实现空间内灵活弯曲，并能对物体进行环绕抓取。Walker 教授还研制了气压驱动和绳索驱动结合的连续体型机器人 Air－Octor，该机器人利用气压和柔性弹簧支撑保持形状，通过绳索驱动改变机器人姿态，机器人质量大为减轻，但由于空气的可压缩性，其负载能力较弱。该机器人由两段组成，即均衡气压段与绳索伸缩段，整个机器人具有弯曲伸缩共 6 个自由度。美国 Clemson 大学研制的仿象鼻机器人如图 1.15 所示。

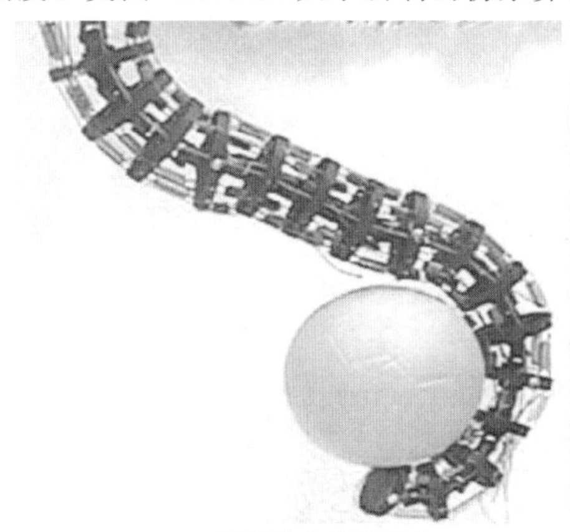

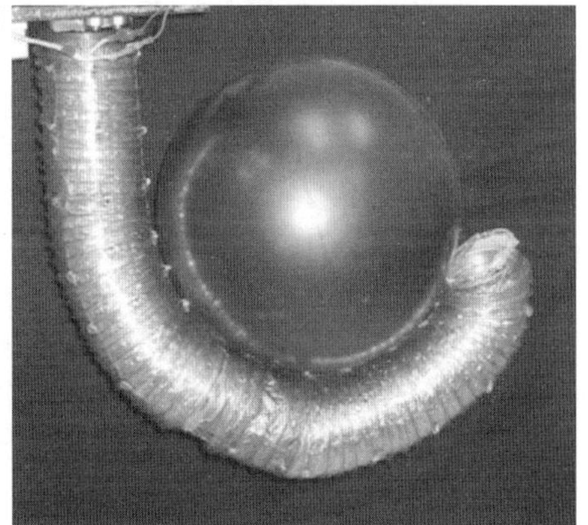

(a) 绳驱仿象鼻机器人　　(b) 绳驱与气动结合的仿象鼻机器人Air-Octor

图 1.15　美国 Clemson 大学研制的仿象鼻机器人

德国 FESTO 公司于 2010 年研发了一款气动式仿象鼻机器人 BHA(Bionic Handling Assistant)，如图 1.16 所示。该机器人几乎完全由聚酰胺纤维材料制成，质量仅为1.8 kg，在气压驱动下弯曲，且长度可从 0.75 m 延长至 1.2 m，增大了机器人的工作空间。该机器人运用在人机协作场合，可大大提高工作过程中的安全性，避免对人造成伤害。

美国 Johns Hopkins 大学的 Simaan 等针对喉外科手术，研制了基于绳索驱

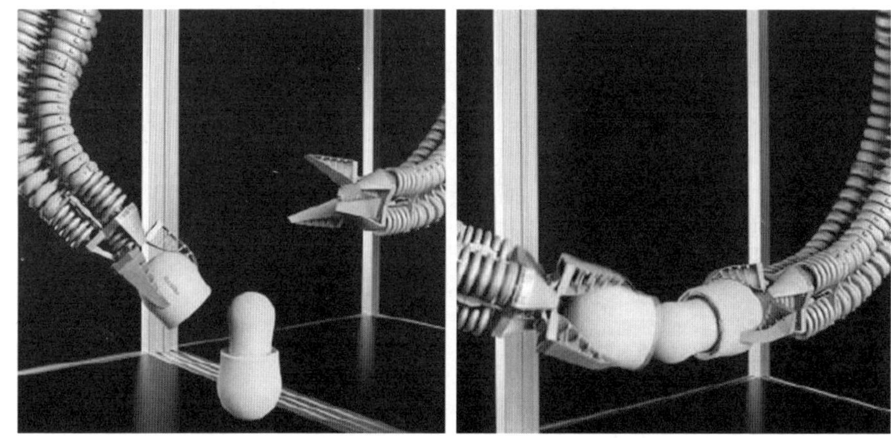

图 1.16　德国 FESTO 公司研制的仿象鼻机器人 BHA

动的连续体型机器人。该机器人含有 2 个关节段和末端手术钳，直径仅为4 mm，共有 5 个自由度。机器人采用柔性体材料镍钛合金管作为支撑，其关节段由 3 根均布的绳索驱动实现弯曲，末端夹持器的驱动绳索从中心柔性支撑杆内部穿过，机器人运动灵活，在医疗手术领域应用前景广阔。美国 Johns Hopkins 大学研制的医用连续体型机器人如图 1.17 所示。

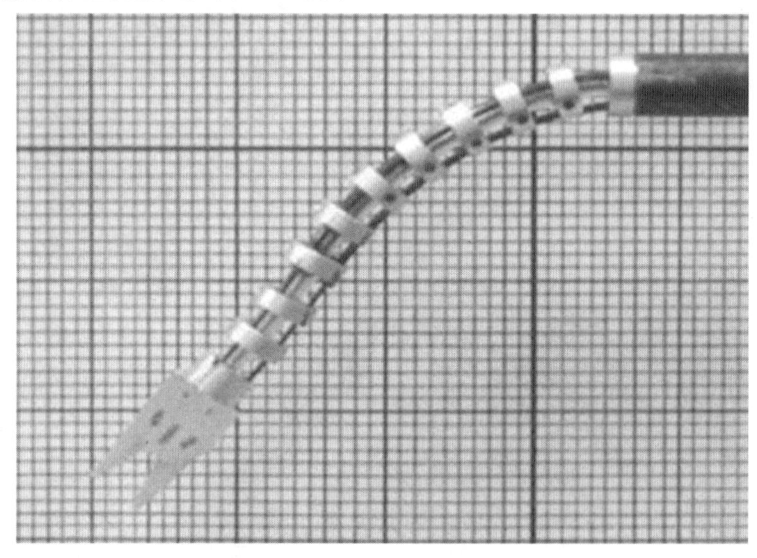

图 1.17　Johns Hopkins 大学研制的医用连续体型机器人

韩国汉阳大学于 2007 年设计了一种由弹簧作为中心支撑的内窥镜机器人，该机器人具有长度可伸缩的特点，由 3 根绳索驱动，直径为 8 mm，自然状态关节长度为 104 mm，弹簧骨架使机器人具有较好的形状保持能力。该机器人具有可控的 2 个弯曲和 1 个压缩共 3 个自由度，长度可压缩至 94 mm，空间运动能力得以

增强。汉阳大学研制的弹簧骨架支撑内窥镜机器人如图 1.18 所示。

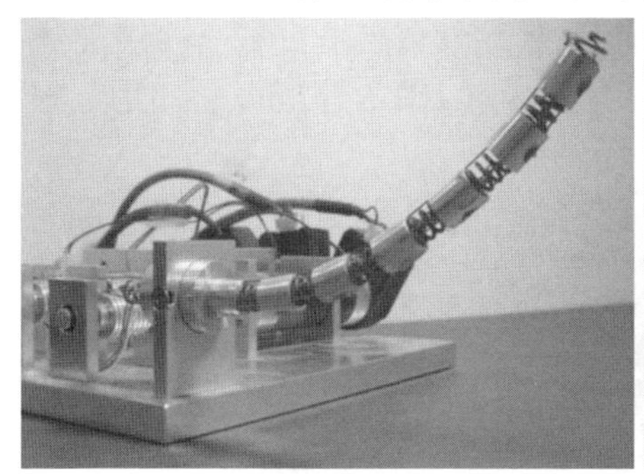

(a) 俯仰动作

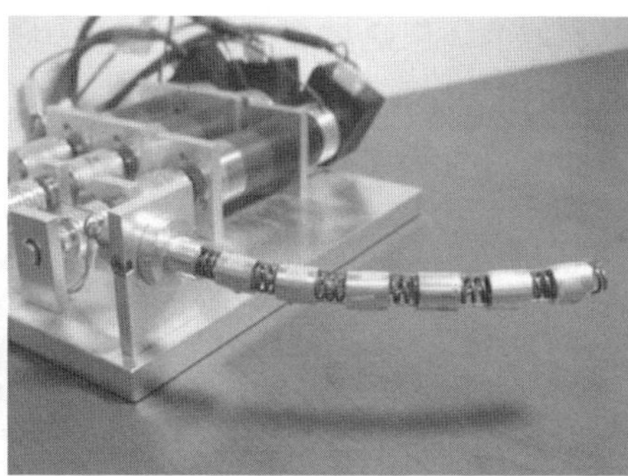

(b) 偏航动作

图 1.18 汉阳大学研制的弹簧骨架支撑内窥镜机器人

2016 年，英国伦敦国王学院研制了一款由双层弹性可变形平面弹簧结构的模块化关节构成的机器人，该机器人由 10 个关节组成，直径为 29 mm。棱柱杆和含棱柱形孔的棱柱母头与平面弹簧结构相连，在受力情况下可以弯曲或轴向变形；多个模块关节配合连接而成，机器人通过 3 根绳索驱动，具备弯曲和伸缩共 3 个自由度，长度可在 100 ～ 143 mm 变化，弯曲角度可达 160°，具有较好的运动能力。伦敦国王学院研制的双层平面弹簧结构绳驱动机器人如图 1.19 所示。

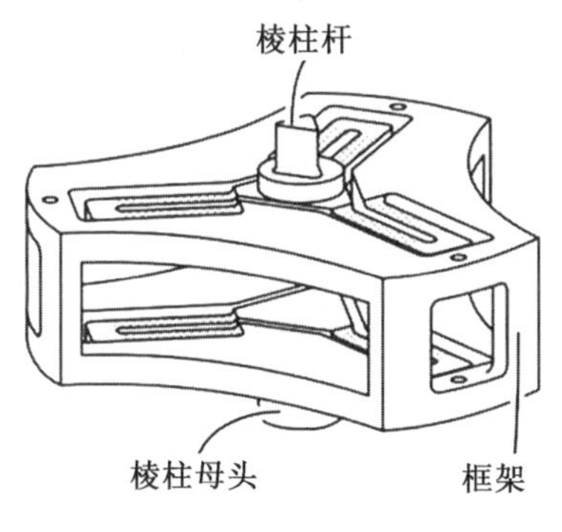

(a) 模块关节结构

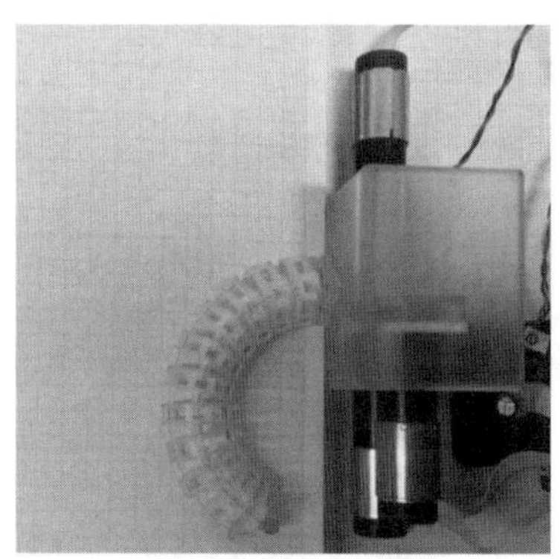

(b) 机器人弯曲实验

图 1.19 伦敦国王学院研制的双层平面弹簧结构绳驱动机器人

成立于 1997 年的英国 OC Robotics 公司一直致力于受限及危险环境作业机器人的研究，开发了基于离散式纯刚性全驱动结构的绳驱蛇形机器人(Snake-arm Robots)，并成功应用于核电、航空等行业，是绳驱超冗余机器人商业化和工程化应用的标杆。经典型号为 Ⅱ － X125，该机器人臂杆长度范围为 1.0 ～3.1 m，由 12 段连杆(24 个自由度) 构成，臂杆直径为 125 mm，末端负载可达 10 kg，弯曲半径可达 160 ～ 950 mm，累计弯曲角度为 225°。OC Robotics 公

司在欧洲、北美洲和亚洲的航空航天、核能、石化、建筑等行业都很活跃。正是由于其广阔的应用前景和市场价值，美国通用电气航空集团于 2017 年 6 月将该公司收购，并计划将其应用于航空发动机服务。英国 OC Robotics 公司的蛇形机器人及其典型应用如图1.20 所示。

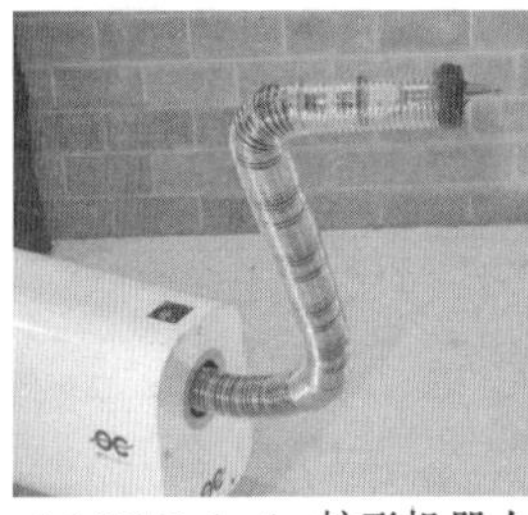
(a) OC Robotics蛇形机器人

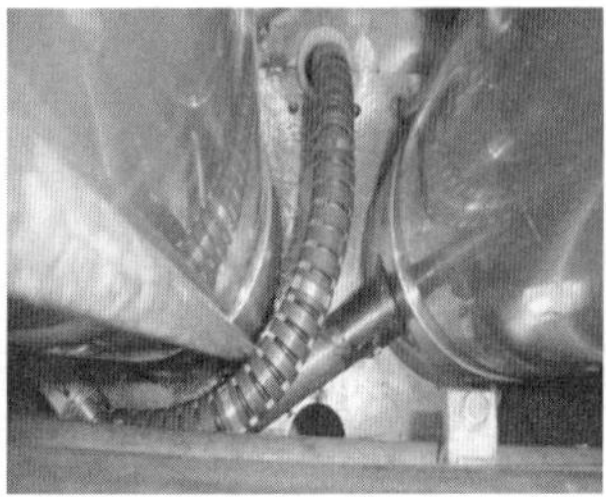
(b) 核电站勘察

(c) 激光切割

图 1.20　英国 OC Robotics 公司的蛇形机器人及其典型应用

美国特斯拉公司于 2015 年发布了一款电动汽车充电机器人原型，该机器人可自动寻找提前打开的充电口并与之对接。特斯拉公司没有公布技术细节，从已有的视频资料中分析，该充电机器人应为欠驱动操作臂，由 3 段组成，每段有 2 个自由度、由 3 根绳索驱动，整条操作臂具有 6 个自由度。美国特斯拉公司的蛇形充电机器人如图 1.21 所示。

图 1.21　美国特斯拉公司的蛇形充电机器人

1.3.2　国内绳驱超冗余机器人系统研究现状

国内的高校及科研院所，如哈尔滨工业大学、香港中文大学、西南交通大学、上海交通大学、中国民航大学和中航工业北京航空制造工程研究所等在绳驱超冗余机器人领域已取得较多的研究成果。

哈尔滨工业大学的孙立宁教授团队将绳驱超冗余机器人应用于医疗领域。第一代半自主介入式内窥镜机器人系统采用了连续曲率结构的设计，配合人体肠道内壁的作用力和机器人自身控制完成内窥镜的介入。在第二代内窥镜机械臂的设计中，提出了一种具有多关节段连续体型结构的半自主式结肠内窥镜机器人，如图 1.22 所示。结肠内窥镜机器人采用了仿生结构的设计，该机械臂躯干

部分包含5段，每段具有2个弯曲方向的自由度，通过均布的4根绳索来控制这2个自由度，并针对结肠肠腔环境下的通过性以及柔顺控制等关键技术问题开展了实验研究。

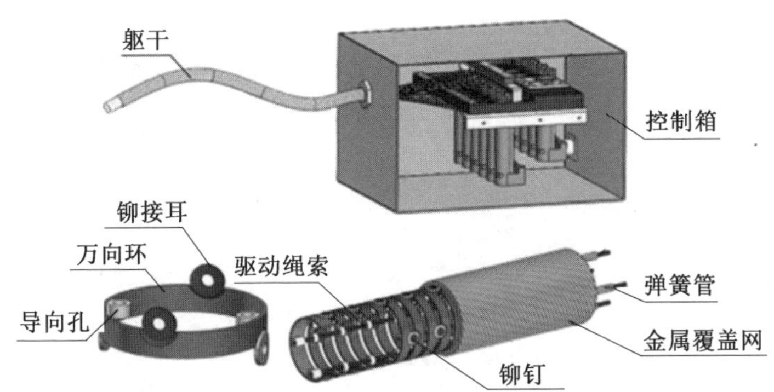

图 1.22　第二代内窥镜机械臂

哈尔滨工业大学(深圳)的徐文福教授团队将该类超冗余机器人应用于核电站等狭小空间探测，开发了一款20自由度的绳索驱动超冗余柔性机器人系统(图1.23)，单个关节旋转角达到了±45°，每个关节分别由3根独立绳索驱动；控制箱采用了层叠结构，集成化程度很高，外形尺寸较小。进一步地，提出了基于改进模态函数和分段几何法的轨迹规划方法，通过实验验证了所开发的超冗余机器人系统具有良好的弯曲特性以及灵活的运动能力。

(a) 机械臂平面运动　　(b) 机械臂三维空间运动

图 1.23　哈尔滨工业大学(深圳)开发的绳索驱动超冗余柔性机器人系统

香港中文大学的李峥教授团队针对微创手术的应用设计了一款绳索驱动的多段柔性机器人。该机器人整体由3个部分组成，并由2个球形关节和柔性骨架铰接，每个部分通过两组绳索驱动。该设计将蛇形机器人与连续体型机器人的动作结合起来，因此它比传统的蛇形机器人更紧凑，并且具有比连续体型软体机器人更高的定位精度。实验表明末端定位误差小于4%。

西南交通大学的李立教授团队对超冗余机器人进行了样机设计及运动规划理论研究。利用脊线模态法分别对平面和三维空间超冗余机械臂的运动做了分

析，设计了平面避障规划方法及三维空间卷取物体的规划算法，并设计了一款基于齿轮传动的超冗余机器人。

中国民航大学的高庆吉教授团队针对民航飞机油箱复杂环境的监测问题设计了一款油箱检查机器人，如图 1.24 所示。该款连续体型超冗余机器人在设计上考虑了油箱环境的危险性，采用了电机后置驱动绳索的控制方式。该机器人由 3 段组成，每一段有 7 个支撑盘作为绳索的导引，实现在三维空间的俯仰和偏航 2 个自由度运动。

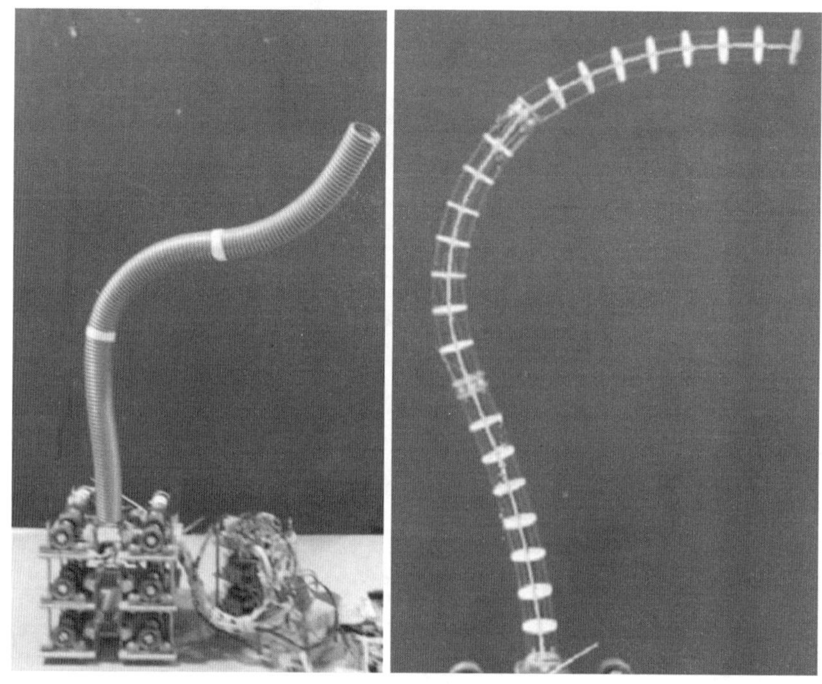

图 1.24　飞机油箱检查绳索驱动连续体型机器人

中航工业北京航空制造工程研究所的姚艳彬博士设计了一款可用于飞机装配的蛇形机器人。该蛇形机械臂直径为 90 mm，总长为 1 500 mm，躯干质量为 5 kg。机械臂整体具有 10 个自由度，通过 15 个电机牵引绳索的收放来实现运动控制。采用绳索驱动的优点是可以将驱动电机后置，大大减轻了机械臂的质量。通过前端搭载摄像头，在视觉系统的辅助下，蛇形机器人能够实现一定的避障能力。

北京航空航天大学的刘荣教授团队结合国内外连续体型机械臂的研究成果，设计了一种基于球铰关节的连续体型机械臂。该机械臂采用球铰结合橡胶垫片的串联方式，机械臂在结构上共分为 3 段，每段由 2 个自由度构成，通过 3 根并联的绳索驱动每段的 2 个自由度。该团队还进一步建立了连续体型机器人的运动学模型，并得出了多关节的解耦算法。

上海交通大学的谷国迎教授团队研制了一款24个自由度的超冗余机械臂。该机械臂采用每段通过3根绳索来控制2个自由度的方式。由于该机械臂有较多的自由度，具有良好的弯曲性能，因此能够在狭小空间工作。

1.4 超冗余机器人运动学及轨迹规划研究现状

1.4.1 超冗余机器人逆运动学研究现状

当柔性机器人进入狭小空间执行特殊任务时，不仅需要精确地控制其末端执行器的位置和姿态（简称位姿），还需要精确地控制整个机械臂的空间形状。由于在电机、绳索、连杆和末端执行器之间存在复杂的映射关系，仅通过控制绳索的拉力来同时控制机器人末端位姿和机械臂空间形状具有巨大的挑战性。

运动学方面，学者们主要从分段常曲率和变曲率两种情况展开研究，具体求解方法主要有数值法、几何法和人工神经网络法。典型的数值法为基于雅可比矩阵或扩展雅可比矩阵广义逆的迭代法，其中雅可比矩阵伪逆法主要用于实现末端位姿的求解，求解的结果为关节变量的最小范数解；当需要考虑臂型或其他约束条件时，先建立约束方程（以关节变量为自变量），然后得到约束方程的微分表达式，进而将该表达式与机器人的微分运动学结合起来，构建扩展运动学方程组，得到相应的扩展雅可比矩阵，利用扩展雅可比矩阵的伪逆得到满足末端位姿、约束条件的关节变量的最小范数解。随着自由度数目的增多，广义逆的计算量非常大。采用人工神经网络法可以避免烦琐的运动学方程推导过程，人工神经网络法也被广泛应用于机械臂的逆运动学求解，但是同样面临训练集的大小随着自由度数目的变化而显著变化的问题，并且由于学习过程的延长可能无法满足实时性的要求。

目前，超冗余机器人的运动学求解更多是采用脊线法，该方法属于几何法。常用的脊线有模式函数曲线、空间圆弧曲线、贝塞尔曲线等。1994年，Chirikjian提出了使用脊线对平面超冗余机器人的运动学进行研究的思路，该思想较好地解决了超冗余机器人逆运动学求解的问题。在基于模式函数的脊线法中，脊线被定义为分段连续的曲线，用这条曲线来表达超冗余机器人的宏观几何特征。脊线是通过一系列本征的模式函数拟合的，这些模式函数可以根据需要任意选择并且可以得出有效的运动学逆解。一旦根据末端效应器的位置确定了脊线，就可以选择合适的拟合算法求出机械臂在脊线上的关节点坐标。Agrawal等则将圆弧作为超冗余机器人的拟合脊线，设定机械臂末端与脊线末端重合，然后逆向依次将机械臂的臂杆端点拟合到圆弧上。在已知末端坐标时，根据拟合关系可以顺次求解其他关节点的坐标。马书根提出了基于初始位姿参数的逆运动学求解方法。该方法采用3个参数确定超冗余机器人的构型，但需要利用数值法在整个工作空间内搜索合适的参数值。

Mohamed 等提出了一种应用于解决超冗余机器人逆运动学问题的几何算法，该算法可以从无穷多解中求出一组可行解，并将相邻关节的关节角度设定为相等的值。这种处理方式使得控制超冗余机器人的运动变得更加简单，并且避免了两个或多个关节共线问题，从而避免了机械臂内部奇异的发生。针对冗余性带来的多解问题，Samer 等提出了一种空间运动学逆解的几何法。该种方法可以从超冗余机器人的无穷多解中找到一组解，而且该组解设定相邻关节的角度相等，有效避免了奇异的发生。类似地，几何规划法的运动角度范围也完全依赖于根部关节的转动范围，当机械臂末端运动范围较大时可能存在超出关节运动极限的问题，并且无法同时保证机械臂的空间位置和姿态。

1.4.2 超冗余机器人避障轨迹规划方法

超冗余机器人实际的工作环境往往比较复杂，在执行期望任务的同时还需要满足回避环境障碍物的要求。当工作环境已知或者工作环境可通过特定手段探测时，具有冗余自由度的机械臂在完成主任务的同时可以回避环境中的障碍物等附加任务。基于工作环境对障碍物的不同处理手段，避障方法可以分为以下三种：第一，通过建立已知障碍数学模型或包络模型的避障；第二，通过实时测量机械臂与障碍物距离信息的避障；第三，通过视觉（双目相机等）获取障碍物信息的避障。本节主要介绍通过建立已知障碍数学模型或包络模型的避障方法。对于已知障碍物特点的避障问题，可以根据障碍物特点对障碍物建立由基本几何体组成的数学模型，然后结合建立的机械臂模型可以实时计算出两者之间的最小距离并预判出两者之间的接近速度。通过规划算法处理可以保证两者之间的距离始终大于避障的安全阈值，实现机械臂的障碍物回避任务。

Glass 等针对冗余机械臂的特点提出了实时避障规划方法。该方法在逆运动学层面利用阻尼最小二乘法实现了机械臂的构型控制。Yoshida 等基于迭代的双阶段规划方法提出了机械臂在复杂三维环境下的避障规划方法。Chi 等用通过顶点描述的多面体表示机械臂的连杆和障碍物，在最小距离算法中获得障碍物多面体及机械臂多面体之间的距离信息，基于距离信息提出了三种方法（梯度投影法、力障碍物回避方法、速度障碍物回避方法）实现了障碍物回避功能。E. Freund 等提出了一种在线规划多障碍物环境下多机器人避障运动的方法，将避障优化问题转换为二次凸优化问题，为障碍物回避提供了数学表达方式。为了实现障碍物的回避，该方法采用可以直接控制关节运动的加速度求解方式，能同时考虑潜在的碰撞危险；由于是基于模型的规划方法，因此该方法具有一定的通用性。该方法已经应用于多机器人实验台中。V. Mayorga 等提出了一种采用几何包围法在线避障的方法，该方法可以通过计算零空间、包围几何体及距离向量等方式简单有效地处理障碍物回避问题。Homayoun 等提出了一种实时避障的方法，将避障问题公式化为力位混合控制问题，在所建立的弹簧阻尼模型中用虚拟力的大小表示障碍物与机械臂的接近程度。Guo 等提出了基于不等式的避障标准，在满足不等式标准的条件下通过对关节加速度的控制实现障碍物的回避。通过结合这种动态更新的不等式标准和关节物理约束（即关节角度限制、关节速度限制和关节加速度限制），提出了最小加速度范数求解方案，并进行了冗余求解的研究。Tsoukalas 等向传统的动态微机械臂模型引入范德瓦耳斯力，其中机械臂的每个连杆在运动过程中被分解成与相邻对象相互作用的一系列基本粒子。通过范德瓦耳斯力导出障碍物的近似位置，然后通过判断范德瓦耳斯力的大小获得无碰撞路径，从而实现障碍物的有效回避。Hu 等开发了所谓的反向二次搜索算法解决障碍物回避中的逆运动学求解问题。反向二次搜索算法是根据二次函数根的属性来检测潜在的碰撞。二次函数的类别是通过椭圆包围的障碍物以及每个连杆端点的位置得到的。该算法从末端执行器到基座反向搜索与障碍物可能的碰撞位置，并通过使用混合逆运动学方案（包括阻尼最小二乘法、加权最小范数法和梯度投影法）回避环境中的障碍物。

1.5 绳驱超冗余机器人研究展望

根据上述国内外研究现状的分析可知，面向狭小空间精细作业的柔性机器人具有广阔的应用前景，并且越来越受国内外学者的重视，成为近年来的研究热点。然而，由于该类型的机器人存在多层级、多维度的耦合关系，作业过程中需要考虑末端位姿、空间构型、环境作用力等多种约束条件，因此在设计、建模、规划及控制等方面尚需要进行系统、深入的研究，以提高其结构刚度、载荷能力、定位精度和精细作业能力。具体而言，未来的研究需要解决如下几个方面的问题。

(1) 多约束条件下柔性机器人的多目标优化。需要充分考虑作业环境、作业对象以及机器人自身质量、惯量、操作范围等约束条件，在不增加成本和系统复杂程度的基础上，使其结构刚度、载荷能力、定位精度、操作力矩等方面实现最优。

(2) 超冗余机器人冗余自由度的参数化逆运动学求解及规划问题。目前为止，基于脊线的超冗余机器人逆运动学求解及规划方法被认为是一种有效的方

法，常见的方法有模式函数脊线法、空间圆弧脊线法和贝塞尔脊线法等。对于这些方法，往往要求超冗余机器人所有的万向节节点都拟合到脊线上，这样就带来三个问题：首先，由于最末端连杆首先拟合到脊线上，当末端位置确定后，末端的姿态或指向将难以调整；其次，超冗余机器人的局部构型不能被独立调整，牺牲掉原本冗余的较多自由度；最后，对于特定的任务确定具有环境适应性的有效脊线是相对较难的问题，且超冗余机器人全部关节运动拟合脊线的改变将消耗大量能量和调整时间。

(3) 超冗余机器人避奇异和避关节超限的逆运动学求解及轨迹规划问题。传统的几何法逆运动学求解及规划方法可以实现超冗余机器人在三维空间完成任务的需求，但是通常默认第一关节是一个具有 3 个自由度的球关节，这种球关节在绳索驱动超冗余机器人中难以实现，因此也限制了此种方法的应用。另外，传统的几何规划方法(类似于平面圆弧法）的运动范围大小往往取决于根部关节的运动能力，当机械臂在大范围运动时需要考虑关节运动超限问题。

(4) 超冗余机器人工作环境中典型障碍物建模及避障规划问题。在以往的文献中，空间障碍物建模与回避问题已得到广泛的研究。然而，在这些三维空间障碍物建模和回避的研究中鲜有兼顾了避障效率和避障准确性的方法。当避障效率是建模过程中的重点关注因素时，一般会采用简单的几何模型包络或者计算定性的距离(如超二次曲面方程的伪距离)。这样将降低潜在碰撞的检测精度，并且安全工作空间被大大减小。相反，如果采用了相对精确的模型，则在障碍物回避过程中计算量总是很大，占用较多计算机及存储设备原本有限的资源。

(5) 考虑绳索变形及摩擦下的多重耦合运动学及动力学建模问题。绳索作为此类机器人的关键传力部件，将电机、连杆和末端工具衔接起来，可以实现灵巧运动。然而，这也为运动学和动力学带来了巨大挑战。以往的研究往往仅考虑部分因素，具有较大的局限性，没有获得充分考虑绳索变形及摩擦下“电机－绳索－关节－末端执行器”多重映射关系的运动学和动力学方程。

(6) 狭小空间中柔性机器人“整臂构型－末端轨迹”同步规划问题。柔性机器人在狭小空间运动并开展作业任务的过程中，不但需要规划末端运动轨迹，还需要同步规划整臂的构型，使其在执行任务的过程中不与非操作对象发生碰撞。以往的研究中主要采用模态函数描述机械臂构型，再将机器人的关键点映射到脊线上，不仅牺牲了自由度数，还使得末端姿态调整能力受到限制，且一般仅适用于既定环境。

(7) 考虑绳索拉力最优分配的力柔顺控制问题。柔性机器人在执行精细作业的过程中，末端要与作业环境相接触，且要根据需求输出足够的作用力和力矩，同时保证操作臂臂杆不与其他物体相碰撞，较小的位置误差也可能产生较大的接触力，若不加以控制，会对设备及机械臂本身造成损坏。在任务执行过程中，既要求超冗余柔性机器人具有较高的位置控制精度，又要求在其末端与环境发生接触时不产生过大的接触力，需要同时考虑期望臂型、期望位姿和期望末端力三种类型的期望状态，复杂性和难度大大增加。

1.6　本章小结

本章首先介绍了超冗余机器人的定义及绳驱构型的分类；其次介绍其在航天、核电、军用装备维护保养以及灾害救援等方面的应用场景，进而分析了超冗余机器人系统，以及超冗余机器人运动学、轨迹规划的国内外研究现状和发展趋势；最后对未来的研究前景进行了展望。

第2章

绳驱超冗余机器人位置级运动学

本章主要介绍绳驱超冗余机器人系统的设计、多重空间映射关系以及不同状态空间之间的位置级运动学建模方法。首先介绍了一种典型绳驱超冗余机器人系统的结构方案，以及各部分的详细设计；其次分析了作动空间、驱动空间、关节空间和任务空间的多重运动学映射关系，以及相应的运动学特点；然后详细推导了驱动空间与关节空间之间的位置级运动学方程，以及关节空间与任务空间之间的位置级运动学方程；最后基于这些运动学方程，分析了驱动绳索之间的运动耦合关系并介绍了运动解耦方法。

绳驱超冗余机器人系统由驱动控制箱、连杆、关节、末端工具等组成，其中驱动控制箱集成了电机、联轴器、滑块、直线导轨、控制器等，绳索作为运动和力的传递环节，与电机及关节相连。在执行作业的过程中，电机的转动经过联轴器后转换为绳索的收放，进而驱动相应的关节转动，从而改变末端的位置和姿态，即在电机、绳索、关节及末端工具之间进行运动及力的传递。将由电机状态变量组成的空间称为作动空间(Actuation Space)；由绳长状态变量组成的空间称为驱动空间(Drive Space)；由关节状态变量、末端位姿变量构成的空间分别称为关节空间(Joint Space) 和任务空间(Task Space)。在不考虑传递误差、绳索变形的情况下，电机转角与绳长变化量之间具有确定的关系，即电机状态与绳长状态是一一对应的。因此，在不做特别说明的情况下，作动空间、驱动空间只需要考虑其中一个。由于绳驱超冗余机器人的特点，驱动空间、关节空间、任务空间维数不一样，其相互的映射(包括正向和逆向映射) 关系更加复杂，为运动学建模和求解带来巨大挑战。本章将首先分析其结构特点和不同空间的映射关系，然后推导不同空间之间的位置级运动学方程，进而分析工作空间和运动学耦合特性。

2.1　绳驱超冗余机器人系统设计

绳驱超冗余机器人特别适合在狭窄空间、多障碍环境中执行灵巧作业任务，该类机器人具有如下功能和特点。

(1) 运动灵活性好。具有灵活的运动能力，能够进入受限空间，规避障碍，这就要求机器人自由度较多，臂杆直径不能过大，且每段连杆长度不宜过长，使其能够根据不同环境条件调整臂型，保证其在狭小空间中的正常运动和任务执行。

(2) 末端承载能力高。为了满足各种各样的工作任务需求，机器人末端需要安装手爪、相机或其他作业工具，因此要求其末端能够承受常用工具的质量。与纯软体机器人相比，绳驱超冗余机器人承载能力高很多。

(3) 模块化设计易装配。机器人各部件采用标准化、模块化设计，便于组装与维修，可大幅度减少工人的组装时间以及维修成本。

(4) 机电分离质量轻。机器人的电机、驱动器、控制器等部件安装于基座的控制箱内，不随机械臂的运动而运动，使得机电部件容易得到保护，增强了恶劣环境中的

适应能力;同时减轻了机械臂的质量,提高了能量传递效率,可大大节省能源。

下面以离散式纯刚性全驱动结构超冗余机器人(简称全驱动超冗余机器人)为例,介绍一种 20 DOF 绳驱超冗余机器人系统的设计过程和结果,进而分析该机器人系统的特点,以方便运动学和轨迹规划方法的论述。

2.1.1 系统构型及自由度配置

合理的自由度配置是赋予机器人灵活运动能力以及各项设计指标达标的重要前提。为了使机械臂具有三维空间运动能力,根据机械臂的功能需求,从仿生学的角度出发,设计了两个具有三维空间运动的机械臂自由度配置方案。

方案一:单自由度关节串联配置方案。将每个自由度互相错开,并且相邻的自由度互相垂直,通过 20 个单自由度关节组成 20 DOF 的超冗余机器人,自由度配置方案一如图 2.1 所示。

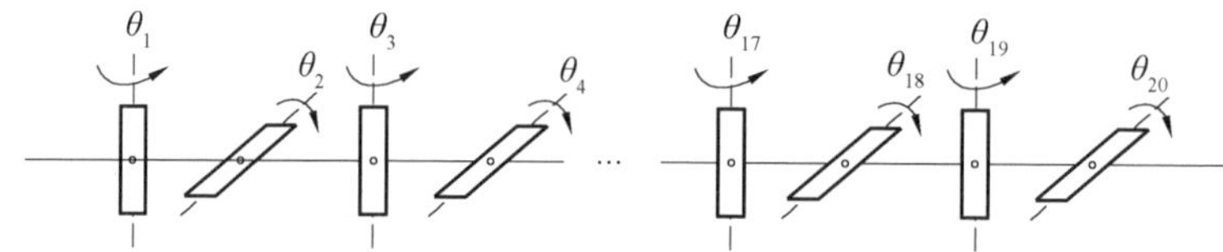

图 2.1　绳索驱动机械臂的自由度配置方案一

方案二:模块化双自由度关节串联配置方案。基于模块化设计的思想,将俯仰、偏航的两个单自由度组合成一个双自由度关节,即万向节,将各模块化双关节依次串联。考虑到绳索驱动机械臂是基于狭小空间作业环境下的特种机器人背景设计的,因此其除了拥有三维运动能力之外,还需要具有良好的弯曲特性。

在上述两个自由度配置方案中,机械臂均能拥有三维运动能力,但第二种方案采用了模块化双自由关节的方式,整个机械臂的弯曲特性比第一个方案强;此外,还可以减少绳索与关节之间的摩擦力,提高系统运行的效率。因此采用第二种方案,且为了方便驱动绳索的内部走线,相邻关节采用“PY − YP − PY − YP − …”的连接方式,其中 P 代表 Pitch(俯仰) 轴、Y 代表 Yaw(偏航) 轴。下面将介绍进行模块化双关节的详细设计。自由度配置方案二如图 2.2 所示。

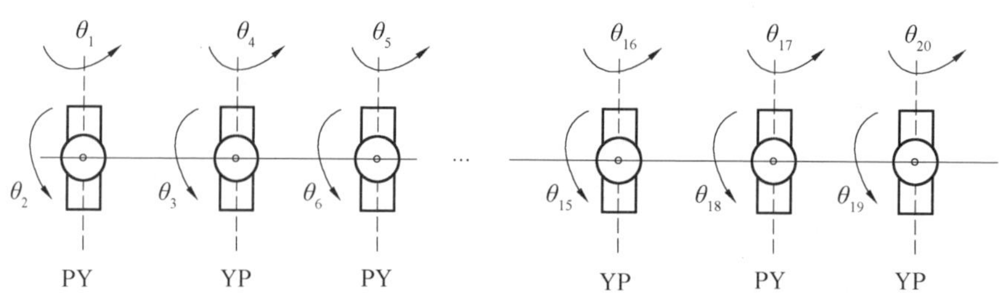

图 2.2　绳索驱动机械臂的自由度配置方案二

2.1.2 模块化双自由度关节设计

采用十字轴作为关节的主体部分，实现俯仰及偏航两个自由度的运动。另外，关节还包括了布线圆盘（简称布线盘或圆盘）、外壳及中空连杆。布线圆盘除了对绳索起导向的作用，还能对部分绳索进行固定；而外壳除了可以进行装饰外，还能使机械臂外表更加光滑，有利于机械臂在狭小空间中的作业；臂杆采用中空的形式，不仅能够减少机械臂的质量、增大有效负载能力，还能提高响应速度。关节内不含电机及减速器，其模型如图 2.3 所示，相应的参数见表 2.1。

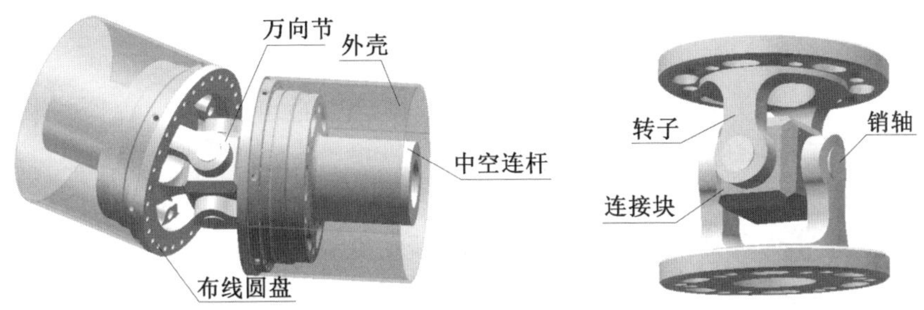

(a) 模块化双自由度关节模型　　(b) 十字轴

图 2.3　模块化双自由度关节（无绳索）三维模型图

表2.1　绳索驱动双自由度关节参数

参数名	参数值	单位
自由度	2	DOF
质量	0.150	kg
尺寸大小	$\phi 45 \times 140$	mm × mm
极限旋转角	±45	(°)

2.1.3 驱动绳索配置

由于绳索只能单向传递拉力，不能承受压力，因此为了能驱动双自由度的模块化关节，驱动绳索的数量应大于 2，即至少为 3 个。也就是说，通过 3 根以上绳索的拉力分配，可以驱动两个轴实现正反向运动。驱动绳越多，驱动能力越强、冗余性越高，但也导致了更高的成本和更复杂的设计。因此，采用 3 根绳索的驱动方案。模块化双自由度关节驱动绳索配置图如图 2.4 所示，关节处 3 根驱动绳均布且穿过关节的一端布线圆盘，固定于另一端的圆盘上，并且相邻两根绳索过线孔之间的圆心角均为 120°。

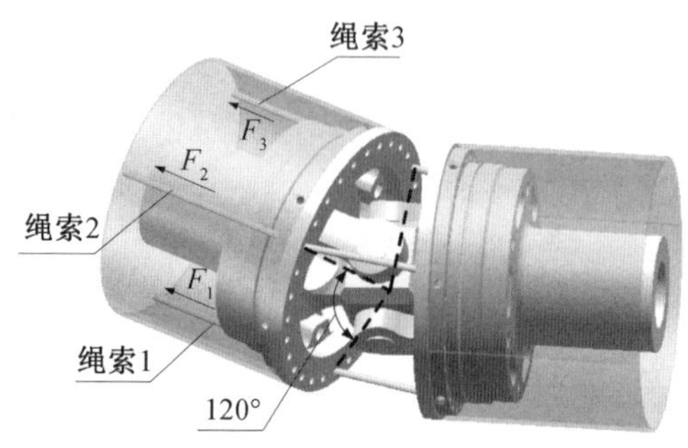

图 2.4　模块化双自由度关节驱动绳索配置图

对于 20 自由度超冗余机器人而言，需要 10 个双自由度关节，每个双自由度关节由 3 根绳索驱动，因而共需要 30 根驱动绳和 30 个电机。由于驱动电机和减速机构等全部放置于机械臂的基座（亦称为根部）内，所有关节驱动绳索需要从基座引出、穿过前序关节及杆件后，固定于对应关节处。因此，越靠近基座的关节所经过的绳索数量越多，如第一个关节需要穿过 30 个绳索；越靠近末端的关节，其驱动绳索经过的关节数越多，如最后一个关节（关节 10）的绳索需要穿过前面 9 个关节后才到达自己固连的位置。驱动绳索的布置如图 2.5 所示，每根驱动绳索对应布线圆盘上一个相应孔的位置，它们之间能够相互错开而互不影响。

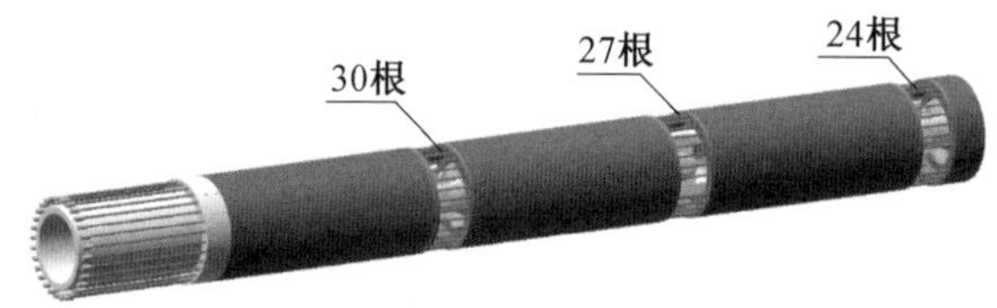

图 2.5　驱动绳索布置图

从图 2.5 中可知，根部关节的绳索为 30 根，依次往末端方向逐渐减少，到达最后一个关节时，绳索数目为 3。这些绳索支撑着整个臂以及末端负载的重力，对其抗拉强度有着极高的要求。因此，选用不锈钢材料的驱动绳索，相关参数见表 2.2。

表2.2　驱动绳索参数

参数名	参数值
绳索总质量 /kg	0.24
抗拉强度 /MPa	1 670
绳索直径 /mm	1.2

续表2.2

参数名	参数值
安全系数	4
拉断所需力 /N	⩾ 472.18

由于各关节采用串联方式依次连接，后序关节的驱动绳索需要穿过前面的关节，因此在每个关节处安装了布线圆盘，其结构如图 2.6 所示。布线盘上有 30 个过线孔，均布于圆心为 O、半径为 r 的圆周上。每个关节对应的 3 根驱动绳沿着圆盘间隔 120° 布置，如模块化关节 1 对应编号为 1、11、21 的 3 根绳索，其过线孔的布置如图 2.6 所示，其余情况类似。为方便布线孔位置的描述，定义了圆面坐标系 xOy，并将 x 轴到圆心 O 与第 i 个圆孔的连线之间的转角表示为 β_i，作为该圆孔在布线盘上的位置标识，如第一个圆孔在布线盘上的位置为 $\beta_1 = 87°$。

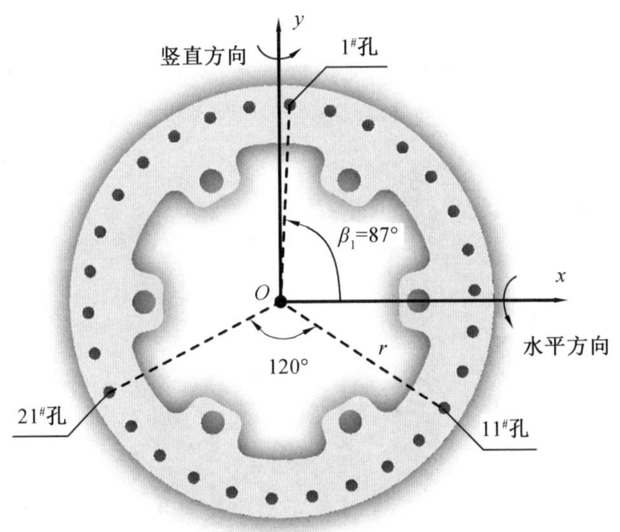

图 2.6　布线圆盘示意图(10 个双自由度关节、30 根驱动绳)

2.1.4　驱动控制箱设计

根据前面的绳索设计，每根驱动绳索对应着一个驱动电机，则整个机械臂需要 30 个电机。为了实现绳索放松、拉紧两个方向的直线运动，并能在任意时刻形成自锁，设计了由丝杠、滑块、直线导轨等组成的传动机构，有利于机械臂在不同臂型下的状态保持及增大操作力矩。此外，所有驱动绳索穿过各关节和杆件后连接到电机输出端，必须进行合理的布置，在经过根部关节后彼此分开连到对应电机上。因此，从功能角度来看，驱动控制箱包括驱动电机、转动 − 直线运动转换机构、绳索布置装置 3 个部分，如图 2.7 所示。

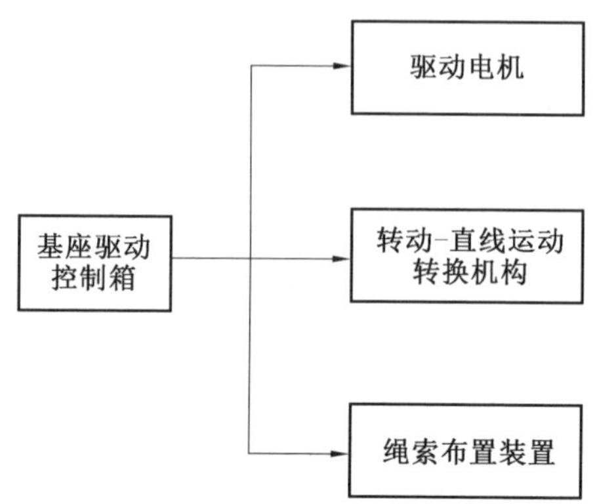

图 2.7　基座驱动控制箱的组成(按功能)

对于绳索布置装置部分，考虑到每根绳索的连接路径相差较大，因此采用软管作为绳索的导向管路，如图 2.8 所示。软管具有很好的柔性，且在轴心方向不易被压缩，长度几乎不会发生改变，所以能够适应各种安装位置和应用场景。采用软管作为导向管路，不仅不会影响绳索远程驱动功能，还有助于安装。

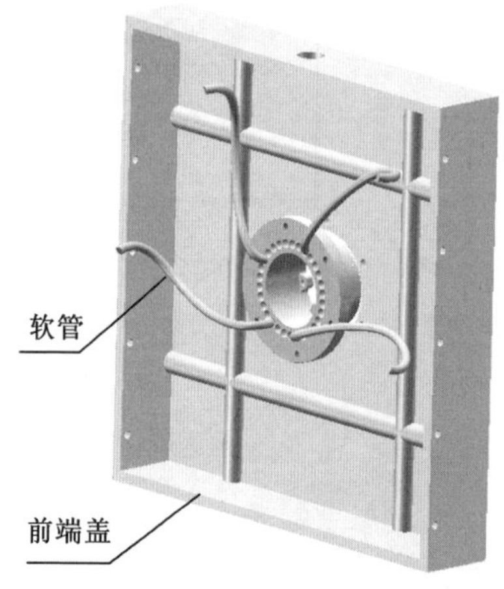

图 2.8　基座驱动控制箱的绳索布置装置

驱动电机、转动－直线运动转换两部分属于驱动控制箱的传动机构部分。对于每套传动机构来说，它们具有相同的功能。采用层叠式结构方案，将 30 套传动机构分别放置于 5 层驱动模块中，每个驱动模块里面包含 6 套驱动电机、联轴器、丝杠支撑座、丝杠、滑块、滑块导轨等。驱动电机为集成了减速器、增量式编码器的 Maxon 电机。转动－直线运动转换机构包括丝杠、滑轨、滑块、丝杠螺母等，不仅能够将转动转化成直线运动，还能增大力矩输出。单个驱动模块的结构示意图如图 2.9 所示。

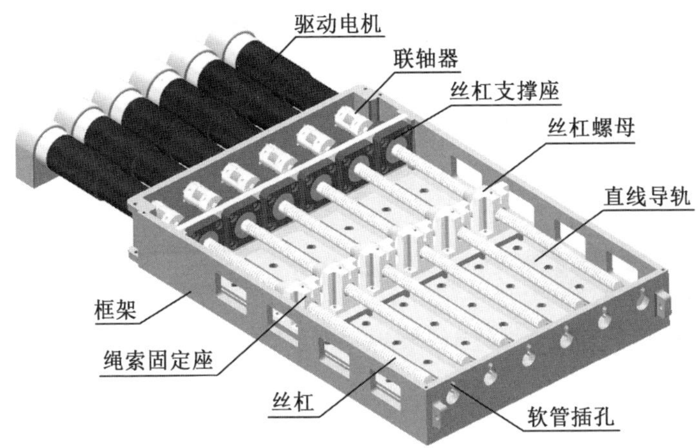

图 2.9　单个驱动模块的结构示意图

将所有驱动模块以层叠的方式组装在一起，再在前端加上绳索布置装置，得到整个驱动控制箱，整体模型如图 2.10 所示，相应的参数见表 2.3。

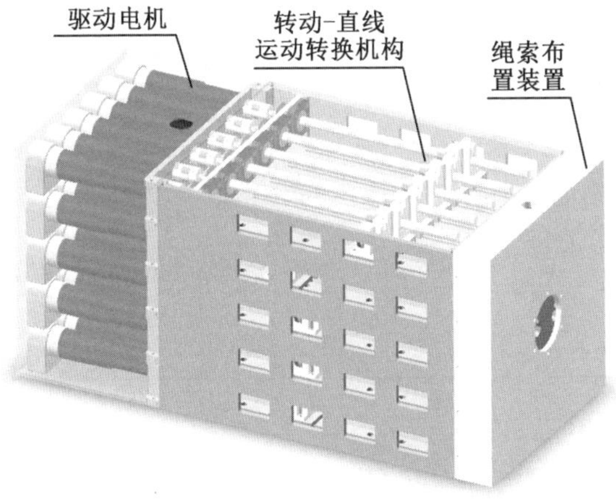

图 2.10　基座驱动控制箱的整体模型

表2.3　控制箱的参数

参数名	参数值	单位
包络尺寸	210×210×450	mm×mm×mm
总质量	20	kg
电机数目	30	个
输出精度	0.02	mm
滑块最大行程	180	mm
输出拉力	≥475	N

2.1.5 设计结果及达到的技术指标

根据前述设计结果，得到整个绳驱超冗余机器人系统 3D 模型如图 2.11 所示，相应的技术指标见表 2.4。

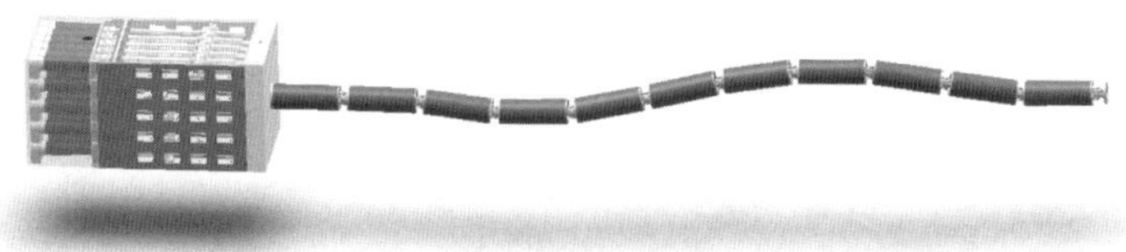

图 2.11 绳索驱动超冗余机械臂整体模型

表2.4 绳索驱动超冗余机械臂参数

参数名	变量符号	参数值	单位
包络尺寸(不含控制箱)	—	$\phi 45 \times 1\,500$	mm × mm
最大长度	L	1.5	m
双自由度关节数量	N	10	个
整臂自由度数量	$2N$	20	DOF
驱动绳数量	$3N$	30	根
驱动电机数量	$3N$	30	个
功耗	—	$\leqslant 60$	W
负载	—	3.5	kg
单位长度下末端定位精度	—	$\leqslant 1$	mm/m

2.2 多重运动学建模基础

2.2.1 关节结构分析及变量定义

每个模块化双自由度关节由 3 根独立绳索进行驱动，实现其三维空间中两个轴的转动，该结构属于 3 − SPS − U(S—Sphere，球铰；P—Prismatic，移动副；U—Universal，万向节) 并联机构。绳索驱动双自由度关节结构示意图如图 2.12 所示。关节 $i(i=1, 2, \cdots, N)$ 的两个旋转轴分别用 $\xi_{i,\mathrm{I}}$ 和 $\xi_{i,\mathrm{J}}$ 表示，相应的两个旋转角记为 φ_i 和 ψ_i；关节 i 处的两圆盘分别记为圆盘 $\mathrm{C}_{i,\mathrm{A}}$ 和圆盘 $\mathrm{C}_{i,\mathrm{B}}$，它们分别与臂杆 $i-1$ 和臂杆 i 固连。对于具有 N 个双自由度关节的绳驱机器人而言，有

$3N$ 根驱动绳，记为 $l_k(k=1, 2, \cdots, 3N)$，其中关节 i 的 3 根驱动绳为 l_i、l_{i+N} 和 l_{i+2N}，它们经过关节 $1,2,\cdots,i$ 后固定在圆盘 $C_{i,B}$ 上，即关节 1 的驱动绳经过关节 1 后固定在 $C_{1,B}$ 上，关节 2 的驱动绳经过关节 1、关节 2 后固定在 $C_{2,B}$ 上，……，关节 N 的驱动绳经过关节 1、关节 2、…、关节 N 后固定在 $C_{N,B}$ 上。

臂杆内部的绳长在运动过程中是不会发生变化的(臂杆长度不变)，引起关节角变化的因素是关节处两端圆盘之间的绳索长度发生了变化。因此，仅需要根据关节处两圆盘之间的关系即可建立关节转角与其驱动绳索长度之间的关系。以圆盘 $C_{i,A}$ 和圆盘 $C_{i,B}$ 平行时的状态为零位，此时两圆盘间的所有驱动绳长相等；当改变固定在该关节驱动绳索的长度时，两个圆盘之间的相对关系将随之发生变化，变化后的相对关系由两个关节轴的转角确定。图 2.12(a)、(b) 分别示出了零位状态($\varphi_i=\psi_i=0$) 和非零位任意状态的相对关系。

为方便起见，将第 k 根驱动绳($k=1, 2, \cdots, 3N$) 在关节 i 两圆盘(记为圆盘 $C_{i,A}$ 和圆盘 $C_{i,B}$)间的绳长表示为 $l_{i,k}$；臂杆 i 内部的绳长为常值，记为 L_i(对于更简单的情况，每段臂杆采用完全相同的设计，则臂杆内部的绳长相等，统一表示为 L_0)。

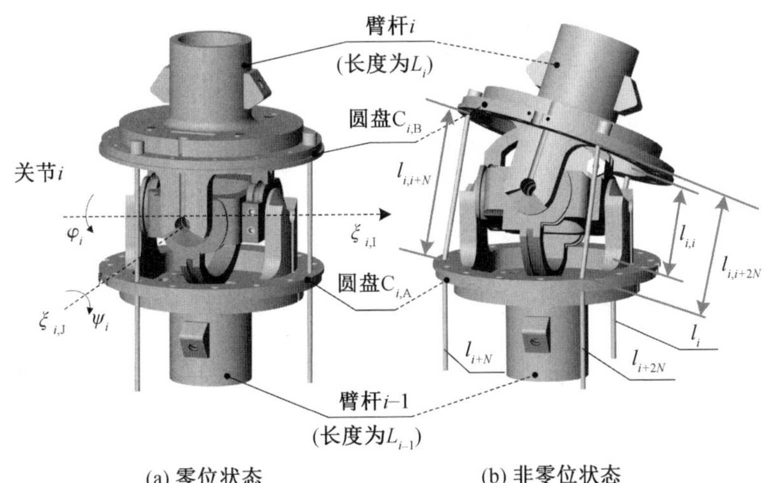

图 2.12　绳索驱动双自由度关节结构示意图

2.2.2　不同状态空间的映射关系

对于具有 N 个关节的绳驱超冗余机器人，存在以下映射关系。

(1) 电机转角－绳长变量，即作动空间与驱动空间之间的映射。电机的旋转运动($3N$ 个状态变量) 转换为绳索的平移运动($3N$ 个状态变量)，每根绳索的长度由相应电机的转动角度决定。

(2) 绳长变量—关节变量,即驱动空间与关节空间之间的映射。绳索的平移运动驱动关节绕旋转轴旋转,关节的转动角度($2N$ 个状态变量)取决于绳索长度($3N$ 个状态变量)。

(3) 关节变量—末端位姿,即关节空间与任务空间之间的映射。关节的运动引起末端执行器的运动,末端位姿(即位置和姿态,6 个状态变量)由关节角度($2N$ 个状态变量)确定。

绳驱超冗余机器人的多重映射关系如图 2.13 所示,不同空间之间的映射构成相应的运动学关系,包括作动空间—驱动空间运动学(建立电机转角与绳长之间的映射关系)、驱动空间—关节空间运动学(建立绳长与关节变量之间的映射关系)、关节空间—任务空间运动学(建立关节变量与末端位姿之间的映射关系)。

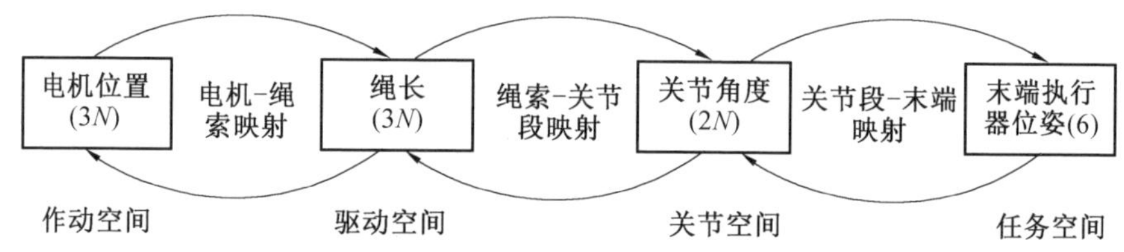

图 2.13　绳驱超冗余机器人的多重映射关系

每根绳索的平移运动是通过电机的旋转来实现的,根据前述设计结果,电机转角 ϑ_{m} 与绳索长度 l 变化量之间的关系如下:

$$\Delta l=\frac{\Delta\vartheta_{\mathrm{m}}}{168\pi}S \tag{2.1}$$

式中　S——丝杠螺距。

$$F_{\mathrm{Cable}}=\frac{\pi\eta\tau_{\mathrm{m}}}{0.042S} \tag{2.2}$$

式中　η——丝杠传动效率;

τ_{m}——电机转矩;

F_{Cable}——绳索拉力。

可以看出,电机转角与绳长变化量存在确定性关系,因此作动空间与驱动空间运动学极其简单,无须过多阐述,后续将重点推导驱动空间—关节空间运动学及关节空间—任务空间运动学方程,且包括正向及逆向运动学方程。

2.2.3　位置级运动学映射关系

前面给出了不同状态空间的映射关系,由于具体状态的描述有位置、速度、加速度三种类型,相应的运动学也分为位置级、速度级、加速度级运动学三种类

型。其中,位置级运动学反映了不同状态空间的位置关系,是其他类型运动学分析的基础。

绳驱机器人不同状态空间的位置级运动学关系如图 2.14 所示,其中 $l_{i,i}$、$l_{i,i+N}$ 和 $l_{i,i+2N}$ 为关节 i 的 3 根驱动绳(即 l_i、l_{i+N} 和 l_{i+2N})在关节 i 两圆盘间的长度,用于直接改变该关节的俯仰角 φ_i 和偏航角 ψ_i;关节角的变化进而引起机器人末端位姿的变化。三维空间中末端位姿有 6 个自由度——3 个平动自由度和 3 个转动自由度,与平动相关的位置级状态用 $\boldsymbol{p}_e=[p_{ex}\quad p_{ey}\quad p_{ez}]^T$ 表示,与转动相关的位置级状态用欧拉角表示,即 $\boldsymbol{\Psi}_e=[\alpha_e\quad \beta_e\quad \gamma_e]^T$,则末端位姿表示为 $\boldsymbol{X}_e=[p_{ex}\quad p_{ey}\quad p_{ez}\quad \alpha_e\quad \beta_e\quad \gamma_e]^T$。此外,末端位姿还可表示为 4×4 齐次变换矩阵 $\boldsymbol{T}_e$ 的形式,即

$$\boldsymbol{T}_e=\begin{bmatrix}\boldsymbol{n}_e & \boldsymbol{o}_e & \boldsymbol{a}_e & \boldsymbol{p}_e\\ 0 & 0 & 0 & 1\end{bmatrix}=\begin{bmatrix}n_{ex} & o_{ex} & a_{ex} & p_{ex}\\ n_{ey} & o_{ey} & a_{ey} & p_{ey}\\ n_{ez} & o_{ez} & a_{ez} & p_{ez}\\ 0 & 0 & 0 & 1\end{bmatrix} \tag{2.3}$$

式中　$\boldsymbol{n}_e$、$\boldsymbol{o}_e$、$\boldsymbol{a}_e$——分别为末端坐标系 x、y、z 轴在参考系中表示的方向向量(单位矢量);

$\boldsymbol{p}_e$——末端坐标系原点在参考系中的位置矢量。

在图 2.14 的运动学关系中,从运动传递的角度来看,①、③ 属于正运动学分析,②、④ 属于逆运动学分析;从建模的难易程度上来看,②、③ 简单,①、④ 复杂。下面将进行详细的推导。

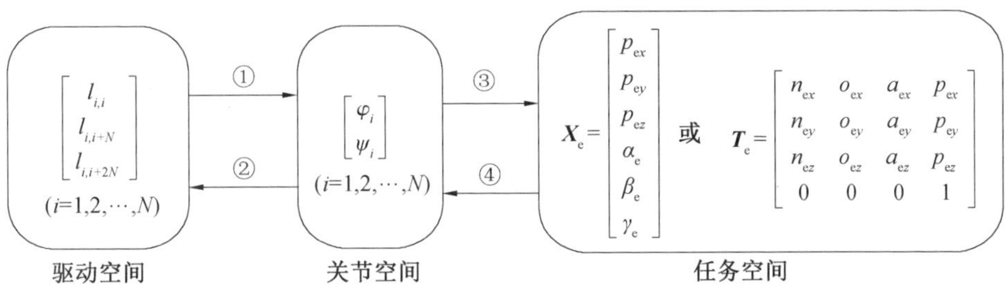

图 2.14　绳驱机器人不同状态空间的位置级运动学关系

2.3　驱动空间－关节空间位置级运动学

驱动空间与关节空间的运动学反映的是绳索状态变量(即绳长)与关节状态变量(关节角)之间的关系,核心问题是建立每组驱动绳索与其对应的模块化双自由度关节之间的映射方程。每组驱动绳有 3 个绳长变量,而每个模块化双关节

有 2 个角度变量，不是一一对应的关系，正向、逆向运动学建模较为复杂，涉及超定方程组的求解问题。下面将分别推导绳索到关节、关节到绳索的运动学方程。

2.3.1 坐标系定义及相互关系

1.坐标系定义

根据上述分析，为了推导关节角和绳长之间的关系，可先建立圆盘 $C_{i,A}$ 和圆盘 $C_{i,B}$ 的固连坐标系，然后推导圆盘坐标系之间的相对位姿，并将其表示为关节变量、绳长变量的函数，即可得到绳索—关节的运动学方程。如图 2.15 所示，假设驱动绳 l_k 在圆盘 $C_{i,A}$ 和圆盘 $C_{i,B}$ 上的布线孔中心点分别为 $A_{i,k}$ 和 $B_{i,k}$，按如下规则建立两个圆盘的固连坐标系和关节中心坐标系。

① 圆盘 $C_{i,A}$ 坐标系 $\{X_{i,A} \quad Y_{i,A} \quad Z_{i,A}\}$，以圆盘 $C_{i,A}$ 圆心 $O_{i,A}$ 为原点，以圆盘面的法向量为 $Z_{i,A}$ 轴，以旋转轴 $\xi_{i,I}$ 为 $X_{i,A}$ 轴，而 $Y_{i,A}$ 轴则根据右手定则确定。

② 圆盘 $C_{i,B}$ 坐标系 $\{X_{i,B} \quad Y_{i,B} \quad Z_{i,B}\}$，以圆盘 $C_{i,B}$ 圆心 $O_{i,B}$ 为原点，以圆盘面的法向量为 $Z_{i,B}$ 轴，以旋转轴 $\xi_{i,J}$ 为 $Y_{i,B}$ 轴，而 $X_{i,B}$ 轴则根据右手定则确定。

③ 关节中心坐标系 $\{X_{i,U} \quad Y_{i,U} \quad Z_{i,U}\}$，以旋转轴 $\xi_{i,I}$ 和旋转轴 $\xi_{i,J}$ 的交点 $O_{i,U}$ 为原点（亦称为关节中心点），以旋转轴 $\xi_{i,I}$ 为 $X_{i,U}$ 轴，以旋转轴 $\xi_{i,J}$ 为 $Y_{i,U}$ 轴，而 $Z_{i,U}$ 轴则根据右手定则确定。

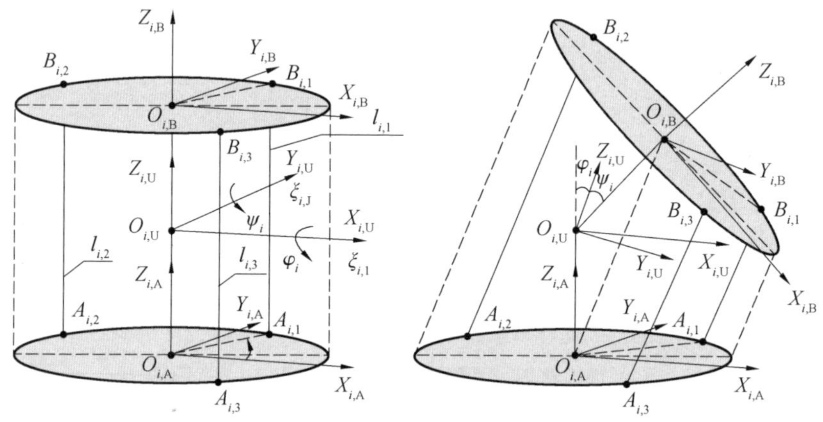

图 2.15 关节模型坐标系分析图

由于本节的推导都是针对关节 i 开展的，在不引起歧义的前提下，为方便起见，可省略标识“i”。因此，坐标系 $\{X_{i,A} \quad Y_{i,A} \quad Z_{i,A}\}$、$\{X_{i,B} \quad Y_{i,B} \quad Z_{i,B}\}$、$\{X_{i,U} \quad Y_{i,U} \quad Z_{i,U}\}$，旋转角 φ_i、ψ_i，圆盘 $C_{i,A}$、圆盘 $C_{i,B}$ 等下标中的“i”可省去，分别表示为坐标系 $\{X_A \quad Y_A \quad Z_A\}$、$\{X_B \quad Y_B \quad Z_B\}$、$\{X_U \quad Y_U \quad Z_U\}$，旋转角 φ、ψ 和圆盘 C_A、圆盘 C_B。

2.坐标系之间的关系

考虑一般情况，设圆盘 C_A、圆盘 C_B 的半径分别为 r_A、r_B，圆心到关节中心的距离分别为 d_A、d_B，即 $O_AO_U = d_A$、$O_BO_U = d_B$。根据几何关系可知，坐标系 $\{X_A \quad Y_A \quad Z_A\}$ 沿其 Z 轴平移 d_A 后，再继续绕其 X 轴旋转 φ 角，可与坐标系 $\{X_U \quad Y_U \quad Z_U\}$ 重合。因此，可得坐标系 $\{X_A \quad Y_A \quad Z_A\}$ 到坐标系 $\{X_U \quad Y_U \quad Z_U\}$ 的齐次变换矩阵为（齐次变换矩阵、齐次变换算子的定义参见附录 2）

$$
\begin{aligned}
{}^{A}\boldsymbol{T}_U = \overline{\mathrm{Trans}}(0,0,d_A)\,\overline{\mathrm{Rot}}(x,\varphi) = &\begin{bmatrix} 1 & 0 & 0 & 0 \\ 0 & 1 & 0 & 0 \\ 0 & 0 & 1 & d_A \\ 0 & 0 & 0 & 1 \end{bmatrix}\begin{bmatrix} 1 & 0 & 0 & 0 \\ 0 & c_\varphi & -s_\varphi & 0 \\ 0 & s_\varphi & c_\varphi & 0 \\ 0 & 0 & 0 & 1 \end{bmatrix} = \\
&\begin{bmatrix} 1 & 0 & 0 & 0 \\ 0 & c_\varphi & -s_\varphi & 0 \\ 0 & s_\varphi & c_\varphi & d_A \\ 0 & 0 & 0 & 1 \end{bmatrix}
\end{aligned} \tag{2.4}
$$

$$
{}^{U}\boldsymbol{T}_A = ({}^{A}\boldsymbol{T}_U)^{-1} = \begin{bmatrix} 1 & 0 & 0 & 0 \\ 0 & c_\varphi & -s_\varphi & 0 \\ 0 & s_\varphi & c_\varphi & d_A \\ 0 & 0 & 0 & 1 \end{bmatrix}^{-1} = \begin{bmatrix} 1 & 0 & 0 & 0 \\ 0 & c_\varphi & s_\varphi & -d_A s_\varphi \\ 0 & -s_\varphi & c_\varphi & -d_A c_\varphi \\ 0 & 0 & 0 & 1 \end{bmatrix} \tag{2.5}
$$

式中　$\overline{\mathrm{Trans}}()$、$\overline{\mathrm{Rot}}()$—— 平移和旋转函数；

c_φ——φ 的余弦值，$c_\varphi = \cos\varphi$；

s_φ——φ 的正弦值，$s_\varphi = \sin\varphi$。

类似地，坐标系 $\{X_U \quad Y_U \quad Z_U\}$ 绕其 Y 轴旋转 ψ 角后，再沿着旋转后所得坐标系的 Z 轴平移 d_B，可与坐标系 $\{X_B \quad Y_B \quad Z_B\}$ 重合。因此，可得坐标系 $\{X_U \quad Y_U \quad Z_U\}$ 到坐标系 $\{X_B \quad Y_B \quad Z_B\}$ 的齐次变换矩阵为

$$
\begin{aligned}
{}^{U}\boldsymbol{T}_B = \overline{\mathrm{Rot}}(y,\psi)\,\overline{\mathrm{Trans}}(0,0,d_B) = &\begin{bmatrix} c_\psi & 0 & s_\psi & 0 \\ 0 & 1 & 0 & 0 \\ -s_\psi & 0 & c_\psi & 0 \\ 0 & 0 & 0 & 1 \end{bmatrix}\begin{bmatrix} 1 & 0 & 0 & 0 \\ 0 & 1 & 0 & 0 \\ 0 & 0 & 1 & d_B \\ 0 & 0 & 0 & 1 \end{bmatrix} = \\
&\begin{bmatrix} c_\psi & 0 & s_\psi & d_B s_\psi \\ 0 & 1 & 0 & 0 \\ -s_\psi & 0 & c_\psi & d_B c_\psi \\ 0 & 0 & 0 & 1 \end{bmatrix}
\end{aligned} \tag{2.6}
$$

式中　c_ψ——ψ 的余弦值，$c_\psi=\cos\psi$；

s_ψ——ψ 的正弦值，$s_\psi=\sin\psi$。

进一步地，可以得到坐标系$\{X_A\quad Y_A\quad Z_A\}$到坐标系$\{X_B\quad Y_B\quad Z_B\}$的齐次变换矩阵为

$$
{}^{A}\boldsymbol{T}_B={}^{A}\boldsymbol{T}_U{}^{U}\boldsymbol{T}_B=\begin{bmatrix}1&0&0&0\\0&c_\varphi&-s_\varphi&0\\0&s_\varphi&c_\varphi&d_A\\0&0&0&1\end{bmatrix}\begin{bmatrix}c_\psi&0&s_\psi&d_Bs_\psi\\0&1&0&0\\-s_\psi&0&c_\psi&d_Bc_\psi\\0&0&0&1\end{bmatrix}=
$$

$$
\begin{bmatrix}c_\psi&0&s_\psi&d_Bs_\psi\\s_\varphi s_\psi&c_\varphi&-s_\varphi c_\psi&-d_Bs_\varphi c_\psi\\-c_\varphi s_\psi&s_\varphi&c_\varphi c_\psi&d_Bc_\varphi c_\psi+d_A\\0&0&0&1\end{bmatrix}\tag{2.7}
$$

2.3.2　关节变量到绳长变量的运动学

1.关节圆盘间的绳长公式

两个圆盘间各驱动绳的绳长分别由两个圆盘上布线孔之间的距离确定。因此，为了计算各驱动绳的绳长，可先计算相应布线点的齐次坐标，再根据距离公式计算两点间的距离，即可得到相应的绳长。

第 k 根驱动绳在圆盘 C_A、C_B 上的布线孔对应的角度（称为布线孔圆周角）均为常数，分别记为β_{Ak} 和β_{Bk}，即$\angle X_AO_AA_k=\beta_{Ak}$、$\angle X_BO_BB_k=\beta_{Bk}$。根据几何特性可知，点 A_k、点 B_k 在坐标系$\{X_A\quad Y_A\quad Z_A\}$、$\{X_B\quad Y_B\quad Z_B\}$中的齐次坐标分别为

$$
{}^{A}\boldsymbol{A}_k=\begin{bmatrix}r_A\cos\beta_{Ak}\\r_A\sin\beta_{Ak}\\0\\1\end{bmatrix}=\begin{bmatrix}\rho_{Akx}\\\rho_{Aky}\\0\\1\end{bmatrix}\quad(k=1,\ 2,\cdots,\ 3N)\tag{2.8}
$$

$$
{}^{B}\boldsymbol{B}_k=\begin{bmatrix}r_B\cos\beta_{Bk}\\r_B\sin\beta_{Bk}\\0\\1\end{bmatrix}=\begin{bmatrix}\rho_{Bkx}\\\rho_{Bky}\\0\\1\end{bmatrix}\quad(k=1,\ 2,\cdots,\ 3N)\tag{2.9}
$$

r_A、r_B 分别为圆盘 C_A、圆盘 C_B 上对应布线孔中心点所在圆周的半径，且

$$
\begin{cases}\rho_{Akx}=r_A\cos\beta_{Ak}\\\rho_{Aky}=r_A\sin\beta_{Ak}\end{cases},\quad\begin{cases}\rho_{Bkx}=r_B\cos\beta_{Bk}\\\rho_{Bky}=r_B\cos\beta_{Bk}\end{cases}\quad(k=1,\ 2,\cdots,\ 3N)\tag{2.10}
$$

因而，得到点 A_k 在坐标系$\{X_U\quad Y_U\quad Z_U\}$中的坐标为

$$
{}^{U}\boldsymbol{A}_k = {}^{U}\boldsymbol{T}_A {}^{A}\boldsymbol{A}_k = \begin{bmatrix} 1 & 0 & 0 & 0 \\ 0 & c_\varphi & s_\varphi & -d_A s_\varphi \\ 0 & -s_\varphi & c_\varphi & -d_A c_\varphi \\ 0 & 0 & 0 & 1 \end{bmatrix} \begin{bmatrix} \rho_{A_k x} \\ \rho_{A_k y} \\ 0 \\ 1 \end{bmatrix} =
$$

$$
\begin{bmatrix} \rho_{A_k x} \\ \rho_{A_k y} c_\varphi - d_A s_\varphi \\ -\rho_{A_k y} s_\varphi - d_A c_\varphi \\ 1 \end{bmatrix} \quad (k = 1, 2, \cdots, 3N) \tag{2.11}
$$

设

$$
\begin{cases} \sigma_{A_k} = \operatorname{atan2}(\rho_{A_k y}, d_A) \\ \sin \sigma_{A_k} = \dfrac{\rho_{A_k y}}{\sqrt{\rho_{A_k y}^2 + d_A^2}} \\ \cos \sigma_{A_k} = \dfrac{d_A}{\sqrt{\rho_{A_k y}^2 + d_A^2}} \end{cases} \quad (k = 1,\ 2, \cdots,\ 3N) \tag{2.12}
$$

其中 atan2() 为反正切函数的一种变形,考虑了所在象限的情况,定义如下:

$$
\operatorname{atan2}(y, x) = \begin{cases} \arctan \dfrac{y}{x} & (x > 0;\text{第 1、4 象限}) \\ \arctan \dfrac{y}{x} + \pi & (x < 0,\ y \geqslant 0;\text{第 2 象限}) \\ \arctan \dfrac{y}{x} - \pi & (x < 0,\ y < 0;\text{第 3 象限}) \\ \dfrac{\pi}{2} & (x = 0,\ y > 0;\text{位于 } y \text{ 轴正半轴}) \\ -\dfrac{\pi}{2} & (x = 0,\ y < 0;\text{位于 } y \text{ 轴负半轴}) \end{cases} \tag{2.13}
$$

则有

$$
\begin{cases} \rho_{A_k y} c_\varphi - d_A s_\varphi = -\sqrt{\rho_{A_k y}^2 + d_A^2} \sin(\varphi - \sigma_{A_k}) \\ -\rho_{A_k y} s_\varphi - d_A c_\varphi = -\sqrt{\rho_{A_k y}^2 + d_A^2} \cos(\varphi - \sigma_{A_k}) \end{cases} \tag{2.14}
$$

因此式(2.11)可进一步表示为

$$
{}^{U}\boldsymbol{A}_k = \begin{bmatrix} \rho_{A_k x} \\ \rho_{A_k y} c_\varphi - d_A s_\varphi \\ -\rho_{A_k y} s_\varphi - d_A c_\varphi \\ 1 \end{bmatrix} = \begin{bmatrix} \rho_{A_k x} \\ -\sqrt{\rho_{A_k y}^2 + d_A^2} \sin(\varphi - \sigma_{A_k}) \\ -\sqrt{\rho_{A_k y}^2 + d_A^2} \cos(\varphi - \sigma_{A_k}) \\ 1 \end{bmatrix} \tag{2.15}
$$

类似地,点 B_k 在坐标系 $\{X_U \quad Y_U \quad Z_U\}$ 中的坐标为

$$^{U}\boldsymbol{B}_k = {}^{U}\boldsymbol{T}_B {}^{B}\boldsymbol{B}_k = \begin{bmatrix} c_\psi & 0 & s_\psi & d_B s_\psi \\ 0 & 1 & 0 & 0 \\ -s_\psi & 0 & c_\psi & d_B c_\psi \\ 0 & 0 & 0 & 1 \end{bmatrix} \begin{bmatrix} \rho_{B_k x} \\ \rho_{B_k y} \\ 0 \\ 1 \end{bmatrix} = \begin{bmatrix} \rho_{B_k x} c_\psi + d_B s_\psi \\ \rho_{B_k y} \\ -\rho_{B_k x} s_\psi + d_B c_\psi \\ 1 \end{bmatrix} \tag{2.16}$$

设

$$\begin{cases} \sigma_{B_k} = \operatorname{atan2}(\rho_{B_k x}, d_B) \\ \sin \sigma_{B_k} = \dfrac{\rho_{B_k x}}{\sqrt{\rho_{B_k x}^2 + d_B^2}} \\ \cos \sigma_{B_k} = \dfrac{d_B}{\sqrt{\rho_{B_k x}^2 + d_B^2}} \end{cases} \quad (k = 1, 2, \cdots, 3N) \tag{2.17}$$

则有

$$\begin{cases} \rho_{B_k x} c_\psi + d_B s_\psi = \sqrt{\rho_{B_k x}^2 + d_B^2} \sin(\psi + \sigma_{B_k}) \\ -\rho_{B_k x} s_\psi + d_B c_\psi = \sqrt{\rho_{B_k x}^2 + d_B^2} \cos(\psi + \sigma_{B_k}) \end{cases} \tag{2.18}$$

因此式(2.16)可表示为

$$^{U}\boldsymbol{B}_k = \begin{bmatrix} \rho_{B_k x} c_\psi + d_B s_\psi \\ \rho_{B_k y} \\ -\rho_{B_k x} s_\psi + d_B c_\psi \\ 1 \end{bmatrix} = \begin{bmatrix} \sqrt{\rho_{B_k x}^2 + d_B^2} \sin(\psi + \sigma_{B_k}) \\ \rho_{B_k y} \\ \sqrt{\rho_{B_k x}^2 + d_B^2} \cos(\psi + \sigma_{B_k}) \\ 1 \end{bmatrix} \tag{2.19}$$

因而,点 A_k 到点 B_k 之间的距离矢量为

$$^{U}\boldsymbol{B}_k - {}^{U}\boldsymbol{A}_k = \begin{bmatrix} \sqrt{\rho_{B_k x}^2 + d_B^2} \sin(\psi + \sigma_{B_k}) \\ \rho_{B_k y} \\ \sqrt{\rho_{B_k x}^2 + d_B^2} \cos(\psi + \sigma_{B_k}) \\ 1 \end{bmatrix} - \begin{bmatrix} \rho_{A_k x} \\ -\sqrt{\rho_{A_k y}^2 + d_A^2} \sin(\varphi - \sigma_{A_k}) \\ -\sqrt{\rho_{A_k y}^2 + d_A^2} \cos(\varphi - \sigma_{A_k}) \\ 1 \end{bmatrix} =$$

$$\begin{bmatrix} \sqrt{\rho_{B_k x}^2 + d_B^2} \sin(\psi + \sigma_{B_k}) - \rho_{A_k x} \\ \rho_{B_k y} + \sqrt{\rho_{A_k y}^2 + d_A^2} \sin(\varphi - \sigma_{A_k}) \\ \sqrt{\rho_{B_k x}^2 + d_B^2} \cos(\psi + \sigma_{B_k}) + \sqrt{\rho_{A_k y}^2 + d_A^2} \cos(\varphi - \sigma_{A_k}) \\ 0 \end{bmatrix} \tag{2.20}$$

因此,点 A_k 到点 B_k 之间的距离平方为

$$(A_k B_k)^2 = \| {}^{U}\boldsymbol{B}_k - {}^{U}\boldsymbol{A}_k \|^2 =$$

$$\left[\sqrt{\rho_{B_k x}^2 + d_B^2} \sin(\psi + \sigma_{B_k}) - \rho_{A_k x}\right]^2 +$$

$$\left[\rho_{B_k y} + \sqrt{\rho_{A_k y}^2 + d_A^2} \sin(\varphi - \sigma_{A_k})\right]^2 +$$

$$\left[\sqrt{\rho_{\mathrm{B}kx}^2+d_{\mathrm{B}}^2}\cos(\psi+\sigma_{\mathrm{B}k})+\sqrt{\rho_{\mathrm{A}ky}^2+d_{\mathrm{A}}^2}\cos(\varphi-\sigma_{\mathrm{A}k})\right]^2 \tag{2.21}$$

式中　$\|\cdot\|$——矢量的 2 范数。

对式(2.21)进行展开和整理,有

$$\begin{aligned}(A_kB_k)^2=&\left[(\rho_{\mathrm{B}kx}^2+d_{\mathrm{B}}^2)\sin^2(\psi+\sigma_{\mathrm{B}k})+\rho_{\mathrm{A}kx}^2-2\rho_{\mathrm{A}kx}\sqrt{\rho_{\mathrm{B}kx}^2+d_{\mathrm{B}}^2}\sin(\psi+\sigma_{\mathrm{B}k})\right]+\\&\left[\rho_{\mathrm{B}ky}^2+(\rho_{\mathrm{A}ky}^2+d_{\mathrm{A}}^2)\sin^2(\varphi-\sigma_{\mathrm{A}k})+2\rho_{\mathrm{B}ky}\sqrt{\rho_{\mathrm{A}ky}^2+d_{\mathrm{A}}^2}\sin(\varphi-\sigma_{\mathrm{A}k})\right]+\\&\left[(\rho_{\mathrm{B}kx}^2+d_{\mathrm{B}}^2)\cos^2(\psi+\sigma_{\mathrm{B}})+(\rho_{\mathrm{A}ky}^2+d_{\mathrm{A}}^2)\cos^2(\varphi-\sigma_{\mathrm{A}k})+\right.\\&\left.2\sqrt{\rho_{\mathrm{B}kx}^2+d_{\mathrm{B}}^2}\sqrt{\rho_{\mathrm{A}ky}^2+d_{\mathrm{A}}^2}\cos(\psi+\sigma_{\mathrm{B}k})\cos(\varphi-\sigma_{\mathrm{A}k})\right]=\\&(\rho_{\mathrm{B}kx}^2+d_{\mathrm{B}}^2)+(\rho_{\mathrm{A}ky}^2+d_{\mathrm{A}}^2)+\rho_{\mathrm{A}kx}^2+\rho_{\mathrm{B}ky}^2-\\&2\rho_{\mathrm{A}kx}\sqrt{\rho_{\mathrm{B}kx}^2+d_{\mathrm{B}}^2}\sin(\psi+\sigma_{\mathrm{B}k})+2\rho_{\mathrm{B}ky}\sqrt{\rho_{\mathrm{A}ky}^2+d_{\mathrm{A}}^2}\sin(\varphi-\sigma_{\mathrm{A}k})+\\&2\sqrt{\rho_{\mathrm{B}kx}^2+d_{\mathrm{B}}^2}\sqrt{\rho_{\mathrm{A}ky}^2+d_{\mathrm{A}}^2}\cos(\psi+\sigma_{\mathrm{B}k})\cos(\varphi-\sigma_{\mathrm{A}k})=\\&(\rho_{\mathrm{A}kx}^2+\rho_{\mathrm{A}ky}^2)+(\rho_{\mathrm{B}kx}^2+\rho_{\mathrm{B}ky}^2)+(d_{\mathrm{A}}^2+d_{\mathrm{B}}^2)-\\&2\rho_{\mathrm{A}kx}\sqrt{\rho_{\mathrm{B}kx}^2+d_{\mathrm{B}}^2}\sin(\psi+\sigma_{\mathrm{B}k})+2\rho_{\mathrm{B}ky}\sqrt{\rho_{\mathrm{A}ky}^2+d_{\mathrm{A}}^2}\sin(\varphi-\sigma_{\mathrm{A}k})+\\&2\sqrt{\rho_{\mathrm{B}kx}^2+d_{\mathrm{B}}^2}\sqrt{\rho_{\mathrm{A}ky}^2+d_{\mathrm{A}}^2}\cos(\psi+\sigma_{\mathrm{B}k})\cos(\varphi-\sigma_{\mathrm{A}k})\end{aligned} \tag{2.22}$$

根据 $r_{\mathrm{A}}^2=\rho_{\mathrm{A}kx}^2+\rho_{\mathrm{A}ky}^2$,$r_{\mathrm{B}}^2=\rho_{\mathrm{B}kx}^2+\rho_{\mathrm{B}ky}^2$,可进一步得到

$$\begin{aligned}(A_kB_k)^2=&(r_{\mathrm{A}}^2+d_{\mathrm{A}}^2)+(r_{\mathrm{B}}^2+d_{\mathrm{B}}^2)+\\&2\rho_{\mathrm{B}ky}\sqrt{\rho_{\mathrm{A}ky}^2+d_{\mathrm{A}}^2}\sin(\varphi-\sigma_{\mathrm{A}k})-\\&2\rho_{\mathrm{A}kx}\sqrt{\rho_{\mathrm{B}kx}^2+d_{\mathrm{B}}^2}\sin(\psi+\sigma_{\mathrm{B}k})+\\&2\sqrt{\rho_{\mathrm{A}ky}^2+d_{\mathrm{A}}^2}\sqrt{\rho_{\mathrm{B}kx}^2+d_{\mathrm{B}}^2}\cos(\varphi-\sigma_{\mathrm{A}k})\cos(\psi+\sigma_{\mathrm{B}k})\end{aligned} \tag{2.23}$$

令

$$\begin{cases}\lambda_0^2=(r_{\mathrm{A}}^2+d_{\mathrm{A}}^2)+(r_{\mathrm{B}}^2+d_{\mathrm{B}}^2)\\ \lambda_{k,1}=\rho_{\mathrm{B}ky}\\ \lambda_{k,2}=\sqrt{\rho_{\mathrm{A}ky}^2+d_{\mathrm{A}}^2}\\ \lambda_{k,3}=\rho_{\mathrm{A}kx}\\ \lambda_{k,4}=\sqrt{\rho_{\mathrm{B}kx}^2+d_{\mathrm{B}}^2}\end{cases} \tag{2.24}$$

则式(2.23)可写成如下形式:

$$\begin{aligned}(A_kB_k)^2=&\lambda_0^2+2\lambda_{k,1}\lambda_{k,2}\sin(\varphi-\sigma_{\mathrm{A}k})-2\lambda_{k,3}\lambda_{k,4}\sin(\psi+\sigma_{\mathrm{B}k})+\\&2\lambda_{k,2}\lambda_{k,4}\cos(\varphi-\sigma_{\mathrm{A}k})\cos(\psi+\sigma_{\mathrm{B}k})\end{aligned} \tag{2.25}$$

对式(2.25)进行开方,得到相应于给定关节的两圆盘之间的绳长计算公式如下:

$$A_kB_k=[\lambda_0^2+2\lambda_{k,1}\lambda_{k,2}\sin(\varphi-\sigma_{\mathrm{A}k})-2\lambda_{k,3}\lambda_{k,4}\sin(\psi+\sigma_{\mathrm{B}k})+2\lambda_{k,2}\lambda_{k,4}\cos(\varphi-\sigma_{\mathrm{A}k})\cos(\psi+\sigma_{\mathrm{B}k})]^{\frac{1}{2}} \tag{2.26}$$

式(2.26)为任意关节两圆盘之间绳长的通用计算公式，确切地说，是两圆盘布线孔之间的距离。相应于关节 i，第 k 根驱动绳在其两圆盘间的绳长 $l_{i,k}$ 可表示为(注意：增加了下标后的变量 φ_i、ψ_i 表示关节 i 的两个转角)

$$\begin{aligned}l_{i,k}&=f(\varphi_i,\psi_i,\beta_{\mathrm{A}k},\beta_{\mathrm{B}k})=\\&[\lambda_0^2+2\lambda_{k,1}\lambda_{k,2}\sin(\varphi_i-\sigma_{\mathrm{A}k})-2\lambda_{k,3}\lambda_{k,4}\sin(\psi_i+\sigma_{\mathrm{B}k})+\\&2\lambda_{k,2}\lambda_{k,4}\cos(\varphi_i-\sigma_{\mathrm{A}k})\cos(\psi_i+\sigma_{\mathrm{B}k})]^{\frac{1}{2}}\end{aligned} \tag{2.27}$$

式(2.27)即建立了从双自由度关节转角(φ_i,ψ_i)到关节圆盘间的绳长 $l_{i,k}$ 的函数，其中布线孔圆周角 $\beta_{\mathrm{A}k}$ 和 $\beta_{\mathrm{B}k}$ 均为常数。当给定关节转角后，根据式(2.27)即可计算该关节圆盘间任意驱动绳的绳长。

为简便起见，在设计时一般使每根驱动绳在所有圆盘上的布线孔圆周角均相同，此时，驱动绳 l_k 的布线孔圆周角表示为 β_k，即 $\beta_{\mathrm{A}k}=\beta_{\mathrm{B}k}=\beta_k$，则式(2.27)可进一步表示为

$$\begin{aligned}l_{i,k}&=f(\varphi_i,\psi_i,\beta_k)=\\&[\lambda_0^2+2\lambda_{k,1}\lambda_{k,2}\sin(\varphi_i-\sigma_{\mathrm{A}k})-2\lambda_{k,3}\lambda_{k,4}\sin(\psi_i+\sigma_{\mathrm{B}k})+\\&2\lambda_{k,2}\lambda_{k,4}\cos(\varphi_i-\sigma_{\mathrm{A}k})\cos(\psi_i+\sigma_{\mathrm{B}k})]^{\frac{1}{2}}\end{aligned} \tag{2.28}$$

在不做特别说明时，本书将采用式(2.28)作为绳长计算公式。此外，由于上式需要执行开方计算，为推导方便，有时需要表示为如下形式：

$$l_{i,k}^2=[\lambda_0^2+2\lambda_{k,1}\lambda_{k,2}\sin(\varphi_i-\sigma_{\mathrm{A}k})-2\lambda_{k,3}\lambda_{k,4}\sin(\psi_i+\sigma_{\mathrm{B}k})+2\lambda_{k,2}\lambda_{k,4}\cos(\varphi_i-\sigma_{\mathrm{A}k})\cos(\psi_i+\sigma_{\mathrm{B}k})] \tag{2.29}$$

为分析各关节角发生变化时对绳长平方的影响，可计算其相对于各关节变量的偏导数。根据式(2.29)，有

$$\begin{cases}\dfrac{\partial(l_{i,k}^2)}{\partial\varphi_i}=2\lambda_{k,1}\lambda_{k,2}\cos(\varphi_i-\sigma_{\mathrm{A}k})-2\lambda_{k,2}\lambda_{k,4}\sin(\varphi_i-\sigma_{\mathrm{A}k})\cos(\psi_i+\sigma_{\mathrm{B}k})\\[2ex]\dfrac{\partial(l_{i,k}^2)}{\partial\psi_i}=-2\lambda_{k,3}\lambda_{k,4}\cos(\psi_i+\sigma_{\mathrm{B}k})-2\lambda_{k,2}\lambda_{k,4}\cos(\varphi_i-\sigma_{\mathrm{A}k})\sin(\psi_i+\sigma_{\mathrm{B}k})\end{cases} \tag{2.30}$$

2.关节驱动绳总绳长公式

根据前述分析可知，关节 i 的驱动绳(即 l_i、l_{i+N} 和 l_{i+2N})经过臂杆 0、关节 1，臂杆 1、关节 2，……，臂杆 $i-1$、关节 i 后固定在 $\mathrm{C}_{i,\mathrm{B}}$ 上，因此，其总长度为所经过

的各臂杆、各关节的绳长之和，即

$$\begin{cases} l_i = \sum_{m=1}^{i}(L_{m-1}+l_{m,i}) = \sum_{m=1}^{i}L_{m-1}+\sum_{m=1}^{i}f(\varphi_m,\psi_m,\beta_i) \\ l_{i+N} = \sum_{m=1}^{i}(L_{m-1}+l_{m,i+N}) = \sum_{m=1}^{i}L_{m-1}+\sum_{m=1}^{i}f(\varphi_m,\psi_m,\beta_{i+N}) \quad (i=1,2,\cdots,N) \\ l_{i+2N} = \sum_{m=1}^{i}(L_{m-1}+l_{m,i+2N}) = \sum_{m=1}^{i}L_{m-1}+\sum_{m=1}^{i}f(\varphi_m,\psi_m,\beta_{i+2N}) \end{cases} \tag{2.31}$$

式中　L_m—— 臂杆 $m(m=0,\ 1,\ \cdots,\ i-1)$ 内的绳长，由于臂杆长度不变，L_m 为常数；

$l_{m,k}$—— 驱动绳 $k(k=i,\ i+N,\ i+2N)$ 在关节 $m(m=1,\ 2,\ \cdots,\ i)$ 两圆盘之间的绳长，根据式(2.28) 进行计算。

考虑每根臂杆长度完全相同的情况，即 $L_m=L_0(m=0,\ 1,\ \cdots,\ N-1)$，则式(2.31) 可进一步表示为

$$\begin{cases} l_i = iL_0+\sum_{m=1}^{i}l_{m,i} = iL_0+\sum_{m=1}^{i}f(\varphi_m,\psi_m,\beta_i) \\ l_{i+N} = iL_0+\sum_{m=1}^{i}l_{m,i+N} = iL_0+\sum_{m=1}^{i}f(\varphi_m,\psi_m,\beta_{i+N}) \quad (i=1,2,\cdots,N) \\ l_{i+2N} = iL_0+\sum_{m=1}^{i}l_{m,i+2N} = iL_0+\sum_{m=1}^{i}f(\varphi_m,\psi_m,\beta_{i+2N}) \end{cases} \tag{2.32}$$

由于每个双自由度关节的 3 根驱动绳对应的布线孔在圆盘上按 120°(即 $\frac{2\pi}{3}$ 弧度) 的间距均匀分布，只要给定其中一根驱动绳的布线孔圆周角，其余两根驱动绳的布线孔圆周角即可确定。对于关节 i 的 3 根驱动绳(l_i、l_{i+N} 和 l_{i+2N})，满足 $\beta_{i+N}=\beta_i+\frac{2\pi}{3}$，$\beta_{i+2N}=\beta_{i+N}+\frac{2\pi}{3}=\beta_i+\frac{4\pi}{3}$，在实际计算时可将上述关系考虑进去。

2.3.3　绳长变量到关节变量的运动学

前一节推导了根据关节变量求解驱动绳绳长的解析式，即式(2.28) 和式(2.31)，根据给定的关节转角总能求出关节圆盘间的绳长和驱动绳总绳长。

本节将推导上述问题的反问题，即给定各驱动绳的绳长后如何确定关节转角。对于第一个关节，$i=1$，根据式(2.31) 可得

$$\begin{cases} f(\varphi_1, \psi_1, \beta_1) = l_1 - L_0 \\ f(\varphi_1, \psi_1, \beta_{1+N}) = l_2 - L_0 \\ f(\varphi_1, \psi_1, \beta_{1+2N}) = l_3 - L_0 \end{cases} \tag{2.33}$$

进一步地，对于关节 $i(i=2, \cdots, N)$，待求解变量为(φ_i, ψ_i)，根据式(2.31)可得

$$\begin{cases} f(\varphi_i, \psi_i, \beta_i) = l_i - \sum_{m=1}^{i} L_{m-1} - \sum_{m=1}^{i-1} f(\varphi_m, \psi_m, \beta_i) \\ f(\varphi_i, \psi_i, \beta_{i+N}) = l_{i+N} - \sum_{m=1}^{i} L_{m-1} - \sum_{m=1}^{i-1} f(\varphi_m, \psi_m, \beta_{i+N}) \quad (i=2, \cdots, N) \\ f(\varphi_i, \psi_i, \beta_{i+2N}) = l_{i+2N} - \sum_{m=1}^{i} L_{m-1} - \sum_{m=1}^{i-1} f(\varphi_m, \psi_m, \beta_{i+2N}) \end{cases} \tag{2.34}$$

根据式(2.33)和式(2.34)可知，当给定绳长时，可先根据式(2.33)求解关节1的角度，在此基础上可依次求解关节2，3，…，N的角度，在求解后序关节的角度时，前序关节的角度作为已知量，因此，将所有关节的求解表示为下面的通用方程：

$$\begin{cases} f(\varphi_i, \psi_i, \beta_i) = l_{i,i} \\ f(\varphi_i, \psi_i, \beta_{i+N}) = l_{i,i+N} \quad (i=1, \cdots, N) \\ f(\varphi_i, \psi_i, \beta_{i+2N}) = l_{i,i+2N} \end{cases} \tag{2.35}$$

式中　β_i、β_{i+N}、β_{i+2N}——驱动绳对应布线孔的圆周角，为常数；

$l_{i,i}$、$l_{i,i+N}$、$l_{i,i+2N}$——关节 i 的 3 根驱动绳在该关节两圆盘间的长度，由式(2.33)和式(2.34)右侧的项计算所得（根据不同的 i），即

$$l_{i,k} = \begin{cases} l_k - L_0 & (i=1; k=i, i+N, i+2N) \\ l_k - \sum_{m=1}^{i} L_{m-1} - \sum_{m=1}^{i-1} f(\varphi_m, \psi_m, \beta_k) & (i=2,3,\cdots,N;\ k=i, i+N, i+2N) \end{cases} \tag{2.36}$$

结合式(2.28)，对式(2.35)两边进行平方后可得

$$\begin{cases} \lambda_0^2 + 2\lambda_{i,1}\lambda_{i,2}\sin(\varphi_i - \sigma_{A_i}) - 2\lambda_{i,3}\lambda_{i,4}\sin(\psi_i + \sigma_{B_i}) + \\ \qquad 2\lambda_{i,2}\lambda_{i,4}\cos(\varphi_i - \sigma_{A_i})\cos(\psi_i + \sigma_{B_i}) = l_{i,i}^2 \\ \lambda_0^2 + 2\lambda_{i+N,1}\lambda_{i+N,2}\sin(\varphi_i - \sigma_{A_{i+N}}) - 2\lambda_{i+N,3}\lambda_{i+N,4}\sin(\psi_i + \sigma_{B_{i+N}}) + \\ \qquad 2\lambda_{i+N,2}\lambda_{i+N,4}\cos(\varphi_i - \sigma_{A_{i+N}})\cos(\psi_i + \sigma_{B_{i+N}}) = l_{i,i+N}^2 \\ \lambda_0^2 + 2\lambda_{i+2N,1}\lambda_{i+2N,2}\sin(\varphi_i - \sigma_{A_{i+2N}}) - 2\lambda_{i+2N,3}\lambda_{i+2N,4}\sin(\psi_i + \sigma_{B_{i+2N}}) + \\ \qquad 2\lambda_{i+2N,2}\lambda_{i+N,4}\cos(\varphi_i - \sigma_{A_{i+2N}})\cos(\psi_i + \sigma_{B_{i+2N}}) = l_{i,i+2N}^2 \end{cases} \tag{2.37}$$

因此，式(2.37) 为由两个未知数、三个方程组成的超定方程组，表达式中包含了三角函数及其乘积，是高度非线性的，极难求出解析解，实际中，采用数值法进行求解。首先，方程组(2.37) 的雅可比矩阵按下式进行计算：

$$\boldsymbol{J}_{\theta-l^2}^{(i)}=\begin{bmatrix}\dfrac{\partial(l_{i,i}^2)}{\partial\varphi_i} & \dfrac{\partial(l_{i,i}^2)}{\partial\psi_i}\\ \dfrac{\partial(l_{i,i+N}^2)}{\partial\varphi_i} & \dfrac{\partial(l_{i,i+N}^2)}{\partial\psi_i}\\ \dfrac{\partial(l_{i,i+2N}^2)}{\partial\varphi_i} & \dfrac{\partial(l_{i,i+2N}^2)}{\partial\psi_i}\end{bmatrix} \tag{2.38}$$

式中　$\boldsymbol{J}_{\theta-l^2}^{(i)}$ —— 关节 i 转角到该关节处圆盘间绳长平方的雅可比矩阵。

分别将 $k=i$、$i+N$ 和 $i+2N$ 代入式(2.30) 后，可得该雅可比矩阵的各项表达式，如 $k=i$ 时，可得其第一行的两个元素为

$$\begin{cases}\dfrac{\partial(l_{i,i}^2)}{\partial\varphi_i}=2\lambda_{i,1}\lambda_{i,2}\cos(\varphi_i-\sigma_{\mathrm{A}_i})-2\lambda_{i,2}\lambda_{i,4}\sin(\varphi_i-\sigma_{\mathrm{A}_i})\cos(\psi_i+\sigma_{\mathrm{B}_i})\\ \dfrac{\partial(l_{i,i}^2)}{\partial\psi_i}=-2\lambda_{i,3}\lambda_{i,4}\cos(\psi_i+\sigma_{\mathrm{B}_i})-2\lambda_{i,2}\lambda_{i,4}\cos(\varphi_i-\sigma_{\mathrm{A}_i})\sin(\psi_i+\sigma_{\mathrm{B}_i})\end{cases} \tag{2.39}$$

因而可得绳长平方的微分与关节转角微分的关系为

$$\begin{bmatrix}\mathrm{d}(l_{i,i}^2)\\ \mathrm{d}(l_{i,i+N}^2)\\ \mathrm{d}(l_{i,i+2N}^2)\end{bmatrix}=\boldsymbol{J}_{\theta-l^2}^{(i)}\begin{bmatrix}\mathrm{d}\varphi_i\\ \mathrm{d}\psi_i\end{bmatrix} \tag{2.40}$$

根据式(2.40) 可知，关节转角的度增量可以通过绳索平方的增量计算得到，即

$$\begin{bmatrix}\Delta\varphi_i\\ \Delta\psi_i\end{bmatrix}=(\boldsymbol{J}_{\theta-l^2}^{(i)})^{+}\begin{bmatrix}\Delta(l_{i,i}^2)\\ \Delta(l_{i,i+N}^2)\\ \Delta(l_{i,i+2N}^2)\end{bmatrix} \tag{2.41}$$

式中　$(\boldsymbol{J}_{\theta-l^2}^{(i)})^{+}$ —— 雅可比矩阵 $\boldsymbol{J}_{\theta-l^2}^{(i)}$ 的伪逆矩阵(Pseudoinverse Matrix)，本书采用 Moore－Penrose 广义逆作为矩阵的伪逆。

根据式(2.41)，可采用迭代法计算得到相应的关节转角，当超定方程组相容时可求出精确解，而当超定方程组不相容时则求出最小二乘解。数值迭代法求解期望的关节角度流程图如图 2.16 所示，其中 $\boldsymbol{\vartheta}=\begin{bmatrix}\varphi_i\\ \psi_i\end{bmatrix}$ 为关节 i 两个角度所组成的向量，图 2.16 中下标(j) 代表第 j 次迭代。

以上推导了单个双自由度关节转角的求解公式，对于整个机器人而言，根据绳长变量求解所有关节变量的算法流程图如图 2.17 所示。

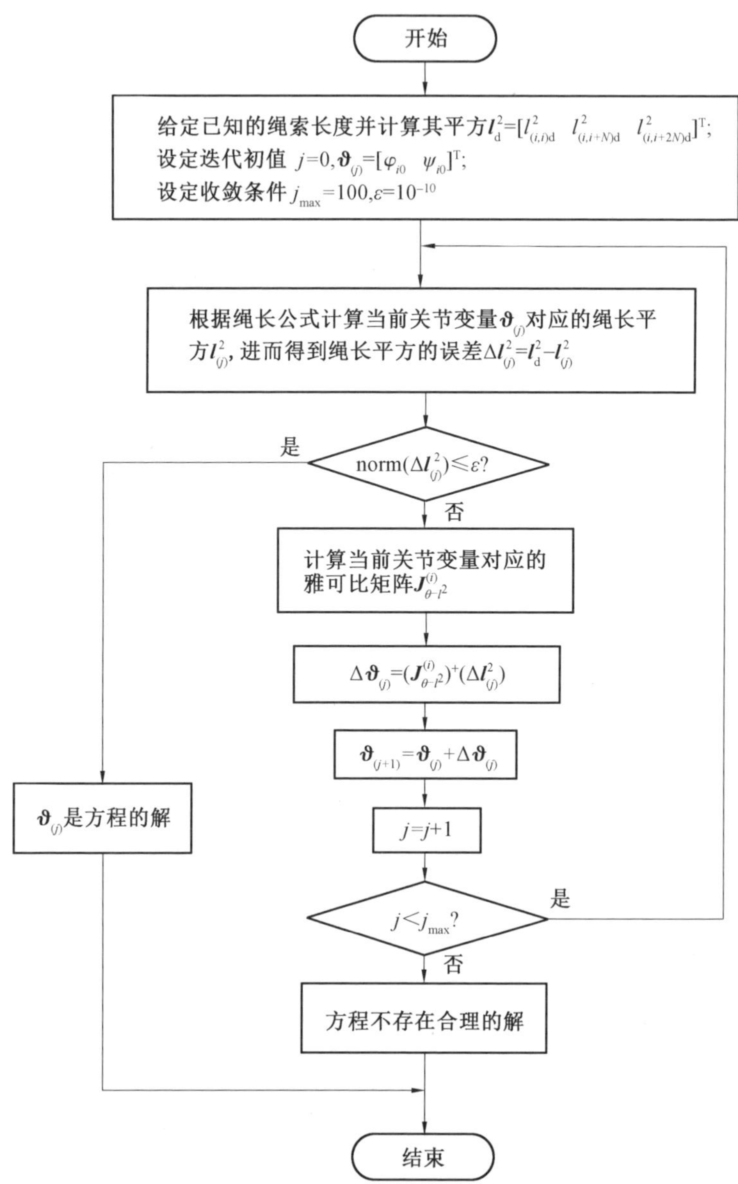

图 2.16　数值迭代法求解期望的关节角度流程图

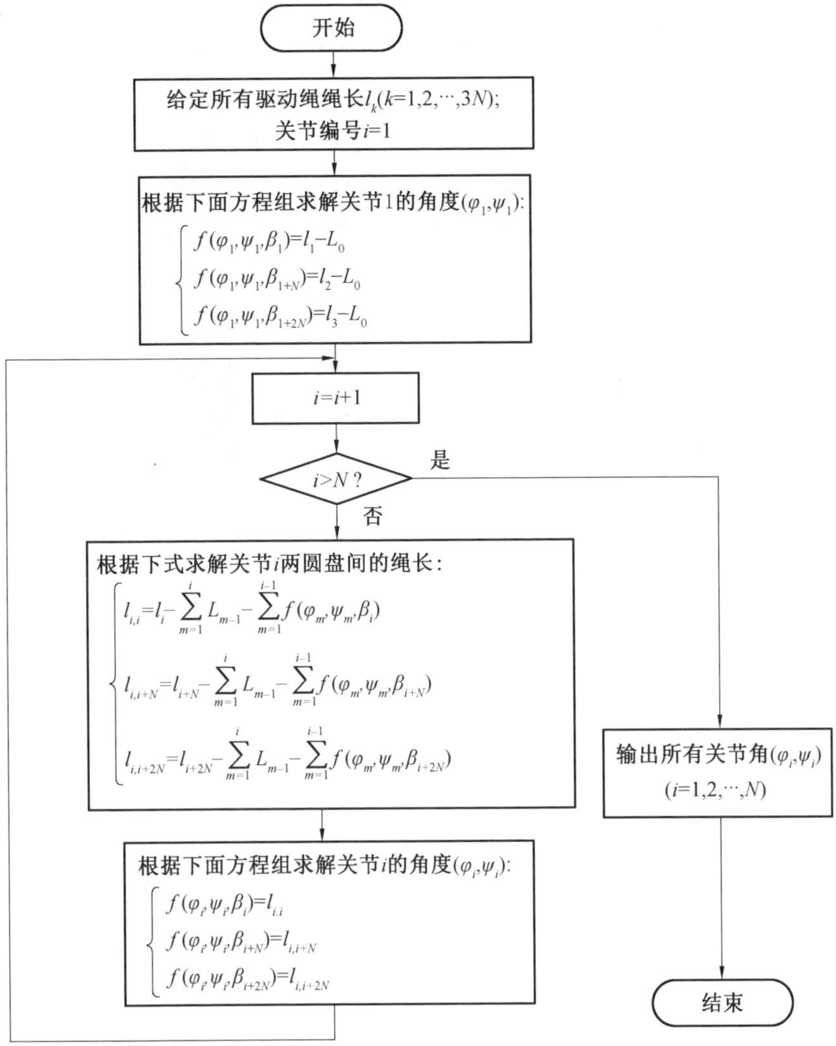

图 2.17　根据绳长变量求解所有关节变量的算法流程图

2.4　关节空间 - 任务空间位置级运动学

绳索驱动超冗余机器人关节空间与任务空间之间的映射反映的是关节变量与末端位姿之间的关系，与传统关节式机器人的情况类似。因而，可以采用经典的 D－H(Denavit－Hartenberg) 法来推导其运动学方程。

2.4.1 关节变量到末端位姿的运动学

由 N 个双自由度模块化关节组成的串联机器人有 $n(n=2N)$ 个关节变量，可将其当成由 $(n+1)$ 个连杆和 n 个单自由度关节组成的运动链来推导其运动学方程。以前述所设计的 $N=10$、$n=20$ 为例，根据 D－H 规则建立的连杆坐标系如图 2.18 所示，其中 $d_0=134.5$ mm，$l=140$ mm。相应的 D－H 参数见表 2.5。

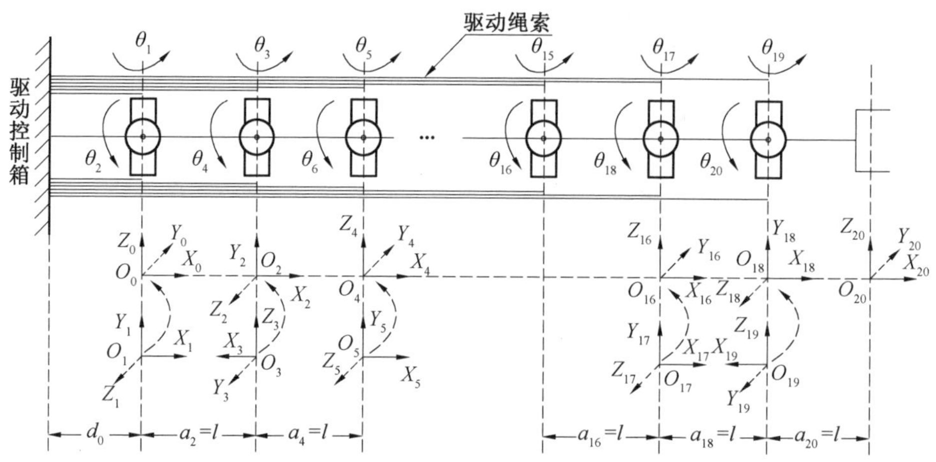

图 2.18 根据 D－H 规则建立的连杆坐标系

表2.5 绳索驱动超冗余机器人 D－H 参数

连杆 i	$\theta_i/(°)$	$\alpha_i/(°)$	a_i/mm	d_i/mm
1	0	90	0	0
2	0	0	l	0
3	180	90	0	0
4	180	0	l	0
5	0	90	0	0
6	0	0	l	0
7	180	90	0	0
8	180	0	l	0
9	0	90	0	0
10	0	0	l	0
11	180	90	0	0
12	180	0	l	0

续表2.5

连杆 i	$\theta_i/(°)$	$\alpha_i/(°)$	a_i/mm	d_i/mm
13	0	90	0	0
14	0	0	l	0
15	180	90	0	0
16	180	0	l	0
17	0	90	0	0
18	0	0	l	0
19	180	90	0	0
20	180	0	l	0

根据机器人学的知识可知，采用 D－H 规则建立连杆坐标系后，相邻连杆坐标系间的齐次变换矩阵为

$$
{}^{i-1}\boldsymbol{T}_i=\begin{bmatrix}\cos\theta_i & -\sin\theta_i\cos\alpha_i & \sin\theta_i\sin\alpha_i & a_i\cos\theta_i\\ \sin\theta_i & \cos\theta_i\cos\alpha_i & -\cos\theta_i\sin\alpha_i & a_i\sin\theta_i\\ 0 & \sin\alpha_i & \cos\alpha_i & d_i\\ 0 & 0 & 0 & 1\end{bmatrix}=
\begin{bmatrix}c_i & -\lambda_i s_i & \mu_i s_i & a_i c_i\\ s_i & \lambda_i c_i & -\mu_i c_i & a_i s_i\\ 0 & \mu_i & \lambda_i & d_i\\ 0 & 0 & 0 & 1\end{bmatrix} \tag{2.42}
$$

式中　$s_i=\sin\theta_i$，$c_i=\cos\theta_i$，$\mu_i=\sin\alpha_i$，$\lambda_i=\cos\alpha_i$。

矩阵${}^{i-1}\boldsymbol{T}_i$表示连杆坐标系$\{i\}$相对于连杆坐标系$\{i-1\}$的齐次变换矩阵，或连杆坐标系$\{i-1\}$到连杆坐标系$\{i\}$的齐次变换矩阵。

将表 2.5 中的 D－H 参数代入式(2.42)后，可依次得到如下齐次变换矩阵表达式：

$$
{}^0\boldsymbol{T}_1=\begin{bmatrix}c_1 & 0 & s_1 & 0\\ s_1 & 0 & -c_1 & 0\\ 0 & 1 & 0 & 0\\ 0 & 0 & 0 & 1\end{bmatrix},\quad
{}^1\boldsymbol{T}_2=\begin{bmatrix}c_2 & -s_2 & 0 & lc_2\\ s_2 & c_2 & 0 & ls_2\\ 0 & 0 & 1 & 0\\ 0 & 0 & 0 & 1\end{bmatrix}
$$

$$
{}^2\boldsymbol{T}_3=\begin{bmatrix}-c_3 & 0 & -s_3 & 0\\ -s_3 & 0 & c_3 & 0\\ 0 & 1 & 0 & 0\\ 0 & 0 & 0 & 1\end{bmatrix},\quad
{}^3\boldsymbol{T}_4=\begin{bmatrix}-c_4 & s_4 & 0 & -lc_4\\ -s_4 & -c_4 & 0 & -ls_4\\ 0 & 0 & 1 & 0\\ 0 & 0 & 0 & 1\end{bmatrix}
$$

$$\vdots$$

$$^{18}\boldsymbol{T}_{19}=\begin{bmatrix}-c_{19} & 0 & -s_{19} & 0\\ -s_{19} & 0 & c_{19} & 0\\ 0 & 1 & 0 & 0\\ 0 & 0 & 0 & 1\end{bmatrix},\quad ^{19}\boldsymbol{T}_{20}=\begin{bmatrix}-c_{20} & s_{20} & 0 & -lc_{20}\\ -s_{20} & -c_{20} & 0 & -ls_{20}\\ 0 & 0 & 1 & 0\\ 0 & 0 & 0 & 1\end{bmatrix}$$

将上述齐次变换矩阵依次相乘，即可得到末端坐标系相对于基座坐标系的齐次变换矩阵，表达式如下：

$$^{0}\boldsymbol{T}_{20}={}^{0}\boldsymbol{T}_{1}\cdot{}^{1}\boldsymbol{T}_{2}\cdot\cdots\cdot{}^{19}\boldsymbol{T}_{20}=\boldsymbol{f}(\theta_1,\theta_2,\cdots,\theta_{20}) \tag{2.43}$$

将给定的关节角代入式(2.43)中即可计算出相应的末端位姿。图2.19所示为超冗余机器人的几种典型臂型。

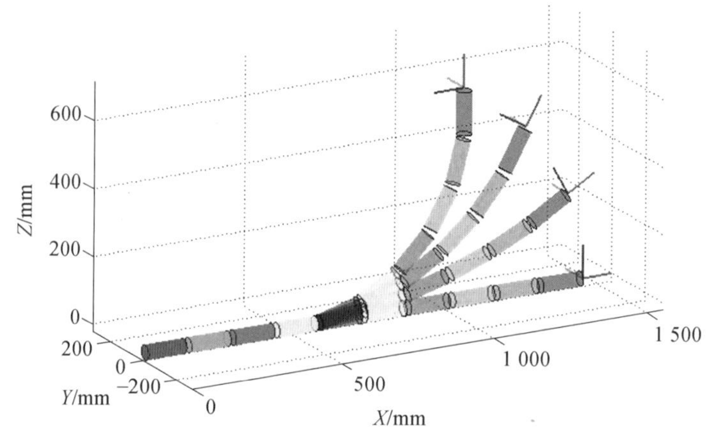

图 2.19　超冗余机器人的几种典型臂型

需要指出的是，根据2.1节介绍的自由度配置情况，相邻关节的连接方式为“PY－YP”，即相邻的两个模块化关节中，其自由度配置分别是“PY”和“YP”，它们的自由度配置在臂杆方向相差了90°，因此，在关节绳长计算的过程中，同一根绳索在不同关节处会出现不同的β值。为了统一绳索在绳驱机械臂上的位置值，本书以“YP”配置下关节的绳索位置β值作为标准值。因此，为了使式(2.27)对“PY”和“YP”两种关节配置都适用，采用下式计算双自由度关节的两个转角：

$$\begin{bmatrix}\varphi_i\\ \psi_i\end{bmatrix}=\begin{bmatrix}(-1)^{i+1}\theta_{2i-1}\\ \theta_{2i}\end{bmatrix}\quad(1\leqslant i\leqslant N) \tag{2.44}$$

2.4.2　末端位姿到关节变量的运动学

根据末端位姿求解关节变量的问题与传统关节式机器人的逆运动学问题相似，但对于冗余机器人而言具有无穷多组解，实际中可以根据环境条件、待优化目标等确定合适的关节变量；自由度越多，可选择性越大。关于7自由度冗余机

器人运动学求解的方法参见本书作者的另一部专著《冗余空间机器人操作臂：运动学、轨迹规划及控制》(科学出版社，2017 年出版)。

对于超冗余机器人，也可将其当成一般冗余机器人处理，采用数值法求解其最小范数解。假设期望的末端位姿为

$$\boldsymbol{T}_{\mathrm{d}}=\begin{bmatrix}\boldsymbol{n}_{\mathrm{d}} & \boldsymbol{o}_{\mathrm{d}} & \boldsymbol{a}_{\mathrm{d}} & \boldsymbol{p}_{\mathrm{d}}\\ 0 & 0 & 0 & 1\end{bmatrix} \tag{2.45}$$

若当前关节变量为 $\boldsymbol{q}_{\mathrm{c}}$（$\boldsymbol{q}$ 为由所有关节变量组成的向量，即 $\boldsymbol{q}=[\theta_1\quad\theta_2\quad\cdots\quad\theta_n]^{\mathrm{T}}$），将其代入位置级正运动学方程可得相应的末端位姿矩阵为

$$\boldsymbol{T}_{\mathrm{c}}=\mathrm{Fkine}(\boldsymbol{q}_{\mathrm{c}})=\begin{bmatrix}\boldsymbol{n}_{\mathrm{c}} & \boldsymbol{o}_{\mathrm{c}} & \boldsymbol{a}_{\mathrm{c}} & \boldsymbol{p}_{\mathrm{c}}\\ 0 & 0 & 0 & 1\end{bmatrix} \tag{2.46}$$

式中　$\mathrm{Fkine}(\boldsymbol{q}_{\mathrm{c}})$—— 根据当前关节变量求解末端位姿的正运动学方程。

进而可得当前末端位置误差和姿态误差分别为

$$\boldsymbol{e}_{\mathrm{p}}(\boldsymbol{q}_{\mathrm{c}})=\boldsymbol{d}_{\mathrm{pe}}=\boldsymbol{p}_{\mathrm{d}}-\boldsymbol{p}_{\mathrm{c}} \tag{2.47}$$

$$\boldsymbol{e}_{\mathrm{o}}(\boldsymbol{q}_{\mathrm{c}})=\frac{1}{2}(\boldsymbol{n}_{\mathrm{c}}\times\boldsymbol{n}_{\mathrm{d}}+\boldsymbol{o}_{\mathrm{c}}\times\boldsymbol{o}_{\mathrm{d}}+\boldsymbol{a}_{\mathrm{c}}\times\boldsymbol{a}_{\mathrm{d}}) \tag{2.48}$$

根据微分运动学方程(详细推导见后面章节)，可得末端位姿误差与关节位置误差的关系为

$$\begin{bmatrix}\boldsymbol{e}_{\mathrm{p}}(\boldsymbol{q}_{\mathrm{c}})\\ \boldsymbol{e}_{\mathrm{o}}(\boldsymbol{q}_{\mathrm{c}})\end{bmatrix}=\boldsymbol{J}(\boldsymbol{q}_{\mathrm{c}})\Delta\boldsymbol{q} \tag{2.49}$$

式中　$\boldsymbol{J}(\boldsymbol{q}_{\mathrm{c}})$—— 关节速度到末端速度的雅可比矩阵。

对于 n 自由度冗余机械臂($n>6$)，$\boldsymbol{J}(\boldsymbol{q}_{\mathrm{c}})$ 为 $6\times n$ 的矩阵，此时可采用伪逆矩阵计算 $\Delta\boldsymbol{q}$，即

$$\Delta\boldsymbol{q}=\boldsymbol{J}^{+}(\boldsymbol{q}_{\mathrm{c}})\begin{bmatrix}\boldsymbol{e}_{\mathrm{p}}(\boldsymbol{q}_{\mathrm{c}})\\ \boldsymbol{e}_{\mathrm{o}}(\boldsymbol{q}_{\mathrm{c}})\end{bmatrix} \tag{2.50}$$

式中　$\boldsymbol{J}^{+}(\boldsymbol{q}_{\mathrm{c}})$——$\boldsymbol{J}(\boldsymbol{q}_{\mathrm{c}})$ 的伪逆矩阵。

式(2.50) 所求解的 $\Delta\boldsymbol{q}$ 为相应于末端位置误差 $\boldsymbol{e}_{\mathrm{p}}$、姿态误差 $\boldsymbol{e}_{\mathrm{o}}$ 下的关节位置误差。因此，可按下式进行迭代以更新关节位置：

$$\boldsymbol{q}_{\mathrm{c}}=\boldsymbol{q}_{\mathrm{c}}+\Delta\boldsymbol{q} \tag{2.51}$$

更新关节位置后，重复式(2.46) ～ (2.51) 的计算，直到末端位置误差小于阈值(说明收敛到合适的关节位置) 或迭代次数到达设定的最大迭代次数时(说明无法求解出满足精度要求的关节位置) 结束。根据末端位置计算关节位置的算法流程如图 2.20 所示。

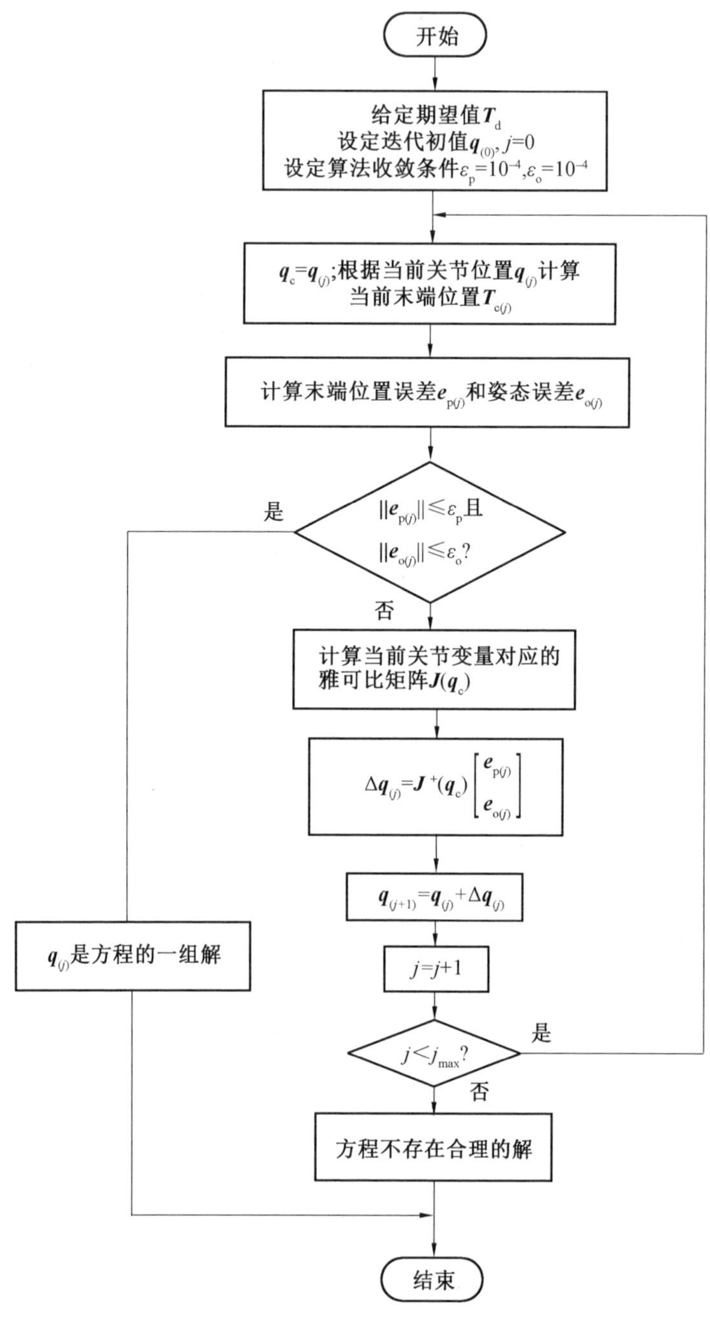

图 2.20　根据末端位置计算关节位置的算法流程

2.5　驱动绳运动耦合分析及解耦

绳索驱动机器人的所有驱动电机均放置于基座驱动控制箱内部，驱动绳索从控制箱引出后，依次穿过前序关节后到达相应的关节，其总长度与所穿过的所有关节的运动有关。换句话说，不同关节的驱动绳之间存在耦合作用，本节将分析驱动绳运动耦合特性，进一步实现运动解耦控制。

2.5.1　驱动绳运动耦合现象

绳索的引入使得绳索驱动机器人系统在建模和控制上变得更加复杂，存在多关节运动耦合现象。以 N 关节绳驱机器人进行说明，初始时刻该机器人处于伸直状态，仅改变关节 1 的 3 根驱动绳索的长度而保持其他关节驱动绳总长度不变。关节 1 的转角随其驱动绳索长度的改变而改变，属于主动变化；相应地，关节 1 两圆盘之间的相对关系也发生了变化，关节 $i(i=2,\cdots,N)$ 驱动绳 l_k（后序关节的驱动绳）在关节 1 两圆盘之间的长度 $l_{1,k}$ 也发生了变化。若 l_k 总长度不变，则分布在关节 i 处的长度 $l_{i,k}$ 必将发生变化，进而改变关节 i 的转角，而这种改变是被动地改变，即受到绳索运动耦合发生的改变。

为了直观地说明驱动绳运动耦合现象，以图 2.21 所示的三个模块化关节组成的绳驱机器人系统为例，初始时刻处于伸直状态，当仅改变关节 1 驱动绳索的长度时，关节 1 的转角发生了变化，关节 2 的驱动绳在关节 1 两圆盘之间的长度也发生了变化，由于其总长度不变，则分布在关节 2 处的长度发生了变化，进而改变关节 2 的转角；关节 3 的驱动绳则依次通过关节 1 和关节 2，其转角由于受到前 2 个关节的耦合作用而发生了变化。关节 1 主动运动产生的耦合作用示意图如图 2.21 所示，其中图 2.21(a) 为耦合作用下的状态改变，图 2.21(b) 为关节角的变化情况（仅考虑 Pitch 角变化的情况）。从图中可以看出，在关节 1 的运动下，关节 2 受到的耦合影响最大，其角度变化与关节 1 角度变化的大小相近、方向相反；关节 3 同时受到关节 1 主动运动和关节 2 被动运动的耦合影响，综合影响程度相对较弱。

为了对绳驱机器人进行精确控制，下面将对整个机器人系统开展运动学耦合分析，并提出运动学解耦方法。

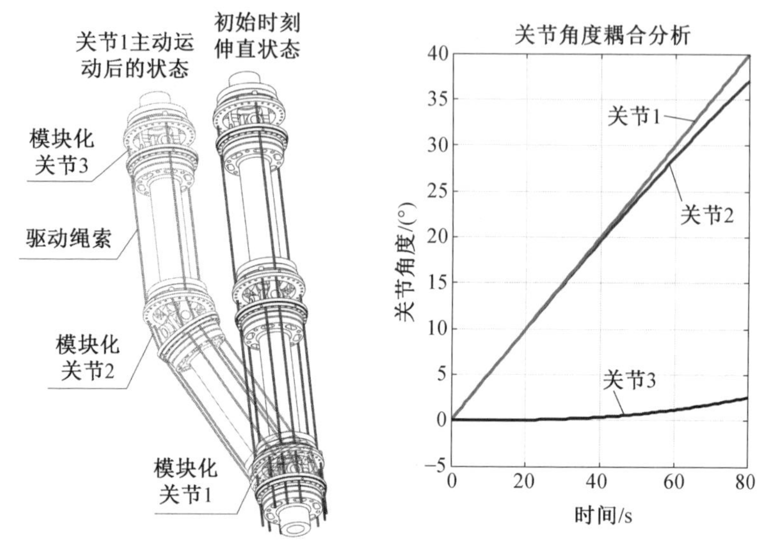

(a) 关节1主动运动产生的耦合作用下的状态变化　(b) 耦合作用下各个关节Pitch角的变化

图 2.21　关节 1 主动运动产生的耦合作用示意图

2.5.2　驱动绳耦合特性分析

绳驱机器人由 N 个关节依次串联而成，所有驱动绳索由该机器人驱动控制箱中的电机进行独立控制。驱动绳索由驱动箱中引出后穿过各个关节，最终固定在相应关节的末端圆盘上，若其所穿过关节的运动状态发生了改变，则驱动绳索在该关节处的长度必将受到影响；换句话说，任意关节的运动将改变经过该关节的所有驱动绳的长度分布，进而改变相应关节的角度，因此关节之间的运动是相互耦合的，该耦合是由于驱动绳之间的耦合作用产生的。

以关节 i 为例，运动耦合过程如下：

(1) 通过改变关节 i 的 3 根驱动绳 l_i、l_{i+N}、l_{i+2N} 的长度，可以使关节 i 的两个旋转角运动到期望值(即 φ_i 和 ψ_i)。

(2) 由于关节 i 的两个角度(即 φ_i 和 ψ_i) 发生了变化，因此经过关节 i 的所有驱动绳在该关节处两个圆盘之间的长度相应地发生了变化。

(3) 由于驱动绳在关节 i 圆盘间的长度发生了变化，改变了该驱动绳的长度分布，若其总长度不变，则其在其他关节处的绳长也会发生变化，进而改变其他关节的角度。具体而言，后序关节受到前序所有关节的耦合作用会被动地发生变化。

绳索驱动超冗余机器人运动学耦合分析流程如图 2.22 所示。从图中可以看出，在关节 i 的耦合作用下，编号大于 i 的关节都是被动变化的。换句话说，后序

关节与其前面所有关节存在耦合关系。

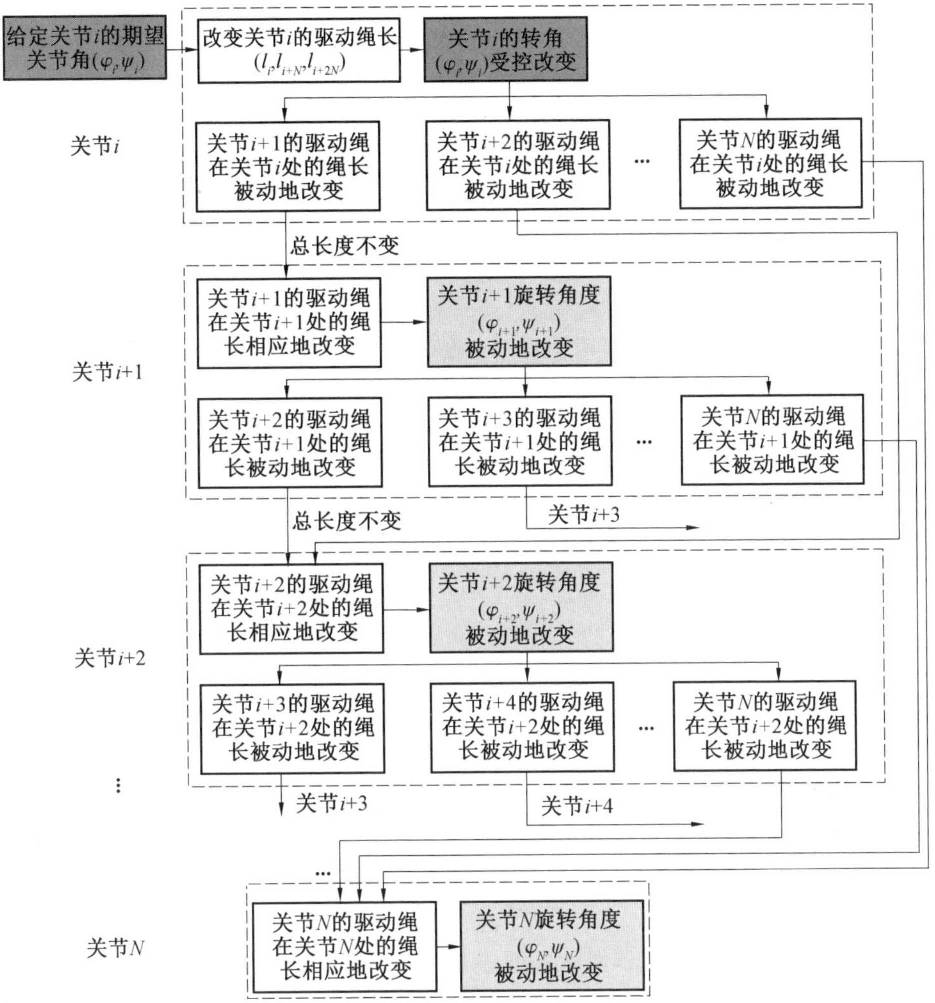

给定关节i的期望关节角(φ_i, ψ_i)

关节i

改变关节i的驱动绳长(l_i, l_{i+N}, l_{i+2N})

关节i的转角(φ_i, ψ_i)受控改变

关节$i+1$的驱动绳在关节i处的绳长被动地改变

关节$i+2$的驱动绳在关节i处的绳长被动地改变

…

关节N的驱动绳在关节i处的绳长被动地改变

总长度不变

关节$i+1$

关节$i+1$的驱动绳在关节$i+1$处的绳长相应地改变

关节$i+1$旋转角度$(\varphi_{i+1}, \psi_{i+1})$被动地改变

关节$i+2$的驱动绳在关节$i+1$处的绳长被动地改变

关节$i+3$的驱动绳在关节$i+1$处的绳长被动地改变

…

关节N的驱动绳在关节$i+1$处的绳长被动地改变

总长度不变

关节$i+3$

关节$i+2$

关节$i+2$的驱动绳在关节$i+2$处的绳长相应地改变

关节$i+2$旋转角度$(\varphi_{i+2}, \psi_{i+2})$被动地改变

关节$i+3$的驱动绳在关节$i+2$处的绳长被动地改变

关节$i+4$的驱动绳在关节$i+2$处的绳长被动地改变

…

关节N的驱动绳在关节$i+2$处的绳长被动地改变

⋮

关节$i+3$

关节$i+4$

…

关节N

关节N的驱动绳在关节N处的绳长相应地改变

关节N旋转角度(φ_N, ψ_N)被动地改变

图 2.22　绳索驱动超冗余机器人运动学耦合分析流程

根据 2.3 节推导的绳索空间与关节空间之间的运动学方程，可以分析不同位置下的绳索受到关节运动的耦合效应。当关节的角度 φ_1 和 ψ_1 在[$-40°$,$40°$]变化时，关节 1 处所有绳索长度均发生变化。考虑到万向节关节的对称性，首先分析了单个关节角度(即 φ_1) 变化时关节 1 处所有绳长的耦合效应，分析结果如图 2.23 所示。其中 $\Delta l_k < 0$ 和 $\Delta l_k > 0$ 分别表示绳索变松和变紧。松动的绳索失去了驱动力，拉紧的绳索则会强制改变相应关节的角度。此外，还进一步分析了由两个旋转角(即 φ_1 和 ψ_1) 引起的耦合效应，结果如图 2.24 所示，这里给出了 l_2(关节 2 的一根驱动绳) 和 l_3(关节 3 的一根驱动绳) 的分析结果。

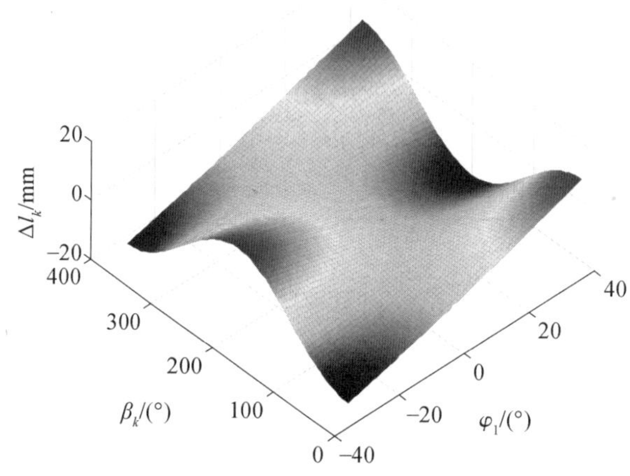

图 2.23　关节角度对该关节处不同位置绳长的耦合影响

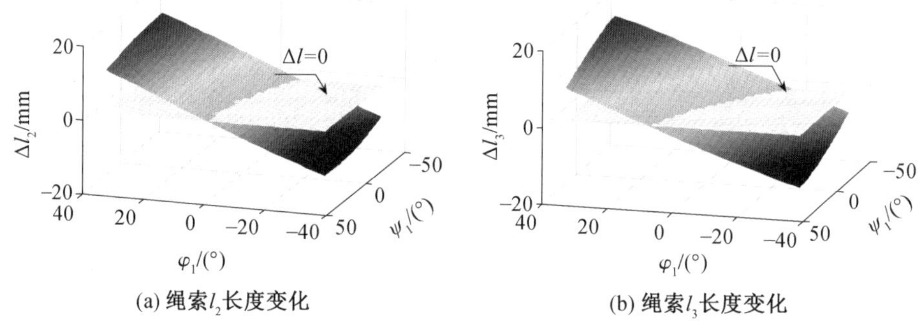

图 2.24　关节角度 φ_1 和 ψ_1 耦合结果分析

从图 2.23 中可以看出，绳索在圆盘上不同位置下受到关节 1 的角度 φ_1 的影响并不一样。当绳索布线孔圆周角为 0° 或者 180° 时，其受到 φ_1 的影响最大；当布线孔圆周角为 90° 或者 270° 时，其受到 φ_1 的影响最小。根据前面绳索位置的定义，该结果可以进一步地理解为：当绳索的位置与关节 1 角度 φ_1 所在的轴成 90° 时，其受到关节角度 φ_1 的影响最大；当绳索的位置与关节 1 角度 φ_1 所在的轴成 0° 时，也即穿过该轴的中心时，其受到关节角度 φ_1 的影响最小。

从图 2.24 则可以看出关节角度 φ_1 和 ψ_1 对关节处不同绳索的共同耦合效应也是不一样的，与绳索所在的位置相关。

结合前面的耦合现象和分析，可进一步地总结出绳驱冗余机器人各个关节之间的运动耦合具有如下特性。

(1) 关节 i 的运动对后序关节 $m(m > i)$ 具有耦合作用，即后序关节的角度

被动地改变。

(2) 关节 m 受到前序关节 $i(m>i)$ 的耦合影响随着关节号 m 的增大而减小。

(3) 关节 i 的运动对前序关节 m(即 $m<i$) 的运动不产生任何耦合影响。

(4) 关节 i 的运动对该关节处圆盘上绳索的耦合影响随着其位置的改变而改变。

2.5.3　绳驱冗余机器人运动解耦

根据前面的运动学耦合特性分析，可以知道关节转角 φ 和 ψ 对绳索耦合作用因绳索位置的不同而改变。因此，为了实现对运动学耦合的补偿，下面将首先针对两个关节的运动学解耦问题提出解耦方法；在此基础上，进一步实现整臂的运动学解耦。

1.相邻关节间的运动学解耦

以图 2.25 所示的关节 i 和关节 $i+1$ 两个相邻关节为例，其中绳索 l_i、l_{i+N} 和 l_{i+2N} 用来驱动关节 i，而绳索 l_{i+1}、l_{i+1+N} 和 l_{i+1+2N} 用来驱动关节 $i+1$。当关节 i 的角度由(0, 0) 变化到(φ_i,ψ_i)时，根据式(2.28) 求得变化前后关节 $i+1$ 的 3 根驱动绳在关节 i 处发生的变化量为

$$\begin{cases}\Delta l_{i+1}=f(\varphi_i,\psi_i,\beta_{i+1})-f(0,0,\beta_{i+1})=f(\varphi_i,\psi_i,\beta_{i+1})-(d_{\mathrm{A}}+d_{\mathrm{B}})\\ \Delta l_{i+1+N}=f(\varphi_i,\psi_i,\beta_{i+1+N})-f(0,0,\beta_{i+1})=f(\varphi_i,\psi_i,\beta_{i+1+N})-(d_{\mathrm{A}}+d_{\mathrm{B}})\\ \Delta l_{i+1+2N}=f(\varphi_i,\psi_i,\beta_{i+1+2N})-f(0,0,\beta_{i+1})=f(\varphi_i,\psi_i,\beta_{i+1+2N})-(d_{\mathrm{A}}+d_{\mathrm{B}})\end{cases} \tag{2.52}$$

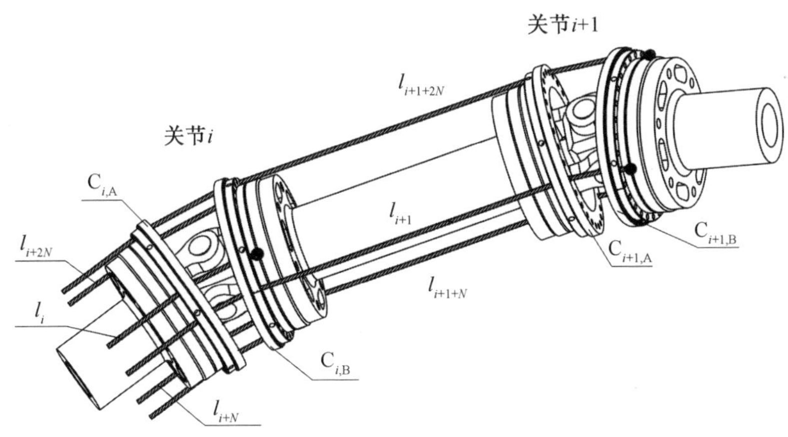

图 2.25　相邻关节的解耦分析模型

因此，为了补偿关节 i 引起的耦合效应，关节 $i+1$ 驱动绳索在关节 $i+1$ 两圆

盘间的驱动绳长按下式进行补偿计算：

$$\begin{cases} l_{i+1,i+1} = f(\varphi_{i+1}, \psi_{i+1}, \beta_{i+1}) + \Delta l_{i+1} \\ l_{i+1,i+1+N} = f(\varphi_{i+1}, \psi_{i+1}, \beta_{i+1+N}) + \Delta l_{i+1+N} \\ l_{i+1,i+1+2N} = f(\varphi_{i+1}, \psi_{i+1}, \beta_{i+1+2N}) + \Delta l_{i+1+2N} \end{cases} \tag{2.53}$$

根据式(2.53)进行补偿后得到的绳长可以确保关节 $i+1$ 的角度运动到期望值，即 φ_{i+1} 和 ψ_{i+1}。

2.整臂的运动学解耦

通过对相邻两关节的运动学解耦分析可知，关节 $i(1 < i \leqslant N)$ 的绳长变化可视为其他关节所有耦合运动的叠加。由其余关节(即关节 $1,2,\cdots,i-1$)的耦合作用导致的关节 i 的 3 根驱动绳 l_i、l_{i+N} 和 l_{i+2N} 的长度变化量可按下式确定：

$$\begin{cases} \Delta l_i = \sum_{m=1}^{i-1} f(\varphi_m, \psi_m, \beta_i) - (i-1)(d_A + d_B) \\ \Delta l_{i+N} = \sum_{m=1}^{i-1} f(\varphi_m, \psi_m, \beta_{i+N}) - (i-1)(d_A + d_B) \qquad (i=2,3,\cdots,N) \\ \Delta l_{i+2N} = \sum_{m=1}^{i-1} f(\varphi_m, \psi_m, \beta_{i+2N}) - (i-1)(d_A + d_B) \end{cases} \tag{2.54}$$

根据式(2.54)，可以对每个关节的驱动绳索长度进行运动学耦合补偿，其中，关节 i 驱动绳索在关节 i 两圆盘间的驱动绳长按下式进行补偿计算：

$$\begin{cases} l_{i,i} = f(\varphi_i, \psi_i, \beta_i) + \Delta l_i \\ l_{i,i+N} = f(\varphi_i, \psi_i, \beta_{i+N}) + \Delta l_{i+N} \qquad (i=2,3,\cdots,N) \\ l_{i,i+2N} = f(\varphi_i, \psi_i, \beta_{i+2N}) + \Delta l_{i+2N} \end{cases} \tag{2.55}$$

根据式(2.55)进行补偿后得到的绳长可以确保关节 $i+1$ 的角度运动到期望值，即 φ_{i+1} 和 ψ_{i+1}。

2.6 本章小结

本章首先介绍了一种典型绳驱超冗余机器人系统的设计，进而分析了作动空间、驱动空间、关节空间和任务空间的多重运动学映射关系，以及相应的运动学特点。进一步地，详细推导了驱动空间与关节空间之间的位置级运动学方程，以及关节空间与任务空间之间的位置级运动学方程。基于这些运动学方程，分析了驱动绳索之间的运动耦合关系，并介绍了运动解耦方法。

第3章

绳驱超冗余机器人速度级运动学与静力学

本章详细论述绳驱超冗余机器人速度级运动学方程的推导、驱动性能评价、静力学方程及绳索拉力分配方法。首先推导驱动空间与关节空间、关节空间与任务空间、驱动空间与任务空间的速度级运动学方程，建立不同空间、不同维度状态变量之间的速度关系。同时，定义绳驱超冗余机器人驱动性能的评价指标。进一步地，推导绳驱机器人多重空间静力学方程。最后，介绍绳索拉力分配方法，包括基于最小范数解的拉力分配方法、近平均值分配法、最小能量分配法、最小拉力差异分配法等，为不同情况下的拉力分配提供解决方案。

前一章推导了绳驱超冗余机器人的位置级运动学，建立了不同状态空间之间的位置关系，在实际应用中，为实现高性能控制往往还涉及各状态空间的速度关系，如运动目标抓取、非结构化环境的自适应快响应作业等。理论上速度级运动学方程是位置级运动学方程对时间求导的结果，但由于存在多个状态空间、不同维度状态变量的非线性映射关系，而且各关节之间存在运动耦合问题，因此其速度级运动学方程的推导极其复杂。本章将详细论述绳驱超冗余机器人速度级运动学方程的推导、驱动性能评价、静力学方程及绳索拉力分配方法。

绳驱机器人不同状态空间的速度级运动学关系如图 3.1 所示，驱动空间的速度由关节 i 的 3 根驱动绳（即 l_i、l_{i+N} 和 l_{i+2N}）在关节 i 两圆盘间长度（即 $\dot{l}_{i,i}$、$\dot{l}_{i,i+N}$ 和 $\dot{l}_{i,i+2N}$）的导数组成，关节空间的速度由关节转角的速度（$\dot{\varphi}_i$，$\dot{\psi}_i$）组成，而任务空间的速度包括末端的线速度（v_{ex}，v_{ey}，v_{ez}）和角速度（ω_{ex}，ω_{ey}，ω_{ez}），下面将推导具体的运动学方程。

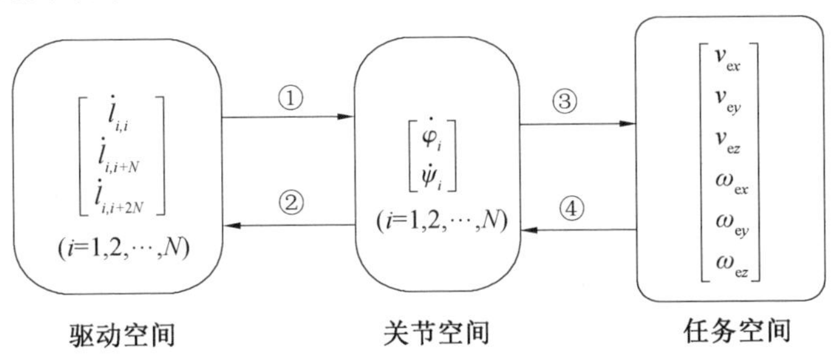

图 3.1　绳驱机器人不同状态空间的速度级运动学关系

3.1　驱动空间－关节空间速度级运动学

3.1.1　关节速度到绳索速度的运动学

根据第 2 章推导的绳长公式（式(2.28)），进一步求导后可以得到第 i 个关节的角速度（$\dot{\varphi}_i$，$\dot{\psi}_i$）与该关节两圆盘间驱动绳运动速度（$\dot{l}_{i,i}$，$\dot{l}_{i,i+N}$，$\dot{l}_{i,i+2N}$）的关系（不考虑绳索的弹性变形）。

首先，对式(2.28)两边进行求导，有如下表达式：

$$\dot{l}_{i,k}=\frac{\partial(l_{i,k})}{\partial\varphi_i}\dot{\varphi}_i+\frac{\partial(l_{i,k})}{\partial\psi_i}\dot{\psi}_i \tag{3.1}$$

式中

$$\begin{cases}\dfrac{\partial(l_{i,k})}{\partial\varphi_i}=\dfrac{1}{l_{i,k}}[\lambda_{k,1}\lambda_{k,2}\cos(\varphi_i-\sigma_{\mathrm{A}k})-\lambda_{k,2}\lambda_{k,4}\sin(\varphi_i-\sigma_{\mathrm{A}k})\cos(\psi_i+\sigma_{\mathrm{B}k})]\\ \dfrac{\partial(l_{i,k})}{\partial\psi_i}=\dfrac{1}{l_{i,k}}[-\lambda_{k,3}\lambda_{k,4}\cos(\psi_i+\sigma_{\mathrm{B}k})-\lambda_{k,2}\lambda_{k,4}\cos(\varphi_i-\sigma_{\mathrm{A}k})\sin(\psi_i+\sigma_{\mathrm{B}k})]\end{cases} \tag{3.2}$$

式(3.1)表示任意绳索 l_k 在关节 i 两圆盘间的绳索速度与该关节两个转角速度的关系，为一般表达式，令

$$\boldsymbol{J}_{\theta-l_{i,k}}=\begin{bmatrix}\dfrac{\partial(l_{i,k})}{\partial\varphi_i} & \dfrac{\partial(l_{i,k})}{\partial\psi_i}\end{bmatrix} \tag{3.3}$$

式中 $\boldsymbol{J}_{\theta-l_{i,k}}$ —— 关节角速度到绳索速度 $\dot{l}_{i,k}$ 的雅可比矩阵。

进一步地，式(3.1)可写成如下形式：

$$\dot{l}_{i,k}=\begin{bmatrix}\dfrac{\partial(l_{i,k})}{\partial\varphi_i} & \dfrac{\partial(l_{i,k})}{\partial\psi_i}\end{bmatrix}\begin{bmatrix}\dot{\varphi}_i\\ \dot{\psi}_i\end{bmatrix}=\boldsymbol{J}_{\theta-l_{i,k}}\begin{bmatrix}\dot{\varphi}_i\\ \dot{\psi}_i\end{bmatrix} \tag{3.4}$$

考虑一般情况，第 i 组3根驱动绳(l_i，l_{i+N}，l_{i+2N})在关节 $m(m\leqslant i)$ 处的雅可比矩阵表示为

$$\boldsymbol{J}_{\theta-l}^{(m,i)}=\begin{bmatrix}\dfrac{\partial(l_{m,i})}{\partial\varphi_m} & \dfrac{\partial(l_{m,i})}{\partial\psi_m}\\ \dfrac{\partial(l_{m,i+N})}{\partial\varphi_m} & \dfrac{\partial(l_{m,i+N})}{\partial\psi_m}\\ \dfrac{\partial(l_{m,i+2N})}{\partial\varphi_m} & \dfrac{\partial(l_{m,i+2N})}{\partial\psi_m}\end{bmatrix} \tag{3.5}$$

相应地，第 i 组3根驱动绳(l_i，l_{i+N}，l_{i+2N})在关节 $m(m\leqslant i)$ 处的速度与关节 m 的角速度之间的关系为

$$\begin{bmatrix}\dot{l}_{m,i}\\ \dot{l}_{m,i+N}\\ \dot{l}_{m,i+2N}\end{bmatrix}=\boldsymbol{J}_{\theta-l}^{(m,i)}\begin{bmatrix}\dot{\varphi}_m\\ \dot{\psi}_m\end{bmatrix} \tag{3.6}$$

令

$$\boldsymbol{v}_l^{(m,i)}=\begin{bmatrix}\dot{l}_{m,i}\\ \dot{l}_{m,i+N}\\ \dot{l}_{m,i+2N}\end{bmatrix},\quad \dot{\boldsymbol{\vartheta}}_m=\begin{bmatrix}\dot{\varphi}_m\\ \dot{\psi}_m\end{bmatrix}\tag{3.7}$$

则式(3.6) 可表示为如下的矩阵形式：

$$\boldsymbol{v}_l^{(m,i)}=\boldsymbol{J}_{\theta-l}^{(m,i)}\dot{\boldsymbol{\vartheta}}_m\tag{3.8}$$

将 $m=i$ 代入式(3.5) 和式(3.6)，可得第 i 组 3 根驱动绳(l_i，l_{i+N}，l_{i+2N}) 在关节 i 处的速度与关节 i 的角速度之间的关系及相应的雅可比矩阵，即

$$\boldsymbol{v}_l^{(i,i)}=\boldsymbol{J}_{\theta-l}^{(i,i)}\dot{\boldsymbol{\vartheta}}_i\tag{3.9}$$

$$\boldsymbol{J}_{\theta-l}^{(i,i)}=\begin{bmatrix}\dfrac{\partial(l_{i,i})}{\partial\varphi_i} & \dfrac{\partial(l_{i,i})}{\partial\psi_i}\\ \dfrac{\partial(l_{i,i+N})}{\partial\varphi_i} & \dfrac{\partial(l_{i,i+N})}{\partial\psi_i}\\ \dfrac{\partial(l_{i,i+2N})}{\partial\varphi_i} & \dfrac{\partial(l_{i,i+2N})}{\partial\psi_i}\end{bmatrix}\tag{3.10}$$

式(3.9) 建立了从($\dot{\varphi}_i$，$\dot{\psi}_i$) 到($\dot{l}_{i,i}$，$\dot{l}_{i,i+N}$，$\dot{l}_{i,i+2N}$) 的速度雅可比矩阵。

然而，式(3.9) 仅反映了关节 i 处的绳索速度与关节速度的关系，实际上，由于关节之间的耦合作用，总绳长的变化率还与其他关节角速度有关。对总绳长公式，即式(2.31) 两边进行求导，有

$$\begin{cases}\dot{l}_i=\sum\limits_{m=1}^{i}\dot{l}_{m,i}=\sum\limits_{m=1}^{i}\left(\dfrac{\partial(l_{m,i})}{\partial\varphi_m}\dot{\varphi}_m+\dfrac{\partial(l_{m,i})}{\partial\psi_m}\dot{\psi}_m\right)=\sum\limits_{m=1}^{i}(\boldsymbol{J}_{\theta-l_{m,i}}\dot{\boldsymbol{\vartheta}}_m)\\ \dot{l}_{i+N}=\sum\limits_{m=1}^{i}\dot{l}_{m,i+N}=\sum\limits_{m=1}^{i}\left(\dfrac{\partial(l_{m,i+N})}{\partial\varphi_m}\dot{\varphi}_m+\dfrac{\partial(l_{m,i+N})}{\partial\psi_m}\dot{\psi}_m\right)=\sum\limits_{m=1}^{i}(\boldsymbol{J}_{\theta-l_{m,i+N}}\dot{\boldsymbol{\vartheta}}_m)\\ \dot{l}_{i+2N}=\sum\limits_{m=1}^{i}\dot{l}_{m,i+2N}=\sum\limits_{m=1}^{i}\left(\dfrac{\partial(l_{m,i+2N})}{\partial\varphi_m}\dot{\varphi}_m+\dfrac{\partial(l_{m,i+2N})}{\partial\psi_m}\dot{\psi}_m\right)=\sum\limits_{m=1}^{i}(\boldsymbol{J}_{\theta-l_{m,i+2N}}\dot{\boldsymbol{\vartheta}}_m)\end{cases}\tag{3.11}$$

式(3.11) 建立了所有关节角速度($2N$ 个变量) 到所有驱动绳速度($3N$ 个变量) 的关系，只要给定关节角速度，总能计算出驱动绳的速度。由于该类型机器人的特点，驱动绳的速度是其在所穿过的所有关节处的绳索速度之和，因此，式(3.11) 可看成由多个形如式(3.9) 的表达式之和，因而，后续将以式(3.9) 为基础进行分析。

令第 $i(i=1,2,\cdots,N)$ 组 3 根驱动绳(l_i，l_{i+N}，l_{i+2N}) 的总绳索速度组成的向量为

$$\boldsymbol{v}_l^{(i)}=\begin{bmatrix}\dot{l}_i\\ \dot{l}_{i+N}\\ \dot{l}_{i+2N}\end{bmatrix} \tag{3.12}$$

结合式(3.8)和式(3.11)，可得所有驱动绳总绳索速度与所有关节角速度之间的关系为

$$\begin{bmatrix}\boldsymbol{v}_l^{(1)}\\ \boldsymbol{v}_l^{(2)}\\ \boldsymbol{v}_l^{(3)}\\ \vdots\\ \boldsymbol{v}_l^{(N)}\end{bmatrix}=\begin{bmatrix}\boldsymbol{J}_{\theta-l}^{(1,1)} & \boldsymbol{0} & \boldsymbol{0} & \cdots & \boldsymbol{0}\\ \boldsymbol{J}_{\theta-l}^{(1,2)} & \boldsymbol{J}_{\theta-l}^{(2,2)} & \boldsymbol{0} & \cdots & \boldsymbol{0}\\ \boldsymbol{J}_{\theta-l}^{(1,3)} & \boldsymbol{J}_{\theta-l}^{(2,3)} & \boldsymbol{J}_{\theta-l}^{(3,3)} & \cdots & \boldsymbol{0}\\ \vdots & \vdots & \vdots & & \vdots\\ \boldsymbol{J}_{\theta-l}^{(1,N)} & \boldsymbol{J}_{\theta-l}^{(2,N)} & \boldsymbol{J}_{\theta-l}^{(3,N)} & \cdots & \boldsymbol{J}_{\theta-l}^{(N,N)}\end{bmatrix}\begin{bmatrix}\dot{\boldsymbol{\vartheta}}_1\\ \dot{\boldsymbol{\vartheta}}_2\\ \dot{\boldsymbol{\vartheta}}_3\\ \vdots\\ \dot{\boldsymbol{\vartheta}}_N\end{bmatrix} \tag{3.13}$$

式中　$\boldsymbol{0}$——3×2 的零矩阵。

考虑到式(2.44)的关系，可知

$$\begin{bmatrix}\dot{\varphi}_i\\ \dot{\psi}_i\end{bmatrix}=\begin{bmatrix}(-1)^{i+1}\dot{\theta}_{2i-1}\\ \dot{\theta}_{2i}\end{bmatrix}\quad(1\leqslant i\leqslant N) \tag{3.14}$$

因此，有

$$\begin{bmatrix}\dot{\boldsymbol{\vartheta}}_1\\ \dot{\boldsymbol{\vartheta}}_2\\ \vdots\\ \dot{\boldsymbol{\vartheta}}_N\end{bmatrix}=\begin{bmatrix}\begin{bmatrix}1 & \\ & 1\end{bmatrix} & \boldsymbol{0} & \cdots & \boldsymbol{0}\\ \boldsymbol{0} & \begin{bmatrix}-1 & \\ & 1\end{bmatrix} & \cdots & \boldsymbol{0}\\ \vdots & \vdots & & \vdots\\ \boldsymbol{0} & \boldsymbol{0} & \cdots & \begin{bmatrix}(-1)^{N+1} & \\ & 1\end{bmatrix}\end{bmatrix}\begin{bmatrix}\begin{bmatrix}\dot{\theta}_1\\ \dot{\theta}_2\end{bmatrix}\\ \begin{bmatrix}\dot{\theta}_3\\ \dot{\theta}_4\end{bmatrix}\\ \vdots\\ \begin{bmatrix}\dot{\theta}_{2N-1}\\ \dot{\theta}_{2N}\end{bmatrix}\end{bmatrix} \tag{3.15}$$

将式(3.15)代入式(3.13)后，有

$$\boldsymbol{v}_l=\boldsymbol{J}_{\theta-l}\dot{\boldsymbol{\Theta}} \tag{3.16}$$

式中

$$\boldsymbol{v}_l=\begin{bmatrix}\boldsymbol{v}_l^{(1)}\\ \boldsymbol{v}_l^{(2)}\\ \boldsymbol{v}_l^{(3)}\\ \vdots\\ \boldsymbol{v}_l^{(N)}\end{bmatrix} \tag{3.17}$$

$$\boldsymbol{J}_{\theta-l}=\begin{bmatrix}\boldsymbol{J}_{\theta-l}^{(1,1)} & \boldsymbol{0} & \boldsymbol{0} & \cdots & \boldsymbol{0}\\ \boldsymbol{J}_{\theta-l}^{(1,2)} & \boldsymbol{J}_{\theta-l}^{(2,2)} & \boldsymbol{0} & \cdots & \boldsymbol{0}\\ \boldsymbol{J}_{\theta-l}^{(1,3)} & \boldsymbol{J}_{\theta-l}^{(2,3)} & \boldsymbol{J}_{\theta-l}^{(3,3)} & \cdots & \boldsymbol{0}\\ \vdots & \vdots & \vdots & & \vdots\\ \boldsymbol{J}_{\theta-l}^{(1,N)} & \boldsymbol{J}_{\theta-l}^{(2,N)} & \boldsymbol{J}_{\theta-l}^{(3,N)} & \cdots & \boldsymbol{J}_{\theta-l}^{(N,N)}\end{bmatrix}\begin{bmatrix}\begin{bmatrix}1 & \\ & 1\end{bmatrix} & \boldsymbol{0} & \cdots & \boldsymbol{0}\\ \boldsymbol{0} & \begin{bmatrix}-1 & \\ & 1\end{bmatrix} & \cdots & \boldsymbol{0}\\ \vdots & \vdots & & \vdots\\ \boldsymbol{0} & \boldsymbol{0} & \cdots & \begin{bmatrix}(-1)^{N+1} & \\ & 1\end{bmatrix}\end{bmatrix} \tag{3.18}$$

式中　$\boldsymbol{J}_{\theta-l}$—— 所有关节速度到所有驱动绳总绳索速度映射的雅可比矩阵。

3.1.2　绳索速度到关节速度的运动学

当给定所有驱动绳索的速度时，对式(3.11) 进行求解可以得出所有关节角速度。另外，根据前面的分析可知，后序关节驱动绳的速度仅与前序关节角速度有关，即关节 1 驱动绳的速度仅与关节 1 的角速度有关，关节 2 驱动绳的速度与关节 1 和关节 2 的角速度有关，……，关节 N 驱动绳的速度与关节 $1\sim N$ 的角速度有关。因而，在求解的过程中，先求解前序关节的角速度，然后将其作为后序关节角速度求解中的已知量，逐步获得所有关节角速度的解。由此可见，所有关节角速度求解的问题都可转换为根据 $(\dot{l}_{i,i},\dot{l}_{i,i+N},\dot{l}_{i,i+2N})$ 求解 $(\dot{\varphi}_i,\dot{\psi}_i)$ 的问题，即求解式(3.9) 的问题。

式(3.9) 为超定方程组，有精确解的充要条件为

$$\operatorname{rank}\left(\boldsymbol{J}_{\theta-l}^{(i,i)},\begin{bmatrix}\dot{l}_{i,i}\\ \dot{l}_{i,i+N}\\ \dot{l}_{i,i+2N}\end{bmatrix}\right)=\operatorname{rank}(\boldsymbol{J}_{\theta-l}^{(i,i)}) \tag{3.19}$$

式中　rank()—— 对矩阵求秩。

从客观的角度来看，若给定的 3 根驱动绳运动速度是匹配的(超定方程相容)，则可以得到精确解；若 3 根驱动绳运动速度不匹配(超定方程不相容)，则无法得到精确解，但可以得到最小二乘解。

不论上述超定方程是否相容，均可按下式求解关节角速度：

$$\begin{bmatrix}\dot{\varphi}_i\\ \dot{\psi}_i\end{bmatrix}=(\boldsymbol{J}_{\theta-l}^{(i,i)})^{+}\begin{bmatrix}\dot{l}_{i,i}\\ \dot{l}_{i,i+N}\\ \dot{l}_{i,i+2N}\end{bmatrix} \tag{3.20}$$

式中　$(\boldsymbol{J}_{\theta-l}^{(i,i)})^{+}$——$\boldsymbol{J}_{\theta-l}^{(i,i)}$ 的伪逆。

需要指出的是，对于方程不相容的情况，虽然可以求出最小二乘解，但是运动的不匹配可能会导致绳索断裂，或关节运动到新的平衡状态，在实际应用中务必注意。

3.2　关节空间－任务空间速度级运动学

关节空间与任务空间的速度级运动学与传统关节式机器人的速度级运动学一致，所不同的是由于运动学结构的不同，所呈现的运动特性不同。下面结合 D－H 建模规则，简要推导绳驱超冗余机器人关节空间与任务空间的速度级运动学方程。

3.2.1　关节速度到末端速度的运动学

对于 n(此处 $n=2N$) 自由度机器人而言，关节速度到末端速度的关系为

$$\begin{bmatrix}\boldsymbol{v}_{\mathrm{e}}\\ \boldsymbol{\omega}_{\mathrm{e}}\end{bmatrix}=\begin{bmatrix}\boldsymbol{J}_v(\boldsymbol{\Theta})\\ \boldsymbol{J}_\omega(\boldsymbol{\Theta})\end{bmatrix}\dot{\boldsymbol{\Theta}} \tag{3.21}$$

式(3.21) 也可表示为如下的形式：

$$\dot{\boldsymbol{x}}_{\mathrm{e}}=\boldsymbol{J}_{\theta-x}(\boldsymbol{\Theta})\dot{\boldsymbol{\Theta}} \tag{3.22}$$

式中　$\dot{\boldsymbol{x}}_{\mathrm{e}}$——末端广义速度(包括线速度和角速度)，$\dot{\boldsymbol{x}}_{\mathrm{e}}=[\boldsymbol{v}_{\mathrm{e}}^{\mathrm{T}}\quad \boldsymbol{\omega}_{\mathrm{e}}^{\mathrm{T}}]^{\mathrm{T}}$；

$\boldsymbol{\Theta}$——所有关节角组成的向量；

$\boldsymbol{J}(\boldsymbol{\Theta})\in\mathbf{R}^{6\times n}$——$n$ 自由度机器人的速度雅可比矩阵；

$\boldsymbol{J}_v(\boldsymbol{\Theta})\in\mathbf{R}^{3\times n}$、$\boldsymbol{J}_\omega(\boldsymbol{\Theta})\in\mathbf{R}^{3\times n}$——$\boldsymbol{J}_{\theta-x}$ 的分块矩阵，分别对应末端线速度和角速度的部分。

式(3.21) 即 n 自由度机械臂的速度级正运动学方程，建立了从关节速度到末端线速度和角速度的映射关系。

根据几何关系可知，角速度 $\dot{\theta}_i$ 产生的末端线速度和末端角速度分别为

$$\begin{cases}\boldsymbol{\omega}_{\mathrm{e}i}=\boldsymbol{\xi}_i\dot{\theta}_i\\ \boldsymbol{v}_{\mathrm{e}i}=\boldsymbol{\omega}_{\mathrm{e}i}\times\boldsymbol{\rho}_{i\to n}=(\boldsymbol{\xi}_i\times\boldsymbol{\rho}_{i\to n})\dot{\theta}_i\end{cases} \tag{3.23}$$

式中　$\boldsymbol{\xi}_i$—— 关节 i 旋转轴的单位矢量；

$\boldsymbol{\rho}_{i\to n}$—— 关节 i 指向机械臂末端点的位置矢量，也称为关节 i 的牵连运动矢量；

$\boldsymbol{\omega}_{ei}$、$\boldsymbol{v}_{ei}$—— 关节 i 在末端产生的角速度和线速度。

将式(3.23) 写成矩阵的形式有

$$\begin{bmatrix}\boldsymbol{v}_{ei}\\ \boldsymbol{\omega}_{ei}\end{bmatrix}=\begin{bmatrix}\boldsymbol{\xi}_i\times\boldsymbol{\rho}_{i\to n}\\ \boldsymbol{\xi}_i\end{bmatrix}\dot{\theta}_i=\boldsymbol{J}_i\dot{\theta}_i \tag{3.24}$$

将所有列确定出来后，则可确定机器人的雅可比矩阵，其一般表达式为

$$\boldsymbol{J}_{\theta-x}=[\boldsymbol{J}_1\quad \boldsymbol{J}_2\quad \cdots\quad \boldsymbol{J}_n]=\begin{bmatrix}\boldsymbol{\xi}_1\times\boldsymbol{\rho}_{1\to n} & \boldsymbol{\xi}_2\times\boldsymbol{\rho}_{2\to n} & \cdots & \boldsymbol{\xi}_n\times\boldsymbol{\rho}_{n\to n}\\ \boldsymbol{\xi}_1 & \boldsymbol{\xi}_2 & \cdots & \boldsymbol{\xi}_n\end{bmatrix} \tag{3.25}$$

采用D－H建模规则后，可推导出坐标系$\{i-1\}$相对于$\{0\}$系的齐次变换矩阵。为方便讨论，采用如下表达式：

$${}^0\boldsymbol{T}_{i-1}={}^0\boldsymbol{T}_1\cdots{}^{i-2}\boldsymbol{T}_{i-1}=\begin{bmatrix}{}^0\boldsymbol{x}_{i-1} & {}^0\boldsymbol{y}_{i-1} & {}^0\boldsymbol{z}_{i-1} & {}^0\boldsymbol{p}_{i-1}\\ 0 & 0 & 0 & 1\end{bmatrix}\quad (i=2,\ \cdots,\ n) \tag{3.26}$$

齐次变换矩阵${}^0\boldsymbol{T}_{i-1}$的第 3 列前 3 个元素即为 z_{i-1} 轴在$\{0\}$系中表示的方向向量${}^0\boldsymbol{z}_{i-1}$；而${}^0\boldsymbol{T}_{i-1}$的第 4 列前 3 个元素为原点 O_{i-1} 在$\{0\}$系中表示的位置矢量${}^0\boldsymbol{p}_{i-1}$。

坐标系$\{n\}$相对于$\{0\}$系的齐次变换矩阵采用如下表达式：

$${}^0\boldsymbol{T}_n={}^0\boldsymbol{T}_1\cdots{}^{n-1}\boldsymbol{T}_n=\begin{bmatrix}{}^0\boldsymbol{x}_n & {}^0\boldsymbol{y}_n & {}^0\boldsymbol{z}_n & {}^0\boldsymbol{p}_n\\ 0 & 0 & 0 & 1\end{bmatrix} \tag{3.27}$$

因此，关节 $i(i=2,\ \cdots,\ n)$ 运动轴的方向向量和牵连运动矢量在$\{0\}$系中的表示分别为

$${}^0\boldsymbol{\xi}_i={}^0\boldsymbol{z}_{i-1}={}^0\boldsymbol{T}_{i-1}(1:3,3) \tag{3.28}$$

$${}^0\boldsymbol{\rho}_{i\to n}={}^0\boldsymbol{p}_n-{}^0\boldsymbol{p}_{i-1}={}^0\boldsymbol{T}_n(1:3,4)-{}^0\boldsymbol{T}_{i-1}(1:3,4) \tag{3.29}$$

式中　${}^0\boldsymbol{T}_{i-1}(1:3,3)$、${}^0\boldsymbol{T}_{i-1}(1:3,4)$—— 齐次变换矩阵${}^0\boldsymbol{T}_{i-1}$第 3 列、第 4 列的第 1 ～ 3 个元素；

${}^0\boldsymbol{T}_n(1:3,4)$—— 齐次变换矩阵${}^0\boldsymbol{T}_n$ 第 4 列的第 1 ～ 3 个元素。

特别地，对于关节 1，其运动轴的方向向量和牵连运动矢量在$\{0\}$系中的表示分别为

$${}^0\boldsymbol{\xi}_1={}^0\boldsymbol{z}_0=[0\quad 0\quad 1]^{\mathrm{T}} \tag{3.30}$$

$${}^0\boldsymbol{\rho}_{1\to n}={}^0\boldsymbol{p}_n={}^0\boldsymbol{T}_n(1:3,4) \tag{3.31}$$

将式(3.28) ～ (3.31) 代入式(3.25) 即可得到雅可比矩阵。

3.2.2 末端速度到关节速度的运动学

机器人速度级正运动学方程如式(3.22)所示，即根据关节速度可以计算末端速度，映射矩阵为雅可比矩阵 $\boldsymbol{J}(\boldsymbol{\Theta})$。实际中，往往需要根据给定的末端速度求关节速度，即求解方程组。对于绳驱超冗余机器人，自由度 $n=2N\gg 6$，方程组为欠定方程组，有无穷多组解，一般通过增加约束条件(如避障、避奇异、避关节极限、优化关节力矩等)，采用梯度投影法求解满足约束条件的解。

从线性代数理论的角度来看，方程组为非齐次线性方程组，其通解为

$$\dot{\boldsymbol{\Theta}}=\boldsymbol{J}_{\theta-x}^{+}\dot{\boldsymbol{x}}_{\mathrm{e}}+(\boldsymbol{I}-\boldsymbol{J}_{\theta-x}^{+}\boldsymbol{J}_{\theta-x})\boldsymbol{z} \tag{3.32}$$

式中　$\boldsymbol{J}_{\theta-x}^{+}$—— 雅可比矩阵$\boldsymbol{J}_{\theta-x}$ 的伪逆矩阵；

$\boldsymbol{I}$——$n\times n$ 单位矩阵；

$\boldsymbol{z}$—— 任意的 n 维列向量。

式(3.32)中的第一项$\boldsymbol{J}_{\theta-x}^{+}\dot{\boldsymbol{x}}_{\mathrm{e}}$为非齐次线性方程组$\boldsymbol{J}_{\theta-x}\dot{\boldsymbol{\Theta}}=\dot{\boldsymbol{x}}_{\mathrm{e}}$的特解，为最小范数解，即所有角速度组成的 n 维向量的范数最小；第二项$(\boldsymbol{I}-\boldsymbol{J}_{\theta-x}^{+}\boldsymbol{J}_{\theta-x})\boldsymbol{z}$ 为齐次线性方程组$\boldsymbol{J}_{\theta-x}\dot{\boldsymbol{\Theta}}=\boldsymbol{0}$ 的通解部分，其对应的关节角速度不改变机器人末端的运动速度，因此也将此部分对应的关节运动称为冗余机器人的自运动。自运动可以使机器人在不改变末端运动特性的前提下获得其他性能，如避障、避奇异、优化关节力矩等。齐次线性方程组所有解构成了雅可比矩阵的零空间，零空间的维数为 $n-6$，也代表了冗余自由度的数量。换句话说，对于 n 自由度的冗余机器人，具有$(n-6)$ 个冗余自由度，可满足除了末端六维运动需求外的$(n-6)$ 个约束条件(如待优化目标)。

基于上述分析，当给定$(n-6)$ 个待优化目标函数 $c_1(\boldsymbol{\Theta}),c_2(\boldsymbol{\Theta}),\cdots,c_{n-6}(\boldsymbol{\Theta})$后，可按下式构造总的目标函数：

$$H(\boldsymbol{\Theta})=w_1c_1(\boldsymbol{\Theta})+w_2c_2(\boldsymbol{\Theta})+\cdots+w_{n-6}c_{n-6}(\boldsymbol{\Theta}) \tag{3.33}$$

式中　$H(\boldsymbol{\Theta})$—— 加权后的目标函数；

$w_1,w_2,\cdots,w_n$—— 各目标函数的加权系数。

结合式(3.32) 给出的通解形式，采用梯度投影法求解使目标函数最优的关节角速度为

$$\dot{\boldsymbol{\Theta}}=\boldsymbol{J}_{\theta-x}^{+}\dot{\boldsymbol{x}}_{\mathrm{e}}+k(\boldsymbol{I}-\boldsymbol{J}_{\theta-x}^{+}\boldsymbol{J}_{\theta-x})\nabla H(\boldsymbol{\Theta}) \tag{3.34}$$

式中　$\nabla H(\boldsymbol{\Theta})$—— 目标函数 $H(\boldsymbol{\Theta})$ 关于各关节变量的梯度函数，为 n 维列向量；

k—— 自运动的增益系数，为标量。

当 k 大于零时，将使待优化目标最大，而 k 小于零则使待优化目标最小。k

的绝对值越大表明优化的步长越大、收敛越快，但精度降低，有可能跳过最优解；反之，k 的绝对值越小表明优化的步长越小、收敛越慢，但精度更高，不易跳过最优解。在实际中可以根据需要进行选择。

3.3　驱动空间－任务空间速度级运动学

前面两节分别推导了驱动空间与关节空间之间、关节空间与任务空间之间的速度级运动学方程，将其结合起来可进一步得到驱动空间与任务空间的速度级运动学方程。

3.3.1　末端速度到绳索速度的一般表达式

将式(3.16)与式(3.32)结合起来，可得到关节速度到绳索速度之间的关系为

$$\begin{aligned}\boldsymbol{v}_l &= \boldsymbol{J}_{\theta-l}\dot{\boldsymbol{\Theta}} = \boldsymbol{J}_{\theta-l}\left[\boldsymbol{J}_{\theta-x}^{+}\dot{\boldsymbol{x}}_{\mathrm{e}} + (\boldsymbol{I} - \boldsymbol{J}_{\theta-x}^{+}\boldsymbol{J}_{\theta-x})\boldsymbol{z}\right] = \\ &\boldsymbol{J}_{\theta-l}\boldsymbol{J}_{\theta-x}^{+}\dot{\boldsymbol{x}}_{\mathrm{e}} + \boldsymbol{J}_{\theta-l}(\boldsymbol{I} - \boldsymbol{J}_{\theta-x}^{+}\boldsymbol{J}_{\theta-x})\boldsymbol{z}\end{aligned} \tag{3.35}$$

式(3.35)即建立了从末端速度到所有绳索速度的映射关系，为无穷多组解，其中的第一项$\boldsymbol{J}_{\theta-l}\boldsymbol{J}_{\theta-x}^{+}\dot{\boldsymbol{x}}_{\mathrm{e}}$为特解，代表使关节速度范数最小的绳索运动速度，第二项则为相应于自由度的绳索速度。

3.3.2　关节速度范数最小对应的绳索速度解

需要说明的是，由于绳索速度与关节速度之间并非简单的线性映射关系，关节速度范数最小并不代表绳索速度范数最小，上述特解为关节速度最小所对应的绳索速度特解，但并非是绳索运动速度最小范数解。为区分不同的特解形式，将上述特解即式(3.35)中的第一项称为第Ⅰ类特解，并表示为

$$\boldsymbol{v}_{l(\mathrm{I})}^{*} = \boldsymbol{J}_{\theta-l}\boldsymbol{J}_{\theta-x}^{+}\dot{\boldsymbol{x}}_{\mathrm{e}} \tag{3.36}$$

将绳索运动速度最小范数解称为第Ⅱ类特解并表示为$\boldsymbol{v}_{l(\mathrm{II})}^{*}$，下面将推导其求解公式。

3.3.3　绳索速度最小范数解

结合式(3.16)和式(3.22)，可知绳索速度最小范数解对应如下的优化问题：

$$\begin{cases}\text{最小化} \quad \dfrac{1}{2}\|\boldsymbol{v}_l\|^2 = \dfrac{1}{2}\dot{\boldsymbol{\Theta}}^{\mathrm{T}}(\boldsymbol{J}_{\theta-l}^{\mathrm{T}}\boldsymbol{J}_{\theta-l})\dot{\boldsymbol{\Theta}} \\ \text{满足} \quad \dot{\boldsymbol{x}}_{\mathrm{e}} = \boldsymbol{J}_{\theta-x}\dot{\boldsymbol{\Theta}}\end{cases} \tag{3.37}$$

定义拉格朗日函数为

$$L(\dot{\boldsymbol{\Theta}},\boldsymbol{\lambda})=\frac{1}{2}\dot{\boldsymbol{\Theta}}^{\mathrm{T}}(\boldsymbol{J}_{\theta-l}^{\mathrm{T}}\boldsymbol{J}_{\theta-l})\dot{\boldsymbol{\Theta}}-\boldsymbol{\lambda}^{\mathrm{T}}(\boldsymbol{J}_{\theta-x}\dot{\boldsymbol{\Theta}}-\dot{\boldsymbol{x}}_{\mathrm{e}}) \tag{3.38}$$

令

$$\begin{cases}\nabla_{\dot{\boldsymbol{\Theta}}}L(\dot{\boldsymbol{\Theta}},\boldsymbol{\lambda})=\boldsymbol{0}\\ \nabla_{\boldsymbol{\lambda}}L(\dot{\boldsymbol{\Theta}},\boldsymbol{\lambda})=\boldsymbol{0}\end{cases} \tag{3.39}$$

得到如下方程：

$$\begin{cases}\boldsymbol{J}_{\theta-l}^{\mathrm{T}}\boldsymbol{J}_{\theta-l}\dot{\boldsymbol{\Theta}}-\boldsymbol{J}_{\theta-x}^{\mathrm{T}}\boldsymbol{\lambda}=\boldsymbol{0}\\ \boldsymbol{J}_{\theta-x}\dot{\boldsymbol{\Theta}}-\dot{\boldsymbol{x}}_{\mathrm{e}}=\boldsymbol{0}\end{cases} \tag{3.40}$$

式(3.40)写成矩阵的形式，有

$$\begin{bmatrix}\boldsymbol{J}_{\theta-l}^{\mathrm{T}}\boldsymbol{J}_{\theta-l} & -\boldsymbol{J}_{\theta-x}^{\mathrm{T}}\\ \boldsymbol{J}_{\theta-x} & \boldsymbol{0}\end{bmatrix}\begin{bmatrix}\dot{\boldsymbol{\Theta}}\\ \boldsymbol{\lambda}\end{bmatrix}=\begin{bmatrix}\boldsymbol{0}\\ -\dot{\boldsymbol{x}}_{\mathrm{e}}\end{bmatrix} \tag{3.41}$$

根据推导的表达式可知，矩阵$\boldsymbol{J}_{\theta-l}$一定是列满秩的，故$\boldsymbol{J}_{\theta-l}^{\mathrm{T}}\boldsymbol{J}_{\theta-l}$是正定矩阵；当机器人不发生奇异时，矩阵$\boldsymbol{J}_{\theta-x}$是行满秩的。从而式(3.41)的系数矩阵是可逆的，因此，可得到如下解：

$$\begin{bmatrix}\dot{\boldsymbol{\Theta}}\\ \boldsymbol{\lambda}\end{bmatrix}=\begin{bmatrix}\boldsymbol{J}_{\theta-l}^{\mathrm{T}}\boldsymbol{J}_{\theta-l} & -\boldsymbol{J}_{\theta-x}^{\mathrm{T}}\\ \boldsymbol{J}_{\theta-x} & \boldsymbol{0}\end{bmatrix}^{-1}\begin{bmatrix}\boldsymbol{0}\\ -\dot{\boldsymbol{x}}_{\mathrm{e}}\end{bmatrix} \tag{3.42}$$

结合分块矩阵求逆的性质，根据式(3.42)，最后得到

$$\begin{cases}\dot{\boldsymbol{\Theta}}=\{[\boldsymbol{J}_{\theta-x}(\boldsymbol{J}_{\theta-l}^{\mathrm{T}}\boldsymbol{J}_{\theta-l})^{-1}\boldsymbol{J}_{\theta-x}^{\mathrm{T}}]^{-1}\boldsymbol{J}_{\theta-x}(\boldsymbol{J}_{\theta-l}^{\mathrm{T}}\boldsymbol{J}_{\theta-l}\}^{-1})^{\mathrm{T}}\dot{\boldsymbol{x}}_{\mathrm{e}}\\ \boldsymbol{\lambda}=[\boldsymbol{J}_{\theta-x}(\boldsymbol{J}_{\theta-l}^{\mathrm{T}}\boldsymbol{J}_{\theta-l})^{-1}\boldsymbol{J}_{\theta-x}^{\mathrm{T}}]^{-1}\dot{\boldsymbol{x}}_{\mathrm{e}}\end{cases} \tag{3.43}$$

将式(3.43)中的$\dot{\boldsymbol{\Theta}}$代入式(3.16)，可得方程的解，解得绳索速度最小范数解为

$$\boldsymbol{v}_{l(\mathrm{II})}^{*}=\boldsymbol{J}_{\theta-l}\dot{\boldsymbol{\Theta}}^{*}=\boldsymbol{J}_{\theta-l}\{[\boldsymbol{J}_{\theta-x}(\boldsymbol{J}_{\theta-l}^{\mathrm{T}}\boldsymbol{J}_{\theta-l})^{-1}\boldsymbol{J}_{\theta-x}^{\mathrm{T}}]^{-1}\boldsymbol{J}_{\theta-x}(\boldsymbol{J}_{\theta-l}^{\mathrm{T}}\boldsymbol{J}_{\theta-l})^{-1}\}^{\mathrm{T}}\dot{\boldsymbol{x}}_{\mathrm{e}} \tag{3.44}$$

根据式(3.44)所得到的$\boldsymbol{v}_{l(\mathrm{II})}^{*}$即为绳索速度最小范数解。

3.3.4 仿真分析

以前述设计的绳驱超冗余机器人为例，假定初始时刻每个关节角均为5°，要求机器人末端从$[-488\ \mathrm{mm}\quad 1\ 111\ \mathrm{mm}\quad 490\ \mathrm{mm}]^{\mathrm{T}}$的位置沿直线运动到

[−670 mm　760 mm　7 300 mm]^{T} 位置，运动过程中末端姿态保持不变。

分别采用上述两种特解方式求解、确定机器人的运动轨迹，采用 Matlab 软件进行计算和图形显示，仿真结果如图 3.2 和图 3.3 所示。

其中，图 3.2 所示为采用第 Ⅰ 类特解（称为最小关节运动法）得到的仿真情况，实现给定的末端运动所需的关节速度范数最小。在整个运动过程中，关节角度最大为 12.89°，绳长变化量的一范数（所有绳长的变化量之和）为 87.847 1 mm、二范数为 20.133 9 mm。

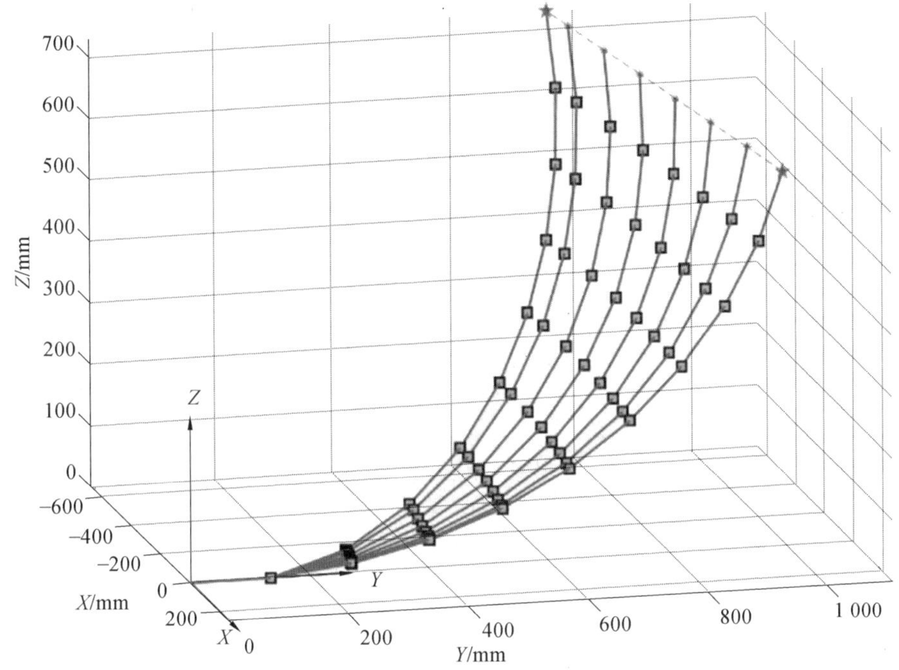

图 3.2　采用第 Ⅰ 类特解确定运动路径（最小关节运动法）

图 3.3 所示为采用第 Ⅱ 类特解（称为最小绳索运动法）得到的仿真情况，实现给定的末端运动所需的绳索速度范数最小。在整个运动过程中，关节角度最大达到了 23.49°，绳长变化量的一范数（所有绳长的变化量之和）为 40.435 4 mm、二范数为 8.571 2 mm。

对比这两种方法可以看到，在相同的直线运动任务下，采用最小绳索运动法得到的绳长变化量远小于采用最小关节运动法得到的绳长变化量，最小绳索运动法得到的绳长变化量的第一、第二范数分别为最小关节运动法的 46.03％（40.435 4/87.847 1）和 42.57％（8.571 2/20.133 9）；另外，采用最小关节运动法得到的关节角度最大值是采用最小绳索运动法得到的关节角度最大值的 54.88％（12.89/23.49）。上述两种方法各有优缺点，最小绳索运动法所需消耗的电机能量更少，这在太空等驱动能量有限的情况下具有很大的应用价值(或者说丝杠所需旋转的次数最少，这可以增加丝杠的使用寿命)，但是所导致的关节运动范围会更大，甚至超出其机械限位(绳驱机器人的机械限位比传统关节式机器人的限位更苛刻)；而最小关节运动法使关节速度范数最小，容易满足机械限位条件。在实际中要充分考虑上述特点，并利用机器人的冗余特性达到所期目标。

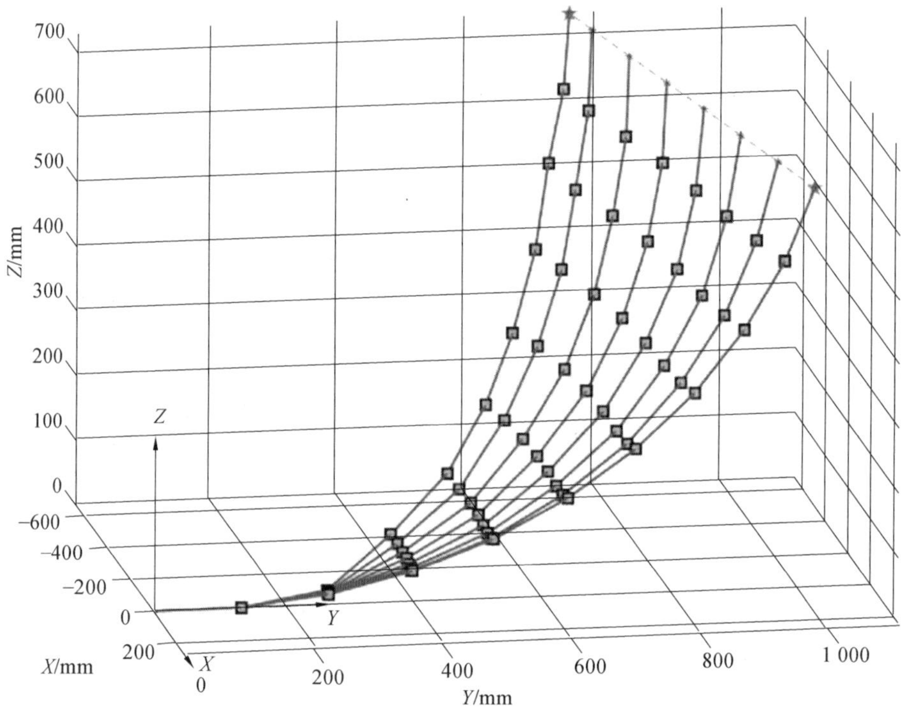

图 3.3　采用第 Ⅱ 类特解确定运动路径(最小绳索运动法)

3.4　绳驱超冗余机器人驱动性能评价

机器人操作性能评价方法对于机器人的设计、分析及应用具有重要意义，对于传统关节式机器人的评价一般有可操作度、灵巧度等性能指标，主要考虑关节空间与任务空间之间的速度映射问题，并根据速度雅可比矩阵$\boldsymbol{J}_{\theta-x}$ 展开分析。

绳驱超冗余机器人的运动传递涉及驱动空间、关节空间和任务空间，且不同空间的状态并非一一对应，不同空间中状态变量的正、逆向映射涉及超定方程组、欠定方程组的求解，传统的性能评价方法只能反映关节空间与任务空间之间的映射问题，无法准确评价绳驱机器人系统的操作性能。另外，绳驱超冗余机器

人常被用于恶劣环境中(如核辐射、外太空等),当出现部分绳索断裂时无法及时更换,为保证任务的完成,理想的情况是利用其自身的冗余特性继续执行任务,是否能继续完成任务,与其出现驱动绳索断裂时的操作性能有着极其重要的关系。因此,分析绳索断裂下的操作性能也具有极其重要的意义。本节将根据绳驱机器人的特点,提出新的操作性能评价方法,并用于绳索断裂时的容错操作。

3.4.1　传统关节式机器人的可操作度

对于传统关节式机器人运动性能的定量评价,学者们已提出了多种性能指标,主要有雅可比矩阵条件数、最小奇异值、灵巧度(Dexterity)、可操作度(Manipulability)、运动学敏感度(Kinematic－Sensitivity)、"运动－静力"调节指数(Kinetostatic Conditioning Index,KCI,其中 Kinetostatic 为 Kinematics 和 Statics 组合而成的新词,包含运动学和静力学的含义,体现了两者的对偶性)等。

在各类评价指标中,可操作度的应用最为普遍。可操作度的概念是由 Yoshikawa 提出的,用于评价关节运动对末端运动的综合调整能力。设关节速度向量的范数小于等于1(广义单位球),即

$$\|\dot{\boldsymbol{\Theta}}\|^2=\dot{\boldsymbol{\Theta}}^{\mathrm{T}}\dot{\boldsymbol{\Theta}}\leqslant 1 \tag{3.45}$$

考虑最小范数解 $\dot{\boldsymbol{\Theta}}=\boldsymbol{J}^{+}\dot{\boldsymbol{x}}_{\mathrm{e}}$,则

$$\dot{\boldsymbol{\Theta}}^{\mathrm{T}}\dot{\boldsymbol{\Theta}}=(\boldsymbol{J}^{+}\dot{\boldsymbol{x}}_{\mathrm{e}})^{\mathrm{T}}(\boldsymbol{J}^{+}\dot{\boldsymbol{x}}_{\mathrm{e}})=\dot{\boldsymbol{x}}_{\mathrm{e}}^{\mathrm{T}}[(\boldsymbol{J}^{+})^{\mathrm{T}}\boldsymbol{J}^{+}]\dot{\boldsymbol{x}}_{\mathrm{e}}=\dot{\boldsymbol{x}}_{\mathrm{e}}^{\mathrm{T}}[(\boldsymbol{J}\boldsymbol{J}^{\mathrm{T}})^{+}]\dot{\boldsymbol{x}}_{\mathrm{e}} \tag{3.46}$$

根据式(3.45)和式(3.46),有

$$\dot{\boldsymbol{x}}_{\mathrm{e}}^{\mathrm{T}}[(\boldsymbol{J}\boldsymbol{J}^{\mathrm{T}})^{+}]\dot{\boldsymbol{x}}_{\mathrm{e}}\leqslant 1 \tag{3.47}$$

$$\dot{\boldsymbol{x}}_{\mathrm{e}}^{\mathrm{T}}[(\boldsymbol{J}\boldsymbol{J}^{\mathrm{T}})^{+}]\dot{\boldsymbol{x}}_{\mathrm{e}}=\dot{\boldsymbol{x}}_{\mathrm{e}}^{\mathrm{T}}[\boldsymbol{U}(\boldsymbol{\Sigma}\boldsymbol{\Sigma}^{\mathrm{T}})^{+}\boldsymbol{U}^{\mathrm{T}}]\dot{\boldsymbol{x}}_{\mathrm{e}}=(\dot{\boldsymbol{x}}_{\mathrm{e}}^{\mathrm{T}}\boldsymbol{U})(\boldsymbol{\Sigma}\boldsymbol{\Sigma}^{\mathrm{T}})^{+}(\boldsymbol{U}^{\mathrm{T}}\dot{\boldsymbol{x}}_{\mathrm{e}})\leqslant 1 \tag{3.48}$$

令 $\dot{\boldsymbol{x}}_{\mathrm{u}}=\boldsymbol{U}^{\mathrm{T}}\dot{\boldsymbol{x}}_{\mathrm{e}}=[\dot{x}_{\mathrm{u1}}\quad \dot{x}_{\mathrm{u2}}\quad \cdots\quad \dot{x}_{\mathrm{u}m}]^{\mathrm{T}}$,可知 $\|\dot{\boldsymbol{x}}_{\mathrm{u}}\|=\|\dot{\boldsymbol{x}}_{\mathrm{e}}\|$,则根据式(3.48)有

$$\left(\frac{\dot{x}_{\mathrm{u1}}}{\sigma_1}\right)^2+\left(\frac{\dot{x}_{\mathrm{u2}}}{\sigma_2}\right)^2+\cdots+\left(\frac{\dot{x}_{\mathrm{u}m}}{\sigma_m}\right)^2\leqslant 1 \tag{3.49}$$

可见式(3.49)确定了一个 m 维的广义椭球,相应于广义坐标 $\dot{x}_{\mathrm{u1}}\sim\dot{x}_{\mathrm{u}m}$ 的半轴为 $\sigma_1\sim\sigma_m$,最大和最小半轴分别为 σ_1 和 σ_m。该椭球称为可操作度椭球(Manipulability Ellipsoid),其体积为 $d\sigma_1\sigma_2\cdots\sigma_m$($d$ 为由 m 决定的常数)。由于体积直观地反映了椭球的大小,又为了表示的方便,Yoshikawa 将体积表达式中的常数 d 去掉,余下的部分定义为机器人的可操作度,即

$$w = \sigma_1 \sigma_2 \cdots \sigma_m \tag{3.50}$$

根据雅可比矩阵的性质，并考虑 w 与臂型相关的特点，式(3.50) 可以表示为

$$w(\boldsymbol{\Theta}) = \sqrt{\det(\boldsymbol{J}(\boldsymbol{\Theta})\boldsymbol{J}^{\mathrm{T}}(\boldsymbol{\Theta}))} = \sigma_1 \sigma_2 \cdots \sigma_m \tag{3.51}$$

上述可操作度指标是针对传统关节式机器人提出的，其分析方法是对关节空间到任务空间的速度雅可比矩阵进行奇异值分解，然后将各个奇异值相乘即得到了可操作度指标。对于绳驱超冗余机器人，不仅有关节空间与工作空间之间的映射关系，还有驱动(绳索) 空间与关节空间之间的映射关系，所以只用上述指标评价其操作性能是片面的。下面将根据绳驱超冗余机器人的特点，提出针对性的评价指标。

3.4.2 绳驱机器人归一化运动学方程

1.关节空间－任务空间归一化运动学方程

对于转动关节而言，其在末端产生的线速度与其到末端的矢径(称为牵连运动矢量) 成正比，而产生的角速度则与作用距离无关。当需要同时分析关节速度对末端线速度和角速度的调节能力时，为避免由尺寸导致的数值问题，可采用某一标称长度对末端线速度进行归一化(即考虑单位长度下的牵连运动)，相应的雅可比矩阵称为归一化雅可比矩阵(或量纲一致雅可比矩阵)。根据不同的分析需要，标称长度有多种选择，可采用最大作用距离(Reachable Distance)、自然长度(Natural Length)、名义长度(Nominal Length) 或特征长度(Characteristic Length) 等。本书采用最大作用距离(即绳驱机器人伸直状态下的总长度 L) 对雅可比矩阵$\boldsymbol{J}_{\theta-x}$ 进行归一化。

为描述方便，将式(3.25) 的雅可比矩阵表示为如下形式：

$$\boldsymbol{J}_{\theta-x} = \begin{bmatrix} \boldsymbol{J}_v \\ \boldsymbol{J}_\omega \end{bmatrix} = \begin{bmatrix} \boldsymbol{e}_1 \times \boldsymbol{p}_1 & \boldsymbol{e}_2 \times \boldsymbol{p}_2 & \cdots & \boldsymbol{e}_n \times \boldsymbol{p}_n \\ \boldsymbol{e}_1 & \boldsymbol{e}_2 & \cdots & \boldsymbol{e}_n \end{bmatrix} \tag{3.52}$$

式中　$\boldsymbol{e}_i$、$\boldsymbol{p}_i$—— 关节 i 的运动轴矢量和牵连运动矢量，$\boldsymbol{e}_i = \boldsymbol{\xi}_i$，$\boldsymbol{p}_i = \boldsymbol{\rho}_{i\to n}$。

机器人末端线速度除以标称长度 L 后，得到如下的运动学方程：

$$\begin{bmatrix} \dfrac{1}{L}\boldsymbol{v}_{\mathrm{e}} \\ \boldsymbol{\omega}_{\mathrm{e}} \end{bmatrix} = \begin{bmatrix} \dfrac{1}{L}(\boldsymbol{e}_1 \times \boldsymbol{p}_1) & \dfrac{1}{L}(\boldsymbol{e}_2 \times \boldsymbol{p}_2) & \cdots & \dfrac{1}{L}(\boldsymbol{e}_n \times \boldsymbol{p}_n) \\ \boldsymbol{J}_{\omega 1} & \boldsymbol{J}_{\omega 2} & \cdots & \boldsymbol{J}_{\omega n} \end{bmatrix} \begin{bmatrix} \dot{\theta}_1 \\ \dot{\theta}_2 \\ \vdots \\ \dot{\theta}_n \end{bmatrix} \tag{3.53}$$

式(3.53) 可以表示为如下形式：

$$\begin{bmatrix} \tilde{\boldsymbol{v}}_{\mathrm{e}} \\ \boldsymbol{\omega}_{\mathrm{e}} \end{bmatrix} = \begin{bmatrix} \tilde{\boldsymbol{J}}_v \\ \boldsymbol{J}_\omega \end{bmatrix} \dot{\boldsymbol{\Theta}} \tag{3.54}$$

式中　$\tilde{\boldsymbol{v}}_{\mathrm{e}}$、$\tilde{\boldsymbol{J}}_{v}$—— 归一化的线速度和归一化的线速度雅可比矩阵，$\tilde{\boldsymbol{v}}_{\mathrm{e}}=\dfrac{1}{L}\boldsymbol{v}_{\mathrm{e}}$，$\tilde{\boldsymbol{J}}_{v}=\dfrac{1}{L}\boldsymbol{J}_{v}$。

令

$$\dot{\tilde{\boldsymbol{x}}}_{\mathrm{e}}=\begin{bmatrix}\tilde{\boldsymbol{v}}_{\mathrm{e}}\\ \boldsymbol{\omega}_{\mathrm{e}}\end{bmatrix},\quad \tilde{\boldsymbol{J}}_{\theta-x}=\begin{bmatrix}\tilde{\boldsymbol{J}}_{v}\\ \boldsymbol{J}_{\omega}\end{bmatrix} \tag{3.55}$$

式中　$\dot{\tilde{\boldsymbol{x}}}_{\mathrm{e}}$—— 归一化后的末端速度(包括线速度和角速度，末端归一化速度)；

$\tilde{\boldsymbol{J}}_{\theta-x}$—— 归一化雅可比矩阵，也称为尺寸一致雅可比矩阵，表达式为

$$\tilde{\boldsymbol{J}}_{\theta-x}=\begin{bmatrix}\tilde{\boldsymbol{J}}_{v}\\ \boldsymbol{J}_{\omega}\end{bmatrix}=\begin{bmatrix}\boldsymbol{e}_1\times\tilde{\boldsymbol{p}}_1 & \boldsymbol{e}_2\times\tilde{\boldsymbol{p}}_2 & \cdots & \boldsymbol{e}_n\times\tilde{\boldsymbol{p}}_n\\ \boldsymbol{e}_1 & \boldsymbol{e}_2 & \cdots & \boldsymbol{e}_n\end{bmatrix},\quad \tilde{\boldsymbol{p}}_i=\frac{\boldsymbol{p}_i}{L} \tag{3.56}$$

上式中的$\tilde{\boldsymbol{p}}_i$ 为归一化的牵连运动矢量。

式(3.54) 可进一步写成如下形式：

$$\dot{\tilde{\boldsymbol{x}}}_{\mathrm{e}}=\tilde{\boldsymbol{J}}_{\theta-x}\dot{\boldsymbol{\Theta}} \tag{3.57}$$

式(3.57) 称为式(3.22) 的归一化运动学方程，其逆运动学方程即为末端归一化速度到关节速度的运动学方程。结合 3.2.2 节的推导结果，可得式(3.57) 的通解为

$$\dot{\boldsymbol{\Theta}}=\tilde{\boldsymbol{J}}_{\theta-x}^{+}\dot{\tilde{\boldsymbol{x}}}_{\mathrm{e}}+(\boldsymbol{I}-\tilde{\boldsymbol{J}}_{\theta-x}^{+}\tilde{\boldsymbol{J}}_{\theta-x})\boldsymbol{z} \tag{3.58}$$

2.驱动空间 — 任务空间的归一化运动学方程

将式(3.58) 代入式(3.16)，即得驱动空间 — 任务空间的归一化运动学方程，即

$$\boldsymbol{v}_l=\boldsymbol{J}_{\theta-l}\dot{\boldsymbol{\Theta}}=\boldsymbol{J}_{\theta-l}\tilde{\boldsymbol{J}}_{\theta-x}^{+}\dot{\tilde{\boldsymbol{x}}}_{\mathrm{e}}+\boldsymbol{J}_{\theta-l}(\boldsymbol{I}-\tilde{\boldsymbol{J}}_{\theta-x}^{+}\tilde{\boldsymbol{J}}_{\theta-x})\boldsymbol{z} \tag{3.59}$$

式(3.59) 反映了末端归一化速度到绳索速度的映射关系，包括两项，其中，第一项$\boldsymbol{J}_{\theta-l}\tilde{\boldsymbol{J}}_{\theta-x}^{+}\dot{\tilde{\boldsymbol{x}}}_{\mathrm{e}}$ 为特解，是相应于关节速度向量的范数最小的绳索速度解(注意，此项并非绳索速度最小范数解)；第二项$\boldsymbol{J}_{\theta-l}(\boldsymbol{I}-\tilde{\boldsymbol{J}}_{\theta-x}^{+}\tilde{\boldsymbol{J}}_{\theta-x})\boldsymbol{z}$ 为不改变末端运动速度的自运动部分。

3.4.3　绳索驱动代价度

当给定末端归一化速度时，根据式(3.59) 可以求解所需要的绳索速度，且有无穷多组解，在无其他约束条件下，可以用具有某种特性的特解来作为绳索速度

的表达式，并以此为基础开展分析。在不同的构型、绳长分布和安装方式下，会解出不同的结果，且每根驱动绳所付出的运动代价是不同的，基于此，从“绳索驱动代价”的角度来评价绳驱机器人系统的驱动性能。在分析绳索驱动代价之前，需要先确定采用哪种特解形式。根据绳驱机器人的特点，其运动的传递涉及驱动空间、关节空间和任务空间，其中驱动空间和关节空间分别作为运动的源头和中间转换环节，均可作为确定特解的标准，最常见的有关节空间运动量最小（关节速度向量的范数最小）和驱动空间运动量最小（绳索速度向量的范数最小）两种，分别对应于绳索速度的第 Ⅰ 类特解和第 Ⅱ 类特解，下面分别介绍这两种情况下的绳索驱动代价的评价方法。

1.关节运动最小的绳索驱动性能

为实现关节空间运动量最小（即关节速度向量的范数最小），采用式(3.59)中的第一项作为绳索速度的特解表达式，即第 Ⅰ 类特解，不过是相对于归一化后的末端速度的解，表示为

$$\tilde{\boldsymbol{v}}_{l(\mathrm{I})}^{*}=\boldsymbol{J}_{\theta-l}\tilde{\boldsymbol{J}}_{\theta-x}^{+}\dot{\tilde{\boldsymbol{x}}}_{\mathrm{e}}=\tilde{\boldsymbol{J}}_{x-l(\mathrm{I})}\dot{\tilde{\boldsymbol{x}}}_{\mathrm{e}} \tag{3.60}$$

矩阵$\tilde{\boldsymbol{J}}_{x-l(\mathrm{I})}=\boldsymbol{J}_{\theta-l}\tilde{\boldsymbol{J}}_{\theta-x}^{+}$为末端归一化速度到驱动绳索速度特解（关节空间运动量最小）的雅可比矩阵，包含了驱动空间与关节空间、关节空间与任务空间的运动传递关系。

设末端归一化速度向量的范数小于等于1（广义单位球），即

$$\|\dot{\tilde{\boldsymbol{x}}}_{\mathrm{e}}\|^{2}=\dot{\tilde{\boldsymbol{x}}}_{\mathrm{e}}^{\mathrm{T}}\dot{\tilde{\boldsymbol{x}}}_{\mathrm{e}}\leqslant 1 \tag{3.61}$$

根据式(3.60)，将$\dot{\tilde{\boldsymbol{x}}}_{\mathrm{e}}=\tilde{\boldsymbol{J}}_{x-l(\mathrm{I})}^{+}\tilde{\boldsymbol{v}}_{l(\mathrm{I})}^{*}$代入式(3.61)，可得绳索速度向量的范数为

$$\|\dot{\tilde{\boldsymbol{x}}}_{\mathrm{e}}\|^{2}=\dot{\tilde{\boldsymbol{x}}}_{\mathrm{e}}^{\mathrm{T}}\dot{\tilde{\boldsymbol{x}}}_{\mathrm{e}}=(\tilde{\boldsymbol{J}}_{x-l(\mathrm{I})}^{+}\tilde{\boldsymbol{v}}_{l(\mathrm{I})}^{*})^{\mathrm{T}}(\tilde{\boldsymbol{J}}_{x-l(\mathrm{I})}^{+}\tilde{\boldsymbol{v}}_{l(\mathrm{I})}^{*})=(\tilde{\boldsymbol{v}}_{l(\mathrm{I})}^{*})^{\mathrm{T}}(\tilde{\boldsymbol{J}}_{x-l(\mathrm{I})}\tilde{\boldsymbol{J}}_{x-l(\mathrm{I})}^{\mathrm{T}})^{+}\tilde{\boldsymbol{v}}_{l(\mathrm{I})}^{*}\leqslant 1 \tag{3.62}$$

根据前面的推导可知，$\tilde{\boldsymbol{J}}_{x-l(\mathrm{I})}$是$3N\times 6$维的矩阵，对其进行奇异值分解(Singularity Value Decomposition，SVD)可得如下表达式：

$$\tilde{\boldsymbol{J}}_{x-l(\mathrm{I})}=\boldsymbol{U\Sigma V}^{\mathrm{T}} \tag{3.63}$$

式中　$\boldsymbol{U}$——$3N$ 阶正交矩阵；

$\boldsymbol{V}$——6 阶正交矩阵；

$\boldsymbol{\Sigma}$——对角阵，且

$$\boldsymbol{\Sigma}=\begin{bmatrix}\sigma_1 & 0 & \cdots & 0\\ 0 & \sigma_2 & \cdots & 0\\ \vdots & \vdots & & \vdots\\ 0 & 0 & \cdots & \sigma_6\\ & \boldsymbol{0} & & \end{bmatrix} \tag{3.64}$$

各对角元素按照下列顺序排列：

$$\sigma_1 \geqslant \sigma_2 \geqslant \cdots \geqslant \sigma_6 \geqslant 0 \tag{3.65}$$

上述 6 个对角阵元素 $\sigma_1 \sim \sigma_6$ 为矩阵$\tilde{\boldsymbol{J}}_{x-l(\mathrm{I})}$ 奇异值。矩阵 $\boldsymbol{U}$ 的列矢量 $\boldsymbol{u}_i$、矩阵 $\mathbf{V}$ 的列矢量 $\boldsymbol{v}_i$ 分别称为矩阵$\tilde{\boldsymbol{J}}_{x-l(\mathrm{I})}$ 的左奇异向量和右奇异向量，其 SVD 分解式可以表示为如下矢量乘积的形式（m 项累加）：

$$\tilde{\boldsymbol{J}}_{x-l(\mathrm{I})}=\sum_{i=1}^{m}\sigma_i\boldsymbol{u}_i\boldsymbol{v}_i^{\mathrm{T}} \tag{3.66}$$

由于 $\boldsymbol{U}$、$\mathbf{V}$ 均为正交阵，$\boldsymbol{\Sigma}$ 与$\tilde{\boldsymbol{J}}_{x-l}$ 有相同的秩，即

$$\operatorname{rank}(\boldsymbol{\Sigma})=\operatorname{rank}(\tilde{\boldsymbol{J}}_{x-l}) \tag{3.67}$$

将式(3.63) 代入式(3.62) 后，可得

$$\begin{aligned}\|\dot{\tilde{\boldsymbol{x}}}_{\mathrm{e}}\|^2 &= (\tilde{\boldsymbol{v}}_{l(\mathrm{I})}^*)^{\mathrm{T}}(\tilde{\boldsymbol{J}}_{x-l(\mathrm{I})}\tilde{\boldsymbol{J}}_{x-l(\mathrm{I})}^{\mathrm{T}})^{+}\tilde{\boldsymbol{v}}_{l(\mathrm{I})}^* =\\ &(\tilde{\boldsymbol{v}}_{l(\mathrm{I})}^*)^{\mathrm{T}}[(\boldsymbol{U\Sigma}\mathbf{V}^{\mathrm{T}})(\boldsymbol{U\Sigma}\mathbf{V}^{\mathrm{T}})^{\mathrm{T}}]^{+}\tilde{\boldsymbol{v}}_{l(\mathrm{I})}^* =\\ &[(\tilde{\boldsymbol{v}}_{l(\mathrm{I})}^*)^{\mathrm{T}}\boldsymbol{U}](\boldsymbol{\Sigma\Sigma}^{\mathrm{T}})^{+}(\boldsymbol{U}^{\mathrm{T}}\tilde{\boldsymbol{v}}_{l(\mathrm{I})}^*)\leqslant 1\end{aligned} \tag{3.68}$$

上式推导过程中用到了正交矩阵的性质，即 $\mathbf{V}^{\mathrm{T}}\mathbf{V}=\boldsymbol{I}$、$\boldsymbol{U}^{+}=\boldsymbol{U}^{\mathrm{T}}$，其中 $\boldsymbol{I}$ 为单位阵。根据式(3.64) 可得

$$(\boldsymbol{\Sigma\Sigma}^{\mathrm{T}})^{+}=\left[\begin{array}{ccc:c}\frac{1}{\sigma_1^2} & & & \\ & \ddots & & \boldsymbol{0}\\ & & \frac{1}{\sigma_6^2} & \\ \hdashline & \boldsymbol{0} & & \boldsymbol{0}\end{array}\right] \tag{3.69}$$

令 $\boldsymbol{v}_{l\mathrm{u}}^*=\boldsymbol{U}^{\mathrm{T}}\tilde{\boldsymbol{v}}_{l(\mathrm{I})}^*=[v_{l\mathrm{u}1}\quad v_{l\mathrm{u}2}\quad\cdots\quad v_{l\mathrm{u}3N}]^{\mathrm{T}}$，可知 $\|\boldsymbol{v}_{l\mathrm{u}}^*\|=\|\boldsymbol{v}_l^*\|$，则根据式(3.68) 和式(3.69)，可得

$$\left(\frac{v_{lu1}}{\sigma_1}\right)^2+\left(\frac{v_{lu2}}{\sigma_2}\right)^2+\cdots+\left(\frac{v_{lu6}}{\sigma_6}\right)^2\leqslant 1 \tag{3.70}$$

式(3.70)为从末端速度球$\|\tilde{\dot{\boldsymbol{x}}}_e\|^2=\tilde{\dot{\boldsymbol{x}}}_e^{\mathrm{T}}\tilde{\dot{\boldsymbol{x}}}_e\leqslant 1$映射得到的绳索驱动速度椭球，为六维的广义椭球，相应于广义坐标$v_{lu1}\sim v_{lu6}$的半轴为$\sigma_1,\sigma_2,\cdots,\sigma_6$，最大和最小半轴分别为$\sigma_1$和$\sigma_6$。该椭球的体积与$\sigma_1\sigma_2\cdots\sigma_6$成正比，类似于可操作度的定义。采用下式定义绳索驱动代价度(Cable－Driven Cost Degree)，即

$$e_{(\mathrm{I})}=\sqrt{\det(\tilde{\boldsymbol{J}}_{x-l(\mathrm{I})}^{\mathrm{T}}\tilde{\boldsymbol{J}}_{x-l(\mathrm{I})})}=\sqrt{\det((\boldsymbol{J}_{\theta-l}\tilde{\boldsymbol{J}}_{\theta-x}^{+})^{\mathrm{T}}(\boldsymbol{J}_{\theta-l}\tilde{\boldsymbol{J}}_{\theta-x}^{+}))}=\sigma_1\sigma_2\cdots\sigma_6 \tag{3.71}$$

式(3.71)定义的$e_{(\mathrm{I})}$为第Ⅰ类绳索驱动代价度，用于评价“在实现单位末端归一化速度的前提下，使关节运动最少的绳索驱动代价”的程度，$e_{(\mathrm{I})}$越小说明代价越小，绳驱机器人系统的驱动性能越好。

2.绳索运动最小的绳索驱动性能

前面采用的特解为关节最小范数解所对应的绳索速度特解，可以得到在满足关节速度范数最小情况下的绳索驱动性能。实际上，由于绳索速度与关节速度之间并非简单的线性映射关系，关节速度范数最小并不代表绳索速度范数最小，若要求绳索速度范数最小，则需要先求得绳索最小范数解的表达式。

类似于前面推导的绳索速度第Ⅱ类特解，即式(3.44)的推导过程，可得采用末端归一化速度后绳索速度最小范数解的表达式为

$$\tilde{\boldsymbol{v}}_{l(\mathrm{II})}^{*}=\boldsymbol{J}_{\theta-l}\{[\tilde{\boldsymbol{J}}_{\theta-x}(\boldsymbol{J}_{\theta-l}^{\mathrm{T}}\boldsymbol{J}_{\theta-l})^{-1}\tilde{\boldsymbol{J}}_{\theta-x}^{\mathrm{T}}]^{-1}\tilde{\boldsymbol{J}}_{\theta-x}(\boldsymbol{J}_{\theta-l}^{\mathrm{T}}\boldsymbol{J}_{\theta-l})^{-1}\}^{\mathrm{T}}\tilde{\dot{\boldsymbol{x}}}_e=\tilde{\boldsymbol{J}}_{x-l(\mathrm{II})}\tilde{\dot{\boldsymbol{x}}}_e \tag{3.72}$$

式中

$$\tilde{\boldsymbol{J}}_{x-l(\mathrm{II})}=\boldsymbol{J}_{\theta-l}\{[\tilde{\boldsymbol{J}}_{\theta-x}(\boldsymbol{J}_{\theta-l}^{\mathrm{T}}\boldsymbol{J}_{\theta-l})^{-1}\tilde{\boldsymbol{J}}_{\theta-x}^{\mathrm{T}}]^{-1}\tilde{\boldsymbol{J}}_{\theta-x}(\boldsymbol{J}_{\theta-l}^{\mathrm{T}}\boldsymbol{J}_{\theta-l})^{-1}\}^{\mathrm{T}} \tag{3.73}$$

采用类似于第Ⅰ类绳索驱动代价度的定义，得到另一种驱动代价度的定义如下：

$$e_{(\mathrm{II})}=\sqrt{\det(\tilde{\boldsymbol{J}}_{x-l(\mathrm{II})}^{\mathrm{T}}\tilde{\boldsymbol{J}}_{x-l(\mathrm{II})})}=\sigma_{1(\mathrm{II})}\sigma_{2(\mathrm{II})}\cdots\sigma_{6(\mathrm{II})} \tag{3.74}$$

其中，$\sigma_{1(\mathrm{II})}\sim\sigma_{6(\mathrm{II})}$为$\tilde{\boldsymbol{J}}_{x-l(\mathrm{II})}^{\mathrm{T}}$的奇异值。式(3.74)定义的$e_{(\mathrm{II})}$为第Ⅱ类绳索驱动代价度，用于评价“在实现单位末端归一化速度的前提下，使绳索运动最少的绳索驱动代价”的程度。

实际上，驱动代价度与可操作度是分别从两个不同的映射过程来定义的。可操作度的定义是将单位关节速度球(n维)映射到工作空间，得到末端速度椭球(六维)，椭球的体积越大，可操作度越大，意味着单位关节速度所能达到的末

端速度的范围越大。而绳索驱动代价度的定义是将单位末端速度球(六维)映射到驱动空间,得到特定绳索速度椭球(特解$\tilde{\boldsymbol{v}}_{l(\mathrm{I})}^{*}$或$\tilde{\boldsymbol{v}}_{l(\mathrm{II})}^{*}$仅有 6 个独立变量),映射过程没有改变独立变量的维数,主要评价绳索驱动能力。前者适用于传统关节式机器人,因为此种情况下各关节是解耦的;后者则适用于绳驱这一类各驱动源相互耦合的情况。

3.5　绳驱机器人多重空间静力学建模

前面推导了机器人状态变量之间、状态变量与时间的映射关系,未考虑作用力(含力矩)的因素,属于运动学问题。实际上,机器人受到绳索拉力、环境作用力(如工件对末端执行器的作用力、障碍物对臂杆的碰撞力)等的作用,在这些力的共同作用下,系统可能处于平衡状态,也可能形成新的运动状态(即系统状态发生了改变),前者属于静力学问题,后者属于动力学问题。其中,静力学是衔接运动学和动力学的临界状态,且与运动学还形成对偶关系,在机器人设计、规划与控制中发挥着特别的作用,具有重要意义。

本章将讨论绳驱机器人在力 / 力矩的作用下,系统处于平衡状态的条件,以及满足平衡状态下驱动绳拉力的分配问题。绳驱机器人不同状态空间的静力学映射关系如图 3.4 所示,其中($f_{i,i}$、$f_{i,i+N}$和$f_{i,i+2N}$)为关节 i 的 3 根驱动绳(即 l_i、l_{i+N} 和 l_{i+2N})在关节 i 两圆盘间的拉力,($\tau_{\varphi i}$,$\tau_{\psi i}$)为关节两个旋转轴上的等效驱动力矩,$\boldsymbol{F}_{\mathrm{e}}=[\boldsymbol{f}_{\mathrm{e}}^{\mathrm{T}}\quad \boldsymbol{m}_{\mathrm{e}}^{\mathrm{T}}]^{\mathrm{T}}$ 为机器人末端的广义操作力(包括操作力 $\boldsymbol{f}_{\mathrm{e}}$ 和操作力矩 $\boldsymbol{m}_{\mathrm{e}}$),下面将推导具体的静力学方程。

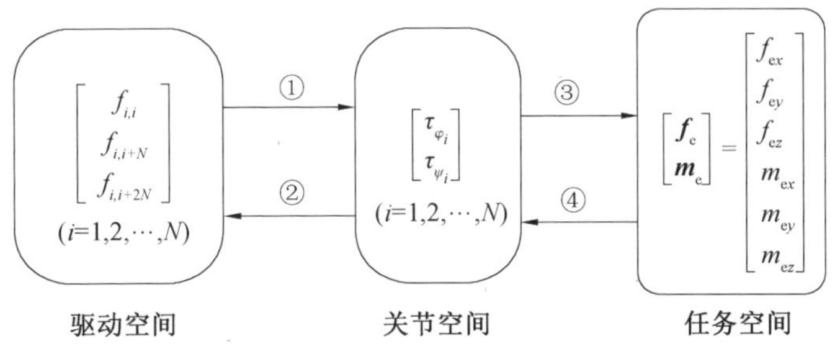

图 3.4　绳驱机器人不同状态空间的静力学映射关系

3.5.1 驱动空间与关节空间的静力学方程

1. 驱动空间到关节空间的映射

驱动空间到关节空间的映射关系即为根据绳索拉力求解关节等效力矩的方程。为突出主要因素并简化推导过程，在后面的静力学分析中，不考虑布线圆盘与绳索之间的摩擦力，且布线圆盘只是改变绳索拉力的方向而不改变其大小。

根据对偶原理，驱动空间到关节空间的静力学映射与关节空间到驱动空间的速度级运动学映射为对偶关系，因此，根据式(3.9)，可得与其对偶的静力学模型为

$$\begin{bmatrix}\tau_{\varphi i}\\ \tau_{\psi i}\end{bmatrix}=(\boldsymbol{J}_{\theta-l}^{(i,i)})^{\mathrm{T}}\begin{bmatrix}f_{i,i}\\ f_{i,i+N}\\ f_{i,i+2N}\end{bmatrix}\tag{3.75}$$

式中 $(\boldsymbol{J}_{\theta-l}^{(i,i)})^{\mathrm{T}}$——绳索拉力到关节等效力矩映射的力雅可比矩阵，为速度雅可比矩阵$\boldsymbol{J}_{\theta-l}^{(i,i)}$的转置，表达式如下：

$$(\boldsymbol{J}_{\theta-l}^{(i,i)})^{\mathrm{T}}=\begin{bmatrix}\dfrac{\partial(l_{i,i})}{\partial\varphi_i} & \dfrac{\partial(l_{i,i+N})}{\partial\varphi_i} & \dfrac{\partial(l_{i,i+2N})}{\partial\varphi_i}\\ \dfrac{\partial(l_{i,i})}{\partial\psi_i} & \dfrac{\partial(l_{i,i+N})}{\partial\psi_i} & \dfrac{\partial(l_{i,i+2N})}{\partial\psi_i}\end{bmatrix}\tag{3.76}$$

力雅可比矩阵$(\boldsymbol{J}_{\theta-l}^{(i,i)})^{\mathrm{T}}$中每一项的表达式都可根据式(3.2)求出，是关节角φ_i和ψ_i的函数。式(3.75)建立了从绳索拉力$(f_{i,i},f_{i,i+N},f_{i,i+2N})$到关节等效驱动力矩$(\tau_{\varphi i},\tau_{\psi i})$的映射关系，当给定一组绳索拉力时，总能唯一确定一组等效驱动力矩。反之是否成立呢？这种情况将在下一节进行讨论。

2.关节空间到驱动空间的映射

若已知关节等效驱动力矩$(\tau_{\varphi i},\tau_{\psi i})$，如何求解所需的绳索拉力$(f_{i,i},f_{i,i+N},f_{i,i+2N})$？这就需要求解方程组，该方程组为由3个未知数、2个方程组成的欠定方程组，有无穷多组解，其通解为

$$\begin{bmatrix}f_{i,i}\\ f_{i,i+N}\\ f_{i,i+2N}\end{bmatrix}=[(\boldsymbol{J}_{\theta-l}^{(i,i)})^{\mathrm{T}}]^{+}\begin{bmatrix}\tau_{\varphi i}\\ \tau_{\psi i}\end{bmatrix}+\{\boldsymbol{I}-[(\boldsymbol{J}_{\theta-l}^{(i,i)})^{\mathrm{T}}]^{+}(\boldsymbol{J}_{\theta-l}^{(i,i)})^{\mathrm{T}}\}\boldsymbol{z}\tag{3.77}$$

式中 $[(\boldsymbol{J}_{\theta-l}^{(i,i)})^{\mathrm{T}}]^{+}$——雅可比矩阵$(\boldsymbol{J}_{\theta-l}^{(i,i)})^{\mathrm{T}}$的伪逆矩阵；

$\boldsymbol{I}$——3×3单位矩阵；

$\boldsymbol{z}$——任意的三维列向量。

根据式(3.77)可知，为实现给定的关节等效力矩，有无数种的绳索拉力组

合，表明有多种绳索拉力分配方式，其中的一种特殊分配方式即为采用最小范数解，即 $[(\boldsymbol{J}_{\theta-l}^{(i,i)})^{\mathrm{T}}]^{+}\begin{bmatrix}\tau_{\varphi i}\\ \tau_{\psi i}\end{bmatrix}$；而式(3.77)中的第二项为齐次方程组的解，其对应的绳索拉力不改变关节驱动力，而使绳索处于自平衡状态。在实际应用中，可以根据情况对驱动绳索的拉力进行合适的分配，以实现高性能的控制目标。

3.5.2　关节空间与任务空间的静力学方程

1.关节空间到任务空间的映射

关节空间与任务空间之间的运动学关系可用传统关节式机器人的推导方式进行推导。

空间多关节机器人系统的静力学常基于虚功原理(Principle of Virtual Work)进行推导，虚功原理又称为虚位移原理(Principle of Virtual Displacement)，用于多刚体系统时表述为：满足理想约束的刚体系统平衡的充要条件是所有主动力在任何虚位移上所做的虚功之和等于零。

对于 n 自由度的机器人系统，关节变量 $\theta_1 \sim \theta_n$ 为一组广义坐标，$\tau_1 \sim \tau_n$ 为各关节的驱动力，当其与末端接触时，末端执行器对环境产生的操作力 / 力矩为 $\boldsymbol{f}_{\mathrm{e}}$、$\boldsymbol{m}_{\mathrm{e}}$，反过来末端执行器受环境的反作用力为 $-\boldsymbol{f}_{\mathrm{e}}$、$-\boldsymbol{m}_{\mathrm{e}}$。假定关节无摩擦，并忽略各杆件的重力，下面推导其平衡方程。

机器人关节驱动力 / 力矩 τ 所做的虚功为

$$\delta W_{\mathrm{J}}=\tau_1\delta\theta_1+\tau_2\delta\theta_2+\cdots+\tau_n\delta\theta_n=\boldsymbol{\tau}^{\mathrm{T}}\delta\boldsymbol{\Theta} \tag{3.78}$$

式中　$\delta\theta_i$—— 第 $i(i=1,2,\cdots,n)$ 个关节的虚位移；

$\delta\boldsymbol{\Theta}=[\delta\theta_1\quad\delta\theta_2\quad\cdots\quad\delta\theta_n]^{\mathrm{T}}$。

末端执行器所受外力 $-\boldsymbol{f}_{\mathrm{e}}$、$-\boldsymbol{m}_{\mathrm{e}}$ 在笛卡儿空间产生的平动虚位移为$\boldsymbol{d}_{\mathrm{pe}}=[d_{\mathrm{e}x}\quad d_{\mathrm{e}y}\quad d_{\mathrm{e}z}]^{\mathrm{T}}$，转动虚位移为$\boldsymbol{\delta}_{\varphi\mathrm{e}}=[\delta_{\mathrm{e}x}\quad\delta_{\mathrm{e}y}\quad\delta_{\mathrm{e}z}]^{\mathrm{T}}$，则所做的虚功为

$$\delta W_{\mathrm{e}}=-(f_{\mathrm{e}x}d_{\mathrm{e}x}+f_{\mathrm{e}y}d_{\mathrm{e}y}+f_{\mathrm{e}z}d_{\mathrm{e}z}+m_{\mathrm{e}x}\delta_{\mathrm{e}x}+m_{\mathrm{e}y}\delta_{\mathrm{e}y}+m_{\mathrm{e}z}\delta_{\mathrm{e}z})=-\boldsymbol{F}_{\mathrm{e}}^{\mathrm{T}}\boldsymbol{D}_{\mathrm{e}} \tag{3.79}$$

式中　$f_{\mathrm{e}x}$、$f_{\mathrm{e}y}$、$f_{\mathrm{e}z}$—— 末端操作力 $\boldsymbol{f}_{\mathrm{e}}$ 的三轴分量；

$m_{\mathrm{e}x}$、$m_{\mathrm{e}y}$、$m_{\mathrm{e}z}$—— 末端操作力矩 $\boldsymbol{m}_{\mathrm{e}}$ 的三轴分量。

忽略关节摩擦力、重力及其他外力的作用，则根据虚功原理，处于平衡状态时有

$$\delta W_{\mathrm{J}}+\delta W_{\mathrm{e}}=0 \tag{3.80}$$

将式(3.78)和式(3.79)代入式(3.80)可得

$$\boldsymbol{\tau}^{\mathrm{T}}\delta\boldsymbol{\Theta}-\boldsymbol{F}_{\mathrm{e}}^{\mathrm{T}}\boldsymbol{D}_{\mathrm{e}}=0 \tag{3.81}$$

根据前面的知识，可知末端虚位移与关节虚位移之间满足$\boldsymbol{D}_{\mathrm{e}}=\boldsymbol{J}\delta\boldsymbol{\Theta}$，将其代

入式(3.81),可得

$$\boldsymbol{\tau}^{\mathrm{T}}\delta\boldsymbol{\Theta}=\boldsymbol{F}_{\mathrm{e}}^{\mathrm{T}}\boldsymbol{J}\delta\boldsymbol{\Theta} \tag{3.82}$$

根据式(3.82)可得

$$\boldsymbol{\tau}=\boldsymbol{J}^{\mathrm{T}}\boldsymbol{F}_{\mathrm{e}} \tag{3.83}$$

式(3.83)即为关节空间到任务空间的静力学方程,建立了平衡状态下关节驱动力/力矩 $\boldsymbol{\tau}$ 与末端操作力 $\boldsymbol{F}_{\mathrm{e}}$ 之间的关系,$\boldsymbol{J}^{\mathrm{T}}$ 为力雅可比矩阵,与速度雅可比矩阵 $\boldsymbol{J}$ 互为转置。由式(3.83)可知,不论雅可比矩阵是否满足,只要给定末端操作力 $\boldsymbol{F}_{\mathrm{e}}$,总能计算关节驱动力/力矩 $\boldsymbol{\tau}$,反之则不然(注意与运动学关系的区别,对于速度级运动学方程而言,给定关节速度总可以计算末端速度,反之则不然)。

2.任务空间到关节空间的映射

任务空间到关节空间的静力学方程即是对关节空间到任务空间的静力学方程的求解。假设雅可比矩阵 $\boldsymbol{J}$ 为 $m\times n$ 的矩阵,则 $\boldsymbol{J}^{\mathrm{T}}$ 为 $n\times m$ 的矩阵,有如下几种情况。

(1)当 $n=m$ 时,$\boldsymbol{J}^{\mathrm{T}}$ 为方阵,若其满秩(此时 $\boldsymbol{J}$ 也为方阵且满秩),则可按下式求解末端力:

$$\boldsymbol{F}_{\mathrm{e}}=(\boldsymbol{J}^{\mathrm{T}})^{-1}\boldsymbol{\tau} \tag{3.84}$$

若 $\boldsymbol{J}^{\mathrm{T}}$ 不满秩,则机器人处于静力学奇异状态(此时也为运动学奇异状态),意味着对于给定的关节力矩,末端不存在与之平衡的操作力,或者说末端将产生无穷大的操作力。

(2)当 $n<m$ 时,式(3.83)为欠定方程组,未知数的个数大于方程的个数,理论上有无穷多组解,其中一组特解为最小范数解,即

$$\boldsymbol{F}_{\mathrm{e}}=\boldsymbol{J}(\boldsymbol{J}^{\mathrm{T}}\boldsymbol{J})^{-1}\boldsymbol{\tau} \tag{3.85}$$

(3)当 $n>m$ 时,式(3.83)为超定方程组,未知数的个数小于方程的个数,可按下式计算其最小二乘解:

$$\boldsymbol{F}_{\mathrm{e}}=(\boldsymbol{J}\boldsymbol{J}^{\mathrm{T}})^{-1}\boldsymbol{J}\boldsymbol{\tau} \tag{3.86}$$

3.5.3 驱动空间与任务空间的静力学方程

式(3.35)推导了驱动空间与任务空间的运动学方程,按静力学原理可以得到相应的驱动空间与任务空间的静力学方程,然而,由于其中存在任意向量 $\boldsymbol{z}$,因此对系统的性能分析存在不方便的地方。

下面直接采用虚功原理推导驱动空间与任务空间的静力学方程。

通常情况下,绳索驱动机器人系统主要承受以下几种力:施加在机械臂末端的外力、驱动绳索的拉力、机械臂自身的重力,以及由于驱动绳索与布线盘上的

孔相互接触产生的摩擦力。因为摩擦力与驱动绳索及布线盘的材料、润滑状况和关节转角密切相关，所以通过合理选择驱动绳索及布线盘的材料和采用润滑措施可以减少摩擦。因此，本书在建立绳索驱动机器人的静力学方程过程中忽略摩擦力因素的影响。

由虚功原理可得

$$\boldsymbol{F}_{\mathrm{e}}^{\mathrm{T}} \cdot \delta \boldsymbol{X} - \boldsymbol{F}_{\mathrm{c}}^{\mathrm{T}} \cdot \delta \boldsymbol{L} - \boldsymbol{G}^{\mathrm{T}} \cdot \delta \boldsymbol{H} = 0 \tag{3.87}$$

式中　$\boldsymbol{X}$—— 末端位置、姿态组成的六维广义坐标；

$\boldsymbol{F}_{\mathrm{c}}$—— 所有驱动绳索拉力组成的广义拉力向量；

$\boldsymbol{L}$—— 所有驱动绳索绳长组成的广义绳长向量；

$\boldsymbol{G}$—— 机械臂各运动连杆自身重力组成的广义重力向量；

$\boldsymbol{H}$—— 机械臂各运动连杆重心位置（高度）组成的广义向量。

更具体地，

$$\boldsymbol{F}_{\mathrm{c}} = [F_{\mathrm{c1}} \quad F_{\mathrm{c2}} \quad \cdots \quad F_{\mathrm{c}j} \quad \cdots \quad F_{\mathrm{c}(3N)}]^{\mathrm{T}}$$

其中下标 j 表示驱动绳索编号，即 $F_{\mathrm{c}j}$ 表示第 j 根驱动绳索的拉力；

$$\boldsymbol{G} = [G_1 \quad G_2 \quad \cdots \quad G_k \quad \cdots \quad G_{2N}]^{\mathrm{T}}$$

其中下标 k 表示运动连杆编号，即 G_k 表示第 k 个运动连杆的自重。

将 $\delta \boldsymbol{X} = \dfrac{\partial \boldsymbol{X}}{\partial \boldsymbol{\Theta}} \delta \boldsymbol{\Theta} = \boldsymbol{J}_{\theta-x} \delta \boldsymbol{\Theta}$、$\delta \boldsymbol{L} = \dfrac{\partial \boldsymbol{L}}{\partial \boldsymbol{\Theta}} \delta \boldsymbol{\Theta} = \boldsymbol{J}_{\theta-l} \delta \boldsymbol{\Theta}$ 和 $\delta \boldsymbol{H} = \dfrac{\partial \boldsymbol{H}}{\partial \boldsymbol{\Theta}} \delta \boldsymbol{\Theta} = \boldsymbol{J}_{\theta-H} \delta \boldsymbol{\Theta}$ 代入式(3.87) 可得

$$\boldsymbol{F}_{\mathrm{e}}^{\mathrm{T}} \cdot \boldsymbol{J}_{\theta-x} \delta \boldsymbol{\Theta} - \boldsymbol{F}_{\mathrm{c}}^{\mathrm{T}} \boldsymbol{J}_{\theta-l} \delta \boldsymbol{\Theta} - \boldsymbol{G}^{\mathrm{T}} \cdot \boldsymbol{J}_{\theta-H} \delta \boldsymbol{\Theta} = 0 \tag{3.88}$$

根据式(3.88)，进一步可得

$$\boldsymbol{F}_{\mathrm{e}}^{\mathrm{T}} \cdot \boldsymbol{J}_{\theta-x} - \boldsymbol{F}_{\mathrm{c}}^{\mathrm{T}} \boldsymbol{J}_{\theta-l} - \boldsymbol{G}^{\mathrm{T}} \cdot \boldsymbol{J}_{\theta-H} = 0 \tag{3.89}$$

或

$$\boldsymbol{J}_{\theta-x}^{\mathrm{T}} \boldsymbol{F}_{\mathrm{e}} - \boldsymbol{J}_{\theta-l}^{\mathrm{T}} \boldsymbol{F}_{\mathrm{c}} - \boldsymbol{J}_{\theta-H}^{\mathrm{T}} \boldsymbol{G} = \boldsymbol{0} \tag{3.90}$$

式(3.89) 或式(3.90) 即为绳索驱动机器人驱动空间与任务空间的静力学方程，当忽略重力的影响时，则式(3.89) 和式(3.90) 分别退化为

$$\boldsymbol{F}_{\mathrm{e}}^{\mathrm{T}} \cdot \boldsymbol{J}_{\theta-x} - \boldsymbol{F}_{\mathrm{c}}^{\mathrm{T}} \boldsymbol{J}_{\theta-l} = 0 \tag{3.91}$$

$$\boldsymbol{J}_{\theta-x}^{\mathrm{T}} \boldsymbol{F}_{\mathrm{e}} - \boldsymbol{J}_{\theta-l}^{\mathrm{T}} \boldsymbol{F}_{\mathrm{c}} = \boldsymbol{0} \tag{3.92}$$

3.6　绳驱机器人绳索拉力分配

绳驱机器人区别于传统机械臂的是其独特的驱动方式 —— 绳索驱动，即通过改变绳索有效长度和绳索拉力实现对机械臂的控制。通常，绳索长度可通过正运动学进行求解，绳索拉力可通过静力学方程进行求解。在确定了机械臂的

臂型后，绳索长度便固定了，但绳索拉力却不是唯一的，即绳索拉力的分配存在多种可能性。本节基于前面推导的静力学模型阐述驱动绳拉力的分配方法。

根据绳驱机器人的静力学模型（即式(3.90)）可知，当给定机械臂的关节角和施加在末端的外力时，驱动绳索的拉力可根据下式进行求解：

$$\boldsymbol{J}_{\theta-l}^{\mathrm{T}}\boldsymbol{F}_{\mathrm{c}}=\boldsymbol{J}_{\theta-x}^{\mathrm{T}}\boldsymbol{F}_{\mathrm{e}}-\boldsymbol{J}_{\theta-H}^{\mathrm{T}}\boldsymbol{G} \tag{3.93}$$

由于雅可比矩阵仅与关节角相关，机械臂自重是机械臂的固有参数，因此式(3.93)中只有驱动绳索的拉力是未知量，方程组为 $3N$ 个未知数（绳索拉力）、$2N$ 个方程组成的欠定方程组，也就是说，在求解绳索拉力时，未知数的个数多于方程的个数，因此绳索拉力具有无穷多组解，其通解形式包括特解和齐次解。下面给出几种特解的求解方法。

3.6.1 基于最小范数解的拉力分配方法

采用下式求解式(3.93)的最小范数解：

$$\boldsymbol{F}_{\mathrm{c}}=(\boldsymbol{J}_{\theta-l}^{\mathrm{T}})^{+}(\boldsymbol{J}_{\theta-x}^{\mathrm{T}}\boldsymbol{F}_{\mathrm{e}}-\boldsymbol{J}_{\theta-H}^{\mathrm{T}}\boldsymbol{G}) \tag{3.94}$$

式中　$(\boldsymbol{J}_{\theta-l}^{\mathrm{T}})^{+}$ —— $\boldsymbol{J}_{\theta-l}^{\mathrm{T}}$ 的伪逆。

上述方法也称伪逆法，伪逆法是求解绳索拉力的一种解析方法，具有明确的解析表达式，可以直接计算出所有绳索拉力。然而，$\boldsymbol{J}_{\theta-l}^{\mathrm{T}}$ 是一个 $2N\times 3N$ 的矩阵，不是方阵，且没有引入拉力的约束条件，采用伪逆法求出的绳索拉力可能为负值，这在实际中是不可能的，故需对求解结果要进行进一步的判断和选择。

3.6.2 部分绳索拉力给定的降维分配方法

为使得式(3.93)有确定解，可将欠定方程组转换为适定方程组。通过人为给定某些绳索的拉力值，将其从未知变量转换为已知数，可减小方程组的未知数个数。根据第2章推导的“驱动空间－关节空间位置级运动学方程”可知，对于某个关节的3根驱动绳，只需要其中2根绳索的位置满足期望长度、另一根绳索保持拉伸状态（配合其他绳索满足平衡条件）即可。因此，实际中可采用驱动绳力－位混合控制的方法，即将驱动绳分为两大类，一部分采用位置控制模式（称为位控绳），另一部分采用恒力控制模式（称为力控绳）。

具体而言，对于本书研究的绳驱机器人，关节 i 的3根驱动绳中（l_i，l_{i+N}，l_{i+2N}），可将（l_i，l_{i+N}）作为位控绳，l_{i+2N} 作为力控绳。在此前提下，可认为力控绳的拉力已知，无须进行分配，仅需要对位控绳进行拉力分配。

因此，将所有 $3N$ 根驱动绳索分为 $2N$ 根位控绳、N 根力控绳，相应地，可将式(3.90)重新表示为

$$\boldsymbol{J}_{\theta-x}^{\mathrm{T}}\boldsymbol{F}_{\mathrm{e}}-(\boldsymbol{J}_{\theta-l,\mathrm{p}}^{\mathrm{T}}\boldsymbol{F}_{\mathrm{c,p}}+\boldsymbol{J}_{\theta-l,\mathrm{f}}^{\mathrm{T}}\boldsymbol{F}_{\mathrm{c,f}})-\boldsymbol{J}_{\theta-H}^{\mathrm{T}}\boldsymbol{G}=\boldsymbol{0} \tag{3.95}$$

式中　$\boldsymbol{F}_{\mathrm{c,p}} \in \mathbf{R}^{2N}$—— 位控绳索拉力；

$\boldsymbol{F}_{\mathrm{c,f}} \in \mathbf{R}^{N}$—— 力控绳索拉力；

$\boldsymbol{J}_{\theta-l,\mathrm{p}}^{\mathrm{T}} \in \mathbf{R}^{2N\times 2N}$—— 相应于位控绳索的力雅可比矩阵；

$\boldsymbol{J}_{\theta-l,\mathrm{f}}^{\mathrm{T}} \in \mathbf{R}^{2N\times N}$—— 相应于力控绳索的力雅可比矩阵。

根据式(3.95) 可得

$$\boldsymbol{J}_{\theta-l,\mathrm{p}}^{\mathrm{T}}\boldsymbol{F}_{\mathrm{c,p}} = \boldsymbol{J}_{\theta-x}^{\mathrm{T}}\boldsymbol{F}_{\mathrm{e}} - \boldsymbol{J}_{\theta-l,\mathrm{f}}^{\mathrm{T}}\boldsymbol{F}_{\mathrm{c,f}} - \boldsymbol{J}_{\theta-H}^{\mathrm{T}}\boldsymbol{G} \tag{3.96}$$

可见，经过上述处理后，原欠定方程组(3.93) 降维成了方程组(3.95)，该方程组为由 $2N$ 个未知数(位控绳索拉力)、$2N$ 个方程组成的适定方程组，矩阵$\boldsymbol{J}_{\theta-l,\mathrm{p}}^{\mathrm{T}}$为方阵。

若$\boldsymbol{J}_{\theta-l,\mathrm{p}}^{\mathrm{T}}$ 满秩(不满秩的情况为奇异情况，采用其他方式进行处理，如伪逆法、阻尼最小方差法等进行近似处理)，则根据式(3.96) 可得

$$\boldsymbol{F}_{\mathrm{c,p}} = (\boldsymbol{J}_{\theta-l,\mathrm{p}}^{\mathrm{T}})^{-1}(\boldsymbol{J}_{\theta-x}^{\mathrm{T}}\boldsymbol{F}_{\mathrm{e}} - \boldsymbol{J}_{\theta-l,\mathrm{f}}^{\mathrm{T}}\boldsymbol{F}_{\mathrm{c,f}} - \boldsymbol{J}_{\theta-H}^{\mathrm{T}}\boldsymbol{G}) \tag{3.97}$$

部分绳索拉力给定的降维分配方法也简称为力控绳索恒力分配法，也是求解绳索拉力的一种解析算法，具有明确的解析表达式，可以直接计算出位控绳索拉力。同时，$\boldsymbol{J}_{\theta-l,\mathrm{p}}^{\mathrm{T}}$ 为 $2N\times 2N$ 的方阵，不涉及伪逆运算。需要指出的是，力控绳索拉力作为已知量是需要人为给定的，不同的取值会影响位控绳索拉力的分配情况，再加上没有施加其他约束条件，求出的绳索拉力也可能为负值。因此，力控绳索拉力的选取十分重要。

3.6.3　近平均值分配法

近平均值分配法是一种将所有驱动绳索的拉力作为未知量求解接近绳索极限拉力均值的拉力解析算法。

驱动绳索的极限拉力均值可表示为

$$\boldsymbol{F}_{\mathrm{c\_ave}} = \frac{\boldsymbol{F}_{\mathrm{c\_lb}} + \boldsymbol{F}_{\mathrm{c\_ub}}}{2} \tag{3.98}$$

式中　$\boldsymbol{F}_{\mathrm{c\_lb}}$—— 驱动绳索的下极限拉力；

$\boldsymbol{F}_{\mathrm{c\_ub}}$—— 驱动绳索的上极限拉力。

若将驱动绳索的拉力划分为均值拉力和偏差拉力，那么式(3.90) 可以表示为

$$\boldsymbol{J}_{\theta-x}^{\mathrm{T}}\boldsymbol{F}_{\mathrm{e}} - \boldsymbol{J}_{\theta-l}^{\mathrm{T}}(\boldsymbol{F}_{\mathrm{c\_ave}} + \boldsymbol{F}_{\mathrm{c\_dev}}) - \boldsymbol{J}_{\theta-H}^{\mathrm{T}}\boldsymbol{G} = \mathbf{0} \tag{3.99}$$

式中　$\boldsymbol{F}_{\mathrm{c\_dev}}$—— 驱动绳索的拉力偏差。

根据式(3.99) 可得关于偏差拉力的方程为

$$\boldsymbol{J}_{\theta-l}^{\mathrm{T}}\boldsymbol{F}_{\mathrm{c\_dev}} = \boldsymbol{J}_{\theta-x}^{\mathrm{T}}\boldsymbol{F}_{\mathrm{e}} - \boldsymbol{J}_{\theta-l}^{\mathrm{T}}\boldsymbol{F}_{\mathrm{c\_ave}} - \boldsymbol{J}_{\theta-H}^{\mathrm{T}}\boldsymbol{G} \tag{3.100}$$

采用最小范数法求解式(3.100),可得

$$\boldsymbol{F}_{\text{c\_dev}} = (\boldsymbol{J}_{\theta-l}^{\text{T}})^{+} (\boldsymbol{J}_{\theta-x}^{\text{T}} \boldsymbol{F}_{\text{e}} - \boldsymbol{J}_{\theta-l}^{\text{T}} \boldsymbol{F}_{\text{c\_ave}} - \boldsymbol{J}_{\theta-H}^{\text{T}} \boldsymbol{G}) \tag{3.101}$$

因而,驱动绳索的拉力为均值拉力和偏差拉力之和,即

$$\boldsymbol{F}_{\text{c}} = \boldsymbol{F}_{\text{c\_ave}} + \boldsymbol{F}_{\text{c\_dev}} = \frac{\boldsymbol{F}_{\text{c\_lb}} + \boldsymbol{F}_{\text{c\_ub}}}{2} + (\boldsymbol{J}_{\theta-l}^{\text{T}})^{+} (\boldsymbol{J}_{\theta-x}^{\text{T}} \boldsymbol{F}_{\text{e}} - \boldsymbol{J}_{\theta-l}^{\text{T}} \boldsymbol{F}_{\text{c\_ave}} - \boldsymbol{J}_{\theta-H}^{\text{T}} \boldsymbol{G}) \tag{3.102}$$

近平均值分配法有一个显式的解析表达式,是求解绳索拉力的一种解析算法,具有明确的解析表达式,可以直接计算出所有绳索拉力。然而,所求绳索拉力值在极限拉力均值附近波动,因此,驱动绳索极限拉力值对结果有很大的影响。

3.6.4 最小能量分配法

最小能量分配法,即使得绳索拉力平方和最小的拉力分配方法,是将所有驱动绳索的拉力作为决策变量,将绳索拉力上下限和静力学平衡方程作为约束条件,将所有驱动绳索的拉力平方和最小作为优化目标进行迭代求解的数值优化算法,其可以表示为

$$\text{优化目标:}\min_{\boldsymbol{F}_{\text{c}}} \sum (\boldsymbol{F}_{\text{c}})^2$$

$$\text{满足}\begin{cases} \boldsymbol{F}_{\text{c\_lb}} - \boldsymbol{F}_{\text{c}} \leqslant \boldsymbol{0} \\ \boldsymbol{F}_{\text{c}} - \boldsymbol{F}_{\text{c\_ub}} \leqslant \boldsymbol{0} \\ \boldsymbol{J}_{\theta-x}^{\text{T}} \boldsymbol{F}_{\text{e}} - \boldsymbol{J}_{\theta-l}^{\text{T}} \boldsymbol{F}_{\text{c}} - \boldsymbol{J}_{\theta-H}^{\text{T}} \boldsymbol{G} = \boldsymbol{0} \end{cases} \tag{3.103}$$

最小能量分配法是一种优化绳索拉力平方和至最小以减少能量消耗的数值优化算法。虽然通过静力学平衡方程求解绳索拉力属于欠定方程的求解,会存在无穷多组解,但是可通过设定最小能量消耗为优化目标,使求解过程朝着期望的方向进行,从而得到唯一拉力解。通过数值优化算法可以得到特定目标约束下的可行解,但是迭代算法将导致计算时间变长,计算速度下降。

3.6.5 最小拉力差异分配法

最小拉力差异分配法,即绳索拉力方差最小法,是将所有驱动绳索的拉力作为决策变量,将绳索拉力上下限和静力学平衡方程作为约束条件,将所有驱动绳索的拉力方差最小作为优化目标进行迭代求解的数值优化算法。优化问题如下:

$$\text{优化目标:}\min_{\boldsymbol{F}_{\text{c}}} \frac{\sum (\boldsymbol{F}_{\text{c}} - \overline{\boldsymbol{F}_{\text{c}}})^2}{3N}$$

$$
\text{满足}\begin{cases} \boldsymbol{F}_{\mathrm{c\_lb}} - \boldsymbol{F}_{\mathrm{c}} \leqslant \boldsymbol{0} \\ \boldsymbol{F}_{\mathrm{c}} - \boldsymbol{F}_{\mathrm{c\_ub}} \leqslant \boldsymbol{0} \\ \boldsymbol{J}_{\theta-x}^{\mathrm{T}} \boldsymbol{F}_{\mathrm{e}} - \boldsymbol{J}_{\theta-l}^{\mathrm{T}} \boldsymbol{F}_{\mathrm{c}} - \boldsymbol{J}_{\theta-H}^{\mathrm{T}} \boldsymbol{G} = \boldsymbol{0} \end{cases} \tag{3.104}
$$

式中　$\overline{\boldsymbol{F}_{\mathrm{c}}}$—— 所有绳索拉力的平均值。

最小拉力差异分配法是一种优化绳索拉力方差至最小以防止绳索之间拉力相差太大而出现过度松弛或张紧的数值优化算法。虽然通过静力学平衡方程求解绳索拉力会存在无穷多组解，但是可通过设定最小拉力差异的优化目标，使求解过程朝着期望的方向进行，从而得到唯一拉力解。通过数值优化算法可以得到特定目标约束下的可行解，但是迭代算法将导致计算时间变长，计算速度下降。

3.6.6　最小拉力波动分配法

最小拉力波动分配法即相邻时刻拉力变化量最小法，是将所有驱动绳索的拉力作为决策变量，将绳索拉力上下限和静力学平衡方程作为约束条件，将当前时刻与前一时刻所有驱动绳索的拉力变化最小作为优化目标进行迭代求解的数值优化算法。优化问题表示为

$$
\text{优化目标：} \min_{\boldsymbol{F}_{\mathrm{c}}} \frac{\sum (\boldsymbol{F}_{\mathrm{c,current}} - \boldsymbol{F}_{\mathrm{c,previous}})^2}{3N}
$$

$$
\text{满足}\begin{cases} \boldsymbol{F}_{\mathrm{c\_lb}} - \boldsymbol{F}_{\mathrm{c}} \leqslant \boldsymbol{0} \\ \boldsymbol{F}_{\mathrm{c}} - \boldsymbol{F}_{\mathrm{c\_ub}} \leqslant \boldsymbol{0} \\ \boldsymbol{J}_{\theta-x}^{\mathrm{T}} \boldsymbol{F}_{\mathrm{e}} - \boldsymbol{J}_{\theta-l}^{\mathrm{T}} \boldsymbol{F}_{\mathrm{c}} - \boldsymbol{J}_{\theta-H}^{\mathrm{T}} \boldsymbol{G} = \boldsymbol{0} \end{cases} \tag{3.105}
$$

最小拉力波动分配法是一种优化绳索拉力前后时刻变化至最小以防止绳索拉力突变的数值优化算法。虽然通过静力学平衡方程求解绳索拉力会存在无穷多组解，但是可通过设定最小拉力波动的优化目标，使求解过程朝着期望的方向进行，从而得到唯一拉力解。通过数值优化算法可以得到特定目标约束下的可行解，但是迭代算法将导致计算时间变长，计算速度下降。拉力波动最小法需要有前一时刻的值作为参考，适用于轨迹规划，不适合随机点的绳索拉力计算。

3.7　本章小结

本章推导了绳驱超冗余机器人速度级运动学方程，包括驱动空间与关节空间、关节空间与任务空间、驱动空间与任务空间的速度级运动学方程，建立了不

同空间、不同维度状态变量之间的速度关系。同时,借鉴传统关节式机器人可操作度评价的思想,定义了绳驱超冗余机器人驱动性能的评价指标——绳索驱动代价度,用于评价给定末端归一化速度下不同的绳索驱动代价。进一步地,推导了绳驱机器人多重空间静力学方程,建立了平衡状态下驱动空间与关节空间、关节空间与任务空间、驱动空间与任务空间的受力情况。最后,介绍了几种绳索拉力分配方法,包括基于最小范数解的拉力分配方法、部分绳索拉力给定的降维分配方法、近平均值分配法、最小能量分配法、最小拉力差异分配法和最小拉力波动分配法,可为不同情况下的拉力分配提供解决方案。

第4章

基于分段几何法的逆运动学求解与轨迹规划

本章介绍基于分段几何法的超冗余机器人逆运动学求解和轨迹规划方法。为了充分利用机械手的超冗余自由度，分段几何法考虑了超冗余机器人的期望位置、期望指向、内部奇异性回避、关节运动超限回避等。该方法的关键在于确定肩部、肘部、腕部的节点。然后求解万向节的空间位置及关节角度，每段的关节角度都可以独立求解。该方法可应用于由平行布置关节、正交布置关节或万向节组成的不同类型的超冗余机器人。通过使用这种方法，超冗余机器人可以在所期望的方向和准确的位置接近狭窄或有限空间的目标。

前面章节推导了绳驱超冗余位置级、速度级运动学方程，建立了作动空间、驱动空间、关节空间和任务空间之间的映射关系。在各类关系中，作动空间与驱动空间的状态变量之间一一对应，且为线性映射关系，因而较为简单；驱动空间与关节空间之间的映射关系以单个双自由度关节的驱动为基础，核心思想是建立每组驱动绳与单个双自由度关节之间的关系；而关节空间与任务空间之间的映射关系则更具有全局性的概念，即末端 6 DOF 位姿由所有关节变量决定，在前面的论述中只介绍了一种简单的数值法（即基于雅可比矩阵伪逆的数值迭代法）用于求解其逆运动学，该方法具有通用性，但计算量大，且几何意义不明显，未能直观描述操作臂的构型。本章将详细介绍一种几何意义明显、计算效率明显提高的分段几何法。

4.1　分段几何法的逆运动学求解思想

类似于人类手臂的结构，从几何上将超冗余机器人分为三段：肩部(Shoulder)、肘部(Elbow) 和腕部(Wrist)。由于肩部主要用于对肘部的定位，对于三维空间至少需要 3 个自由度，因此将前 2 个万向节（共 4 个自由度）划归为肩部，相应的角度变量为 $\theta_1 \sim \theta_4$。腕部主要用于确定末端工具的姿态，当需要同时考虑三轴姿态时，也至少需要 3 个自由度，此时可将最后 2 个万向节划归为腕部；当仅需要确定某个方向（如接近方向）的指向时，则只需要 2 个自由度，直接将最后一个万向节划归为腕部。本书以后者为例，腕部包括 2 个角度变量，即 θ_{n-1} 和 θ_n。其余关节都划归为肘部，包含的角度变量为 $\theta_5 \sim \theta_{n-2}$。

为方便讨论，肩部各节点（万向节的中心点）记为 S_0、S_1、S_2，肘部各节点记为 $E_0, E_1, \cdots, E_{N-3}$，腕部节点记为 W_0，末端工具中心记为 T，如图 4.1 所示。由于 S_0、E_0、W_0 为各段的起点，故将它们与 T 并称为关键节点。

其他符号定义如下：

O_0——$\{0\}$ 坐标系的原点；

θ_i—— 第 i 个关节的转动角度，$i=1,2,\cdots,n$；

S_u—— 肩部万向节的位置，其坐标为 $S_u(x_{S_u}, y_{S_u}, z_{S_u})$，$u=0,1,2$；

E_v—— 肘部万向节的位置，其坐标为 $E_v(x_{E_v}, y_{E_v}, z_{E_v})$，$v=0,1,\cdots,N-3$，其中，$E_0$ 点与 S_2 为同一点，E_{N-3} 与 W_0 也为同一点；

O_E——$\{E\}$ 坐标系的原点，$\{E\}$ 坐标系的空间位置与 S_2/E_0 相同，$\{E\}$ 坐标系的空间姿态与$\{0\}$ 坐标系相同。

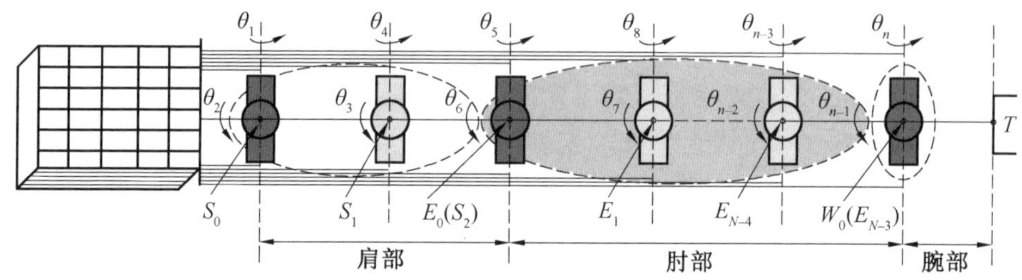

图 4.1　超冗余机器人的几何分段

肩部点 S_0 的坐标为$(x_{S_0}, y_{S_0}, z_{S_0})$，在$\{0\}$ 坐标系中的矢量表示为 $\boldsymbol{S}_0$；肘部点 E_0 的坐标为$(x_{E_0}, y_{E_0}, z_{E_0})$，在$\{0\}$ 坐标系中的矢量表示为 $\boldsymbol{E}_0$；腕部点 W_0 的坐标为$(x_{W_0}, y_{W_0}, z_{W_0})$，在$\{0\}$ 坐标系中的矢量表示为$\boldsymbol{W}_0$；末端工具中心 T 的坐标为(x_T, y_T, z_T)，在$\{0\}$ 坐标系中的矢量表示为 $\boldsymbol{T}$。

按上述的分段方式，肩部 4 个转角用于确定肘部位置时有一个冗余自由度，可将其中一个关节角 $\theta_i\ (i=1,2,3,4)$ 作为冗余参数，也可采用几何意义更明显的臂型角 ψ 作为冗余参数。在不做特别说明时，本书采用臂型角 ψ 作为肩部的冗余参数。肘部自由度较多，有 $2\times(N-3)$ 个，用于确定整个操作臂的臂型以适应不同的工作环境（如狭小空间、多障碍），可采用空间几何法进行求解。腕部用于配合前面两段以实现末端工具的期望指向。

将超冗余机械臂分为肩部、肘部和腕部三段后，分别根据每一段的几何特点和运动规律进行求解的方法称为分段几何法，下面结合图 4.2 介绍该方法的详细步骤，具体如下。

（1）确定关键节点的位置。

首先根据任务需求给定末端工具中心点 T 的位置和末端方向矢量 $\boldsymbol{D}$，结合其他约束条件或待优化目标进一步确定关键节点 S_0、E_0、W_0 的位置。详情参见 4.2 节。

（2）各分段的几何参数化。

对于肩部，采用臂型角 ψ 对其冗余性进行参数化描述，在已知 S_0、E_0 的情况下，不同的 ψ 对应肩部段的点 S_1 在空间的不同位置，相应的肩部关节角也不同。

对于肘部，采用 3 个角度变量(α, φ, ϕ) 描述其几何特点，具体含义后面介绍。

腕部只有一个万向节，其 2 个转角就代表了腕部的几何特点，无须采用其他参数。

详情参见 4.3 节。

(3) 各分段的关节角求解。

根据各关键节点的位置和各段的几何参数，求解每段中各关节的角度，从而得出所有关节的角度，完成逆运动学求解。

详情参见 4.4 节。

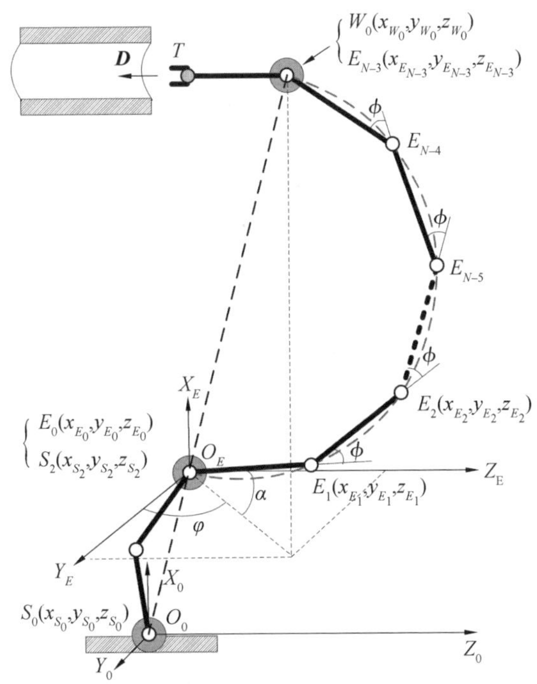

图 4.2　超冗余机器人的分段几何法

4.2　各分段关键节点位置的确定

4.2.1　末端位姿表示

通常末端工具坐标系相对于基座坐标系的位姿用齐次变换矩阵 $^0\boldsymbol{T}_n$ 表示，即

$$
{}^{0}\boldsymbol{T}_{n}=\begin{bmatrix} n_x & o_x & a_x & p_x \\ n_y & o_y & a_y & p_y \\ n_z & o_z & a_z & p_z \\ 0 & 0 & 0 & 1 \end{bmatrix}=\begin{bmatrix} {}^{0}\boldsymbol{R}_{n} & {}^{0}\boldsymbol{p}_{n} \\ \boldsymbol{0} & 1 \end{bmatrix} \tag{4.1}
$$

式中　${}^{0}\boldsymbol{R}_{n}$——3×3 的姿态矩阵；

$[n_x \quad n_y \quad n_z]^{\mathrm{T}}$—— 沿 x 轴的单位方向向量；

$[o_x \quad o_y \quad o_z]^{\mathrm{T}}$—— 沿 y 轴的单位方向向量；

$[a_x \quad a_y \quad a_z]^{\mathrm{T}}$—— 沿 z 轴的单位方向向量；

$[p_x \quad p_y \quad p_z]^{\mathrm{T}}$—— 坐标系$\{n\}$的原点在$\{0\}$系中的坐标。

4.2.2　腕部关键节点 W_0 位置的求解

以末端坐标系$\{n\}$的 x 轴代表末端工具的指向，其在$\{n\}$坐标系中表示的单位向量为${}^{n}\boldsymbol{D}={}^{n}\boldsymbol{x}_{n}=[1 \quad 0 \quad 0]^{\mathrm{T}}$，是常值，在$\{0\}$系中则为${}^{0}\boldsymbol{R}_{n}$ 的第 1 列，即

$$
{}^{0}\boldsymbol{D}={}^{0}\boldsymbol{x}_{n}=\begin{bmatrix} n_x \\ n_y \\ n_z \end{bmatrix} \tag{4.2}
$$

若腕部中心点 W_0 到工具中心点 T 的距离为 l_{e}，根据图 4.3 所示的几何关系，可得腕部中心点在$\{0\}$系中的位置矢量为

$$
\boldsymbol{W}_{0}=\begin{bmatrix} x_{W_0} \\ y_{W_0} \\ z_{W_0} \end{bmatrix}=\begin{bmatrix} p_x \\ p_y \\ p_z \end{bmatrix}-l_{\mathrm{e}}\cdot{}^{0}\boldsymbol{D} \tag{4.3}
$$

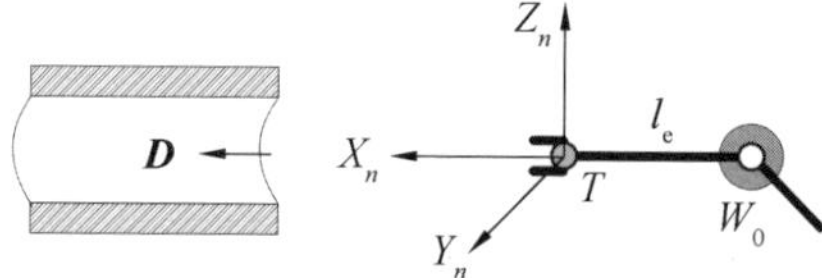

图 4.3　腕部中心点位置的确定

4.2.3　肘部关键节点 E_0 位置的求解

关键节点 E_0 位置的求解考虑如下关系。

(1) 根据三角形的几何特性，向量$\overrightarrow{S_0E_0}$ 和$\overrightarrow{E_0W_0}$ 的长度之和应该大于等于$\overrightarrow{S_0W_0}$，即

$$
|\overrightarrow{S_0E_0}|+|\overrightarrow{E_0W_0}|\geqslant|\overrightarrow{S_0W_0}| \tag{4.4}
$$

(2) 由于 S_0 和 E_0 之间包括了 2 节连杆，因此向量$\overrightarrow{S_0E_0}$ 的长度不能超过 2 节连杆长度之和，即

$$0 \leqslant |\overrightarrow{S_0E_0}| \leqslant 2l \tag{4.5}$$

式中　l——每节连杆的长度。

(3) 肩部关节和肘部关节的运动应当在满足机构约束条件的前提下尽可能地具有灵活性,可操作度高或整个机械臂占用的 3D 空间尽量小。

综合考虑以上三个条件,一种简单的方法是使 S_0、E_0 和 W_0 三点共线,如图 4.4 所示,相应的长度关系满足

$$|\overrightarrow{S_0E_0}| + |\overrightarrow{E_0W_0}| = |\overrightarrow{S_0W_0}| \tag{4.6}$$

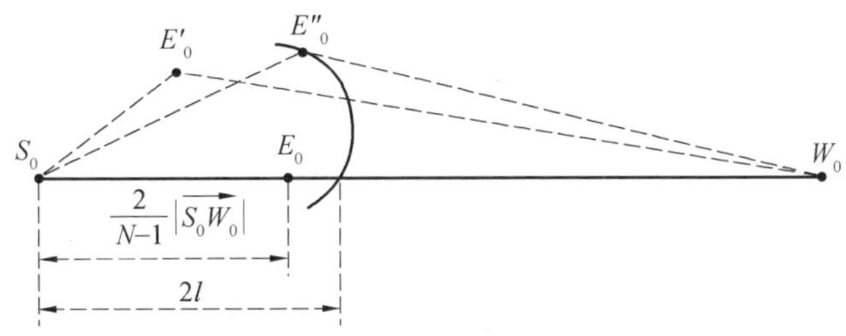

图 4.4　关键节点 E_0 的确定方式

由于 S_0 和 E_0 之间有 2 节杆件、S_0 和 W_0 之间有$(N-1)$节杆件,考虑大致的比例关系,可使向量$\overrightarrow{S_0E_0}$的长度为$|\overrightarrow{S_0W_0}|$的 $2/(N-1)$,即

$$|\overrightarrow{S_0E_0}| = \frac{2}{N-1}|\overrightarrow{S_0W_0}| \tag{4.7}$$

结合式(4.7)和不等式(4.5),可按下式确定向量$\overrightarrow{S_0E_0}$的长度:

$$|\overrightarrow{S_0E_0}| = \min\left(2l, \frac{2}{N-1}|\overrightarrow{S_0W_0}|\right) \tag{4.8}$$

由于 S_0、E_0 和 W_0 三点共线,向量$\overrightarrow{S_0E_0}$的方向与相应$\overrightarrow{S_0W_0}$的方向相同,而长度按式(4.8)计算,因而,可得向量$\overrightarrow{S_0E_0}$的表达式为

$$\overrightarrow{S_0E_0} = \min\left(2l, \frac{2}{N-1}|\overrightarrow{S_0W_0}|\right)\frac{\overrightarrow{S_0W_0}}{|\overrightarrow{S_0W_0}|} \tag{4.9}$$

因此关键节点 E_0 在$\{0\}$系下的坐标为

$$\overrightarrow{E_0} = \begin{bmatrix} x_{E_0} \\ y_{E_0} \\ z_{E_0} \end{bmatrix} = \begin{bmatrix} x_{S_0} \\ y_{S_0} \\ y_{S_0} \end{bmatrix} + \overrightarrow{S_0E_0} = \begin{bmatrix} x_{S_0} \\ y_{S_0} \\ y_{S_0} \end{bmatrix} + \min\left(2l, \frac{2}{N-1}|\overrightarrow{S_0W_0}|\right)\frac{\overrightarrow{S_0W_0}}{|\overrightarrow{S_0W_0}|} \tag{4.10}$$

4.3 肘部几何的参数化及其求解

根据各分段的几何特点，肩部采用臂型角进行冗余性参数化，腕部直接用关节角作为其几何参数，而肘部的关节要多得多，几何特性更加复杂，故在此进行详细介绍。

4.3.1 肘部几何的参数化

采用空间圆弧包络肘部各关节，即肘部各万向节节点中心点 $E_0,E_1,\cdots,E_{N-3}$（即 W_0）都位于空间圆弧上，相应的万向节之间的连杆为空间圆弧的弦，第一根弦为 E_0E_1。根据空间圆弧的特点，可以采用如下 3 个参数来定义满足条件的空间圆弧：

$\alpha\in[0,2\pi]$—— 向量$\overrightarrow{E_0E_1}$ 与平面 Y_E-Z_E 之间的夹角；

$\varphi\in[0,2\pi]$—— $\overrightarrow{E_0E_1}$ 在平面 Y_E-Z_E 上的投影与 Y_E 轴之间的夹角；

$\phi\in[-\pi,\pi]$—— 相邻弦向量之间的夹角，为了满足空间圆弧的构型，所有的角度均设定为相等。

根据肘部的几何特性，肘部各万向节中心点 $E_v(v=0,1,\cdots,N-3)$ 的位置与上述 3 个参数之间具有如下关系：

$$\begin{cases}x_{E_v}-x_{E_0}=\sum_{i=1}^{v}l\sin\left[\alpha+(v-1)\phi\right]\\ y_{E_v}-y_{E_0}=\cos\varphi\sum_{i=1}^{v}l\cos\left[\alpha+(v-1)\phi\right]\quad(v=1,2,\cdots,N-3)\\ z_{E_v}-z_{E_0}=\sin\varphi\sum_{i=1}^{v}l\cos\left[\alpha+(v-1)\phi\right]\end{cases}\tag{4.11}$$

由式(4.11)可知，当几何参数(α,φ,ϕ)给定时，肘部所有万向节中心点的位置均可计算出来。那么，如何根据前述已知条件确定肘部几何参数呢？下面将对此进行介绍。

4.3.2 肘部几何参数的求解

由于肘部关键节点 E_0、腕部关键节点 W_0（也即 E_{N-3}）的位置已通过前一节的方法确定，即 E_0 的坐标 $(x_{E_0},y_{E_0},z_{E_0})$ 和 E_{N-3} 的坐标 $(x_{E_{N-3}},y_{E_{N-3}},z_{E_{N-3}})$ 都为已知量，因此将 $v=N-3$ 代入式(4.11)可得关于几何

参数(α,φ,ϕ)的方程组，将$x_{E_{N-3}}-x_{E_0}$、$y_{E_{N-3}}-y_{E_0}$、$z_{E_{N-3}}-z_{E_0}$的平方和相加，可得

$$(x_{E_{N-3}}-x_{E_0})^2+(y_{E_{N-3}}-y_{E_0})^2+(z_{E_{N-3}}-z_{E_0})^2=$$
$$2l^2\left[\sum_{i=1}^{N-3}(N-3-i)\cos(i\phi)\right]+(N-3)l^2 \tag{4.12}$$

式(4.12)是关于ϕ的非线性方程，可采用数值迭代法进行求解。首先，根据式(4.12)构造关于ϕ的函数$f(\phi)$，即

$$f(\phi)=2l^2\left[\sum_{i=1}^{N-3}(N-3-i)\cos(i\phi)\right]+(N-3)l^2-$$
$$[(x_{E_{N-3}}-x_{E_0})^2+(y_{E_{N-3}}-y_{E_0})^2+(z_{E_{N-3}}-z_{E_0})^2] \tag{4.13}$$

如果$f(\phi)=0$在区间$[-\pi,\pi)$内有多个实根，则单独利用对分法只能得到其中的一个实根。在实际应用中，可以将逐步扫描与对分法结合起来使用，以便尽量搜索给定区间内的实根。这种方法的要点如下。

(1) 从区间左端点$\phi=-\pi$开始，以h为步长，逐步往后进行搜索。

(2) 对于在参数搜索过程中遇到的每一个子区间$[\phi_k,\phi_{k+1}]$(其中$\phi_{k+1}=\phi_k+h$)做如下处理。

① 若$f(\phi_k)=0$，则ϕ_k为一个实根，且从$\phi_k+h/2$开始往后继续搜索。

② 若$f(\phi_{k+1})=0$，则ϕ_{k+1}为一个实根，且从$\phi_{k+1}+h/2$开始往后继续搜索。

③ 若$f(\phi_k)f(\phi_{k+1})>0$，则说明在当前子区间内无实根或h选得过大，放弃本子区间，从ϕ_{k+1}开始往后继续搜索。

④ 若$f(\phi_k)f(\phi_{k+1})<0$，则说明在当前子区间内有实根，此时利用对分法，直到求得一个实根为止，然后从ϕ_{k+1}开始往后继续搜索。

在进行根的搜索过程中，要合理选择步长，尽量避免丢失有效根。

当ϕ求解出来后，将其代入式(4.11)中的第一个方程，可得到关于参数α的非线性方程，利用与前述类似的方法，即逐步扫描法与对分法结合的数值法，可求解参数α的值。

当参数α和ϕ的值都确定以后，将两个参数共同代入式(4.11)中的后两个方程，采用反三角函数公式可求得φ，即

$$\varphi=\mathrm{atan2}[(z_{E_{N-3}}-z_{E_0})/L,\ (y_{E_{N-3}}-y_{E_0})/L] \tag{4.14}$$

式中

$$L=l\cos\alpha+l\cos(\alpha+\varphi)+\cdots+l\cos[\alpha+(n/2-3-1)\varphi]$$

4.4 各部分关节角的求解

4.4.1 肩部关节角

肩部最后一个节点 S_2（也即肘部关键节点 E_0）在空间相对于{0}系的位置由前四个关节角即 $\theta_1 \sim \theta_4$ 确定，因而肩部段（S_0-S_2）相当于一个 4 自由度串联机械臂。当肩部节点 S_2 确定以后，可以求解关节变量 $\theta_1 \sim \theta_4$，相当于对 4 自由度串联机械臂求逆解。对于空间定位而言，4 自由度机械臂具有一个冗余自由度，其逆运动学有无穷多组解。为了得到合适的解，需要采用合适的参数表征其冗余性，本书采用几何意义明显的臂型角 ψ 作为冗余参数，其定义为臂型面 $S_0S_1S_2$ 相对于某给定参考面的夹角。参考面可根据具体任务需要进行选择，本书选择 $S_0E_0E_1$ 为参考面。相应于给定臂型角 ψ 的节点 S_1 表示为 $S_{1\psi}$，如图 4.5 所示。当 $S_{1\psi}$ 的位置确定后，θ_1 和 θ_2 可根据 $S_{1\psi}$ 的位置求得；进一步地，θ_3 和 θ_4 可根据 S_2 的位置求解得到。

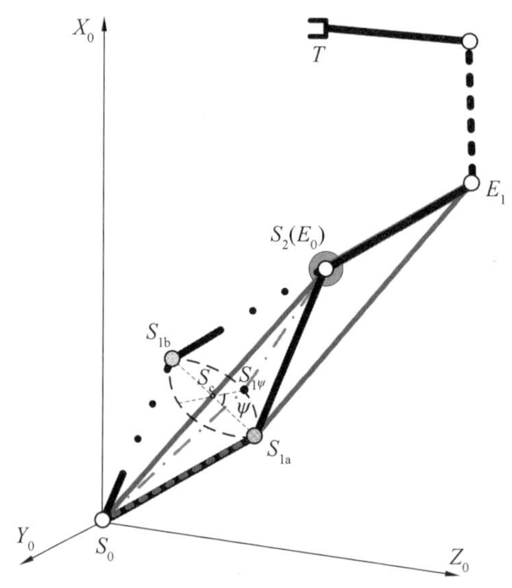

图 4.5 相对于参考面 $S_0E_0E_1$ 的臂型角 ψ 的定义

1.肩部关节位置求解

参考平面定义为 $S_0E_0E_1$。万向节节点 S_1 在三维空间的可达位置形成一个空间圆（图 4.5 中的虚线），其圆心点定义为 S_c。圆与参考平面 $S_0E_0E_1$ 之间的两

个交点定义为 S_{1a} 和 S_{1b}（其中 $z_{S1b} < z_{S1a}$），臂型角 ψ 即为从平面 $S_0S_{1a}S_2$ 到平面 $S_0S_{1\psi}S_2$ 之间的角度。

实际上，相应于臂型角 ψ 的万向节节点 $S_{1\psi}$ 还需要满足以下三个条件。

(1) 万向节节点 $S_{1\psi}$ 在平面 $S_{1\psi}S_cS_1$ 上。

如果向量 $[A \quad B \quad C]^T$ 是平面的法向量，平面的一般表达式可以写成如下形式：

$$Ax + By + Cz + D = 0 \tag{4.15}$$

设定平面 $S_{1\psi}S_cS_1$ 的法向量是 $\overrightarrow{S_0S_2} = (x_{S_2} - x_{S_0}, y_{S_2} - y_{S_0}, z_{S_2} - z_{S_0}) = (A, B, C)$。由于空间圆弧的圆心点 $S_c(x_{Sc}, y_{Sc}, z_{Sc})$ 在平面 $S_{1\psi}S_cS_1$ 上，因此，常数项 D 为

$$D = -(Ax_{Sc} + By_{Sc} + Cz_{Sc}) \tag{4.16}$$

(2) 万向节节点 $S_{1\psi}$ 到{0}系原点的距离等于 l，即

$$x_{S1\psi}^2 + y_{S1\psi}^2 + z_{S1\psi}^2 = l^2 \tag{4.17}$$

(3) 臂型角由平面 $S_0S_{1a}S_2$ 和平面 $S_0S_{1\psi}S_2$ 确定，满足余弦定理。

根据前面的关系，可以推导出给定 ψ 下的 $S_{1\psi}$ 的坐标($x_{S1\psi}, y_{S1\psi}, z_{S1\psi}$)。

根据余弦定理可知

$$\cos\psi = \frac{\overrightarrow{S_cS_{1a}} \cdot \overrightarrow{S_cS_{1\psi}}}{|\overrightarrow{S_cS_{1a}}| \cdot |\overrightarrow{S_cS_{1\psi}}|} \tag{4.18}$$

式中

$$\overrightarrow{S_cS_{1a}} = (x_{S1a} - x_{Sc}, y_{S1a} - y_{Sc}, z_{S1a} - z_{Sc})$$

$$\overrightarrow{S_cS_{1\psi}} = (x_{S1\psi} - x_{Sc}, y_{S1\psi} - y_{Sc}, z_{S1\psi} - z_{Sc})$$

$$|\overrightarrow{S_cS_{1a}}| \cdot |\overrightarrow{S_cS_{1\psi}}| = (x_{S1a} - x_{Sc})(x_{S1\psi} - x_{Sc}) + (y_{S1a} - y_{Sc})(y_{S1\psi} - y_{Sc}) + (z_{S1a} - z_{Sc})(z_{S1\psi} - z_{Sc})$$

由于万向节节点 $S_{1\psi}$ 在平面上，因此其坐标满足

$$Ax_{S1\psi} + By_{S1\psi} + Cz_{S1\psi} + D = 0 \tag{4.19}$$

结合式(4.17)～(4.19)，则万向节节点 $S_{1\psi}$ 的任意位置可以根据臂型角 ψ 的给定值求得。

根据式(4.18)可知

$$(x_{S1a} - x_{Sc})x_{S1\psi} + (y_{S1a} - y_{Sc})y_{S1\psi} + (z_{S1a} - z_{Sc})z_{S1\psi} - x_{Sc}(x_{S1a} - x_{Sc}) - y_{Sc}(y_{S1a} - y_{Sc}) - z_{Sc}(z_{S1a} - z_{Sc}) - |\overrightarrow{S_cS_{1a}}| \cdot |\overrightarrow{S_cS_{1\psi}}|\cos\psi = 0 \tag{4.20}$$

令 $E = -x_{Sc}(x_{S1a} - x_{Sc}) - y_{Sc}(y_{S1a} - y_{Sc}) - z_{Sc}(z_{S1a} - z_{Sc}) - |\overrightarrow{S_cS_{1a}}| \cdot |\overrightarrow{S_cS_{1\psi}}| \cdot \cos\psi$，则式(4.20)可改写为

$$(x_{S1a} - x_{Sc})x_{S1\psi} + (y_{S1a} - y_{Sc})y_{S1\psi} + (z_{S1a} - z_{Sc})z_{S1\psi} + E = 0 \tag{4.21}$$

由式(4.19)$\times(z_{S_{1a}}-z_{Sc})-$式(4.21)$\times C$,可得

$$y_{S_{1\psi}}=\frac{A(z_{S_{1a}}-z_{Sc})-C(x_{S_{1a}}-x_{Sc})}{C(y_{S_{1a}}-y_{Sc})-B(z_{S_{1a}}-z_{Sc})}x_{S_{1\psi}}+\frac{D(z_{S_{1a}}-z_{Sc})-CE}{C(y_{S_{1a}}-y_{Sc})-B(z_{S_{1a}}-z_{Sc})} \tag{4.22}$$

设定

$$F=\frac{A(z_{S_{1a}}-z_{Sc})-C(x_{S_{1a}}-x_{Sc})}{C(y_{S_{1a}}-y_{Sc})-B(z_{S_{1a}}-z_{Sc})}$$

$$G=\frac{D(z_{S_{1a}}-z_{Sc})-CE}{C(y_{S_{1a}}-y_{Sc})-B(z_{S_{1a}}-z_{Sc})}$$

则式(4.22)可改写为

$$y_{S_{1\psi}}=Fx_{S_{1\psi}}+G \tag{4.23}$$

由式(4.19)$\times(y_{S_{1a}}-y_{Sc})-$式(4.21)$\times B$,可得

$$z_{S_{1\psi}}=\frac{A(y_{S_{1a}}-y_{Sc})-B(x_{S_{1a}}-x_{Sc})}{B(z_{S_{1a}}-z_{Sc})-C(y_{S_{1a}}-y_{Sc})}x_{S_{1\psi}}+\frac{D(y_{S_{1a}}-y_{Sc})-BE}{B(z_{S_{1a}}-z_{Sc})-C(y_{S_{1a}}-y_{Sc})} \tag{4.24}$$

令

$$H=\frac{A(y_{S_{1a}}-y_{Sc})-B(x_{S_{1a}}-x_{Sc})}{B(z_{S_{1a}}-z_{Sc})-C(y_{S_{1a}}-y_{Sc})}$$

$$I=\frac{D(y_{S_{1a}}-y_{Sc})-BE}{B(z_{S_{1a}}-z_{Sc})-C(y_{S_{1a}}-y_{Sc})}$$

则式(4.24)可改写为

$$z_{S_{1\psi}}=Hx_{S_{1\psi}}+I \tag{4.25}$$

结合式(4.17)、式(4.23)和式(4.25)可得

$$(1+F^2+H^2)x_{S_{1\psi}}^2+2(FG+HI)x_{S_{1\psi}}+G^2+I^2-l^2=0 \tag{4.26}$$

根据式(4.26),可解得 $S_{1\psi}$ 的 x 坐标分量为

$$x_{S_{1\psi}}=\frac{-2(FG+HI)\pm\sqrt{J}}{2(1+F^2+H^2)} \tag{4.27}$$

式中

$$J=[2(FG+HI)]^2-4(1+F^2+H^2)(G^2+I^2-l^2)$$

同理,超冗余机器人万向节节点 $S_{1\psi}$ 的 $y_{S_{1\psi}}$ 和 $z_{S_{1\psi}}$ 坐标可以分别根据式(4.23)和式(4.25)来求解。

2.肩部关节角度求解

(1)求解 θ_1 和 θ_2。

关节变量 θ_1 和 θ_2 确定了坐标系{0}到{2}的关系,根据正运动学方程可得

$$
{}^{0}\boldsymbol{T}_2=\begin{bmatrix}{}^{0}\boldsymbol{R}_2 & {}^{0}\boldsymbol{p}_2\\ \boldsymbol{0} & 1\end{bmatrix}=\begin{bmatrix} & lc_1c_2\\ {}^{0}\boldsymbol{R}_2 & ls_1c_2\\ & ls_2\\ \boldsymbol{0} & 1\end{bmatrix} \tag{4.28}
$$

式中

$$
{}^{0}\boldsymbol{p}_2=[lc_1c_2 \quad ls_1c_2 \quad ls_2]^{\mathrm{T}} \tag{4.29}
$$

根据几何关系可知，S_1 的位置矢量即为${}^{0}\boldsymbol{p}_2$。

如前所述，当给定臂型角 ψ 后，可确定 S_1 的位置矢量并表示为 $\boldsymbol{S}_{1\psi}$，即

$$
\boldsymbol{S}_{1\psi}=[x_{S1\psi} \quad y_{S1\psi} \quad z_{S1\psi}]^{\mathrm{T}} \tag{4.30}
$$

令式(4.29) 和式(4.30) 对应分量相等，可得

$$
\begin{cases} lc_1c_2=x_{S1\psi}\\ ls_1c_2=y_{S1\psi}\\ ls_2=z_{S1\psi}\end{cases} \tag{4.31}
$$

根据式(4.31) 可解得

$$
\theta_2=\operatorname{atan2}\left(\frac{z_{S1\psi}}{l},\pm\sqrt{\frac{x_{S1\psi}^2+y_{S1\psi}^2}{l}}\right) \tag{4.32}
$$

$$
\theta_1=\operatorname{atan2}\left(\frac{y_{S1\psi}}{lc_2},\frac{x_{S1\psi}}{lc_2}\right) \tag{4.33}
$$

反正切函数 atan2() 的定义参见式(2.13)。

(2) 求解 θ_3 和 θ_4。

类似地，关节变量 θ_3 和 θ_4 确定了坐标系{2} 到{4} 之间的关系，根据正运动学方程可得齐次变换矩阵的表达式为

$$
{}^{2}\boldsymbol{T}_4=\begin{bmatrix}{}^{2}\boldsymbol{R}_4 & {}^{2}\boldsymbol{p}_4\\ \boldsymbol{0} & 1\end{bmatrix} \tag{4.34}
$$

式中

$$
{}^{2}\boldsymbol{p}_4=[lc_3c_4 \quad ls_3c_4 \quad -ls_4]^{\mathrm{T}} \tag{4.35}
$$

根据几何关系可知，S_2 在{2} 系中的位置矢量即为${}^{2}\boldsymbol{p}_4$。

由于 S_2 与 E_0 为同一点，其在{0} 中的位置已确定(参见 4.2 节)，并表示为

$$
\boldsymbol{S}_2=[x_{S2} \quad y_{S2} \quad z_{S2}]^{\mathrm{T}}=[x_{E0} \quad y_{E0} \quad z_{E0}]^{\mathrm{T}} \tag{4.36}
$$

结合齐次变换矩阵、齐次坐标的含义，可得 S_2 在{2} 中的位置矢量。

构造 S_2 在{0} 中的齐次坐标，即

$$
{}^{0}\bar{\boldsymbol{p}}_{S2}=[x_{S2} \quad y_{S2} \quad z_{S2} \quad 1]^{\mathrm{T}} \tag{4.37}
$$

因为 θ_1 和 θ_2 已计算出，故${}^{0}\boldsymbol{T}_2$ 可根据式(4.28) 得到，将其作为已知量后，S_2 在{2} 中的齐次坐标可按下式计算得到：

$$^{2}\bar{\boldsymbol{p}}_{S_2}=(^{0}\boldsymbol{T}_2)^{-1}\cdot{}^{0}\bar{\boldsymbol{p}}_{S_2}=\begin{bmatrix}x_{S_2\mathrm{r}}\\y_{S_2\mathrm{r}}\\z_{S_2\mathrm{r}}\\1\end{bmatrix}\tag{4.38}$$

结合式(4.35)和式(4.38),得

$$\begin{cases}lc_3c_4=x_{S_2\mathrm{r}}\\ls_3c_4=y_{S_2\mathrm{r}}\\-ls_4=z_{S_2\mathrm{r}}\end{cases}\tag{4.39}$$

根据式(4.39),可解得

$$\theta_4=\operatorname{atan2}\left(-\frac{z_{S_2\mathrm{r}}}{l},\pm\sqrt{\frac{x_{S_2\mathrm{r}}^2+y_{S_2\mathrm{r}}^2}{l}}\right)\tag{4.40}$$

$$\theta_3=\operatorname{atan2}\left(\frac{y_{S_2\mathrm{r}}}{lc_4},\frac{x_{S_2\mathrm{r}}}{lc_4}\right)\tag{4.41}$$

4.4.2 肘部关节角

由于肘部的几何参数已经解得,超冗余机器人肘部万向节的位置 E_v 可以根据式(4.11)求得;相应于给定的空间圆弧参数,超冗余机器人的 θ_5 到 θ_{n-2} 关节角的值可以依次求解。

1.求解 $\boldsymbol{\theta_5}$ 和 $\boldsymbol{\theta_6}$

关节变量 θ_5 和 θ_6 确定了坐标系{4}到{6}的关系,根据正运动学方程可得齐次变换矩阵的表达式为

$$^{4}\boldsymbol{T}_6=\begin{bmatrix}^{4}\boldsymbol{R}_6 & ^{4}\boldsymbol{p}_6\\\boldsymbol{0} & 1\end{bmatrix}\tag{4.42}$$

式中

$$^{4}\boldsymbol{p}_6=[lc_5c_6\quad ls_5c_6\quad ls_6]^{\mathrm{T}}\tag{4.43}$$

另外,根据空间圆弧的特点,结合几何参数可得

$$^{0}\boldsymbol{T}_{E_1}={}^{0}\boldsymbol{T}_{E_0}\cdot{}^{E_0}\boldsymbol{T}_{E_1}=\begin{bmatrix}^{0}\boldsymbol{R}_{E_1} & ^{0}\boldsymbol{p}_{E_1}\\\boldsymbol{0} & 1\end{bmatrix}\tag{4.44}$$

E_1 点在{0}中的位置矢量为

$$^{0}\boldsymbol{p}_{E_1}=\begin{bmatrix}l\sin\alpha+x_{E_0}\\l\cos\varphi\cos\alpha+y_{E_0}\\l\sin\varphi\cos\alpha+z_{E_0}\end{bmatrix}\tag{4.45}$$

由于肩部关节 $\theta_1\sim\theta_4$ 已计算出,故 $^{0}\boldsymbol{T}_4$ 可根据正运动学关节计算得到,将其作为已知量后,E_1 在{4}中的齐次坐标为

$$
{}^{4}\bar{\boldsymbol{p}}_{E_1}=({}^{0}\boldsymbol{T}_4)^{-1}\cdot{}^{0}\bar{\boldsymbol{p}}_{E_1}=\begin{bmatrix}x_{E_1\mathrm{r}}\\y_{E_1\mathrm{r}}\\z_{E_1\mathrm{r}}\\1\end{bmatrix}\tag{4.46}
$$

结合式(4.43)和式(4.46),得

$$
\begin{cases}lc_5c_6=x_{E_1\mathrm{r}}\\ls_5c_6=y_{E_1\mathrm{r}}\\ls_6=z_{E_1\mathrm{r}}\end{cases}\tag{4.47}
$$

根据式(4.47),可解得

$$
\theta_6=\mathrm{atan2}\left(\frac{z_{E_1\mathrm{r}}}{l},\pm\sqrt{\frac{x_{E_1\mathrm{r}}^2+y_{E_1\mathrm{r}}^2}{l}}\right)\tag{4.48}
$$

$$
\theta_5=\mathrm{atan2}\left(\frac{y_{E_1\mathrm{r}}}{lc_6},\frac{x_{E_1\mathrm{r}}}{lc_6}\right)\tag{4.49}
$$

2.求解 $\boldsymbol{\theta}_7\sim\boldsymbol{\theta}_{n-2}$

类似地,关节变量 θ_7 和 θ_8 确定了坐标系{6}到{8}的关系,根据正运动学方程可得齐次变换矩阵的表达式为

$$
{}^{6}\boldsymbol{T}_8=\begin{bmatrix}{}^{6}\boldsymbol{R}_8 & {}^{6}\boldsymbol{p}_8\\\boldsymbol{0} & 1\end{bmatrix}\tag{4.50}
$$

式中

$$
{}^{6}\boldsymbol{p}_8=[lc_7c_8\quad ls_7c_8\quad -ls_8]^{\mathrm{T}}\tag{4.51}
$$

另外,根据空间圆弧的特点,结合几何参数可得

$$
{}^{0}\boldsymbol{T}_{E_2}={}^{0}\boldsymbol{T}_{E_0}\cdot{}^{E_0}\boldsymbol{T}_{E_2}=\begin{bmatrix}{}^{0}\boldsymbol{R}_{E_2} & {}^{0}\boldsymbol{p}_{E_2}\\\boldsymbol{0} & 1\end{bmatrix}\tag{4.52}
$$

E_2 点在{0}中的位置矢量为

$$
{}^{0}\boldsymbol{p}_{E_2}=\begin{bmatrix}l[\sin\alpha+\sin(\alpha+\theta)]+x_{E_0}\\l\cos\varphi[\cos\alpha+\cos(\alpha+\theta)]+y_{E_0}\\l\sin\varphi[\cos\alpha+\cos(\alpha+\theta)]+z_{E_0}\end{bmatrix}\tag{4.53}
$$

由于关节变量 $\theta_1\sim\theta_6$ 已计算出,故 ${}^{0}\boldsymbol{T}_6$ 可根据正运动学关节计算得到,将其作为已知量后,E_2 在{6}中的齐次坐标为

$$
{}^{6}\bar{\boldsymbol{p}}_{E_2}=({}^{0}\boldsymbol{T}_6)^{-1}\cdot{}^{0}\bar{\boldsymbol{p}}_{E_2}=\begin{bmatrix}x_{E_2\mathrm{r}}\\y_{E_2\mathrm{r}}\\z_{E_2\mathrm{r}}\\1\end{bmatrix}\tag{4.54}
$$

结合式(4.51)和式(4.54),得

$$\begin{cases} lc_7c_8 = x_{E2r} \\ ls_7c_8 = y_{E2r} \\ -ls_8 = z_{E2r} \end{cases} \tag{4.55}$$

根据式(4.55)，可解得

$$\theta_8 = \text{atan2}\left(-\frac{z_{E2r}}{l}, \pm\sqrt{\frac{x_{E2r}^2 + y_{E2r}^2}{l}}\right) \tag{4.56}$$

$$\theta_7 = \text{atan2}\left(\frac{y_{E2r}}{lc_8}, \frac{x_{E2r}}{lc_8}\right) \tag{4.57}$$

将肘部各关节拟合到空间圆弧上，则肘部其他关节角度可以根据下面的关系确定：

$$\begin{cases} \theta_7 = \theta_{10} = \theta_{11} = \theta_{14} = \cdots = \theta_{n-4} = \theta_{n-3} \\ \theta_8 = \theta_9 = \theta_{12} = \theta_{13} = \cdots = \theta_{n-5} = \theta_{n-2} \end{cases} \tag{4.58}$$

4.4.3 腕部关节角

腕部万向节包括 $n-1$ 和 n 两个关节变量，确定了坐标系$\{n-2\}$到坐标系$\{n\}$之间的关系，其中末端工具坐标系$\{T\}$与坐标系$\{n\}$重合，因此，根据正运动学方程可得坐标系$\{n-2\}$到坐标系$\{n\}$或坐标系$\{T\}$的齐次变换矩阵为

$$^{n-2}\boldsymbol{T}_n = \begin{bmatrix} ^{n-2}\boldsymbol{R}_n & ^{n-2}\boldsymbol{p}_n \\ \boldsymbol{0} & 1 \end{bmatrix} \tag{4.59}$$

式中

$$^{n-2}\boldsymbol{p}_n = \begin{Bmatrix} l_e c_{n-1} c_n \\ l_e s_{n-1} c_n \\ -l_e s_n \end{Bmatrix} \tag{4.60}$$

另外，由于关节变量 $\theta_1 \sim \theta_{n-2}$ 已计算出，故$^0\boldsymbol{T}_{n-2}$ 可根据正运动学关节计算得到，将其作为已知量后，末端工具中心点 T 在坐标系$\{n-2\}$中的齐次坐标为

$$^{n-2}\bar{\boldsymbol{p}}_n = (^0\boldsymbol{T}_{n-2})^{-1} \cdot {}^0\bar{\boldsymbol{p}}_n = \begin{bmatrix} x_{Tr} \\ y_{Tr} \\ z_{Tr} \\ 1 \end{bmatrix} \tag{4.61}$$

结合式(4.60)和式(4.61)，得

$$\begin{cases} l_e c_{n-1} c_n = x_{Tr} \\ l_e s_{n-1} c_n = y_{Tr} \\ -l_e s_n = z_{Tr} \end{cases} \tag{4.62}$$

根据式(4.62)，解得

$$\theta_n = \mathrm{atan2}\left(-\frac{z_{Tr}}{l_e}, \pm\sqrt{\frac{x_{Tr}^2 + y_{Tr}^2}{l_e}}\right) \tag{4.63}$$

$$\theta_{n-1} = \mathrm{atan2}\left(\frac{y_{Tr}}{l_e c_n}, \frac{x_{Tr}}{l_e c_n}\right) \tag{4.64}$$

4.5　基于分段几何法的典型轨迹规划方法

通过以上推导可知，由于超冗余机器人的几何特性表示为一系列参数，因此控制这些参数除了能满足末端的位置和指向外，还可实现期望的臂型（几何特征）以适应相应的任务需求。下面将介绍关节极限回避、奇异回避及直线运动轨迹规划等方法。

4.5.1　关节极限回避轨迹规划

采用前述的分段几何参数化后，肩部等效为 4 自由度的机械臂，利用臂型角可调整肩部位置，使得所求解的关节角度满足回避关节极限的要求。下面举例说明。假设期望的末端位置 $\boldsymbol{T}$、方向向量 $\boldsymbol{D}$、肩部 $\boldsymbol{S}_2$（肘部 E_0）位置矢量的值分别为

$$[x_T \quad y_T \quad z_T]^{\mathrm{T}} = [0.700\,0\ \mathrm{m} \quad 0.200\,0\ \mathrm{m} \quad 0.100\,0\ \mathrm{m}]^{\mathrm{T}} \tag{4.65}$$

$$\boldsymbol{D} = [0 \quad 1 \quad 0]^{\mathrm{T}} \tag{4.66}$$

$$\boldsymbol{S}_2 = [0.175\,0\ \mathrm{m} \quad 0.025\,0\ \mathrm{m} \quad 0.045\,0\ \mathrm{m}]^{\mathrm{T}} \tag{4.67}$$

当臂型角 $\psi \in [0, \pi)$ 时，可以求出一系列对应的构型，如图 4.6 所示。但并不是每种构型都是可实现的，如某些臂型下关节的位置超出了物理限位，因此需要选择关节角度都满足运动极限要求的臂型角作为求解参数。

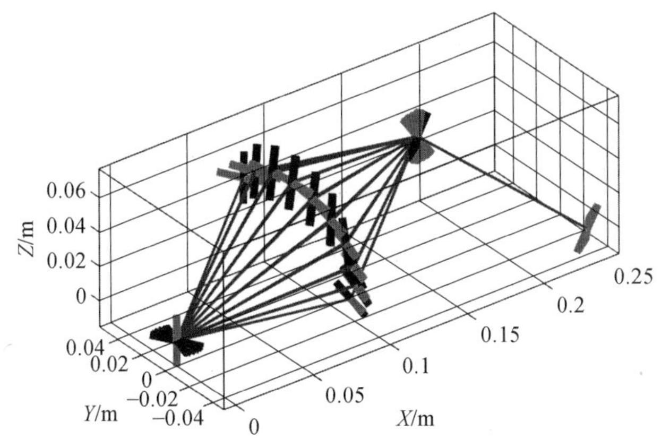

图 4.6　肩部关节构型 $\psi \in [0, \pi)$

为了满足关节限位，首先采用数值法分析各关节角与臂型角的关系，在[0，π)的范围内给定臂型角的值，求解各关节角(主要影响$\theta_1 \sim \theta_6$)的值，绘制相应的曲线，得到如图4.7所示的结果。进一步地，根据各关节的限位要求，结合数值分析的结果，可确定满足关节限位要求的臂型角的范围。

假设每个关节变量的运动范围都限制在[－60°，60°]之间，根据图4.7可得臂型角不能超过[40°，100°]。

对于一般情况，当没有附加其他任务要求时，可设定为满足下式的一组关节角度作为肩部关节及肘部关节的最优解：

$$\min(f(\psi)) = \min\left(\sum_{j=1}^{6}\left|\theta_j - \frac{\sum_{i=1}^{6}\theta_i}{6}\right|\right) \tag{4.68}$$

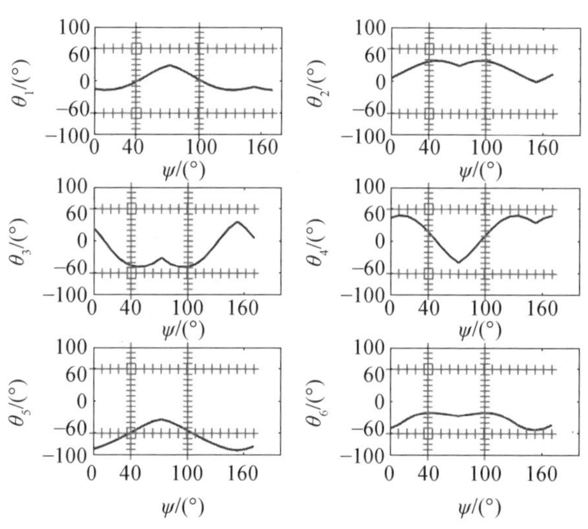

图4.7　关节角$\theta_1 \sim \theta_6$与臂型角之间的关系

4.5.2　肘部奇异回避的轨迹规划

由于肘部各个关节是基于空间圆弧参数求解的，因此所有关节角度的总和等于空间圆弧弯曲的角度。为了满足万向节节点过空间圆弧，可设定奇数编号关节的角度和偶数编号关节的角度分别对应相等，或相互平行的关节的角度对应相等，由此可使每个关节都有等值的运动，关节运动量均分，这种求解方式自然地回避了关节肘部奇异问题。

空间圆弧参数的求解过程如图4.8所示，可以看出对于特定的末端位置会存

在四组对应解。

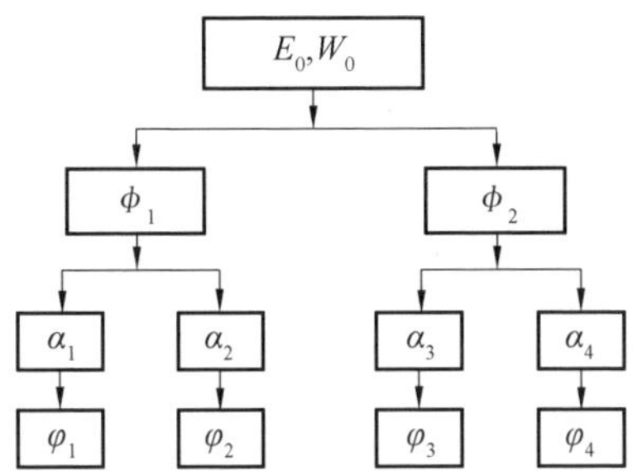

图 4.8　空间圆弧参数的求解过程

例如，设定末端位置为 $\boldsymbol{T}_0=[0.700\ 0\ \text{m}\quad 0.300\ 0\ \text{m}\quad 0.100\ 0\ \text{m}]^{\mathrm{T}}$，则可求出空间圆弧参数的四组解为

$$\begin{cases}\phi_1=-20.53°,\quad \alpha_1=141.56°,\quad \varphi_1=36.25°\\ \phi_2=-20.53°,\quad \alpha_2=161.65°,\quad \varphi_2=-143.74°\\ \phi_3=20.53°,\quad \alpha_3=18.34°,\quad \varphi_3=36.25°\\ \phi_4=20.53°,\quad \alpha_4=38.43°,\quad \varphi_4=-143.74°\end{cases} \tag{4.69}$$

四组解对应的构型如图 4.9 所示。

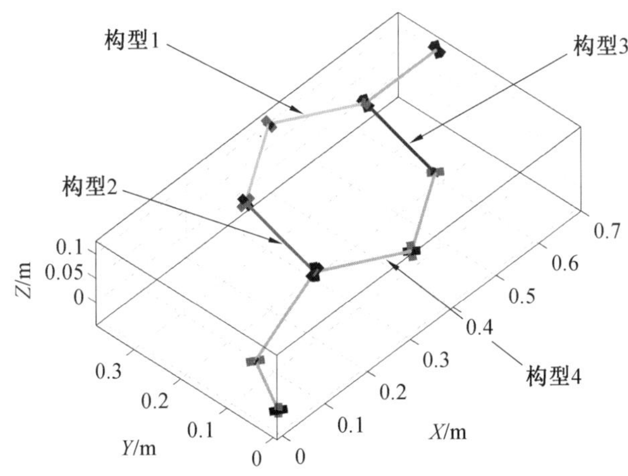

图 4.9　四组解对应的构型

4.5.3 空间直线运动轨迹规划

假设机器人末端沿着给定直线运动，起始点坐标和终止点坐标分别为 $\boldsymbol{p}_0(x_{p_0},y_{p_0},z_{p_0})$ 和 $\boldsymbol{p}_f(x_{p_f},y_{p_f},z_{p_f})$，该空间直线被$(N+1)$个空间点划分成 N 段，点的标号为 $0\sim N$，分别对应 $\boldsymbol{p}_0$ 和 $\boldsymbol{p}_f$，相邻两点的变化量为

$$\begin{cases}\Delta x=(x_{p_f}-x_{p_0})/N\\ \Delta y=(y_{p_f}-y_{p_0})/N\\ \Delta z=(z_{p_f}-z_{p_0})/N\end{cases}\tag{4.70}$$

对第 i 点$(1\leqslant i\leqslant N)$有

$$\begin{cases}x_i=x_{p_0}+\Delta x\cdot i\\ y_i=y_{p_0}+\Delta y\cdot i\\ z_i=z_{p_0}+\Delta z\cdot i\end{cases}\tag{4.71}$$

设定初始点和终止点坐标为

$$\boldsymbol{p}_0=[0.700\,0\text{ m}\quad 0.300\,0\text{ m}\quad 0.100\,0\text{ m}]^{\mathrm{T}}\tag{4.72}$$

$$\boldsymbol{p}_f=[0.700\,0\text{ m}\quad 0.100\,0\text{ m}\quad 0.300\,0\text{ m}]^{\mathrm{T}}\tag{4.73}$$

采用三次多形式规划 $t_0\sim t_f$ 时刻的轨迹，在仿真系统中超冗余机器人轨迹如图 4.10 所示，机器人系统的空间构型、关节角度及关节角速度分别如图 4.11～4.13 所示。

图 4.10　仿真系统中运动状态

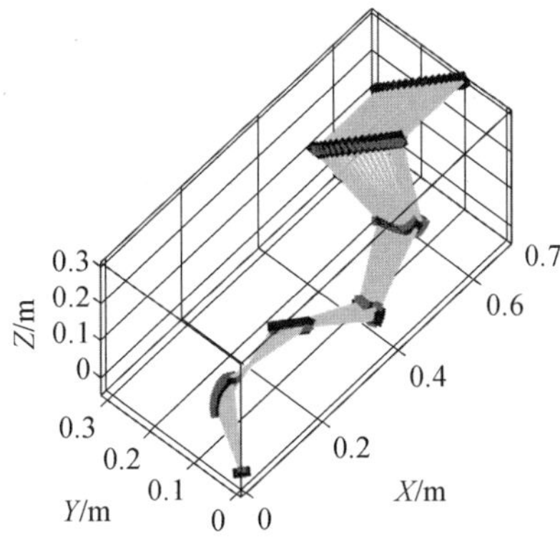

图 4.11　超冗余机器人空间构型

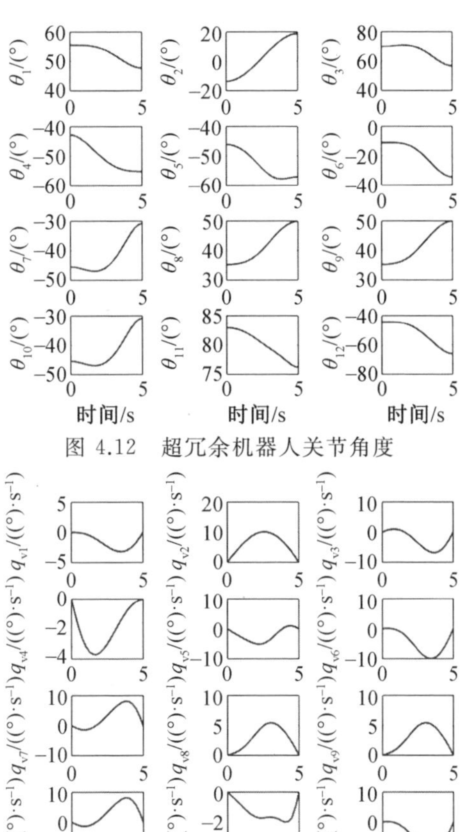

图 4.12　超冗余机器人关节角度

图 4.13　超冗余机器人关节角速度

4.6 基于分段几何法的狭小管道穿越实验

针对核电站领域常见狭小管道环境的监测需求设计了本节实验。实验中狭小管道是由两个轴心线互相垂直的圆环形成的弯曲管道，管道直径为 0.02 m，转弯角度为 90°。管道穿越实验场景如图 4.14 所示。

为了验证分段几何法对于超冗余机器人轨迹规划的适应性，本节将采用该方法结合模拟的狭小管道空间场景规划超冗余机器人的实验数据。由于实验工况已知，可以首先结合超冗余机器人与狭小管道实验环境之间的相对位置信息分别设定超冗余机器人在实验过程中的关键位置信息，即末端初始位姿、中间位姿和终止位姿分别如式(4.74) ～ (4.76) 所示。超冗余机器人运动的实验过程如图 4.15 所示。

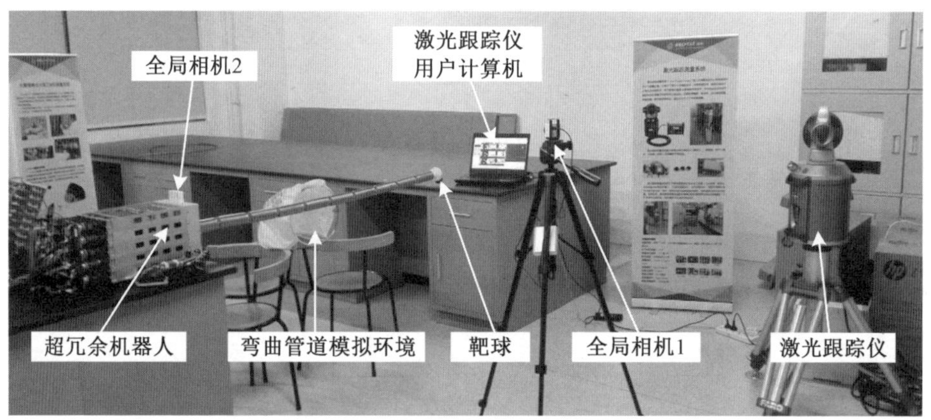

图 4.14 管道穿越实验场景

$$\boldsymbol{T}_{\mathrm{s}}=\begin{bmatrix}1 & 0 & 0 & 1\ 332.00\\0 & 0 & -1 & 0\\0 & 1 & 0 & 0\\0 & 0 & 0 & 1\end{bmatrix}\tag{4.74}$$

$$\boldsymbol{T}_{\mathrm{m}}=\begin{bmatrix}0.098\ 7 & 0 & 0.995\ 1 & 795.05\\0.995\ 1 & -0.001\ 5 & -0.098\ 7 & 57.74\\0.001\ 5 & 0.990\ 0 & -0.000\ 1 & 0.20\\0 & 0 & 0 & 1\end{bmatrix}\tag{4.75}$$

$$
\boldsymbol{T}_{\mathrm{f}}=\begin{bmatrix} -0.0323 & 0.2056 & 0.9785 & 673.24 \\ 0.2070 & 0.9587 & -0.1947 & 388.50 \\ -0.9777 & 0.1962 & -0.0735 & -322.76 \\ 0 & 0 & 0 & 1 \end{bmatrix} \tag{4.76}
$$

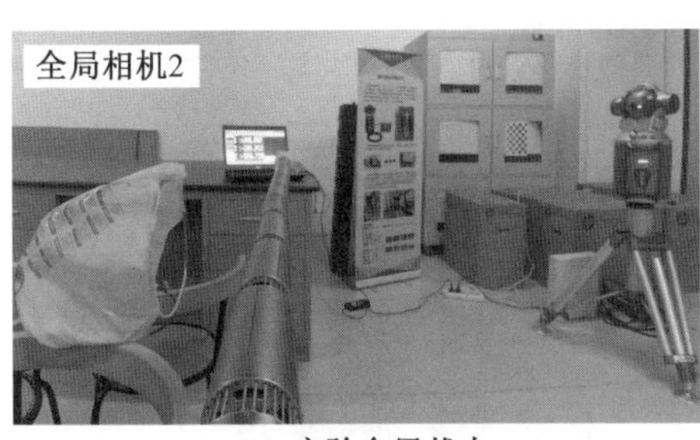

(a) 实验全局状态

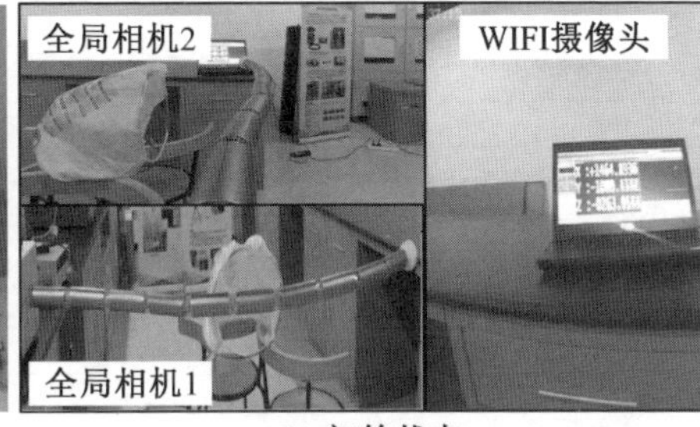

(b) 初始状态

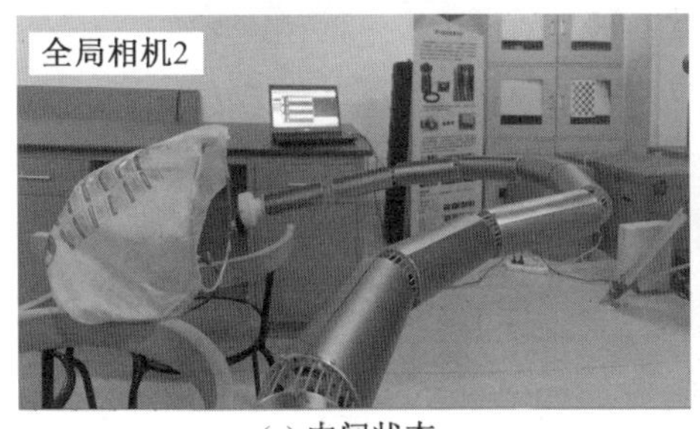

(c) 中间状态

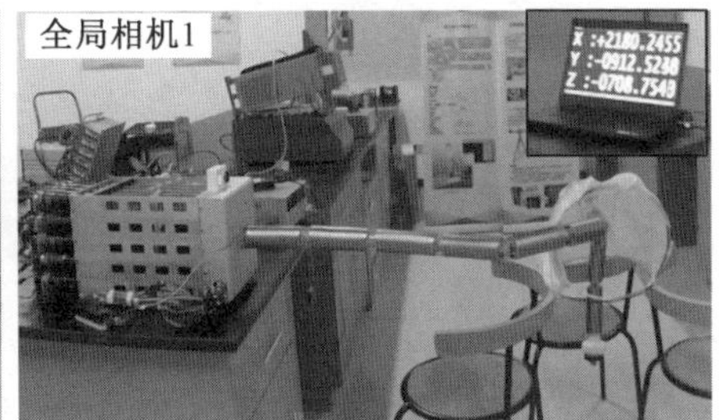

(d) 终止状态

图 4.15　实验过程

对于狭小管道穿越实验的规划原则主要是控制超冗余机器人末端沿着管道中心线运动，使得超冗余机器人末端臂杆进入狭小管道的方向垂直于管道口平面，而且超冗余机器人整体构型需要主动适应管道弯曲构型，防止超冗余机器人任何部分与管道环境的碰撞。基于以上原则，综合使用分段几何法针对狭小管道监测的规划及反馈的各关节角度(°)、关节角度误差(°)、驱动绳索长度误差(mm)变化曲线分别如图 4.16 ～ 4.18 所示。

通过实验数据可以看出，超冗余机器人的各个关节都能够较好地跟踪规划轨迹运动，关节角度误差及驱动绳索长度误差均满足控制要求。

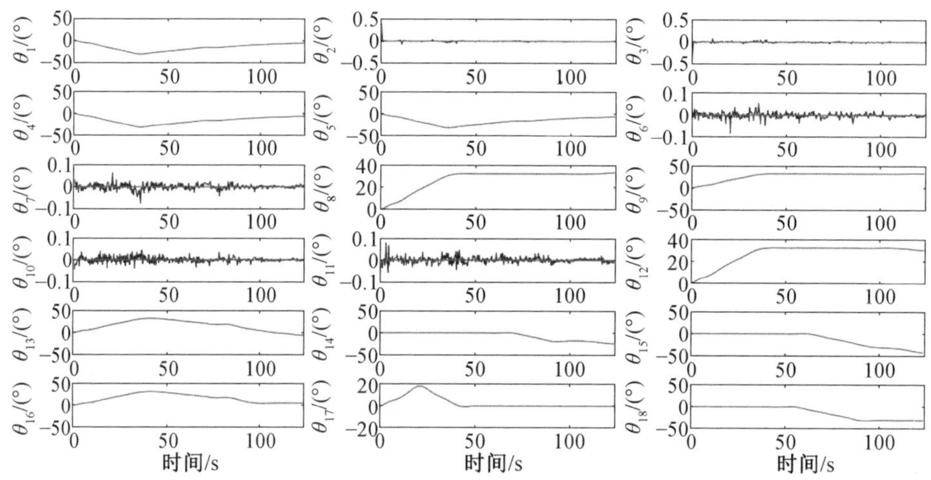

图 4.16 规划与反馈的关节角度

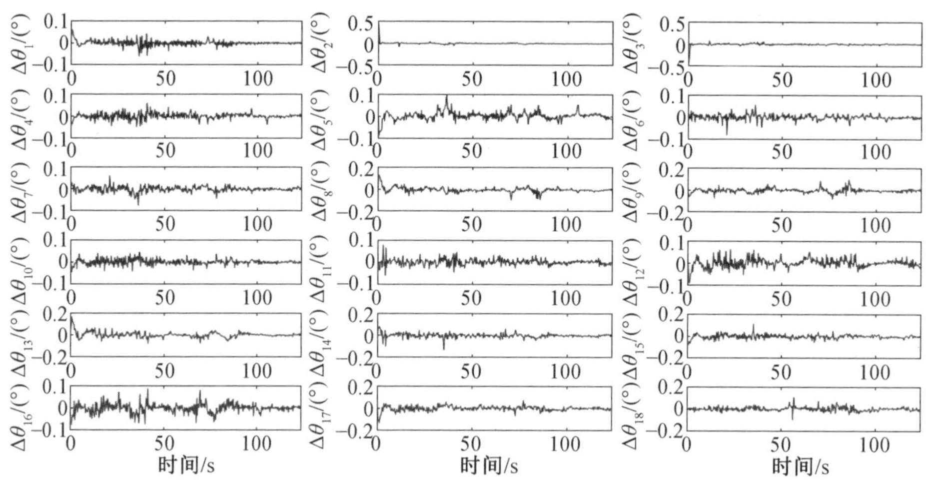

图 4.17 关节角度误差

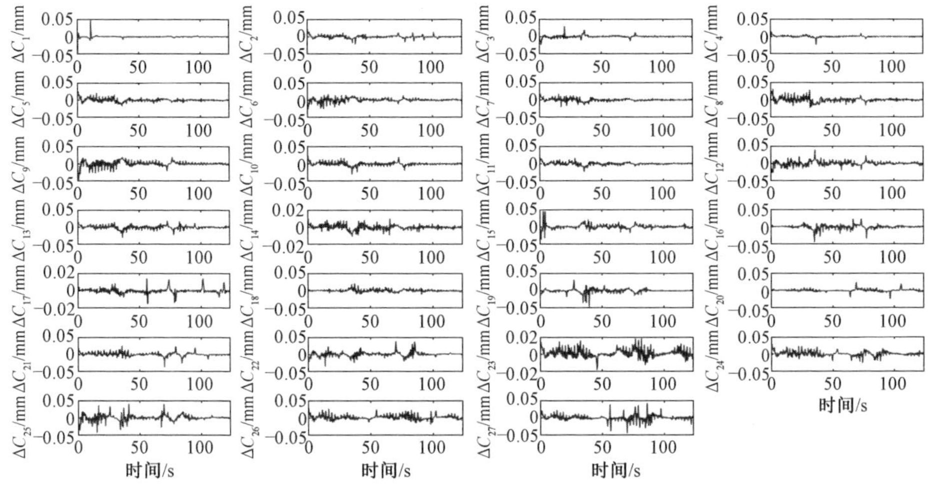

图 4.18　驱动绳索长度误差

4.7　本章小结

本章提出的分段几何法可以有效解决超冗余机器人轨迹规划中的逆运动学问题。为了充分利用机械手的超冗余自由度，分段几何法考虑了超冗余机器人的期望位置、期望指向、内部奇异回避和关节运动极限回避等约束条件。该方法的关键在于肩部、肘部、腕部节点位置的确定。基于各关键节点的位置可求解万向节的空间位置及关节角度，每段的关节角度都可以独立求解。该方法可应用于由平行布置关节、正交布置关节或万向节组成的不同类型的超冗余机器人。

第 5 章

基于改进模式函数法的逆运动学求解与轨迹规划

本章介绍超冗余机械臂逆运动学及任务构型求解的改进模式函数法，解决了复杂任务对机械臂整体构型和局部构型均有特定要求的问题。在机械臂末端位置及指向确定后，通过该方法可以求得超冗余机器人的合理关节角度，而且在求解过程中可以进一步考虑避障、避关节奇异等附加任务。首先由根据整体空间环境确定的模式函数求得超冗余机器人的空间脊线；然后基于脊线的宏观构型，将超冗余机器人的各个臂杆按照末段拟合方向向量、次段拟合到脊线、其余双段拟合到脊线，同时考虑附加任务的顺序，依次求解超冗余机器人的万向节的空间节点位置；最后当各个万向节空间位置确定后，根据万向节的具体构型可求解相应的关节角度。

对于超冗余机器人，由于自由度多，可实现较好的空间构型，而脊线常用于描述其空间构型，通过确定脊线的参数，可以确定出适用于相应工作环境和作业任务的构型。常用的脊线有模式函数曲线、空间圆弧曲线、贝塞尔曲线等。脊线被定义为分段连续的曲线，用这条曲线来表达超冗余机器人的宏观几何特征，一旦根据末端效应器的位置确定了脊线，就可以选择合适的拟合算法求出机械臂各节点在脊线上的坐标，进而求解相应的关节角。

传统方法往往要求超冗余机器人所有的万向节节点都拟合到脊线上，这样就带来三个问题：① 由于最末端连杆首先拟合到脊线上，当末端位置确定后，末端的姿态或指向将难以调整；② 超冗余机器人的局部构型不能被独立调整，未充分发挥局部区域的冗余性；③ 对于特定任务而言，较难确定合理的空间脊线形状。本章将针对有障碍且有路径约束的情况，介绍作者提出的改进模式函数法，以解决超冗余机器人的逆运动学求解及轨迹规划问题。

5.1　基于模式函数的空间脊线

脊线是描述超冗余机器人宏观构型的一种有效方式。定义并求解宏观脊线的关键是求解合理的曲线函数及相应的系数。

采用模式函数的空间脊线可表示为如下形式：

$$\boldsymbol{X}(s)=\int_0^s l\boldsymbol{u}(\sigma)\mathrm{d}\sigma \tag{5.1}$$

式中　s——归一化的脊线长度，$s\in[0,1]$，$s=0$ 对应脊线的起点，$s=1$ 对应脊线的终点；

σ——$0\sim s$ 之间的自变量因子，即 $\sigma\in[0,s]$；

$\boldsymbol{u}(\sigma)$——脊线在 σ 处的切线向量；

l——脊线的实际长度。

上述曲线方程确定的空间脊线形状如图 5.1 所示。

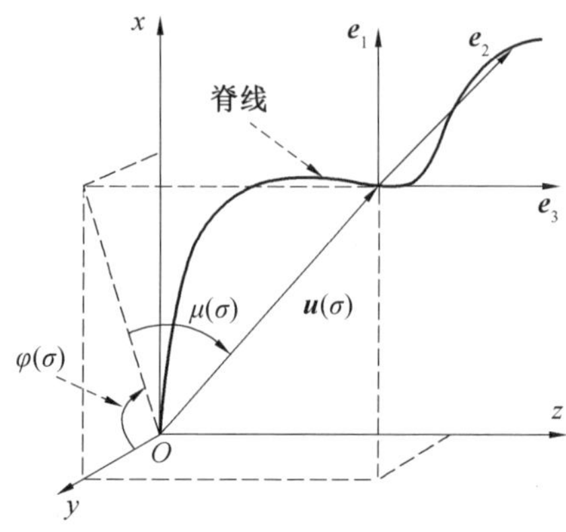

图 5.1　基于模式函数的空间脊线形状

对于指定的参考坐标系{XYZ}，可将式(5.1) 表示为如下三轴分量的形式：

$$\boldsymbol{X}(s)=\begin{bmatrix}\int_0^s l\sin\varphi(\sigma)\cos\mu(\sigma)\mathrm{d}\sigma\\ \int_0^s l\cos\varphi(\sigma)\cos\mu(\sigma)\mathrm{d}\sigma\\ \int_0^s l\sin\mu(\sigma)\mathrm{d}\sigma\end{bmatrix}\tag{5.2}$$

式(5.2) 中，函数 $\varphi(\sigma)$ 和 $\mu(\sigma)$ 均为由非线性相关的正弦、余弦函数组成的线性组合，即

$$\varphi(\sigma)=a_1\sin(2\pi\sigma)+a_2[1-\cos(2\pi\sigma)]+b_{1\varphi}[1-\sin(\pi\sigma/2)]+b_{2\varphi}\sin(\pi\sigma/2)\tag{5.3}$$

$$\mu(\sigma)=a_3[1-\cos(2\pi\sigma)]+b_{1\mu}[1-\sin(\pi\sigma/2)]+b_{2\mu}\sin(\pi\sigma/2)\tag{5.4}$$

式中　a_i—— 模式函数的系数($i=1,2,3$)，可以通过数值方式求解；

$b_{1\varphi}$—— 与模式函数 $\varphi(\sigma)$ 相关的起始点方向，$b_{1\varphi}=\varphi(0)$；

$b_{1\mu}$—— 与模式函数 $\mu(\sigma)$ 相关的起始点方向，$b_{1\mu}=\mu(0)$；

$b_{2\varphi}$—— 与模式函数 $\varphi(\sigma)$ 相关的末端点方向，$b_{2\varphi}=\varphi(1)$；

$b_{2\mu}$—— 与模式函数 $\mu(\sigma)$ 相关的末端点方向，$b_{2\mu}=\mu(1)$。

对于给定的起点和终点坐标，可以设计出无数条不同形状的脊线。当模式函数改变时，空间脊线的外形会随之变化。模式函数本身的非线性使得这种改变无法体现出直观的对应关系。本章在继承了传统模式函数法约束超冗余机器人宏观构型的基础上，提出了基于改进模式函数法的超冗余机器人逆运动学求解算法，进一步在超冗余机器人宏观构型满足空间脊线要求的同时，将冗余自由

度转换成可控的参数，由此可以实现更复杂的轨迹规划目标，满足相应的作业任务要求。

5.2　模式函数法的改进思路

超冗余机器人由多个万向节串联而成，每个万向节有2个正交的自由度，即Pitch轴和Yaw轴。基于算法通用性考虑，设定超冗余机器人有N个万向节，共计$n(n=2N)$个自由度。将两个相邻的万向节定义为一个4自由度的关节组(PY－YP关节组)，等效为一个4自由度的冗余机械臂(位置冗余)。所有的万向节可以划分为$M=n/4$组，即整个超冗余机器人可以划分为M个4自由度的子机械臂。每个子机械臂在实现定位的同时，还有一个冗余的自由度可以调整空间的构型。如果n不是4的整数倍，不满整数倍的关节将单独处理。

超冗余机器人的分组如图5.2所示，其中$n(n=2N=4M)$是自由度数目，关节符号定义如下：

U_{2i-1}—— 奇数编号$(2i-1)^{\text{th}}$万向节，$i=1,2,\cdots,M\ (M=n/4)$；

U_{2i}—— 偶数编号$(2i)^{\text{th}}$万向节，$i=1,2,\cdots,M\ (M=n/4)$；

θ_{4i-3}、θ_{4i-2}—— 万向节U_{2i-1}的两个旋转关节，$i=1,2,\cdots,M\ (M=n/4)$；

θ_{4i-1}、θ_{4i}—— 万向节U_{2i}的两个旋转关节，$i=1,2,\cdots,M\ (M=n/4)$。

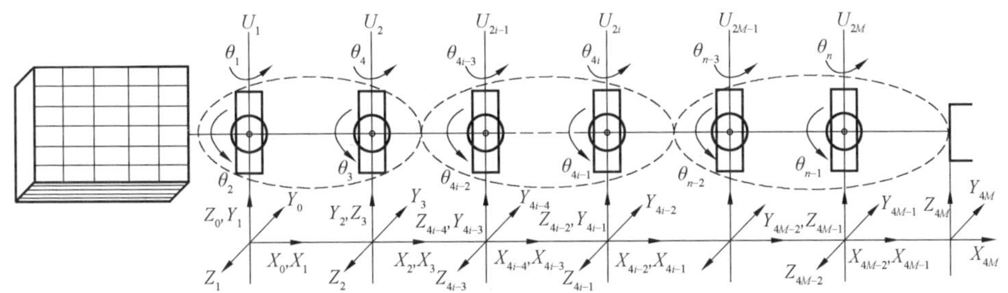

图5.2　超冗余机器人各子机械臂的分组图

传统的基于脊线的超冗余机器人逆运动学求解方法中，要求从末端开始的每个万向节的节点都与脊线拟合。这样在相同脊线的条件下就牺牲了大量原本可以发挥局部避障等功能的自由度。改进模式函数法将克服这一问题。两个相邻的万向节组成一个4 DOF关节组，两个相邻奇数编号的万向节之间的距离定义为等效臂杆参数ρ_i。模式函数法的改进思路如图5.3所示。

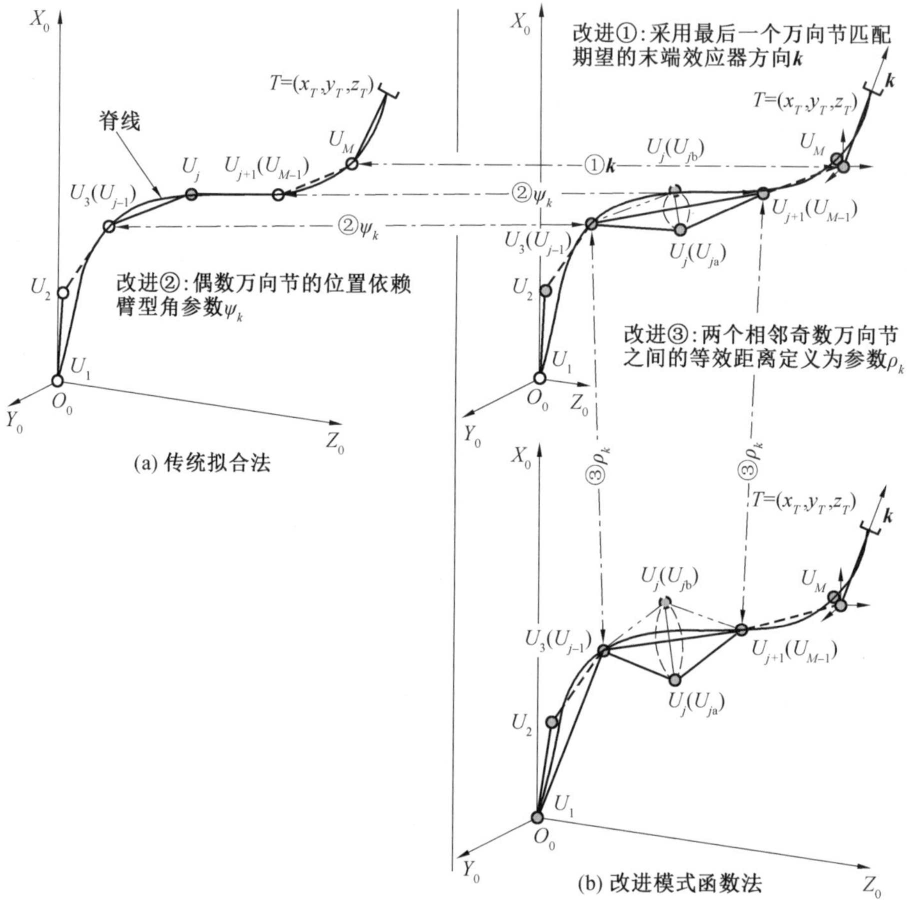

(a) 传统拟合法

(b) 改进模式函数法

图 5.3　模式函数法的改进思路

为了便于讨论，定义如下符号变量：

ρ_i—— 第 i 关节组的等效臂杆长度，$i=1,2,\cdots,M$ $(M=n/4)$；

ψ_i—— 第 i 关节组的臂型角，$i=1,2,\cdots,M$ $(M=n/4)$；

T—— 末端效应器坐标系的原点，$T(x_T,y_T,z_T)$；

O_0—— 基座坐标系$\{0\}$的原点；

$\boldsymbol{k}$—— 末端效应器的期望指向，$\boldsymbol{k}\in\mathbf{R}^3$；

$\boldsymbol{\tau}$—— 脊线在末端点的切线向量，$\boldsymbol{\tau}\in\mathbf{R}^3$。

首先，基于末端的位置确定脊线的参数及空间形态。类似于传统方式，奇数编号（1，3，5，…）的万向节被顺次拟合到脊线上；偶数编号（2，4，6，…）的万向节将不再限制拟合到脊线。

其次，通过定义的臂型角参数控制偶数编号万向节的具体空间位置，因此超冗余机器人的局部构型变成可控的状态。

最后，奇数编号的万向节在脊线上的位置也不再是一成不变的，而是可以在脊线上运动。通过定义两个奇数编号万向节之间的距离为等效臂杆参数，达到控制超冗余机器人局部构型的目的。

通过上述三项改进措施，改进模式函数法（改进后的模式函数法称为改进模式函数法）将可以满足更多附加任务需求，如障碍回避、奇异回避和关节运动极限回避等。在实际中，通过调整以上参数可以实现超冗余机器人在动态狭窄环境中的灵活运动，而不再需要改变脊线的宏观形态。

相对于传统模式函数法，改进模式函数法的优点如下。

① 引入方向向量 $\boldsymbol{k}$，可实现末端的任意指向：最后一个（N^{th}）万向节不再限制在脊线上，通过调整 N^{th} 万向节的空间位置来匹配末端效应器指向。

② 偶数编号万向节的位置通过臂型角 ψ_k 参数化，实现局部臂型的优化调整：偶数编号万向节不再限制在脊线上，而是结合环境状态由臂型角调整。

③ 相邻奇数编号万向节之间的长度通过等效臂杆参数 ρ_k 参数化，进一步优化宏观臂型：随着等效臂杆参数的改变，奇数编号万向节在脊线上的位置也可以结合环境调整。

5.3　改进模式函数法的逆运动学求解

5.3.1　逆运动学求解思路

超冗余机器人改进模式函数法的逆运动学求解思路如图 5.4 所示。

主要求解步骤如下。

(1) 确定空间脊线。

根据期望的末端位姿及环境特点确定合理的脊线宏观构型，因此空间脊线的宏观构型（图 5.4 中线 ①）可以通过模式函数的数值积分获得。

(2) 匹配期望的方向向量 $\boldsymbol{k}$。

脊线的末端点（T）是期望位置，理论上脊线末端点的切线可以作为末端效应器连杆的指向。实际上末端效应器的指向是依赖工具和具体任务的，有时往往仅需要末端指向的改变。也就是说，通过传统方法确定的末端点切线向量（$\boldsymbol{\tau}$）

难以满足多变的末端姿态工况的需求。因此利用方向向量 **k** 来定义多变的末端指向，通过调整空间位置自由的末端偶数关节 U_{2M}，用$\overrightarrow{U_{2M}T}$（图 5.4 中 ②）来匹配期望的末端指向。

（3）确定万向节 U_{2M-1} 的空间位置。

U_{2M-1} 的空间位置可以通过连杆$\overrightarrow{U_{2M-1}U_{2M}}$与脊线的交点求得，由于脊线在空间是弧形，一般情况下 U_{2M} 难以落到脊线上，因此通过求解脊线与$\overrightarrow{U_{2M-1}U_{2M}}$的交点坐标可以确定 U_{2M-1} 的空间位置（图 5.4 中 ③）。

（4）确定奇数编号万向节的空间位置。

根据相邻奇数编号万向节 $U_1, U_3, U_5, \cdots, U_{2M-3}$ 之间的等效臂杆参数，将等效臂杆拟合到空间脊线上（图 5.4 中 ④，即$\overrightarrow{U_{2i-1}U_{2i+1}}$）。

（5）确定偶数编号万向节的空间位置。

偶数编号万向节（图 5.4 中 ⑤，$U_2, U_4, U_6, \cdots, U_{2M-2}$）的空间位置可以根据以上确定的奇数标号万向节位置及臂型角进行求解。

（6）求解关节角度。

当万向节的空间位置确定以后，可以根据万向节的具体构型（PY 型，YP 型）求解关节角度。

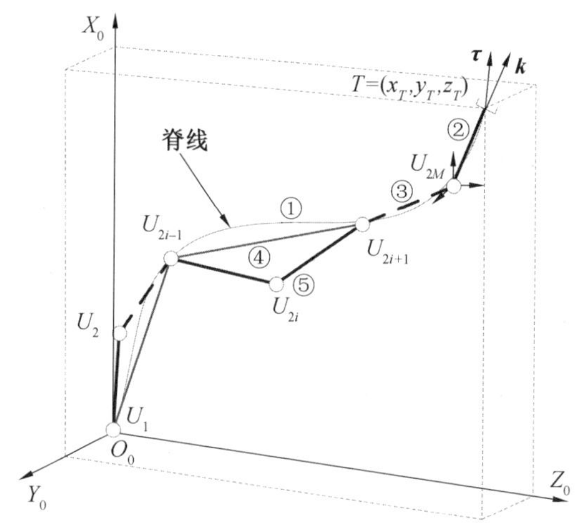

图 5.4　改进模式函数法的逆运动学求解思路

5.3.2　脊线的拟合

脊线拟合过程主要包含三个主要步骤：末端方向向量拟合以匹配末端效应器期望指向；单段连杆拟合以保证 $(2M-1)^{\text{th}}$ 万向节重新落到脊线上；等效臂杆拟合以保证奇数编号的万向节落到脊线上，达到宏观匹配脊线构型、局部自由度

可调的效果。

(1) 方向向量拟合。

为了完成特定任务，超冗余机器人的末端效应器必须满足指定的姿态或指向需求。定义期望的末端效应器方向向量为 $\boldsymbol{k}$，最末端万向节可表示为

$$\overrightarrow{O_0U_{2M}}=[x_{2M}\quad y_{2M}\quad z_{2M}]^{\mathrm{T}}=[x_T\quad y_T\quad z_T]^{\mathrm{T}}-L\frac{\boldsymbol{k}}{|\boldsymbol{k}|}\tag{5.5}$$

(2) 单段连杆拟合。

超冗余机器人的末端效应器设定为位置与脊线末端重合，而姿态则匹配期望的方向向量。当万向节 U_{2M} 的位置求解后，接下来需要求解 U_{2M-1} 的空间位置。依次迭代计算脊线上的点，求解脊线上满足杆长条件的点为 U_{2M-1}，即

$$\overrightarrow{O_0U_{2M-1}}=\overrightarrow{O_0U_{2M}}-\overrightarrow{U_{2M-1}U_{2M}}\tag{5.6}$$

式中　$\overrightarrow{O_0U_{2M}}$—— $(2M)^{\mathrm{th}}$ 万向节在{0}系下的笛卡儿空间位置，定义为 (x_{2M},y_{2M},z_{2M})；

$\overrightarrow{O_0U_{2M-1}}$—— $(2M-1)^{\mathrm{th}}$ 万向节在{0}系下的笛卡儿空间位置，定义为 $(x_{2M-1},y_{2M-1},z_{2M-1})$；

$\overrightarrow{U_{2M-1}U_{2M}}$—— $(2M-1)^{\mathrm{th}}$ 连杆，其长度为 $|\overrightarrow{U_{2M-1}U_{2M}}|=L$。

万向节的空间位置是归一化后脊线参数 s 的函数。为了保证万向节落在脊线上，可以采用逐步扫描法与对分法结合的数值求解方法在区间 $s\in[0,1]$ 中进行搜索。

等式 $f(s_k)=0$ 是搜索过程的终止条件。U_{2M-1} 万向节的空间位置可以求解如下：

$$f(s_k)=\sqrt{(x_{2M-1}-x_{2M})^2+(y_{2M-1}-y_{2M})^2+(z_{2M-1}-z_{2M})^2}-L\tag{5.7}$$

(3) 等效臂杆拟合。

区别于传统的单段连杆拟合，采用等效臂杆的方式进行脊线拟合。传统的单段连杆拟合的方式可以保证超冗余机器人在构型上最大限度地匹配脊线，但是宏观脊线也只能是在整体构型上为超冗余机器人提供构型参考，并不能完全适应真实的工作环境。本章等效臂杆拟合的策略在兼顾脊线宏观构型的同时可以释放超冗余机器人的灵活性。通过调整等效臂杆参数 ρ_i 及臂型角参数 ψ_i 可以灵活地控制超冗余机器人在空间的构型形态。

5.3.3　万向节位置的求解

1.奇数编号万向节位置的求解

对于第 i 个自由度万向节组(图 5.5)，等效臂杆参数 ρ_i 的大小仅仅依赖本组的 3rd 和 4th 关节角，表示为 $\theta_3^{(i)}$ 和 $\theta_4^{(i)}$。

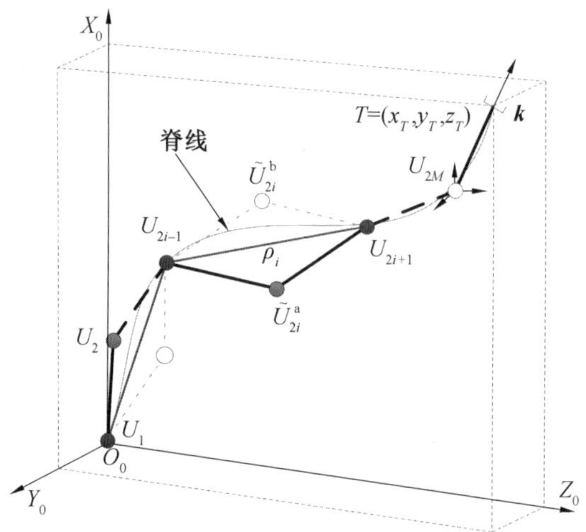

图 5.5　奇数编号万向节求解策略

设定 $\theta_1^{(i)}=\theta_2^{(i)}=0$，可得

$$
{}^0\boldsymbol{T}_4^{(i)}=\begin{bmatrix} {}^0\boldsymbol{R}_4^{(i)} & \begin{matrix} Lc_1^{(i)}c_2^{(i)}-Lc_4^{(i)}(s_1^{(i)}s_3^{(i)}-c_1^{(i)}c_2^{(i)}c_3^{(i)})-Lc_1^{(i)}s_2^{(i)}s_4^{(i)} \\ Ls_1^{(i)}c_2^{(i)}+Lc_4^{(i)}(c_1^{(i)}s_3^{(i)}+s_1^{(i)}c_2^{(i)}c_3^{(i)})-Ls_1^{(i)}s_2^{(i)}s_4^{(i)} \\ Ls_2^{(i)}+Lc_2^{(i)}s_4^{(i)}+Ls_2^{(i)}c_3^{(i)}c_4^{(i)} \end{matrix} \\ \boldsymbol{0} & 1 \end{bmatrix}=
$$

$$
\begin{bmatrix} {}^0\boldsymbol{R}_4^{(i)} & \begin{matrix} L-Lc_3^{(i)}c_4^{(i)} \\ Ls_3^{(i)}c_4^{(i)} \\ Lc_2^{(i)}s_4^{(i)} \end{matrix} \\ \boldsymbol{0} & 1 \end{bmatrix}=\begin{bmatrix} {}^0\boldsymbol{R}_4^{(i)} & \begin{matrix} p_x^{(i)} \\ p_y^{(i)} \\ p_z^{(i)} \end{matrix} \\ \boldsymbol{0} & 1 \end{bmatrix} \tag{5.8}
$$

式中　$s_j^{(i)}=\sin\theta_j^{(i)}$；

$c_j^{(i)}=\cos\theta_j^{(i)}$。

等效臂杆的长度可以表示为

$$
\rho_i^2=(L-Lc_3^{(i)}c_4^{(i)})^2+(Ls_3^{(i)}c_4^{(i)})^2+(Lc_2^{(i)}s_4^{(i)})^2=2L^2(1+c_3^{(i)}c_4^{(i)}) \tag{5.9}
$$

可得

$$
\min_{\theta_3^{(i)},\theta_4^{(i)}}[2L^2(1+c_3^{(i)}c_4^{(i)})]\leqslant\rho_i^2\leqslant 4L^2 \tag{5.10}
$$

假设关节角度的运动极限为 $0\leqslant\theta_3^{(i)},\theta_4^{(i)}\leqslant 90^\circ$，等效臂杆的长度满足不等式(5.11)，如图 5.6 所示。

$$
1.42L\leqslant\rho_i\leqslant 2L \tag{5.11}
$$

对于一个 n 自由度的超冗余机器人，将有$(N-1)$段等效臂杆需要拟合。相应的臂杆参数 ρ_i 被用作控制等效臂杆。默认的设置为 $\rho_2=\rho_3=\cdots=\rho_{N-1}=$

$1.7L$。等效臂杆参数 ρ_1 是一个待定参数。为了获得合理的等效臂杆长度，将不断地迭代计算两个奇数万向节之间的等效臂杆长度以满足式(5.12)。当同时能够使得 ρ_1 满足式(5.11)，超冗余机器人将存在合理的逆解。

$$\overrightarrow{O_0U_{2i-1}}=\overrightarrow{O_0U_{2i+1}}-\overrightarrow{U_{2i-1}U_{2i+1}} \tag{5.12}$$

式中　$\overrightarrow{O_0U_{2i+1}}$——$(2i+1)^{\text{th}}$ 万向节的空间位置，定义为$(x_{2i+1},y_{2i+1},z_{2i+1})$；

$\overrightarrow{O_0U_{2i-1}}$——$(2i-1)^{\text{th}}$ 万向节的空间位置，定义为$(x_{2i-1},y_{2i-1},z_{2i-1})$；

$\overrightarrow{U_{2i-1}U_{2i+1}}$——$(2i-1)^{\text{th}}$ 等效臂杆长度，即$|\overrightarrow{U_{2i-1}U_{2i+1}}|=\rho_i$。

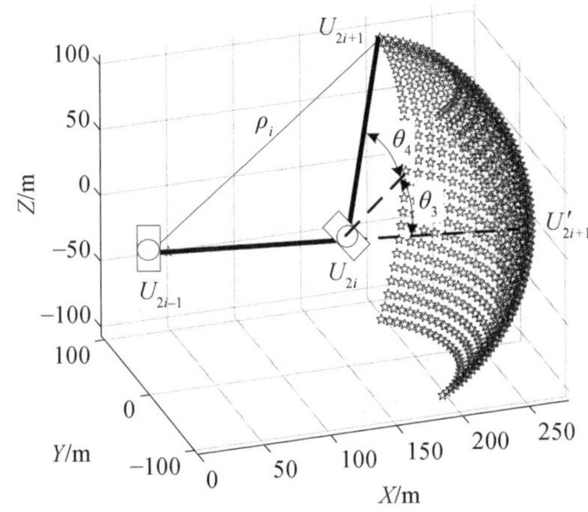

图 5.6　等效臂杆与关节角度的关系

在式(5.12)中，万向节的位置是空间脊线变量 s 的函数。为了保证万向节节点落在脊线上，将利用逐步扫描法与对分法结合的数值求解方法在区间 $s\in[0,1]$ 搜索，$f(s_k)=0$ 作为搜索终止条件。可以求得奇数编号万向节对应的脊线长度为

$$f(s_k)=\sqrt{(x_{2i+1}-x_{2i-1})^2+(y_{2i+1}-y_{2i-1})^2+(z_{2i+1}-z_{2i-1})^2}-\rho_i \tag{5.13}$$

当等效臂杆参数 ρ_i 确定后，U_{2i-1} 万向节的位置可以求得。最后 U_3 万向节的位置需要根据等效臂杆参数 ρ_1 的值重新判断：

$$\rho_1=|\overrightarrow{U_1U_3}|=\sqrt{(x_3-x_1)^2+(y_3-y_1)^2+(z_3-z_1)^2} \tag{5.14}$$

如果参数 $\rho_1\geqslant 2L$，表示 $|\overrightarrow{U_1U_3}|$ 的长度大于 ρ_1 所能到达的极限，因此设定 $\rho_2=\rho_2+\Delta,\cdots,\rho_{N-1}=\rho_{N-1}+\Delta$（$\Delta$ 是一个可调参数），将进行有限次迭代，直到 $|\rho_1-1.7L|\leqslant\delta$（$\delta$ 是等效臂杆长度可达阈值）。

如果参数 $\rho_1\leqslant 1.42L$，表示 $|\overrightarrow{U_1U_3}|$ 的长度小于 ρ_1 所能到达的极限，因此设

定 $\rho_2=\rho_2-\Delta,\cdots,\rho_{N-1}=\rho_{N-1}-\Delta$，将进行有限次迭代，直到 $|\rho_1-1.42L|\leqslant\delta$。

当所有的等效参数 ρ_i 确定后，根据脊线的空间形态可以求解所有奇数编号万向节的空间位置。

2.偶数编号万向节位置的求解

当所有的奇数编号万向节的空间位置确定后，偶数编号万向节的空间位置可以通过引入臂型角求解。对于4自由度关节组，采用臂型角定义其冗余性。对于 i^{th} 关节组，臂型面、参考面和臂型角定义如图5.7所示。

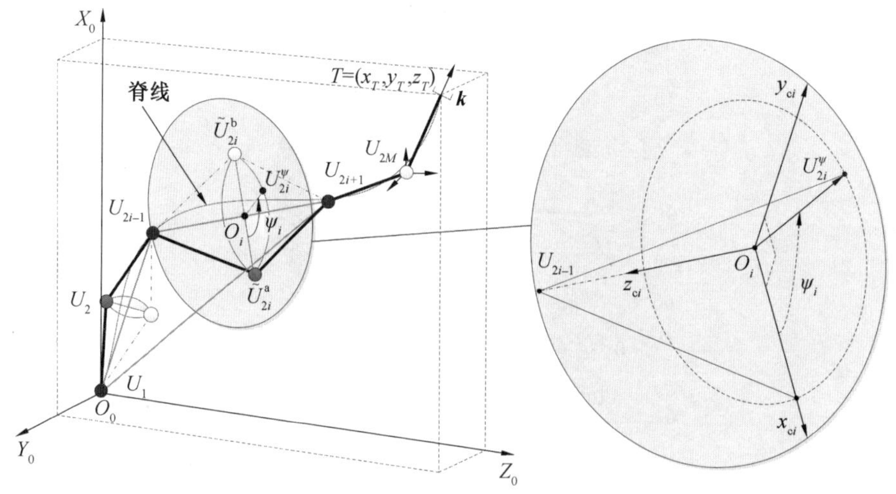

图5.7 偶数编号关节臂型角定义

臂型面：臂型面由超冗余机器人万向节节点 U_{2i-1}、万向节节点 U_{2i} 和万向节节点 U_{2i+1} 确定，表示为 $U_{2i-1}U_{2i}U_{2i+1}$。当满足式(5.11)时，对于每一个4自由度关节组总存在一个臂型面。

参考面：参考面由超冗余机器人万向节节点 U_1、万向节节点 U_{2i-1} 和万向节节点 U_{2i+1} 确定，表示为 $U_1U_{2i-1}U_{2i+1}$，当3个点在一条直线上时，算法发生奇异。在奇异情况下可以采用由线 $U_{2i-1}U_{2i+1}$ 和线 $\tilde{Z}_0$ 或 $\tilde{X}_0$（一条过点 U_{2i-1} 平行于 Z_0 轴或 X_0 轴的直线）组成的平面作为参考面。

臂型角：i^{th} 关节组的臂型角由对应的臂型面和参考面构成，表示为 ψ_i。

当奇数编号万向节节点 $U_1(x_1,\ y_1,\ z_1)$、$U_{2i-1}(x_{2i-1},\ y_{2i-1},\ z_{2i-1})$ 和 $U_{2i+1}(x_{2i+1},\ y_{2i+1},\ z_{2i+1})$ 确定后，可以根据上述定义的臂型角 ψ_i 求解偶数编号万向节节点 $U_{2i}(x_{2i},\ y_{2i},\ z_{2i})$ 的空间位置。

具体求解过程如下。

(1) 确定参考面。

根据奇数编号万向节节点 $U_1(x_1, y_1, z_1)$、$U_{2i-1}(x_{2i-1}, y_{2i-1}, z_{2i-1})$ 和 $U_{2i+1}(x_{2i+1}, y_{2i+1}, z_{2i+1})$ 求解参考面 $U_1U_{2i-1}U_{2i+1}$ 的方程。因此空间参考面的表达式为

$$A(x-x_1)+B(y-x_1)+C(z-x_1)=0 \tag{5.15}$$

式中

$$A=(y_{2i-1}-y_1)(z_{2i+1}-z_1)-(z_{2i-1}-z_1)(y_{2i+1}-y_1)$$
$$B=(z_{2i-1}-z_1)(x_{2i+1}-x_1)-(x_{2i-1}-x_1)(z_{2i+1}-z_1)$$
$$C=(x_{2i-1}-x_1)(y_{2i+1}-y_1)-(y_{2i-1}-y_1)(x_{2i+1}-x_1)$$

(2) 确定位于参考面的万向节节点 U_{2i}。

在参考面上的两个万向节节点为 U_{2i}，表示为 $\tilde{U}_{2i}(\tilde{x}_{2i},\tilde{y}_{2i},\tilde{z}_{2i})$。万向节节点 U_{2i} 需要满足三个条件：第一，节点 U_{2i} 在参考面上，因此满足式(5.15)；第二，万向节节点 $\tilde{U}_{2i}$ 和 U_{2i-1} 之间的长度等于连杆长度 L，即 $|\overrightarrow{\tilde{U}_{2i}U_{2i-1}}|=L$；第三，万向节节点 $\tilde{U}_{2i}$ 和 U_{2i+1} 之间的距离等于 L，即 $|\overrightarrow{\tilde{U}_{2i}U_{2i+1}}|=L$。概括为以下方程组：

$$\begin{cases} A(\tilde{x}_{2i}-x_1)+B(\tilde{y}_{2i}-x_1)+C(\tilde{z}_{2i}-x_1)=0 \\ \sqrt{(\tilde{x}_{2i}-x_{2i-1})^2+(\tilde{y}_{2i}-y_{2i-1})^2+(\tilde{z}_{2i}-z_{2i-1})^2}=L \\ \sqrt{(\tilde{x}_{2i}-x_{2i+1})^2+(\tilde{y}_{2i}-y_{2i+1})^2+(\tilde{z}_{2i}-z_{2i+1})^2}=L \end{cases} \tag{5.16}$$

通过式(5.16)可以求得 $\tilde{U}_{2i}$ 的两个解，分别表示为 $\tilde{U}^{a}_{2i}$ 和 $\tilde{U}^{b}_{2i}$。实际上 $\tilde{U}^{a}_{2i}$ 和 $\tilde{U}^{b}_{2i}$ 分别对应 $\tilde{U}_{2i}$ 在臂型角为 $\psi_i=0$ 和 $\psi_i=\pi$ 的两个位置。

(3) 确定任意臂型角 ψ_i 下的万向节节点 U_{2i}。

线段 $U_{2i-1}U_{2i+1}$ 的中心定义为 $O_i(x_{0i},y_{0i},z_{0i})$，坐标点满足

$$\begin{cases} x_{0i}=\dfrac{x_{2i+1}+x_{2i-1}}{2} \\ y_{0i}=\dfrac{y_{2i+1}+y_{2i-1}}{2} \\ z_{0i}=\dfrac{z_{2i+1}+z_{2i-1}}{2} \end{cases} \tag{5.17}$$

针对给定的臂型角 ψ_i，万向节节点 U_{2i} 表示为 $U^{\psi_i}_{2i}$。当 $\psi_i\in[0,2\pi)$ 时，$U^{\psi_i}_{2i}$ 在空间的轨迹形成一个空间圆，其圆心为 O_i，半径为

$$R_i = |\overrightarrow{O_i\widetilde{U}_{2i}^{a}}| = \sqrt{(\widetilde{x}_{2i} - x_{0i})^2 + (\widetilde{y}_{2i} - y_{0i})^2 + (\widetilde{z}_{2i} - z_{0i})^2} \tag{5.18}$$

建立与该空间圆固连的坐标系$\{x_{ci}y_{ci}z_{ci}\}$。该坐标系的 x 轴和 z 轴分别定义为 $O_i\widetilde{U}_{2i}^{a}$ 和 O_iU_{2i-1}，y 轴由右手定则确定。沿着坐标轴的单位方向向量分别定义为 $\boldsymbol{n}_{ci}$、$\boldsymbol{o}_{ci}$ 和 $\boldsymbol{a}_{ci}$，即

$$\boldsymbol{n}_{ci} = \frac{\overrightarrow{O_i\widetilde{U}_{2i}^{a}}}{|\overrightarrow{O_i\widetilde{U}_{2i}^{a}}|} = \frac{1}{\sqrt{(\widetilde{x}_{2i} - x_{0i})^2 + (\widetilde{y}_{2i} - y_{0i})^2 + (\widetilde{z}_{2i} - z_{0i})^2}}\begin{bmatrix}\widetilde{x}_{2i} - x_{0i}\\ \widetilde{y}_{2i} - y_{0i}\\ \widetilde{z}_{2i} - z_{0i}\end{bmatrix} \tag{5.19}$$

$$\boldsymbol{a}_{ci} = \frac{\overrightarrow{O_iU_{2i-1}}}{|\overrightarrow{O_iU_{2i-1}}|} = \frac{1}{\sqrt{(x_{2i-1} - x_{0i})^2 + (y_{2i-1} - y_{0i})^2 + (z_{2i-1} - z_{0i})^2}}\begin{bmatrix}x_{2i-1} - x_{0i}\\ y_{2i-1} - y_{0i}\\ z_{2i-1} - z_{0i}\end{bmatrix} \tag{5.20}$$

$$\boldsymbol{o}_{ci} = \boldsymbol{a}_{ci} \times \boldsymbol{n}_{ci} \tag{5.21}$$

因此，万向节节点 U_{2i}^{ψ} 的坐标表示为

$$\begin{bmatrix}x_{2i}^{\psi}\\ y_{2i}^{\psi}\\ z_{2i}^{\psi}\end{bmatrix} = [\boldsymbol{n}_{ci} \quad \boldsymbol{o}_{ci} \quad \boldsymbol{a}_{ci}]\begin{bmatrix}R_i\cos\psi_i\\ R_i\sin\psi_i\\ 0\end{bmatrix} \tag{5.22}$$

到此，任意臂型角 ψ_i 下的偶数编号万向节的节点可以求解。由于臂型角是可以根据实际环境调整的变量，因此可以用来优化关节构型。

5.3.4 关节角度的求解

当万向节节点在空间的位置确定后，每个关节组可以分别通过几何法或代数法求解关节角度，如图 5.8 所示。

每个关节组由 PY－YP 型关节构成，第 i 个关节组由万向节节点 U_{2i-1}（PY 型万向节）和 U_{2i}（YP 型万向节）构成，相对应的关节角度为$(\theta_{4i-3},\theta_{4i-2})$和$(\theta_{4i-1},\theta_{4i})$。

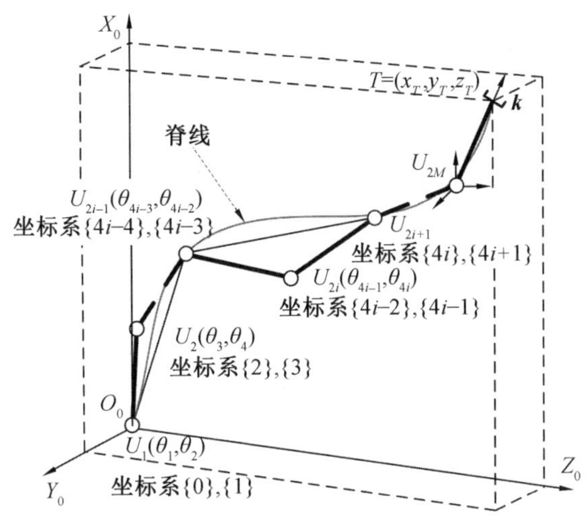

图 5.8　关节坐标系与关节角度的对应关系

1.PY 型万向节关节角度的求解

万向节节点 U_{2i-1}（PY 型万向节）从坐标系{$4i-4$}到坐标系{$4i-2$}的齐次变换矩阵依赖其关节角度 θ_{4i-3} 和 θ_{4i-2}，根据 D－H 坐标系可得

$$
{}^{4i-4}\boldsymbol{T}_{4i-2}=\begin{bmatrix} c_{4i-3}c_{4i-2} & -c_{4i-3}s_{4i-2} & -s_{4i-3} & Lc_{4i-3}c_{4i-2} \\ s_{4i-3}c_{4i-2} & -s_{4i-3}s_{4i-2} & c_{4i-3} & Ls_{4i-3}c_{4i-2} \\ -s_{4i-2} & -c_{4i-2} & 0 & -Ls_{4i-2} \\ 0 & 0 & 0 & 1 \end{bmatrix} \tag{5.23}
$$

万向节节点 U_{2i}^{ψ} 在坐标系{$4i-4$}中的位置可表示为

$$
{}^{4i-4}\boldsymbol{U}_{2i}^{\psi}=[Lc_{4i-3}c_{4i-2} \quad Ls_{4i-3}c_{4i-2} \quad -Ls_{4i-2}]^{\mathrm{T}} \tag{5.24}
$$

根据式(5.22)可知，万向节节点 U_{2i}^{ψ} 在坐标系{0}中的位置可表示为

$$
{}^{0}\boldsymbol{U}_{2i}^{\psi}=[x_{2i}^{\psi} \quad y_{2i}^{\psi} \quad z_{2i}^{\psi}]^{\mathrm{T}} \tag{5.25}
$$

对于第一个万向节组($i=1$)的情况，式(5.24)和式(5.25)是相等的，因此可以通过两式对应项相等求解。即先求解 θ_1 和 θ_2，θ_3 和 θ_4 需要在已知 θ_1 和 θ_2 的条件下求解。

对于 $i>1$ 的情况，万向节节点 U_{2i}^{ψ} 的空间位置应该转化到坐标系{$4i-4$}中表示。当所有的万向节(1st，2nd，…，$(i-1)^{\mathrm{th}}$)关节角度求解后，从{0}系到{$4i-4$}系的齐次矩阵 ${}^{0}\boldsymbol{T}_{4i-4}$ 可以依次求解。而 U_{2i}^{ψ} 在{$4i-4$}系中的空间位置坐标可表示为

$$
{}^{4i-4}\boldsymbol{U}_{2i}^{\psi}=({}^{0}\boldsymbol{T}_{4i-4})^{-1}\cdot{}^{0}\boldsymbol{U}_{2i}^{\psi}=[{}^{4i-4}x_{2i}^{\psi} \quad {}^{4i-4}y_{2i}^{\psi} \quad {}^{4i-4}z_{2i}^{\psi}]^{\mathrm{T}} \tag{5.26}
$$

结合式(5.24)和式(5.26)可得

$$\theta_{4i-2}=\operatorname{atan2}\left(-\frac{{}^{4i-4}z_{2i}^{\psi}}{L},\pm\sqrt{\frac{({}^{4i-4}x_{2i}^{\psi})^2+({}^{4i-4}y_{2i}^{\psi})^2}{L}}\right) \tag{5.27}$$

$$\theta_{4i-3}=\operatorname{atan2}\left(\frac{{}^{4i-4}y_{2i}^{\psi}}{L\cos\theta_{4i-2}},\frac{{}^{4i-4}x_{2i}^{\psi}}{L\cos\theta_{4i-2}}\right) \tag{5.28}$$

2.YP 型万向节关节角度的求解

同理，万向节节点 U_{2i}(YP 型万向节)从$\{4i-2\}$系到$\{4i\}$系的齐次变换矩阵依赖其关节角度 θ_{4i-1} 和 θ_{4i}，根据 D－H 坐标系可得

$$ {}^{4i-2}\boldsymbol{T}_{4i}=\begin{bmatrix} c_{4i-1}c_{4i} & -c_{4i-1}s_{4i} & s_{4i} & Lc_{4i-1}c_{4i} \\ s_{4i-1}c_{4i} & -s_{4i-1}s_{4i} & -c_{4i-1} & Ls_{4i-1}c_{4i} \\ s_{4i} & c_{4i} & 0 & Ls_{4i} \\ 0 & 0 & 0 & 1 \end{bmatrix} \tag{5.29}$$

万向节节点 U_{2i+1}^{ψ} 在$\{4i-2\}$系中的位置可表示为

$$ {}^{4i-2}\boldsymbol{U}_{2i+1}^{\psi}=[Lc_{4i-1}c_{4i}\quad Ls_{4i-1}c_{4i}\quad Ls_{4i}]^{\mathrm{T}} \tag{5.30}$$

万向节节点 U_{2i+1}^{ψ} 在$\{0\}$系中的位置可表示为

$$ {}^{0}\boldsymbol{U}_{2i+1}^{\psi}=[x_{2i+1}\quad y_{2i+1}\quad z_{2i+1}]^{\mathrm{T}} \tag{5.31}$$

U_{2i+1}^{ψ} 在$\{4i-2\}$系中的位置坐标可表示为

$$ {}^{4i-2}\boldsymbol{U}_{2i+1}^{\psi}=({}^{0}\boldsymbol{T}_{4i-2})^{-1}\cdot{}^{0}\boldsymbol{U}_{2i+1}^{\psi}=[{}^{4i-2}x_{2i+1}\quad {}^{4i-2}y_{2i+1}\quad {}^{4i-2}z_{2i+1}]^{\mathrm{T}} \tag{5.32}$$

结合式(5.30)和式(5.32)可得

$$\theta_{4i-1}=\operatorname{atan2}\left(\frac{{}^{4i-2}z_{2i+1}}{L},\pm\sqrt{\frac{({}^{4i-2}x_{2i+1})^2+({}^{4i-2}y_{2i+1})^2}{L}}\right) \tag{5.33}$$

$$\theta_{4i}=\operatorname{atan2}\left(\frac{{}^{4i-2}y_{2i+1}}{L\cos\theta_{4i-1}},\frac{{}^{4i-2}x_{2i+1}}{L\cos\theta_{4i-1}}\right) \tag{5.34}$$

5.4　基于改进模式函数法的轨迹规划

5.4.1　末端直线运动的轨迹规划

设定末端的初始位置及终止位置分别如下所示：

$$\boldsymbol{P}_0=[x\quad y\quad z]^{\mathrm{T}}=[0.300\,0\ \mathrm{m}\quad 0.500\,0\ \mathrm{m}\quad 0.400\,0\ \mathrm{m}]^{\mathrm{T}} \tag{5.35}$$

$$\boldsymbol{P}_{\mathrm{f}}=[x\quad y\quad z]^{\mathrm{T}}=[0.450\,0\ \mathrm{m}\quad 0.300\,0\ \mathrm{m}\quad 0.450\,0\ \mathrm{m}]^{\mathrm{T}} \tag{5.36}$$

当初始点和终止点的位置确定后，设定初始及终止时刻的速度为零，利用三次多项式对末端直线轨迹进行插值，得到轨迹的时间函数，进而相应于每个给定的时刻，将时间 t 代入多项式函数，得到该时刻末端的位置，然后采用前述方法求

解得到相应的关节角度。

超冗余机器人的初始状态如图 5.9 所示，采用前述方法规划得到每一时刻的关节角度，其关节角度曲线如图 5.10 所示，关节角速度曲线如图 5.11 所示，整个过程中机器人构型的变化情况如图 5.12 所示。

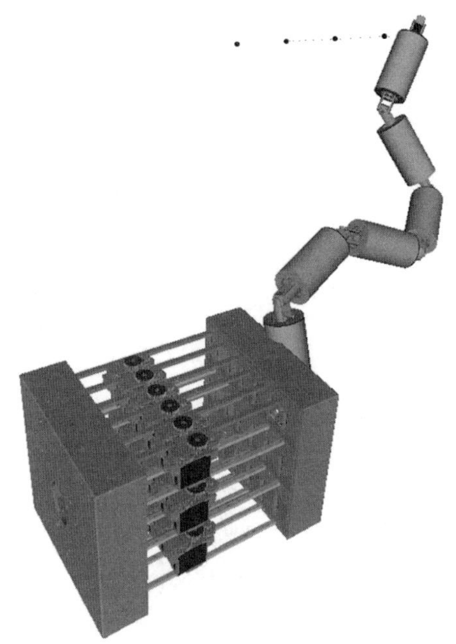

图 5.9　超冗余机器人的初始状态

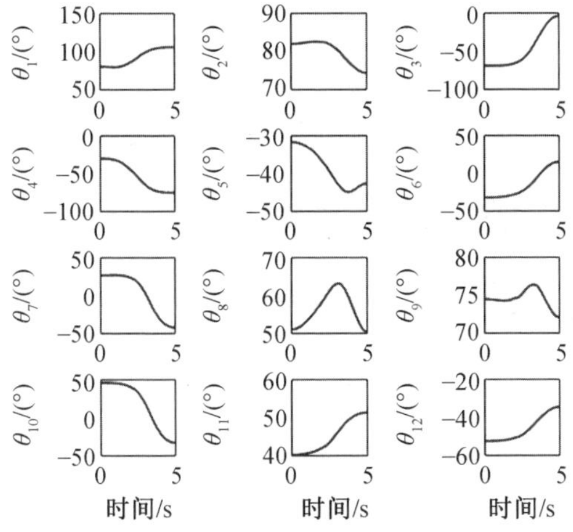

图 5.10　直线运动过程中的关节角度曲线

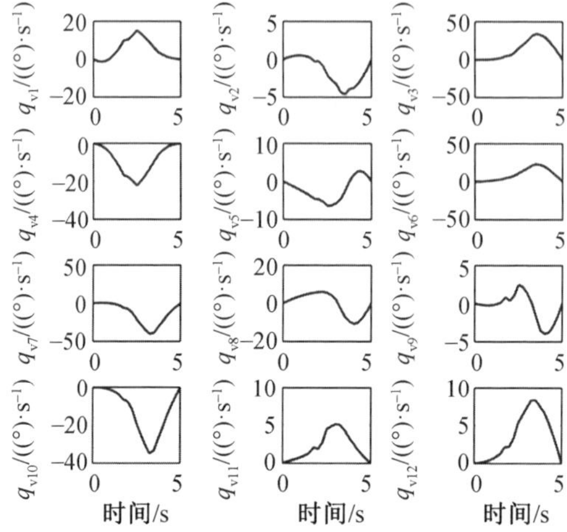

图 5.11　直线运动过程中的关节角速度曲线

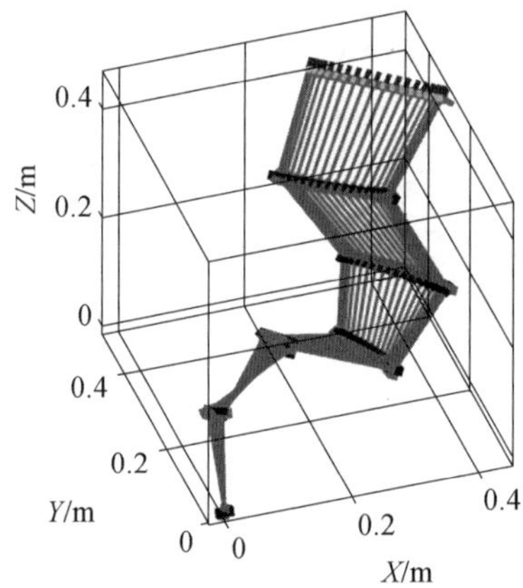

图 5.12　直线运动过程中构型的变化情况

5.4.2　末端圆弧运动的轨迹规划

以坐标系$\{x_r y_r z_r\}$(实际中可以是基座坐标系、末端坐标系或其他的坐标系)为参考系,点C、P_0及P_f在该坐标系中的坐标分别为(图 5.13)

$$^{r}\boldsymbol{p}_c=\begin{bmatrix} ^{r}c_x \\ ^{r}c_y \\ ^{r}c_z \end{bmatrix},\quad ^{r}\boldsymbol{p}_0=\begin{bmatrix} ^{r}x_0 \\ ^{r}y_0 \\ ^{r}z_0 \end{bmatrix},\quad ^{r}\boldsymbol{p}_f=\begin{bmatrix} ^{r}x_f \\ ^{r}y_f \\ ^{r}z_f \end{bmatrix} \tag{5.37}$$

要求机器人末端沿着以C为圆心、半径为R的圆周从P_0点运动到P_f点,运动轨迹为空间圆弧。

由于圆本身处于一个平面上(简称圆面),因此可将空间圆弧描述为空间中圆面上的点的集合,即可以先在 3D 空间中描述圆面,再在圆面中描述末端点。具体而言,首先以圆面为一个坐标平面,圆面法向量作为一个坐标轴构建直角坐标系(简称为圆面坐标系,并表示为坐标系$\{x_c y_c z_c\}$)以代表圆面在空间中的位姿;然后在坐标系$\{x_c y_c z_c\}$的坐标平面内按平面圆弧规划末端点在坐标系$\{x_c y_c z_c\}$中描述的轨迹;对于任何一个时刻 t,在坐标系$\{x_c y_c z_c\}$中描述的轨迹点${}^c\boldsymbol{p}_t$,可通过坐标变换后得到在参考系$\{x_r\, y_r\, z_r\}$中描述的轨迹点${}^r\boldsymbol{p}_t$,从而完成 3D 空间中圆弧轨迹的规划。

详细步骤如下。

(1) 构建圆面坐标系$\{x_c y_c z_c\}$。

以圆心 C 为原点、C 与 P_0 的连线为 x 轴、圆面法向量为 z 轴,构建圆面坐标系。由于圆心 C 及圆弧上的点 P_0、P_f 为已知点,故可通过矢量$\overrightarrow{CP_0}$和$\overrightarrow{CP_f}$的叉乘来确定圆面法向量(即 z 轴),如图 5.13 所示;相应地,圆弧轨迹在 $x_c - y_c$ 平面中的描述如图 5.14 所示。

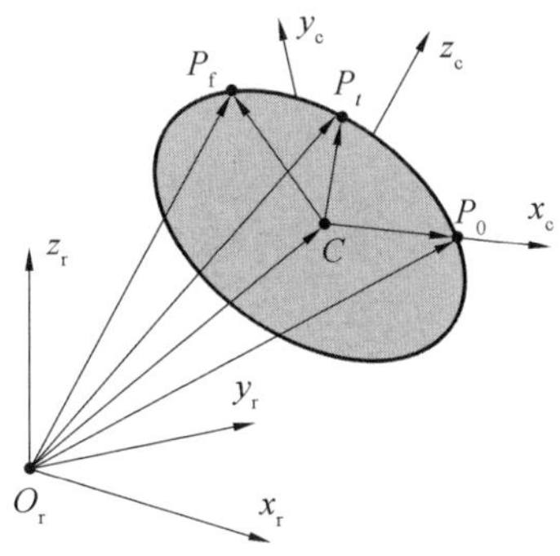

图 5.13　空间圆弧的轨迹描述

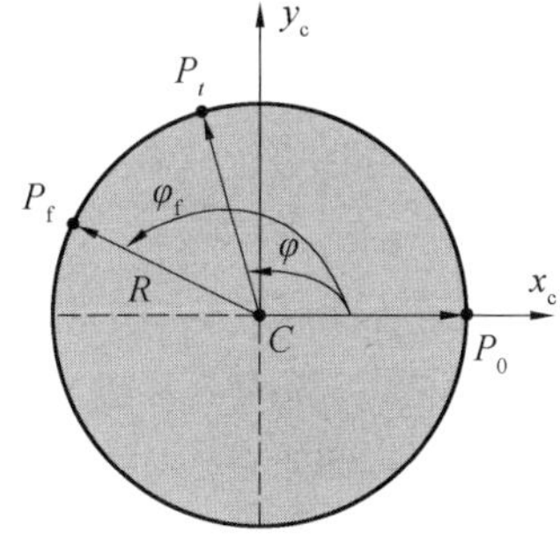

图 5.14　平面圆弧的轨迹描述

(2) 确定坐标系$\{x_{\mathrm{r}}y_{\mathrm{r}}z_{\mathrm{r}}\}$到坐标系$\{x_{\mathrm{c}}y_{\mathrm{c}}z_{\mathrm{c}}\}$的齐次变换矩阵${}^{\mathrm{r}}\boldsymbol{T}_{\mathrm{c}}$。

根据点C、P_0、P_{f}在$\{x_{\mathrm{r}}y_{\mathrm{r}}z_{\mathrm{r}}\}$中的坐标，可以确定坐标系$\{x_{\mathrm{r}}y_{\mathrm{r}}z_{\mathrm{r}}\}$到坐标系$\{x_{\mathrm{c}}y_{\mathrm{c}}z_{\mathrm{c}}\}$的齐次变换矩阵${}^{\mathrm{r}}\boldsymbol{T}_{\mathrm{c}}$。首先，该矩阵的平移矢量${}^{\mathrm{r}}\boldsymbol{p}_{\mathrm{c}}$即为圆心$C$在坐标系$\{x_{\mathrm{r}}y_{\mathrm{r}}z_{\mathrm{r}}\}$中的位置，即

$$
{}^{\mathrm{r}}\boldsymbol{p}_{\mathrm{c}}=\begin{bmatrix}{}^{\mathrm{r}}c_x\\ {}^{\mathrm{r}}c_y\\ {}^{\mathrm{r}}c_z\end{bmatrix} \tag{5.38}
$$

坐标轴x_{c}所对应的单位矢量即为$\overrightarrow{CP_0}$，因此，可按下式计算其在坐标系$\{x_{\mathrm{r}}y_{\mathrm{r}}z_{\mathrm{r}}\}$中的表示：

$$
{}^{\mathrm{r}}\boldsymbol{x}_{\mathrm{c}}=\frac{\overrightarrow{CP_0}}{|\overrightarrow{CP_0}|}=\frac{{}^{\mathrm{r}}\boldsymbol{p}_0-{}^{\mathrm{r}}\boldsymbol{p}_{\mathrm{c}}}{|{}^{\mathrm{r}}\boldsymbol{p}_0-{}^{\mathrm{r}}\boldsymbol{p}_{\mathrm{c}}|} \tag{5.39}
$$

坐标轴z_{c}为圆面法向量，可以通过矢量$\overrightarrow{CP_0}$与矢量$\overrightarrow{CP_{\mathrm{f}}}$的叉乘得到，即

$$
{}^{\mathrm{r}}\boldsymbol{z}_{\mathrm{c}}=\frac{\overrightarrow{CP_0}\times\overrightarrow{CP_{\mathrm{f}}}}{|\overrightarrow{CP_0}\times\overrightarrow{CP_{\mathrm{f}}}|}=\frac{({}^{\mathrm{r}}\boldsymbol{p}_0-{}^{\mathrm{r}}\boldsymbol{p}_{\mathrm{c}})\times({}^{\mathrm{r}}\boldsymbol{p}_{\mathrm{f}}-{}^{\mathrm{r}}\boldsymbol{p}_{\mathrm{c}})}{|({}^{\mathrm{r}}\boldsymbol{p}_0-{}^{\mathrm{r}}\boldsymbol{p}_{\mathrm{c}})\times({}^{\mathrm{r}}\boldsymbol{p}_{\mathrm{f}}-{}^{\mathrm{r}}\boldsymbol{p}_{\mathrm{c}})|} \tag{5.40}
$$

坐标轴y_{c}可根据右手定则确定，即

$$
{}^{\mathrm{r}}\boldsymbol{y}_{\mathrm{c}}={}^{\mathrm{r}}\boldsymbol{z}_{\mathrm{c}}\times{}^{\mathrm{r}}\boldsymbol{x}_{\mathrm{c}} \tag{5.41}
$$

式(5.38)～(5.41)确定了圆面坐标系的原点位置、各轴指向在参考系中的表示，根据齐次变换矩阵的定义，可得

$$
{}^{\mathrm{r}}\boldsymbol{T}_{\mathrm{c}}=\begin{bmatrix}{}^{\mathrm{r}}\boldsymbol{R}_{\mathrm{c}} & {}^{\mathrm{r}}\boldsymbol{p}_{\mathrm{c}}\\ \boldsymbol{0} & 1\end{bmatrix}=\begin{bmatrix}{}^{\mathrm{r}}\boldsymbol{x}_{\mathrm{c}} & {}^{\mathrm{r}}\boldsymbol{y}_{\mathrm{c}} & {}^{\mathrm{r}}\boldsymbol{z}_{\mathrm{c}} & {}^{\mathrm{r}}\boldsymbol{p}_{\mathrm{c}}\\ 0 & 0 & 0 & 1\end{bmatrix} \tag{5.42}
$$

根据上面的推导可知，根据圆心位置、末端起点位置、末端终点位置在参考系中的坐标即可确定圆面坐标系相对于参考系的齐次变换矩阵。

(3) 在$\{x_{\mathrm{c}}y_{\mathrm{c}}z_{\mathrm{c}}\}$系中进行平面圆弧轨迹规划。

构建了圆面坐标系后，可按前述平面圆弧轨迹规划方法来获得任意时刻末端在坐标系$\{x_{\mathrm{c}}y_{\mathrm{c}}z_{\mathrm{c}}\}$中的坐标位置。由图5.14可知，$t$时刻的轨迹点$P_t$可表示为

$$
\begin{cases}{}^{\mathrm{c}}x(t)=R\cos\varphi(t)\\ {}^{\mathrm{c}}y(t)=R\sin\varphi(t)\quad(t_0\leqslant t\leqslant t_{\mathrm{f}})\\ {}^{\mathrm{c}}z(t)=0\end{cases} \tag{5.43}
$$

式中　φ——圆心C到末端点P_t的矢量与x轴的夹角，定义为由x轴绕z轴旋转到CP_t的角度，相应于起点和终点位置的角度分别为φ_0和φ_{f}。

进一步地，对参数φ进行插值。根据作业任务要求或其他约束条件，可以采用三次多项式、五次多项式等作为插值函数。

当要求起点和终点的线速度均为0时，可采用三次多项式函数来定义$\varphi(t)$。若设初始时刻为t_0，终止时刻为t_{f}，令$\tau=t-t_0$，则$\tau_0=0$，$\tau_{\mathrm{f}}=t_{\mathrm{f}}-t_0$，插值函数为

$$\varphi(\tau)=a_0+a_1\tau+a_2\tau^2+a_3\tau^3 \quad (0\leqslant\tau\leqslant t_f-t_0) \tag{5.44}$$

边界条件为

$$\begin{cases}\varphi(0)=\varphi_0, & \varphi(\tau_f)=\varphi_f \\ \dot{\varphi}(0)=0, & \dot{\varphi}(\tau_f)=0\end{cases} \tag{5.45}$$

根据式(5.44)和式(5.45)，可以确定待定参数 $a_0\sim a_3$，从而完成了笛卡儿空间中末端圆弧轨迹的确定，基于此，采用逆运动学求解可得到相应的关节轨迹。

(4) 通过坐标变换得到坐标系$\{x_r y_r z_r\}$中的轨迹插值。

对应于时刻 t，$\tau=t-t_0$，将其代入式(5.44)得到相应的圆周角 $\varphi(\tau)$，进而将 $\varphi(\tau)$ 代入式(5.43)可得到末端在圆面坐标系中的位置，再对其进行齐次变换可得到末端在参考系$\{x_r y_r z_r\}$中的位置，即

$$\begin{bmatrix}{}^{r}\boldsymbol{p}_t \\ 1\end{bmatrix}=\begin{bmatrix}{}^{r}\boldsymbol{R}_c & {}^{r}\boldsymbol{p}_c \\ \boldsymbol{0} & 1\end{bmatrix}\begin{bmatrix}{}^{c}\boldsymbol{p}_t \\ 1\end{bmatrix} \tag{5.46}$$

式(5.46)也可写成如下形式：

$${}^{r}\boldsymbol{p}_t={}^{r}\boldsymbol{p}_c+{}^{r}\boldsymbol{p}_c{}^{c}\boldsymbol{p}_t \tag{5.47}$$

得到 t 时刻末端相对于参考系的位置${}^{r}\boldsymbol{p}_t$ 后，采用逆运动学方程即可得到相应的关节变量 $\theta_1\sim\theta_n$。

下面举例进行说明。若给定空间圆弧的参数如下：

$$\boldsymbol{C}=[x_0 \quad y_0 \quad z_0]^{\mathrm{T}}=[0.300\,0\ \mathrm{m} \quad 0.300\,0\ \mathrm{m} \quad 0.500\,0\ \mathrm{m}]^{\mathrm{T}} \tag{5.48}$$

$$R=0.150\,0\ \mathrm{m}, \quad \varphi_0=0, \quad \varphi_f=\frac{\pi}{2} \tag{5.49}$$

$$t_0=0, \quad t_f=20, \quad \mathrm{d}t=0.1 \tag{5.50}$$

超冗余机器人的初始状态如图 5.15 所示，所规划的关节角度曲线、角速度曲线分别如图 5.16 和图 5.17 所示，运动过程中构型的变化情况如图 5.18 所示。

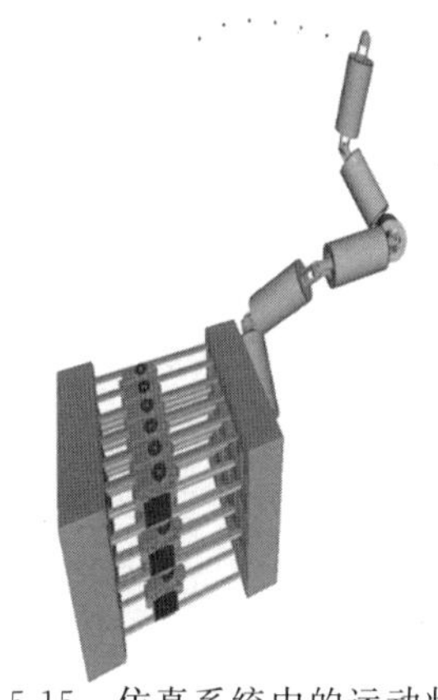

图 5.15　仿真系统中的运动状态

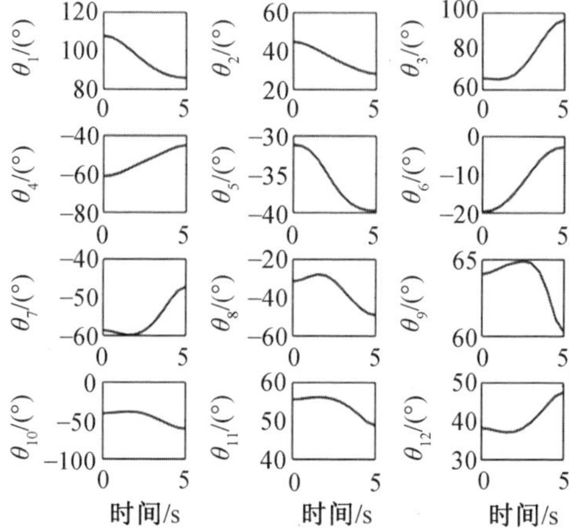

图 5.16　圆弧运动中的关节角度曲线

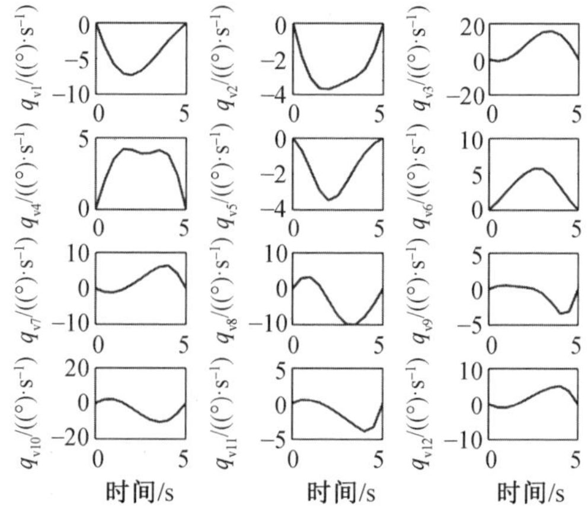

图 5.17　圆弧运动中的关节角速度曲线

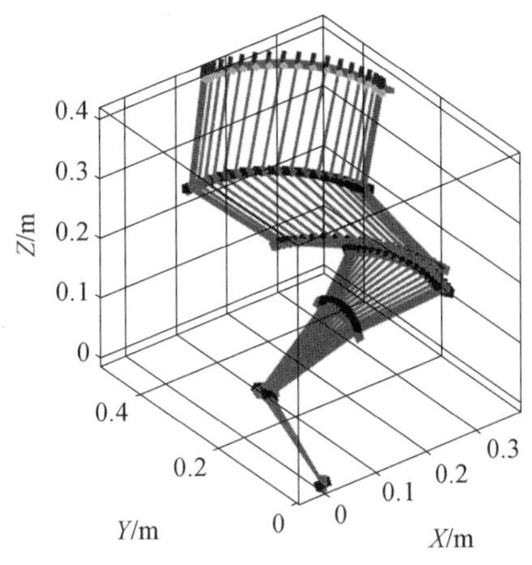

图 5.18　圆弧运动中构型的变化

5.5　基于改进模式函数法桁架避障穿越实验

针对航天领域常见桁架结构的狭小空间避障穿越监测场景设计了本节实验。选定使用 25 mm 加强型铝管搭建的三脚架模拟空间桁架结构，中间两组水平支撑管将三脚架分割成类似于空间桁架的结构，实验场景如图 5.19 所示。

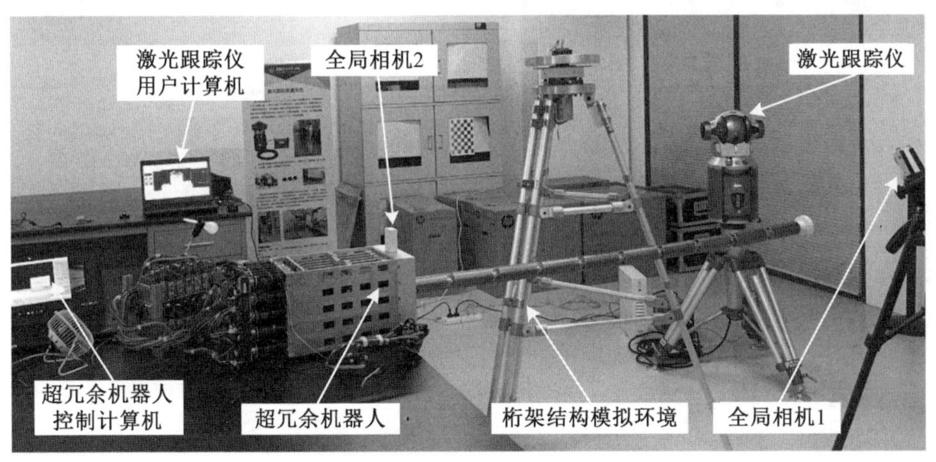

图 5.19　桁架结构避障穿越实验场景

根据超冗余机器人与模拟桁架的相对位置，以超冗余机器人{0}系为参考设定了超冗余机器人末端的关键位姿，初始位姿、中间位姿和终止位姿分别如式

(5.51)～(5.53)所示(位置单位:mm)。超冗余机器人运动的实验过程如图5.20所示。

$$
\boldsymbol{T}_{\mathrm{s}}=\begin{bmatrix}1 & 0 & 0 & 1\,332.00\\ 0 & 0 & -1 & 0\\ 0 & 1 & 0 & 0\\ 0 & 0 & 0 & 1\end{bmatrix} \tag{5.51}
$$

$$
\boldsymbol{T}_{\mathrm{m}}=\begin{bmatrix}0.057\,7 & -0.000\,2 & 0.998\,3 & 803.18\\ 0.998\,3 & 0.004\,0 & -0.057\,7 & 135.27\\ -0.004\,0 & 0.999\,0 & 0.000\,4 & -0.52\\ 0 & 0 & 0 & 1\end{bmatrix} \tag{5.52}
$$

$$
\boldsymbol{T}_{\mathrm{f}}=\begin{bmatrix}-0.114\,2 & -0.206\,7 & 0.971\,7 & 712.29\\ -0.076\,6 & -0.973\,3 & -0.216\,0 & 410.82\\ 0.990\,4 & -0.099\,1 & 0.095\,3 & 340.93\\ 0 & 0 & 0 & 1\end{bmatrix} \tag{5.53}
$$

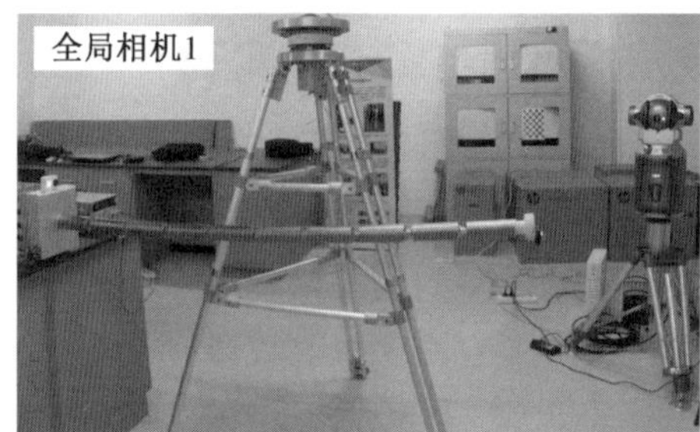

(a) 实验全局状态

(b) 初始状态

(c) 中间状态

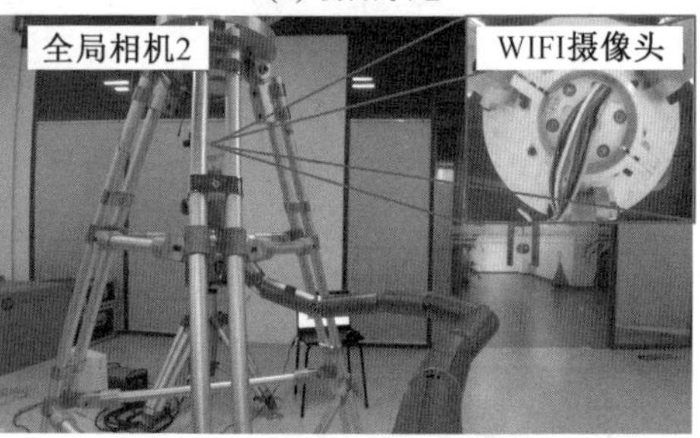

(d) 终止状态

图 5.20　实验过程

对于桁架类狭小空间监测的规划原则主要是调整超冗余机器人的整体及局部构型,使得超冗余机器人在进入桁架结构时不与桁架的任意部分发生碰撞。因此,在规划时可以将桁架的各个杆件设定为空间需要回避的障碍物,利用本章的障碍物混合建模方法对超冗余机器人路径上的桁架构件进行建模。使用改进

模式函数法调整超冗余机器人的局部关节构型，使得超冗余机器人在到达期望位置的过程中能够回避可能的障碍物模型。综合运用改进模式函数法根据桁架工况开展运动规划。针对桁架穿越实验，规划及反馈的关节角度(°)、关节角度误差(°)及驱动绳索长度误差(mm)分别如图 5.21 ～ 5.23 所示。

通过实验数据可以看出，超冗余机器人的各个关节都能够较好地跟踪规划轨迹运动，关节角度误差及驱动绳索长度误差均满足控制要求。

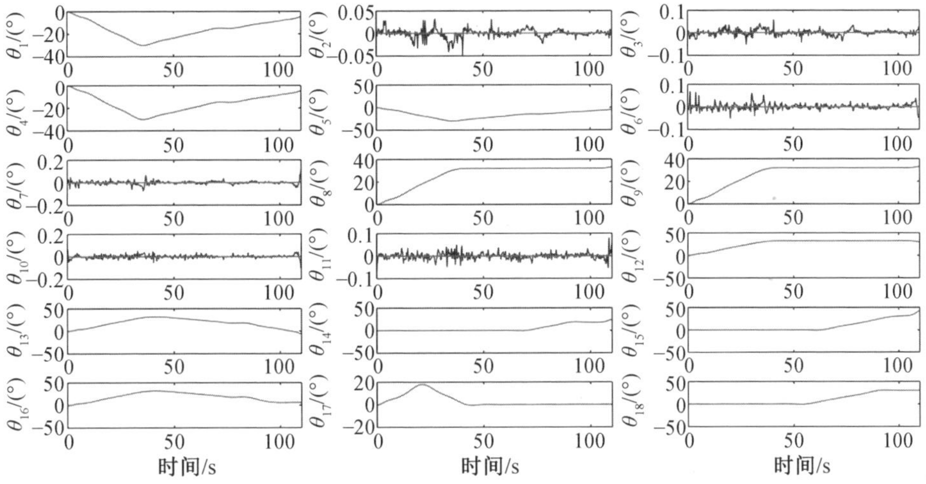

图 5.21　规划和反馈的关节角度

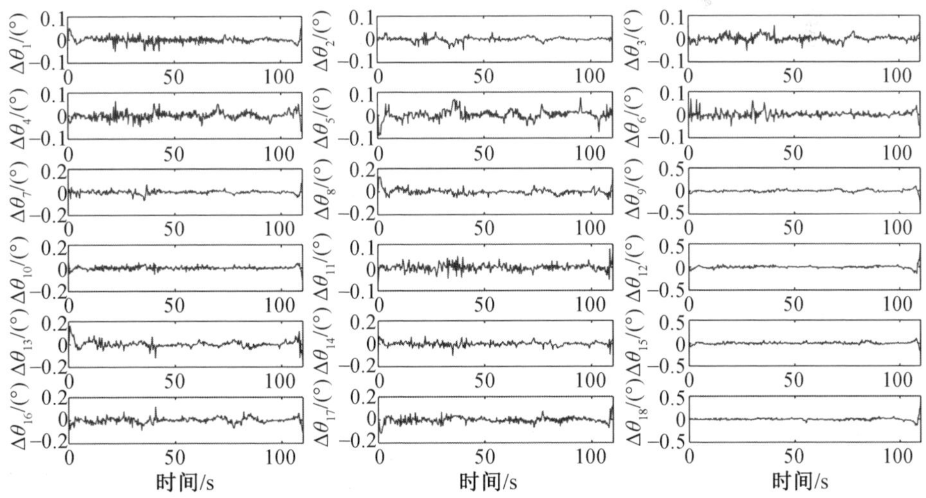

图 5.22　关节角度误差

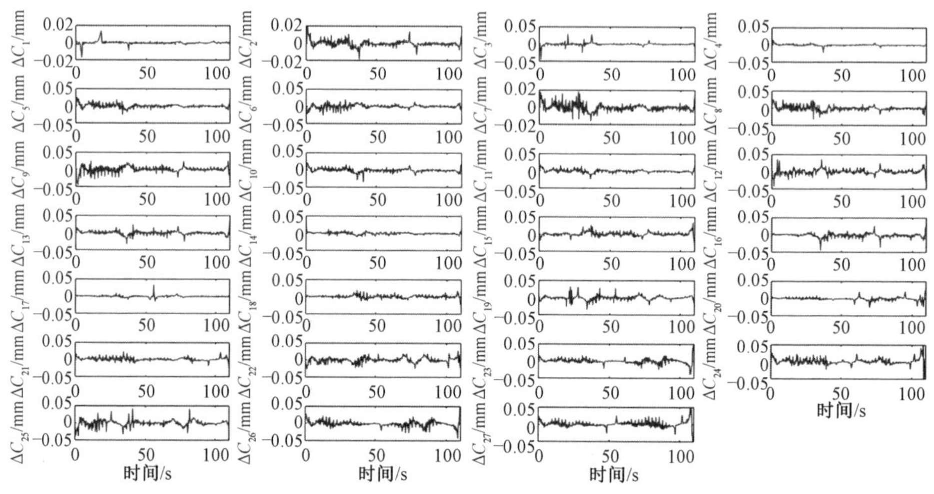

图 5.23 驱动绳索长度误差

5.6 本章小结

本章提出了基于改进模式函数法的超冗余机器人逆运动学求解及轨迹规划方法。在机械臂末端位置及指向确定后，通过该方法可以求得超冗余机器人的合理关节角度，而且在求解过程中可以进一步考虑避障、避关节奇异等附加任务。该方法首先根据整体空间环境确定的模式函数求得超冗余机器人的空间脊线；其次基于脊线的宏观构型，将超冗余机器人的各部分按照末段臂杆拟合方向向量、次段臂杆拟合到脊线、其余臂杆以双段等效同时考虑附加任务的方式拟合到脊线，并依次求解超冗余机器人万向节的空间节点位置；最后当各个万向节空间位置确定后，根据万向节的具体构型可求解相应的关节角度。

第 6 章

障碍物混合建模及自主避障轨迹规划

本章介绍一种兼顾计算效率和计算精度的混合障碍物建模与回避方法,以解决超冗余机器人在狭小空间或多障碍环境中执行任务时需要回避不同类型障碍物的问题。将基于超二次曲面建模－伪距离优化与精确几何建模－欧几里得距离优化结合起来,障碍物之外的空间划分为安全区域、预警区域和危险区域,在安全区域和预警区域之间设置预警边界。采用超二次曲面函数来建立不同类型障碍物的模型,然后实时计算机械臂与障碍物之间的最小伪距离,即作为是否进入危险区域的判据,也作为障碍回避的优化目标。当机械臂进入危险区域时,则采用精确几何模型描述障碍物的包络外形,并实时计算机械臂与障碍物之间的欧几里得距离作为障碍回避的优化目标。

关于障碍物建模与回避一直受学者们关注，并有了较多的研究成果。然而，较少有学者充分考虑在三维空间中同时兼顾计算效率及准确性的问题，有时是通过牺牲准确性来提高计算效率，有时则为了保证准确性而牺牲计算效率。当优先考虑计算效率时，往往采用简单的几何模型描述障碍物的包络外形，或者对距离采用定性计算的方式（比如超二次曲面的伪距离），这种处理方式会降低碰撞检测精度，使得安全工作空间大大减小。相反，如果采用了精确的几何模型，则计算负荷将会很大。本章针对狭小空间监测的应用需求提出了一种兼顾计算效率和计算精度的超冗余机器人混合障碍物建模与回避策略。相应地，基于前面介绍的改进模式函数法，通过最大化不同区域中的最小伪距离或最小欧几里得距离来规划超冗余机器人的无碰撞轨迹。调整臂型角和等效臂杆参数可以改变超冗余机器人的构型，以有效避免碰撞风险。

6.1　工作空间安全性分区

在完成机械臂建模后，需要对其工作空间中的障碍物开展建模研究。通常超冗余机器人工作空间中的典型障碍物可以划分为球形、圆柱形、长方体形和圆锥形。在机器人工作空间内判断其与典型障碍物之间的位置关系通常采用计算两者之间最小欧几里得距离的方法。但在每一个控制周期都计算两者之间的最小欧几里得距离是一项计算量非常大的工作，也有学者提出采用伪距离的概念定性地判断机械臂与障碍物之间的距离。基于上述思想，本章提出了工作空间安全性分区的思想，工作空间安全性分区如图 6.1 所示。

该方法以障碍物为中心，将其周围的空间划分为安全区域、预警区域和危险区域，然后分别通过定性的伪距离和定量欧几里得距离判断机器人与障碍物的接近程度，进而处理障碍物回避问题。安全区域和预警区域之间的界限（称为预警边界）由超二次函数表示，该函数可以统一地表达任意障碍物形状。然后通过实时计算超冗余机器人与预警边界之间的最小伪距离，以判断超冗余机器人是

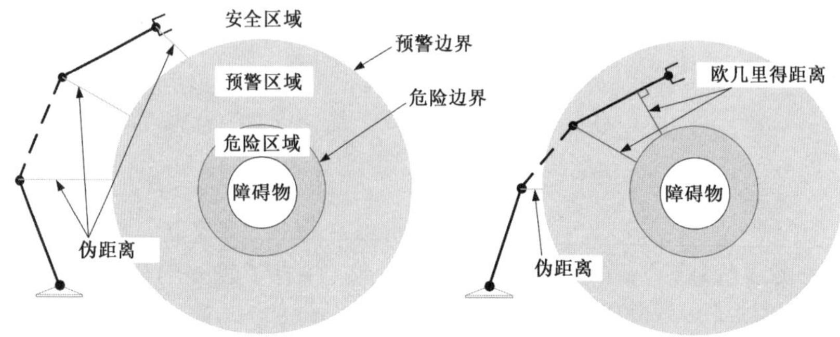

图 6.1　工作空间安全性分区

否进入障碍物的预警区域。伪距离的计算方式是将需要判断的点坐标直接代入统一的超二次曲面方程，因此伪距离的计算量远低于欧几里得距离的计算量。一旦超冗余机器人进入预警区域，则开始计算超冗余机器人与由实际几何函数表示的危险边界（即预警区域和危险区域之间的边界）之间的最小欧几里得距离，以提供障碍物回避的标准。欧几里得距离的计算方式牺牲了计算效率，但计算精度远高于伪距离的精度。

6.2　障碍物混合建模方法

6.2.1　障碍物的超二次曲面模型

当障碍物与机械臂的距离较远时（如图 6.1 左图伪距离所示），只判断机械臂上的关键点是否与障碍物发生碰撞。可以通过超二次曲面方程拟合障碍物的基本形态，判断机械臂上的关键点与超二次曲面方程的位置关系；也可以通过空间几何法在障碍物坐标系下把三维空间分类，判断关键点在障碍物坐标系下的位置，从而判断障碍物与机械臂的空间位置关系。

由于障碍物可以由其近似包络的基本几何模型表示，所以首先需要建立基本几何模型的数学方程。圆柱障碍物坐标系下基本方程定义如图 6.2 所示，$\{O_b x_b y_b z_b\}$ 表示与障碍物固连的坐标系。

超二次曲面方程上的任意点 $P(x,y,z)$ 在自身坐标系 $\{O_b x_b y_b z_b\}$ 下表示为

$$^{b}S(x,y,z)=0 \tag{6.1}$$

式中　左上标“b”—— 障碍物固连坐标系。

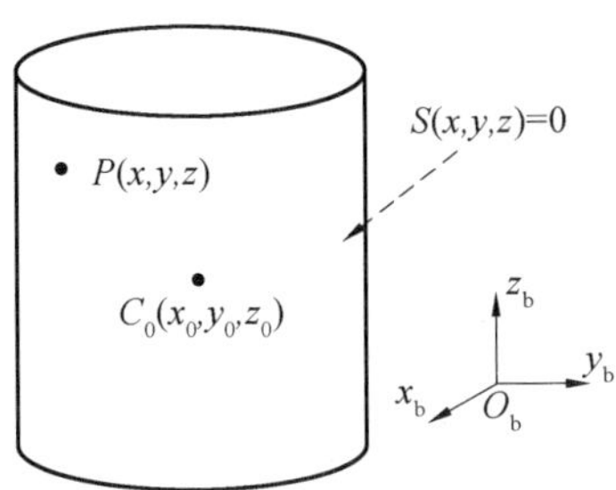

图 6.2　圆柱障碍物坐标系下基本方程定义

下面的超二次曲面方程可以统一表达基本的几何模型：

$$ {}^{b}S(x,y,z)=\left(\frac{x-x_0}{h_1}\right)^{2m}+\left(\frac{y-y_0}{h_2}\right)^{2n}+\left(\frac{z-z_0}{h_3}\right)^{2p}-1 \tag{6.2}$$

式中　h_1、h_2、h_3—— 基本几何模型的尺寸参数；

x_0、y_0、z_0—— 障碍物几何中心在自身坐标系下的位置，记为 $C_0(x_0,y_0,z_0)$；

m、n、p—— 基本几何模型的类型（圆柱、方体或圆锥等），$m\geqslant 1,n\geqslant 1,p\geqslant 1$。

通过调整基本几何单元的参数可以表达不同基本几何单元的形状。

球形表面：

$$ {}^{b}S(x,y,z)=\left(\frac{x}{R}\right)^{2}+\left(\frac{y}{R}\right)^{2}+\left(\frac{z}{R}\right)^{2}-1 \tag{6.3}$$

圆柱表面：

$$ {}^{b}S(x,y,z)=\left(\frac{x}{R}\right)^{2}+\left(\frac{y}{R}\right)^{2}+\left(\frac{z}{H}\right)^{8}-1 \tag{6.4}$$

长方体表面：

$$ {}^{b}S(x,y,z)=\left(\frac{x}{a}\right)^{8}+\left(\frac{y}{b}\right)^{8}+\left(\frac{z}{c}\right)^{8}-1 \tag{6.5}$$

圆锥表面：

$$ {}^{b}S(x,y,z)=\left(\frac{x}{z+d}\right)^{2}+\left(\frac{y}{z+d}\right)^{2}+\left(\frac{z}{c}\right)^{8}-1 \tag{6.6}$$

以三维空间中的障碍物为中心，三维空间中的点可以分为三类：空间点在障碍物内部（已经碰撞）；空间点在障碍物表面（正在碰撞）；空间点在障碍物外部（没有碰撞），以曲面方程式（6.7）的圆柱为例，P 点与圆柱的相对关系满足式（6.8），位置状态如图 6.3 所示。

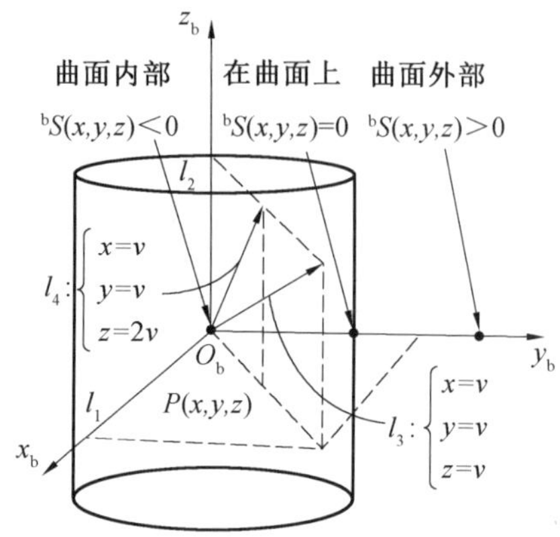

图 6.3　空间点与超二次曲面描述障碍物的相对关系

$$^bS(x,y,z)=x^2+y^2+z^8-1 \tag{6.7}$$

$$\begin{cases} ^bS(x,y,z)<0, & \text{点 } P \text{ 在曲面内部} \\ ^bS(x,y,z)=0, & \text{点 } P \text{ 在曲面上} \\ ^bS(x,y,z)>0, & \text{点 } P \text{ 在曲面外部} \end{cases} \tag{6.8}$$

下面分析当 P 点坐标分别沿着下面方程所表示的四条直线变化时，空间点与不同类型圆柱障碍物之间的伪距离曲线：

$$l_1:\begin{cases} x=v \\ y=0 \\ z=0 \end{cases} \tag{6.9}$$

$$l_2:\begin{cases} x=0 \\ y=0 \\ z=v \end{cases} \tag{6.10}$$

$$l_3:\begin{cases} x=v \\ y=v \\ z=v \end{cases} \tag{6.11}$$

$$l_4:\begin{cases} x=v \\ y=v \\ z=2v \end{cases} \tag{6.12}$$

(1) 对于圆柱形障碍物模型。

对于圆柱形障碍物，当机械臂沿 l_1 方向接近时，伪距离变化速率为

$$\left.\frac{\partial S(x,y,z)}{\partial x}\right|_{x=v}=2v$$

当超冗余机械臂沿 l_2 方向接近时，伪距离变化速率为

$$\left.\frac{\partial S(x,y,z)}{\partial z}\right|_{z=v}=8v^7$$

当机械臂沿 l_3 方向接近时，伪距离变化速率为

$$\left.\frac{\partial S(x,y,z)}{x}+\frac{\partial S(x,y,z)}{y}+\frac{\partial S(x,y,z)}{z}\right|_{x=y=z=v}=4v+8v^7$$

当机械臂沿 l_4 方向接近时，伪距离变化速率为

$$\left.\frac{\partial S(x,y,z)}{x}+\frac{\partial S(x,y,z)}{y}+\frac{\partial S(x,y,z)}{z}\right|_{x=y=v,z=2v}=4v+1\,024v^7$$

伪距离变化曲线如图 6.4 所示，图 6.4(b) 中，横坐标为空间点的坐标变量 v，纵坐标为伪距离。

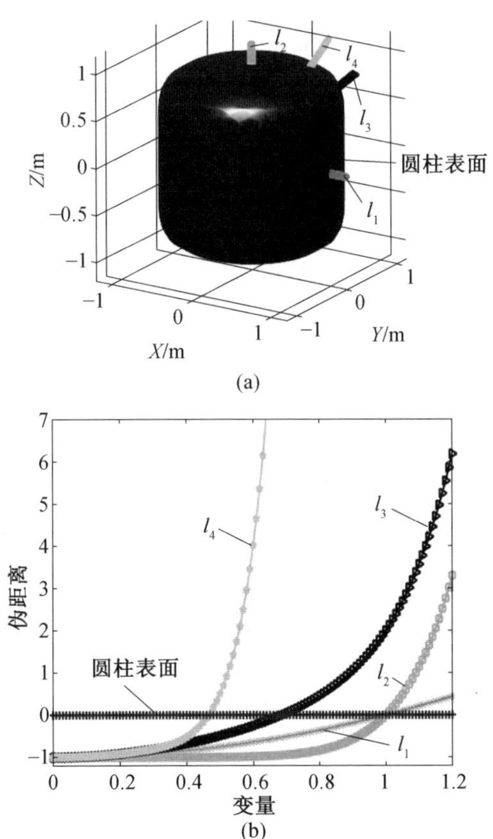

图 6.4　沿不同方向接近圆柱形障碍物及其伪距离变化

(2) 对于长方体障碍物模型。

长方体表面超二次方程如式(6.13)所示，空间点接近障碍物的空间直线及其相应的伪距离变化如图 6.5 所示。

$$ {}^{b}S(x,y,z)=x^{8}+y^{8}+z^{8}-1 \tag{6.13} $$

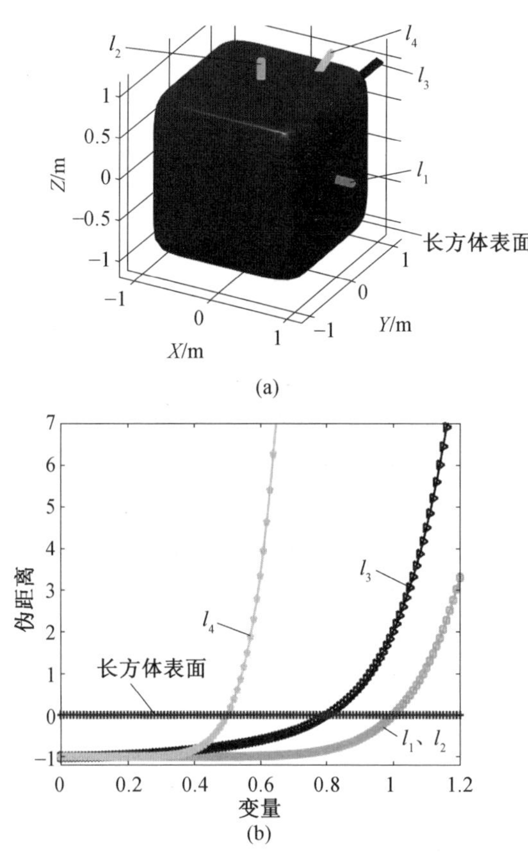

图 6.5 沿不同方向接近长方体障碍物及其伪距离变化

通过对图 6.4 和图 6.5 分析可以得出，超二次曲面方程的特点如下。

① 优点：当判断关键点是否发生碰撞时，只需要计算一个超二次曲面方程的值，计算量小，判断速度快(即通过计算 ${}^{b}S(x,y,z)$ 与 0 的关系可以明确判断点与障碍物是否发生碰撞)。

② 不足：对于不同的接近方向，超二次曲面方程的伪距离方式难以用统一的标准度量机械臂与障碍物之间的距离接近速度。

6.2.2　障碍物的精确几何模型

当障碍物与机械臂的距离较近时(如图 6.1 右图中欧几里得距离所示)，需要判断机械臂的臂杆是否与障碍物发生碰撞。此时通过空间几何法建立障碍物的空间模型，通过机械臂运动学关系，在障碍物坐标系中计算机械臂与障碍物的最短距离(如中心线、公垂线)，从而判断机械臂是否与障碍物发生碰撞。

机械臂臂杆到障碍物的最小距离通常出现在三个地方：障碍物到机械臂端点 P_1、P_2 的两个距离及点到机械臂的垂线距离。为了便于表达，在对每个障碍物做碰撞检测时，统一将机械臂的基座及各个关节点的坐标位置转换到障碍物坐标系中表示。

1.球形障碍物建模

机械臂上的关键点 P_i 在球形障碍物坐标系$\{O_{sp}\}$中的坐标为

$$
{}^{O_{sp}}\boldsymbol{T}_{P_i} = ({}^{O_0}\boldsymbol{T}_{O_{sp}})^{-1}({}^{O_0}\boldsymbol{T}_{P_i}) = \begin{bmatrix} {}^{O_{sp}}\boldsymbol{R}_{P_i} & \begin{matrix} x_{P_i} \\ y_{P_i} \\ z_{P_i} \end{matrix} \\ \boldsymbol{0} & 1 \end{bmatrix} \tag{6.14}
$$

当机械臂在障碍物的安全域附近或内部运动时，需要精确计算机械臂与障碍物之间的最小距离，因此对于球形障碍物需要增加计算障碍物球心到机械臂臂杆垂线的距离，如图 6.6 所示。

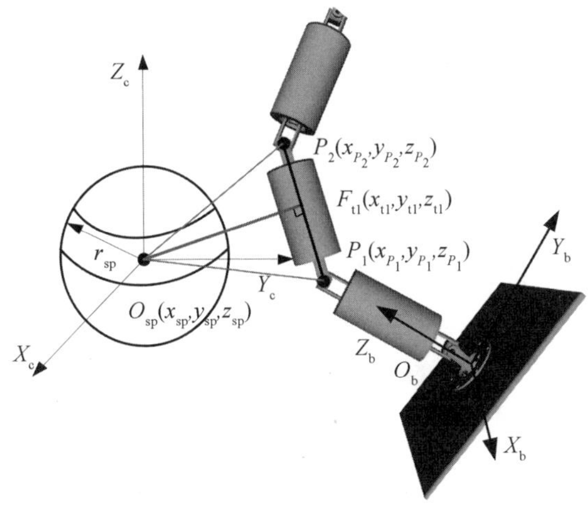

图 6.6　臂杆到障碍物的最短距离

P_1P_2 所在的直线方程可表示为

$$\frac{x-x_{P_1}}{x_{P_2}-x_{P_1}}=\frac{y-y_{P_1}}{y_{P_2}-y_{P_1}}=\frac{z-z_{P_1}}{z_{P_2}-z_{P_1}} \tag{6.15}$$

障碍物中心到臂杆 P_1P_2 所在直线的垂足坐标为$F_{t1}(x_{t1},y_{t1},z_{t1})$，有

$$x_{t1}=x_{P_1}+\frac{(x_{P_2}-x_{P_1})\left[(x_{P_2}-x_{P_1})(x_{sp}-x_{P_1})+(y_{P_2}-y_{P_1})(y_{sp}-y_{P_1})+(z_{P_2}-z_{P_1})(z_{sp}-z_{P_1})\right]}{(x_{P_2}-x_{P_1})^2+(y_{P_2}-y_{P_1})^2+(z_{P_2}-z_{P_1})^2} \tag{6.16}$$

$$y_{t1}=y_{P_1}+\frac{(y_{P_2}-y_{P_1})\left[(x_{P_2}-x_{P_1})(x_{sp}-x_{P_1})+(y_{P_2}-y_{P_1})(y_{sp}-y_{P_1})+(z_{P_2}-z_{P_1})(z_{sp}-z_{P_1})\right]}{(x_{P_2}-x_{P_1})^2+(y_{P_2}-y_{P_1})^2+(z_{P_2}-z_{P_1})^2} \tag{6.17}$$

$$z_{t1}=z_{P_1}+\frac{(z_{P_2}-z_{P_1})\left[(x_{P_2}-x_{P_1})(x_{sp}-x_{P_1})+(y_{P_2}-y_{P_1})(y_{sp}-y_{P_1})+(z_{P_2}-z_{P_1})(z_{sp}-z_{P_1})\right]}{(x_{P_2}-x_{P_1})^2+(y_{P_2}-y_{P_1})^2+(z_{P_2}-z_{P_1})^2} \tag{6.18}$$

由于臂杆 P_1P_2 长度为 l，因此垂足 F_{t1} 与臂杆 P_1P_2 存在以下三种关系。

① 当垂足 F_{t1} 在臂杆$\overrightarrow{P_1P_2}$上时，针对当前臂杆与障碍物两点最近点之间的距离公式为

$$d_{sp1}=\sqrt{(x_{sp}-x_{t1})^2+(y_{sp}-y_{t1})^2+(z_{sp}-z_{t1})^2}-r_{sp}-r_0 \tag{6.19}$$

式中　r_0—— 机械臂的半径。

② 当垂足 F_{t1} 在臂杆$\overrightarrow{P_1P_2}$延长线上时，可以容易地判断此时球形障碍物与臂杆 P_1P_2 段的最小距离为$|\overrightarrow{O_{sp}P_2}|$，此时 d_{sp1} 的表达式为

$$d_{sp1}=\sqrt{(x_{P_2}-x_{sp})^2+(y_{P_2}-y_{sp})^2+(z_{P_2}-z_{sp})^2}-r_{sp} \tag{6.20}$$

③ 当垂足 F_{t1} 在臂杆$\overrightarrow{P_2P_1}$延长线上时，可以容易地判断此时球形障碍物与臂杆 P_1P_2 段的最小距离为$|\overrightarrow{O_{sp}P_1}|$，此时 d_{sp1} 的表达式为

$$d_{sp1}=\sqrt{(x_{P_1}-x_{sp})^2+(y_{P_1}-y_{sp})^2+(z_{P_1}-z_{sp})^2}-r_{sp} \tag{6.21}$$

综上所述，当工作空间存在多个球形障碍物或求解机械臂多段臂杆球形障碍物的距离时，同理可以求出 $d_{sp1},d_{sp2},\cdots,d_{spn}$，则可得机械臂与球形障碍物的距离为

$$d_{sp\_min}=\min(d_{sp1},d_{sp2},\cdots,d_{spn}) \tag{6.22}$$

2.圆柱形障碍物建模

机械臂上的关键点 P_i 在圆柱形障碍物坐标系$\{O_{cy}\}$中的坐标为

$${}^{O_{cy}}\boldsymbol{T}_{P_i}=({}^{O_0}\boldsymbol{T}_{O_{cy}})^{-1}({}^{O_0}\boldsymbol{T}_{P_i})=\begin{bmatrix} & x_{P_i} \\ {}^{O_{cy}}\boldsymbol{R}_{P_i} & y_{P_i} \\ & z_{P_i} \\ \boldsymbol{0} & 1 \end{bmatrix} \tag{6.23}$$

式中　$O_{cy}(x_{O_{cy}}, y_{O_{cy}}, z_{O_{cy}})$—— 圆柱体体心坐标；

$O_u(x_{O_u}, y_{O_u}, z_{O_u})$—— 上顶面圆心坐标；

$O_b(x_{O_b}, y_{O_b}, z_{O_b})$—— 下底面圆心坐标。

下面分析不同情况下的建模方法。

(1) 两垂足分别在臂杆和障碍物内部。

当两垂足分别在臂杆和障碍物内部时，圆柱的几何方程为

$$\begin{cases}(x - x_{O_{cy}})^2 + (y - y_{O_{cy}})^2 = R^2 \\ -H \leqslant z \leqslant H\end{cases} \tag{6.24}$$

式中　R—— 圆柱半径；

$2H$—— 圆柱的长度。

在$\{O_{cy}X_cY_cZ_c\}$坐标系中 O_bO_u 直线方程为

$$\begin{cases}x = 0 \\ y = 0\end{cases} \tag{6.25}$$

$\overrightarrow{O_bO_u} = [0 \quad 0 \quad 1]$为方向向量，$\overrightarrow{P_1P_2} = [x_{P_2} - x_{P_1} \quad y_{P_2} - y_{P_1} \quad z_{P_2} - z_{P_1}]$为臂杆方向矢量。由图 6.7 可知垂线 $F_{t1}F_{t2}$ 方程为

$$\frac{x - x_{t1}}{x_{t2} - x_{t1}} = \frac{y - y_{t1}}{y_{t2} - y_{t1}} = \frac{z - z_{t1}}{z_{t2} - z_{t1}} \tag{6.26}$$

方向向量为

$$\overrightarrow{F_{t1}F_{t2}} = [x_{t2} - x_{t1} \quad y_{t2} - y_{t1} \quad z_{t2} - z_{t1}]$$

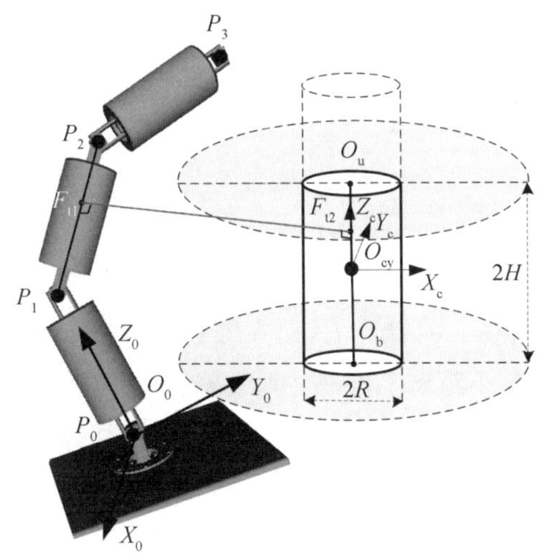

图 6.7　两垂足分别在臂杆和障碍物上

由垂足的几何性质可知：

$$\begin{cases}\overrightarrow{F_{t1}F_{t2}}\cdot\overrightarrow{O_bO_u}=0\\ \overrightarrow{F_{t1}F_{t2}}\cdot\overrightarrow{P_1P_2}=0\end{cases}\tag{6.27}$$

进一步可得

$$\begin{cases}z_{t2}-z_{t1}=0\\ (x_{P_2}-x_{P_1})(x_{t2}-x_{t1})+(y_{P_2}-y_{P_1})(y_{t2}-y_{t1})+(z_{P_2}-z_{P_1})(z_{t2}-z_{t1})=0\end{cases}\tag{6.28}$$

由 F_{t1}、F_{t2} 分别属于$\overrightarrow{P_1P_2}$、$\overrightarrow{O_bO_u}$ 可知：

$$\frac{x_{t1}-x_{P_1}}{x_{P_2}-x_{P_1}}=\frac{y_{t1}-y_{P_1}}{y_{P_2}-y_{P_1}}=\frac{z_{t1}-z_{P_1}}{z_{P_2}-z_{P_1}}\tag{6.29}$$

$$\begin{cases}x_{t2}=0\\ y_{t2}=0\\ z_{t2}=z_{t1}\end{cases}\tag{6.30}$$

联立方程可得

$$\begin{cases}x_{t1}=\dfrac{(x_{P_2}-x_{P_1})(-y_{P_1}y_{P_2}+y_{P_1}^2)+x_{P_1}(y_{P_2}-y_{P_1})^2}{(x_{P_2}-x_{P_1})^2+(y_{P_2}-y_{P_1})^2}\\ y_{t1}=\dfrac{(y_{P_2}-y_{P_1})(-x_{P_1}x_{P_2}+x_{P_1}^2)+y_{P_1}(x_{P_2}-x_{P_1})^2}{(x_{P_2}-x_{P_1})^2+(y_{P_2}-y_{P_1})^2}\\ z_{t1}=\dfrac{(z_{P_2}-z_{P_1})[-y_{P_1}(y_{P_2}-y_{P_1})-x_{P_1}(x_{P_2}-x_{P_1})]}{(x_{P_2}-x_{P_1})^2+(y_{P_2}-y_{P_1})^2}+z_{P_1}\end{cases}\tag{6.31}$$

则最短距离为

$$d_{cy}=\sqrt{(x_{t1}-x_{t2})^2+(y_{t1}-y_{t2})^2+(z_{t1}-z_{t2})^2}-r_0-R\tag{6.32}$$

(2) 一垂足在臂杆内部，另一垂足在障碍物外部。

当臂杆上的垂足在当前臂杆上，而在圆柱障碍物上的垂足落在障碍物外部时，臂杆与障碍物的最小距离不再是公垂线 $F_{t1}F_{t2}$ 的长度，如图 6.8 所示。空间三点 $P_1P_2O_{cy}$ 在空间形成一个平面，而此平面与圆柱障碍物顶面相交于 C_r 点，沿 C_r 点向$\overrightarrow{P_1P_2}$ 作垂线，垂足为 F_{t3}，则将 $|\overrightarrow{F_{t3}C_r}|$ 的长度定义为 P_1P_2 臂杆到障碍物的最小距离。

设定求解点为 $C_r(x_{Cr},y_{Cr},z_{Cr})$、$F_{t3}(x_{t3},y_{t3},z_{t3})$，则在此种条件下臂杆到圆柱障碍物的最小距离为

$$d_{cy}=\sqrt{(x_{t3}-x_{Cr})^2+(y_{t3}-y_{Cr})^2+(z_{t3}-z_{Cr})^2}-r_0\tag{6.33}$$

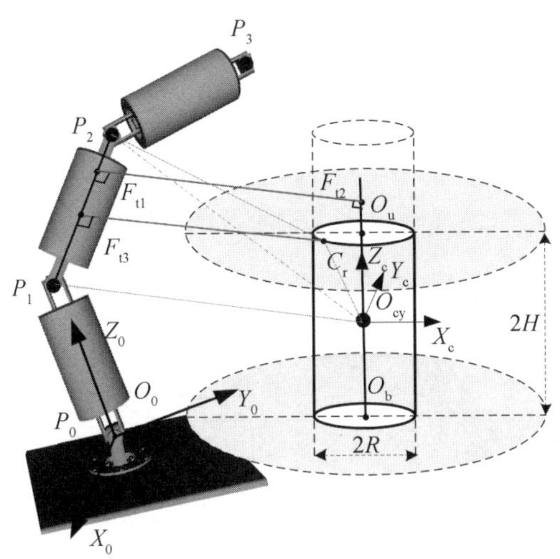

图 6.8　一垂足在臂杆内部，另一垂足在障碍物外部

(3) 一垂足在臂杆外部，另一垂足在障碍物内部。

当圆柱形障碍物上的垂足在障碍物上，而臂杆的垂足落在臂杆外部时，臂杆与障碍物的最小距离不再是公垂线 $F_{t1}F_{t2}$ 的长度(图 6.9)，而变成了端点 P_1 或 P_2 到障碍物的距离，如 $|\overrightarrow{P_1O_{cy}}|$。

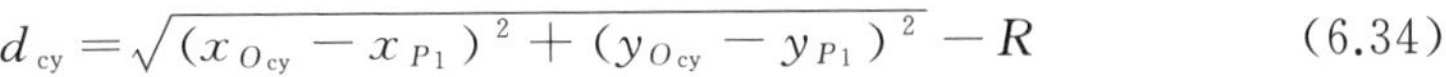

$$d_{cy}=\sqrt{(x_{O_{cy}}-x_{P_1})^2+(y_{O_{cy}}-y_{P_1})^2}-R \tag{6.34}$$

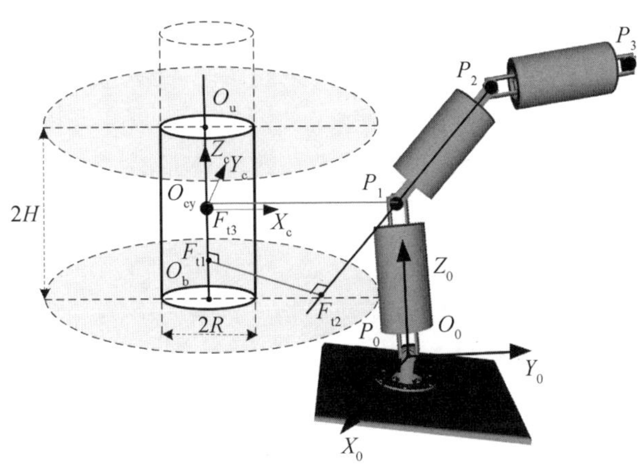

图 6.9　一垂足在臂杆外部，另一垂足在障碍物内部

3.长方体障碍物建模

机械臂上的关键点 P_i 在长方体障碍物坐标系$\{O_{cu}\}$中的坐标如式(6.35)所示，臂杆与长方体垂直距离的典型情况如图 6.10 所示。

$$
{}^{O_{cu}}\boldsymbol{T}_{P_i} = ({}^{O_0}\boldsymbol{T}_{O_{cu}})^{-1}({}^{O_0}\boldsymbol{T}_{P_i}) = \begin{bmatrix} {}^{O_{cu}}\boldsymbol{R}_{P_i} & \begin{matrix} x_{P_i} \\ y_{P_i} \\ z_{P_i} \end{matrix} \\ \boldsymbol{0} & 1 \end{bmatrix} \tag{6.35}
$$

式中　$O_{cu}(x_{O_{cu}}, y_{O_{cu}}, z_{O_{cu}})$—— 长方体体心坐标。

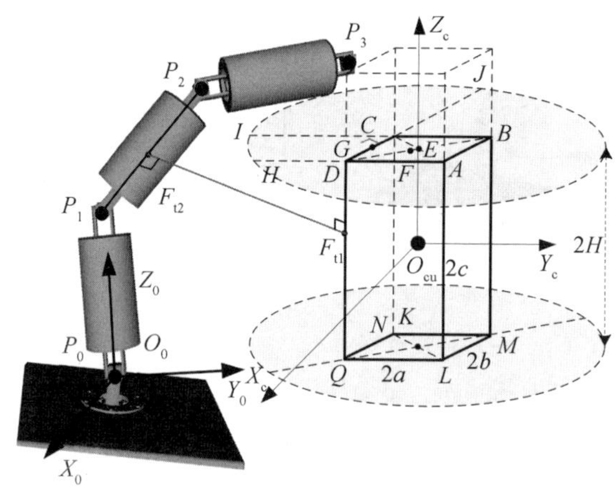

图 6.10　臂杆与长方体垂直距离的典型情况

图中　$2a$、$2b$、$2c$—— 长方体长、宽、高；

$E(x_E, y_E, z_E)$—— 上顶面中心坐标；

$K(x_K, y_K, z_K)$—— 下底面中心坐标。

臂杆到长方体的距离也需要计算两条线段公垂线之间的距离，因此求解方法可类似于圆柱形障碍物的情况：两垂足分别在臂杆和障碍物内部；一垂足在臂杆内部，另一垂足在障碍物外部；一垂足在臂杆外部，另一垂足在障碍物内部。在此不再赘述。

4.圆锥体障碍物建模

机械臂上的关键点 P_i 在圆锥体障碍物坐标系$\{O_{co}\}$中的坐标如式(6.36)所示，臂杆与圆锥距离如图 6.11 所示，其中坐标系$\{O_{co}\}$与坐标系$\{O_b\}$重合。

$$
{}^{O_{co}}\boldsymbol{T}_{P_i} = ({}^{O_0}\boldsymbol{T}_{O_{co}})^{-1}({}^{O_0}\boldsymbol{T}_{P_i}) = \begin{bmatrix} {}^{O_{co}}\boldsymbol{R}_{P_i} & \begin{matrix} x_{P_i} \\ y_{P_i} \\ z_{P_i} \end{matrix} \\ \boldsymbol{0} & 1 \end{bmatrix} \tag{6.36}
$$

臂杆到圆锥体的距离也需要计算两条线段公垂线之间的距离，因此求解方法可类似于圆柱形障碍物的情况：两垂足分别在臂杆和障碍物内部；一垂足在臂杆内部，另一垂足在障碍物外部；一垂足在臂杆外部，另一垂足在障碍物内部，在

此不再赘述。

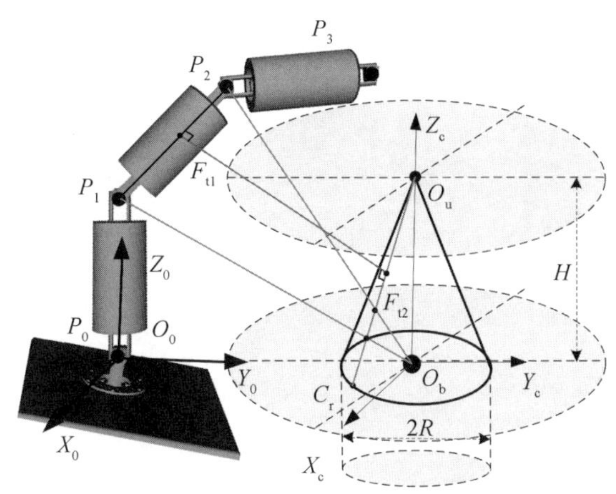

图 6.11 臂杆与圆锥距离

图中 H—— 圆锥高度；

R—— 圆锥底面半径。

6.2.3 障碍物混合模型的应用

基于对超二次曲面模型及空间几何模型的分析可以看出：① 超二次曲面模型适合对障碍物进行宏观包络，提供定性的避障规划准则，即伪距离。这种准则的特点是计算量小。② 空间几何模型适合对障碍物进行精细包络，提供定量的避障规划准则，即欧几里得距离。这种准则的特点是计算量大，但可以精确判断超冗余机器人与障碍物之间的空间关系。本书以空间站桁架和核电站环境设备为例，分别建立了其混合模型，如图 6.12 和图 6.13 所示。图中外层预警边界采用超二次曲面模型建立，提供障碍物回避时的伪距离判据；内层的危险边界采用空间几何模型建立，提供障碍回避时的欧几里得距离判据。

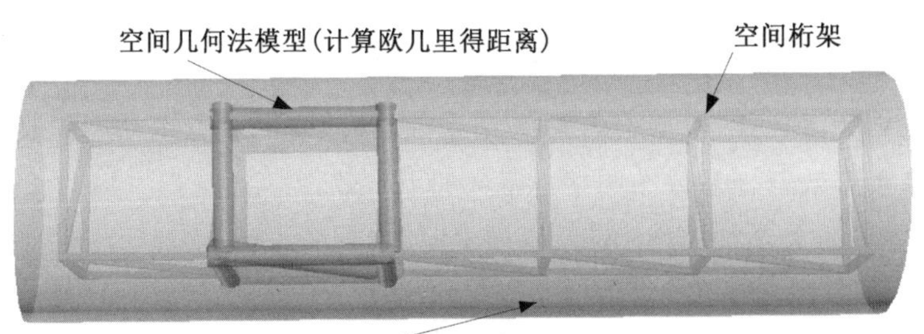

图 6.12 空间桁架结构的混合模型

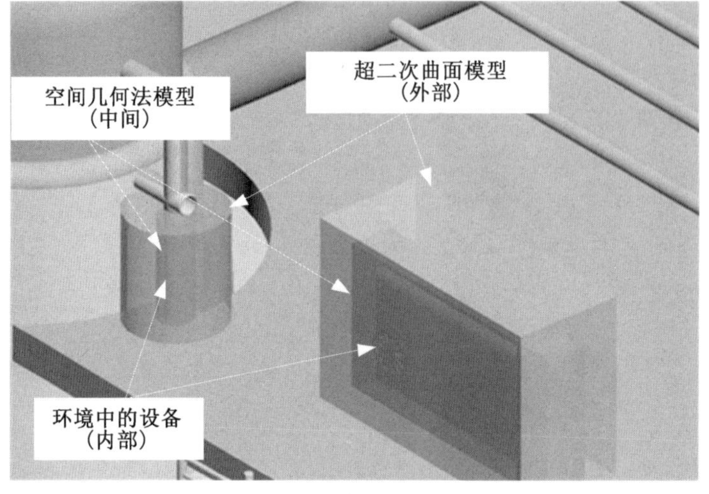

图 6.13　环境中设备的混合模型

6.3　基于改进模式函数法的避障轨迹规划

为了使超冗余机器人具备局部避障的能力，本节充分利用提出的臂型角及等效臂杆的概念，深度分析了机械臂的冗余特性，在局部自运动空间中通过调整臂型角的大小可以控制目标万向节的空间位置，通过控制等效臂杆长度的变化可以充分利用万向节节点在脊线上的潜在位置。机械臂整体构型仍然由脊线确定，但由于避障参数的引入，超冗余机器人更加灵活。根据前述方法建立的混合模型，确定超冗余机器人避障的优化目标函数为最大化的机械臂与障碍物之间的欧几里得距离，即

$$d_i = f(\psi_i, \rho_i) \quad (i = 1, 2, \cdots, N) \tag{6.37}$$

6.3.1　等效臂杆参数调整

基于模式函数法，构型如图 6.14 所示，障碍回避的示意图如图 6.15 所示，它们都是基于等效臂杆参数的调整。定义如下参数：

U_i^{ρ}—— 基于等效臂杆长度的万向节位置；

F_i—— 最短距离垂线的垂足；

F_i^{ρ}—— 依赖等效臂杆参数垂线的垂足。

等效臂杆是自变量，实际的连杆表示为 $U_{2i-1}U_{2i}^{\rho_{1}^{b}}$、$U_{2i}^{\rho_{1}^{b}}U_{2i+1}$，等效连杆表示为 $U_{2i-1}U_{2i+1}^{\rho}$，参考面表示为 $U_{2i-1}U_{2i+1}^{\rho}U_{2N}$。为了避开空间中的障碍物，需要迭代搜

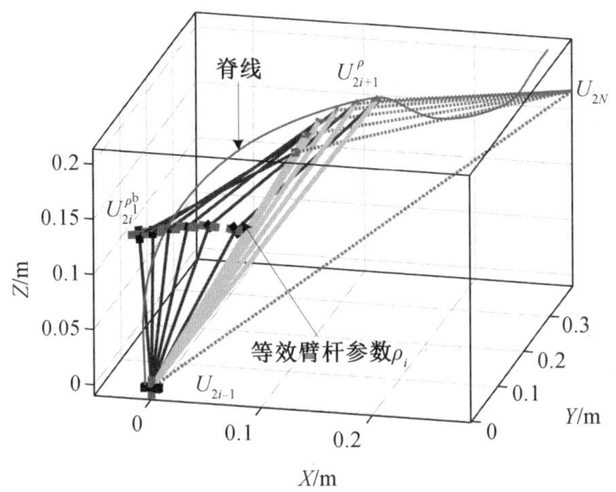

图 6.14　基于等效臂杆参数的构型

索最优的等效臂杆参数值。利用图 6.15，超冗余机器人与障碍物的最小距离可以根据本章内容求解。但为了满足避障条件，需要优化等效臂杆参数，保证超冗余机器人在运动过程中能够回避空间障碍物。

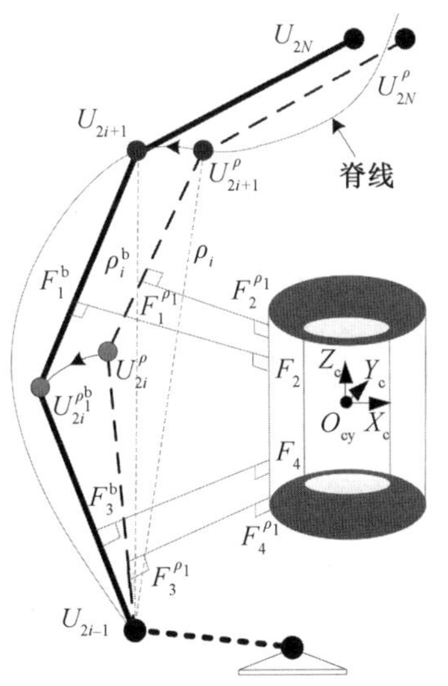

图 6.15　基于等效臂杆参数的障碍回避

6.3.2　臂型角参数调整

当 i^{th} 关节组的等效臂杆参数确定后，臂型角 ψ_i 成为调整偶数编号万向节的可控变量。末端效应器及万向节 U_{2i+1} 的位置分别为

$$\boldsymbol{T}_0=[x_{T_0}\quad y_{T_0}\quad z_{T_0}]=[0.300\ 0\ \text{m}\quad 0.500\ 0\ \text{m}\quad 0.400\ 0\ \text{m}]\tag{6.38}$$

$$\boldsymbol{U}_{2i+1}=[0.131\ 5\ \text{m}\quad 0.169\ 9\ \text{m}\quad 0.208\ 6\ \text{m}]\tag{6.39}$$

基于臂型角的结构构型及避障构型分别如图 6.16 及图 6.17 所示。定义如下参数：

F_i^{ψ}—— 基于臂型角 ψ_i 垂线的垂足；

U_i^{ψ}—— 基于臂型角 ψ_i 的万向节构型；

$U_{2i-1}U_{2i+1}U_{2N}$—— 臂型角 ψ_i 的参考面。

由图 6.16 可以看出，当超冗余机器人的臂型角 $\psi\in[0,\pi)$ 时（当 $\psi\in[\pi,2\pi)$ 时，超冗余机器人在结构上形成另一半对称构型，在此不再赘述），可以求一系列对应的构型，但并不是每种构型都能满足机械臂的要求。由于每种机械臂在设计完成后都会有运动极限，当其中某个关节的解超过运动极限时，当前关节构型是不能实现的。因此，需要选择关节角度都满足运动极限要求的臂型角作为求解参数。

当超冗余机器人没有避障等附加任务要求时，本书设定为满足下式的一组关节角度为最优解：

$$\min(f(\psi))=\min\left(\sum_{j=1}^{4}\left|\theta_j-\frac{\sum_{i=1}^{4}\theta_i}{4}\right|\right)\tag{6.40}$$

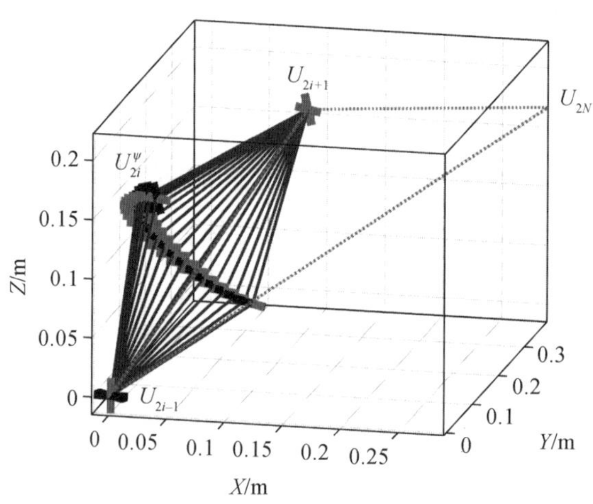

图 6.16　臂型角 $\psi\in[0,\pi]$ 的构型

根据图 6.17 可知，通过本章的方法可计算机械臂与障碍物的最小距离，为了能够使机械臂安全运动，需要调整及优化臂型角 ψ_i 的值，保证障碍物与机械臂的距离满足避障要求。

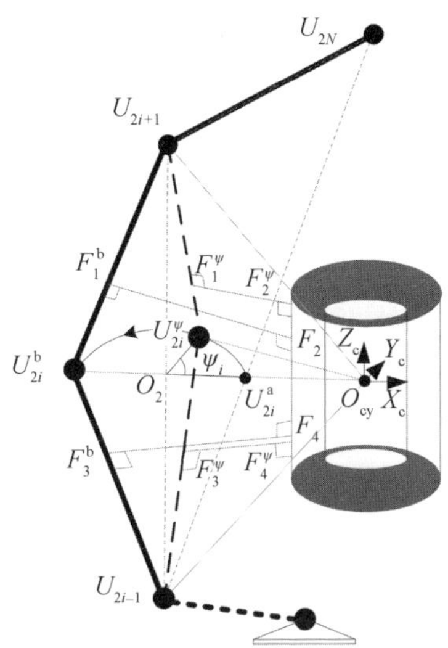

图 6.17　基于臂型角 ψ 的避障

6.3.3　避障组合参数调整

为了保证机械臂的安全运行，判定碰撞的目标函数通过预测的方式获得，基于预测的避障规划，总是用 $t+1$ 时刻的数据去计算，判断是否碰撞，是否有能力避开。可选择的避障方式总结如下。

① 调节臂型角 ψ_i 的值，通过自运动绕着等效臂杆转动。

② 调节等效臂杆 ρ_i 的长度，通过关节节点沿脊线移动避障。

③ 通过协同操作臂型角 ψ_i 和等效臂杆 ρ_i 回避障碍物。

④ 协同临近组的避障参数(即 ψ_i、ρ_i、ψ_{i+1}、ρ_{i+1}) 回避障碍物。

⑤ 根据需求确定能够实现避障的基本单元。

6.4　避障轨迹规划仿真

6.4.1　单障碍物条件下等效臂杆优化避障规划

设定空间直线的起点、终点坐标分别为 $A(x_a,y_a,z_a)$、$C(x_c,y_c,z_c)$，插补次数为 N，则

$$\begin{cases}\Delta x=(x_{c}-x_{a})/(N+1)\\ \Delta y=(y_{c}-y_{a})/(N+1)\\ \Delta z=(z_{c}-z_{a})/(N+1)\end{cases} \tag{6.41}$$

对于该直线上的任意一点 i $(1\leqslant i\leqslant N)$ 有

$$\begin{cases}x_{i}=x_{a}+\Delta x\cdot i\\ y_{i}=y_{a}+\Delta y\cdot i\\ z_{i}=z_{a}+\Delta z\cdot i\end{cases} \tag{6.42}$$

设定初始位置及终止位置，即

$$\begin{cases}[x_{T0}\quad y_{T0}\quad z_{T0}]^{T}=[0.35\text{ m}\quad 0.30\text{ m}\quad 0.40\text{ m}]^{T}\\ k_{1}=[0.18\quad 0.91\quad 0.35]^{T}\\ t_{1}=0\text{ s}\end{cases} \tag{6.43}$$

$$\begin{cases}[x_{Tf}\quad y_{Tf}\quad z_{Tf}]^{T}=[0.35\text{ m}\quad 0.55\text{ m}\quad 0.45\text{ m}]^{T}\\ k_{f}=[0.39\quad 0.70\quad 0.59]^{T}\\ t_{f}=100\text{ s}\end{cases} \tag{6.44}$$

当初始点和终止点的位置确定后，过设定初始及终止时刻的速度为零，可以利用三次多项式开展超冗余机器人的轨迹规划，规划出超冗余机器人运动时每一时刻对应的关节角度、关节速度及关节加速度。运动过程中臂型的变化情况如图 6.18 所示，等效臂杆长度的变化曲线如图 6.19 所示，各关节角速度变化曲线如图 6.20 所示，最小距离变化曲线如图 6.21 所示。

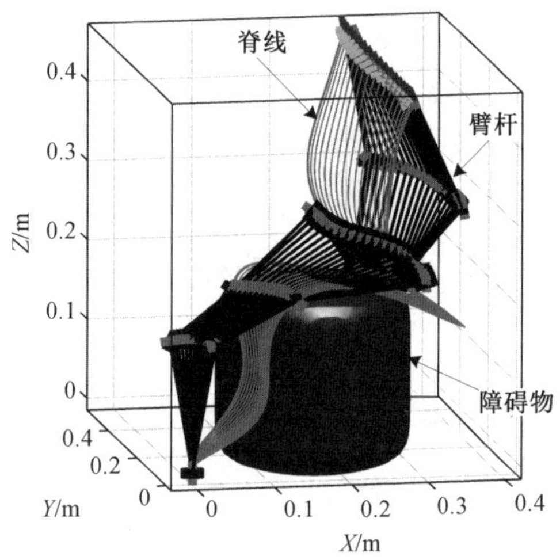

图 6.18　运动过程中超冗余机器人的臂型变化

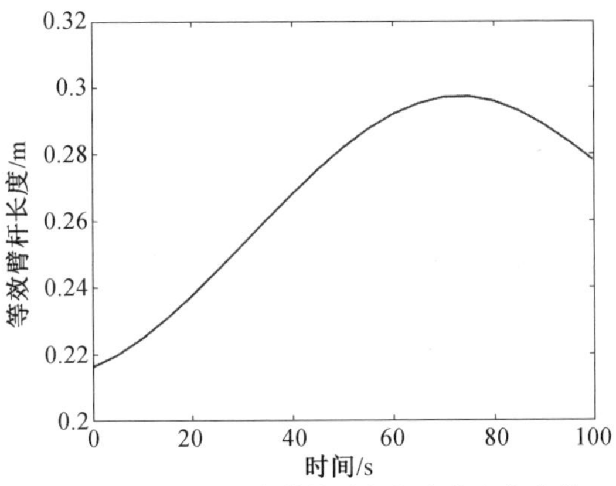

图 6.19　运动过程中等效臂杆长度的变化曲线

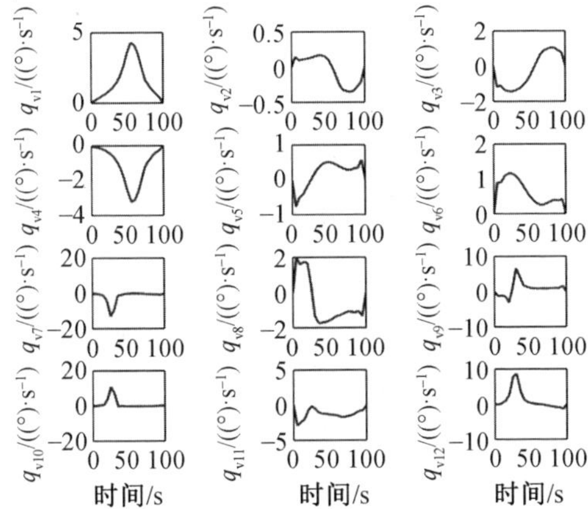

图 6.20　运动过程中各关节角速度变化曲线

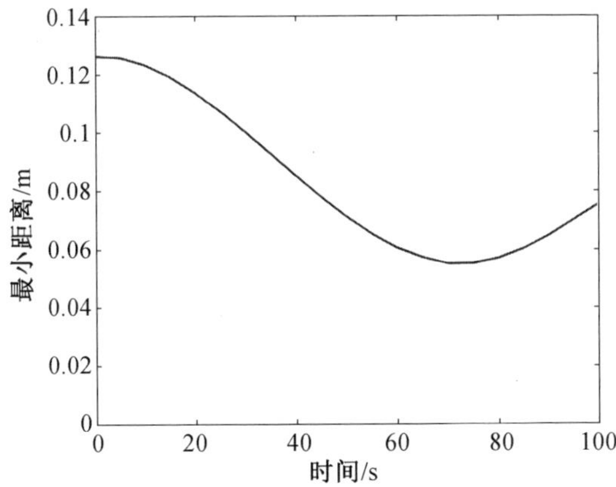

图 6.21　运动过程中最小距离变化曲线

6.4.2　多障碍物条件下臂型角避障规划

基于臂型角的多障碍物仿真条件同 6.4.1 节，工作空间中存在圆柱、圆锥、长方体等类型的多个障碍物，采用避障模式 3 进行避障轨迹规划，在仿真过程中分别采用伪距离和欧几里得距离计算超冗余机器人与障碍物之间的最小距离。为了能将伪距离的值与欧几里得距离的值表示在同一幅图中，设计在仿真中通过计算机判断当满足伪距离的值小于阈值 0.25 时(此时没有发生碰撞)，设定伪距离的值为 0.25。单词“Cylinder(圆柱体)”“Cuboid(长方体)”“Cone(圆锥体)”“Euclidean Distance(欧几里得距离)”和“Pseudo-Distance(伪距离)”分别简写为“Cy”“Cu”“Co”“Eu Dis”和“Ps Dis”。

根据仿真结果，运动中机器人臂型的变化情况如图 6.22 所示，臂型角变化曲线如图 6.23 所示，各关节角速度变化曲线如图 6.24 所示，最小距离变化曲线如图 6.25 所示。

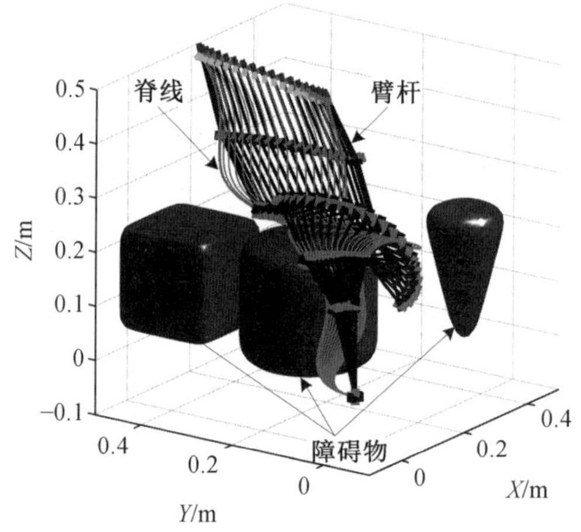

图 6.22　运动过程中机器人臂型的变化情况

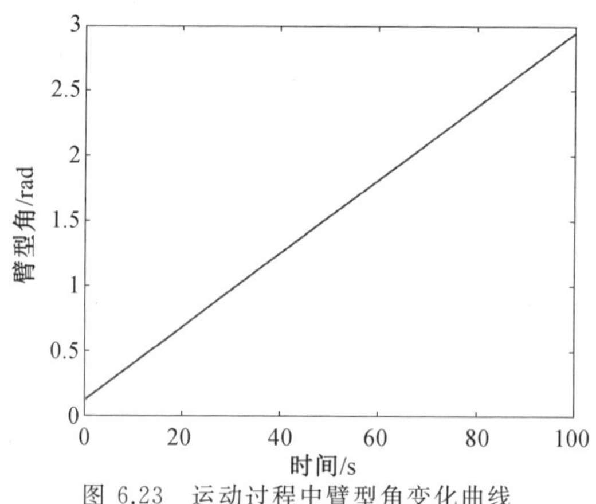

图 6.23　运动过程中臂型角变化曲线

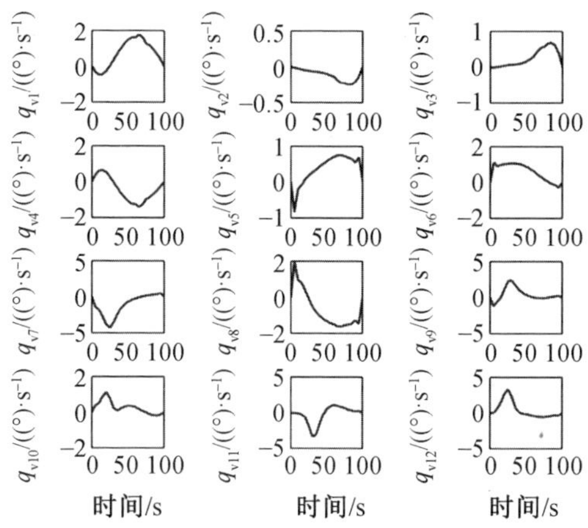

图 6.24　运动过程中各关节角速度变化曲线

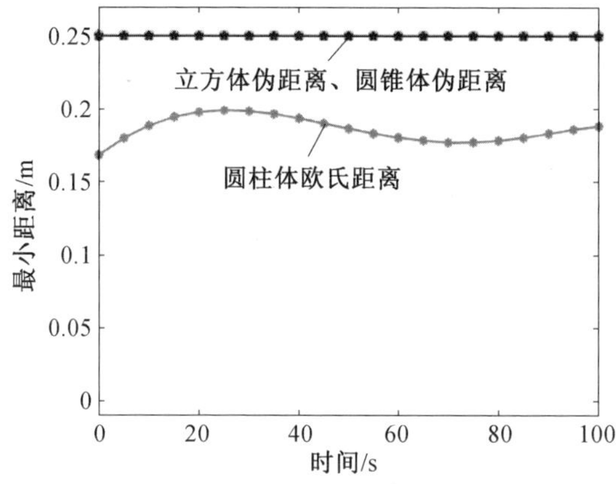

图 6.25　运动过程中最小距离变化曲线

6.5　本章小结

本章针对超冗余机器人工作环境中的典型障碍物建立了障碍物的混合模型（即超二次曲面模型和空间几何模型），并采用提出的改进模式函数法开展了避障的研究。超冗余机器人的典型轨迹规划可以分为以下三个阶段（图 6.1）：第一阶段，当在障碍物建模划分的安全区域时，超冗余机器人以无障碍有路径约束下的算法（即分段几何法）开展轨迹规划；第二阶段，当接近障碍物建模划分的预警边界时，超冗余机器人切换到有障碍有路径约束下的算法（即改进模式函数法）开展轨迹规划，并以伪距离作为避障判据；第三阶段，当进入划分的预警区域时，超冗余机器人仍然以有障碍有路径约束下的算法(即改进模式函数法)开展轨迹规划,此时采用欧几里得距离作为避障判据。在第二阶段和第三阶段可以通过调整改进模式函数法的避障参数(臂型角参数 ψ 与等效臂杆长度 ρ)完成超冗余机器人在狭小或障碍物环境中的作业任务。

第7章

狭小空间作业的末端位姿与臂型同步规划

本章介绍一种同时考虑绳驱超冗余机器人末端位姿和整臂臂型的逆运动学求解及轨迹规划方法，即末端位姿与臂型同步规划方法。首先，根据典型狭小受限空间穿越任务，阐述“末端－臂型”同步轨迹规划问题。进而，根据超冗余机器人的结构特点，简化超冗余机器人雅可比矩阵，提高逆运动学的计算效率。根据动态分段法，将超冗余机器人分解为内臂段与外臂段，其自由度动态变化。利用动态分段结果，将内臂段的臂型约束融合到末端的雅可比矩阵中，构建新的扩展雅可比矩阵，从而实现“末端－臂型”的同步规划；同时，对扩展雅可比矩阵的零空间进行冗余分解，实现避障任务。

在空间站的在轨维护、故障卫星的维修，以及核电站油气管道的检测等任务中，都需要超冗余机器人能顺利地进入狭小空间并在其中开展作业任务，在整个过程中既要求机器人的末端能到达期望目标点，又要保证整个机械臂不与周围物体发生碰撞。也就是说，绳驱超冗余机器人在狭小空间中执行任务时，其逆运动学求解和轨迹规划不仅需要考虑末端的定位定姿，也需要考虑环境条件给臂型带来的约束。本章将针对狭小空间的作业特点，提出同时考虑绳驱超冗余机器人末端位姿和整臂臂型的逆运动学求解及轨迹规划方法，即末端位姿与臂型同步规划方法。

7.1　绳驱联动机器人运动学建模

前面章节建立了离散式纯刚性全驱动结构的绳驱超冗余机器人的运动学模型，对于狭缝穿越问题，由于需要进入的臂段较长，若采用全驱动结构的机器人，将需要更多的电机和驱动绳。本章设计一种主被动混合驱动分段联动结构的绳驱超冗余机器人，并针对该机器人的结构推导其运动学方程，提出相应的轨迹规划方法。由于全驱动结构是分段联动结构的一种特例，故本章的方法对全驱动结构机器人仍然适用。

如图 7.1 所示，绳驱联动超冗余机器人系统需要进入狭小平面开展探测和维修作业，工作区域为平面 π_1 与 π_2 围成的空间，称为有效穿越区域。臂杆直径为 D_0，狭缝高度为 h_0（本书中 $h_0=1.5D_0$），整个机器人有 N 段，每一段包含有 p 个子段，臂杆在狭缝内沿高度方向的最大运动距离为 δ_0，则为了避免碰撞，需要满足 $D_0+\delta_0<h_0$。

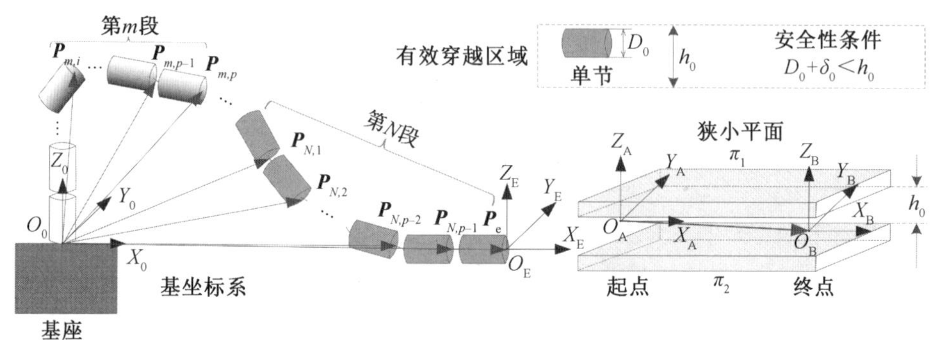

图 7.1　狭小平面作业任务示意图

7.1.1　主被动混合驱动分段联动结构设计

1.系统构型及联动方案

主被动混合驱动分段联动结构超冗余机器人的自由度配置如图 7.2 所示。在每一关节段中，其自由度表示为俯仰－偏航－偏航－俯仰…(PYYP…)，该自由度的配置能够使每个关节段之间在连杆处完整分离，解决整臂的结构不连续问题。

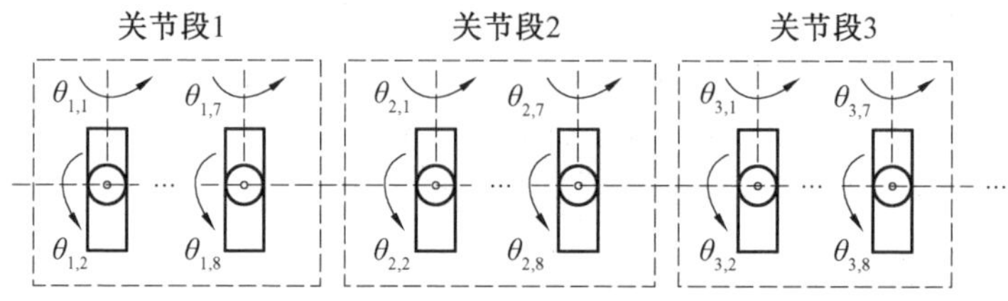

图 7.2　关节段新的自由度配置设计

两个相邻关节的联动方案如图 7.3 所示。首先，对于相邻的两个 Yaw 轴(即轴 $\xi_{n,\mathrm{J}}$ 和轴 $\xi_{n+1,\mathrm{J}}$)，它们依靠同一个连杆相互连接，则其距离保持不变，如图 7.3(a) 所示。因此，对于相邻轴的联动方案，直接采用闭环 8 字形短联动绳的简单联动方案，如图 7.3(b) 所示。其原理是将两个 Yaw 轴的对应关节角度变化转化为绕在中心块的绳轮上联动绳的圆弧段长度变化。在联动绳索长度不变的情况下，通过该联动绳索可以实现两个 Yaw 轴之间的等角度运动，即联动。

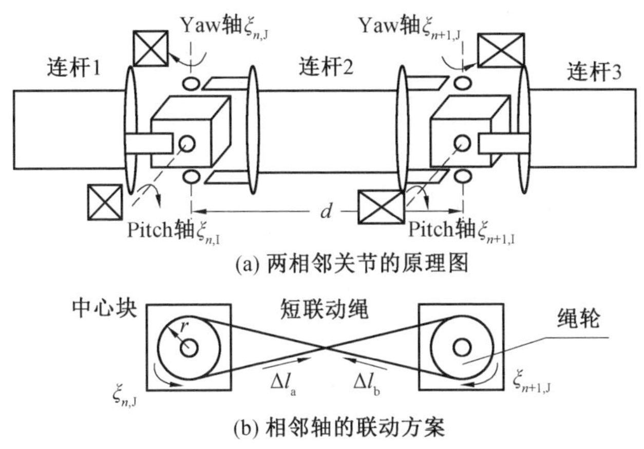

图 7.3　相邻轴的 8 字形短联动方案

进一步地，互相间隔的 Pitch 轴（即轴 $\xi_{n,I}$ 和轴 $\xi_{n+1,I}$）之间的关节联动也将采用类似的方法。与 Yaw 轴不同的是，这些 Pitch 轴之间的距离是可变的，且其值大小取决于关节角度值，如图 7.4 所示。考虑到两个 Pitch 轴之间间隔了两个 Yaw 轴，为了消除 Yaw 轴运动对其联动绳长度的影响，联动绳需要通过 Yaw 轴的中心。参照短联动的方案原理，设计了图 7.4 所示的长联动方案。

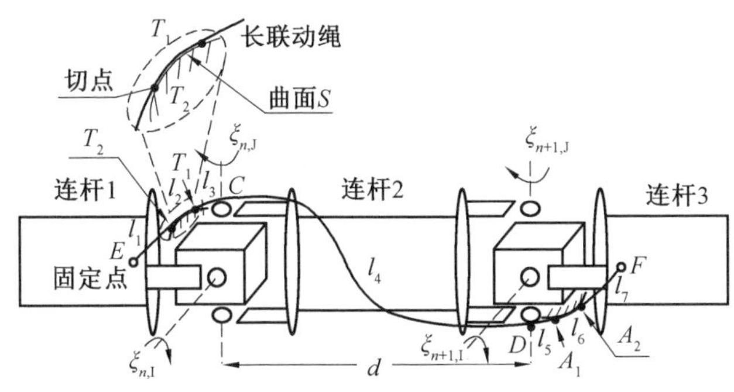

图 7.4　关节段的间隔轴之间长联动设计

其中，为了将 Pitch 轴的角度变化转化为弧线段的长联动绳的长度变化，设计了一个与短联动方案中绳索滑轮功能相似的特殊曲面 S。在不同的情况下，面 S 具体代表的曲面将有所不同。例如，当其固定在中心块上时，它是一个圆柱面，而当其固定到连杆 2 上时，它则是一个球面。这样空间弧线 $\overset{\frown}{T_1T_2}$ 可以保持共面，并且具有恒定的半径。因此，利用特殊曲面 S，可以实现间隔轴 Pitch 轴之间的长联动，使得两个 Pitch 轴对应的关节具有等角度运动的关系。

为了进一步分析两个 Pitch 轴对应的关节角之间的关系，将长联动绳索分为

7 段，如图 7.4 所示。其中，l_2 和 l_6 是绕在特殊曲面 S 上的圆弧段，绳索段 l_1、l_3、l_5 和 l_7 保持为直线，分别与特殊曲面 S 相切。每个部分的长度分析见表 7.1。其中 r_S 代表特殊曲面 S 的半径，$\theta_{n,\mathrm{I}}$ 和 $\theta_{n+1,\mathrm{I}}$ 为两个 Pitch 轴（即轴$\xi_{n,\mathrm{I}}$ 和轴$\xi_{n+1,\mathrm{I}}$）对应的关节角。

表7.1　长联动绳索长度分析

绳索段	是否受关节角影响	备注
l_1，l_7	否	切线段长度保持不变
l_2	是，与 $\theta_{n,\mathrm{I}}$ 相关	$l_2 = r_S, \theta_{n,\mathrm{I}}$
l_6	是，与 $\theta_{n+1,\mathrm{I}}$ 相关	$l_6 = r_S, \theta_{n+1,\mathrm{I}}$
l_4	否	不受任意轴的影响
l_3，l_5	否	切线段长度保持不变

一般情况下，在不考虑联动绳索变形的情况下，联动绳索的长度保持不变。此时，从表 7.1 中可以知道，绳索段 l_6 和 l_2 总是以大小相等且方向相反的长度变化着。因此，这相反的绳索长度变化，进一步实现了关节段内两个间隔轴 Pitch 轴之间的等角度反方向联动。

通过上述的改进方案概念设计，可以大大简化和改进联动机构。一方面，可以实现一个只有 2 个子关节的最小联动单元(段)，这意味着它不再需要在相邻的两个关节段之间共用同一个子关节。这样机械臂的臂型将更加连续，有利于狭小空间穿越。另一方面，通过简化，长联动绳索只需穿过 2 个目标关节，绕在特殊的曲面 S 上即可实现关节的联动。它所使用的柔性绳套(软管) 位置是固定的，其中心长度将始终保持不变。因此，这改进方法不仅可以提高关节段内各个子关节的联动精度，还可以提高机械臂末端执行器的运动精度。

2.联动关节段的设计

在前面的联动方案设计的基础上，进一步设计整个联动关节段。由于特殊曲面 S 作为球面时其机械加工的难度较大，本书选择圆柱面进行设计。如图 7.5 所示，8 字形短联动绳索被分成两个部分，则每部分呈 S 形，便于安装和调整预紧力。长联动绳穿过一个固定柔性软管，最终固定在连杆上。固定软管可以保持形状不变，即使关节在不同角度下运动。此外，还设计了用于张力调整的调节螺母。这样，即使经过一段时间的工作，联动绳也能保持足够的预紧力。由此，可得到整个联动关节段，如图 7.6 所示。

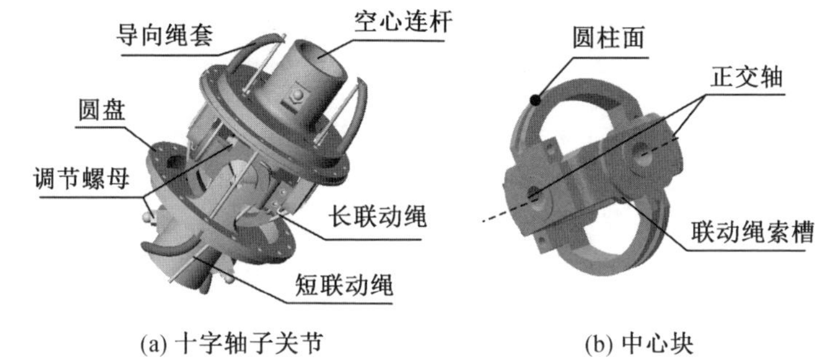

(a) 十字轴子关节　　(b) 中心块

图 7.5　关节段中单模块化子关节

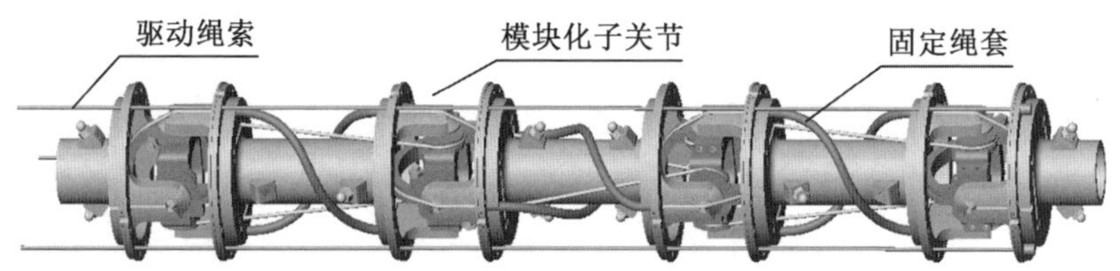

图 7.6　整个联动关节段

7.1.2　位置级运动学建模

绳驱分段联动超冗余机器人由 N 个关节段组成，每个关节段包含 4 个联动的模块化子关节，由于子关节之间的转角相等（联动约束），故每个关节段实际只有 2 个自由度，其运动状态只取决于 2 个角度变量。因此，绳驱冗余机械臂的关节段 —— 末端正向运动学可以表示为

$$f(\boldsymbol{\Theta}) = \boldsymbol{T}_{s1}\boldsymbol{T}_{s2}\cdots\boldsymbol{T}_{sN} = f(\theta_1, \theta_2, \cdots, \theta_{2N-1}, \theta_{2N}) \tag{7.1}$$

式中　$\boldsymbol{T}_{sk}$—— 关节段 k 末端相对于其根部的局部变换矩阵，$k=1, 2, \cdots, N$；

$\boldsymbol{\Theta}$—— 机械臂所有关节 $\theta_1 \sim \theta_{2N}$ 的列矢量；

$f(\boldsymbol{\Theta})$—— 机械臂正运动学方程。

采用经典 D－H 方法建立机械臂的 D－H 坐标系，对任意关节段 k，其所属各连杆的 D－H 坐标系如图 7.7 所示，相应的 D－H 参数表见表 7.2。

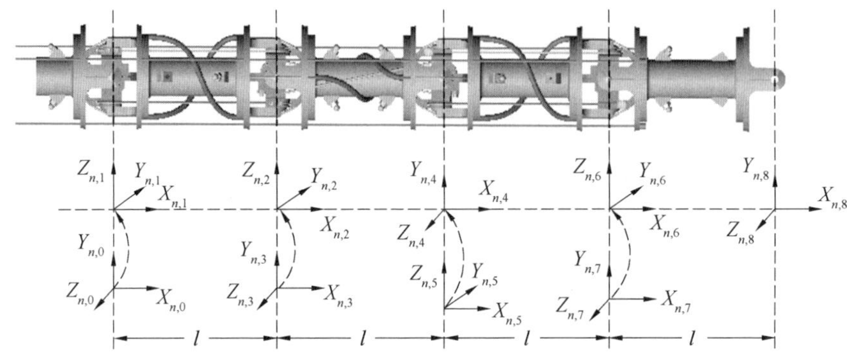

图 7.7　关节段的 D－H 坐标系

表7.2　关节段 D－H 参数表

连杆 k,i	a_i/mm	α_i/(°)	d_i/mm	Θ_k/(°)
$k,1$	0	－90	0	θ_{2k-1}
$k,2$	l	0	0	θ_{2k}
$k,3$	0	90	0	θ_{2k}
$k,4$	l	0	0	θ_{2k-1}
⋮	⋮	⋮	⋮	⋮
$k,8$	l	0	0	θ_{2k}

通过 D－H 参数表，可以得到关节段 k 的正运动学方程，也就是齐次变换矩阵 $\boldsymbol{T}_{sk}$ 的表达式如下：

$$\boldsymbol{T}_{sk} = {}^0\boldsymbol{T}_1\,{}^1\boldsymbol{T}_2\,{}^2\boldsymbol{T}_3\,{}^3\boldsymbol{T}_4\,{}^4\boldsymbol{T}_5\,{}^5\boldsymbol{T}_6\,{}^6\boldsymbol{T}_7\,{}^7\boldsymbol{T}_8 = \boldsymbol{f}_s(\theta_{2k-1},\theta_{2k}) \tag{7.2}$$

式中　${}^{i-1}\boldsymbol{T}_i$ —— 关节段 k 的相邻两个坐标系之间的齐次变换矩阵。

然后，根据式(7.2) 可以得到每个关节段正运动学方程，进一步地，可以推导出式(7.1) 所示的整臂正运动学方程。

7.1.3　速度级运动学建模

绳驱分段联动机械臂的冗余自由度导致了其在给定的末端位姿情况下具有多个逆运动学解。因此，基于速度级雅可比矩阵的数值迭代法通常被用来求解得到其最小范数解。然而，随着关节轴数的增加，雅可比矩阵的维数将大大增加，迭代效率将大大降低。因此，根据关节段的段内联动等角度特点，对该机械臂的雅可比矩阵进行简化，得到如下的表达式：

$$\boldsymbol{J}_g(\boldsymbol{\Theta}) = \begin{bmatrix} \boldsymbol{J}_{v1} & \boldsymbol{J}_{v2} & \cdots & \boldsymbol{J}_{vN} \\ \boldsymbol{J}_{\omega 1} & \boldsymbol{J}_{\omega 2} & \cdots & \boldsymbol{J}_{\omega N} \end{bmatrix} \in \mathbf{R}^{6\times N} \tag{7.3}$$

$\boldsymbol{J}_{v,2k-1}$、$\boldsymbol{J}_{\omega,2k-1}$、$\boldsymbol{J}_{v,2k}$、$\boldsymbol{J}_{\omega,2k}$（$k=1,\cdots,N$）为关节段 k 的 2 个自由度对整臂末端线速度和角速度的影响，具体表达式如下：

$$\begin{cases}\boldsymbol{J}_{\omega,2k-1}=\boldsymbol{e}_{k,1}+\boldsymbol{e}_{k,4}+\boldsymbol{e}_{k,5}+\boldsymbol{e}_{k,8}= \\ \qquad \boldsymbol{R}_{k-1}({}^{k-1}\boldsymbol{e}_{k,1}+{}^{k-1}\boldsymbol{e}_{k,4}+{}^{k-1}\boldsymbol{e}_{k,5}+{}^{k-1}\boldsymbol{e}_{k,8})= \\ \qquad \boldsymbol{R}_{k-1}\boldsymbol{f}_{\omega,2k-1} \\ \boldsymbol{J}_{\omega,2k}=\boldsymbol{e}_{k,2}+\boldsymbol{e}_{k,3}+\boldsymbol{e}_{k,6}+\boldsymbol{e}_{k,7}= \\ \qquad \boldsymbol{R}_{k-1}({}^{k-1}\boldsymbol{e}_{k,2}+{}^{k-1}\boldsymbol{e}_{k,3}+{}^{k-1}\boldsymbol{e}_{k,6}+{}^{k-1}\boldsymbol{e}_{k,7})= \\ \qquad \boldsymbol{R}_{k-1}\boldsymbol{f}_{\omega,2k}\end{cases} \tag{7.4}$$

$$\begin{cases}\boldsymbol{J}_{v,2k-1}=\boldsymbol{e}_{k,1}\times\boldsymbol{r}_{k,1}+\boldsymbol{e}_{k,4}\times\boldsymbol{r}_{k,4}+\boldsymbol{e}_{k,5}\times\boldsymbol{r}_{k,5}+\boldsymbol{e}_{k,8}\times\boldsymbol{r}_{k,8} \\ \boldsymbol{J}_{v,2k}=\boldsymbol{e}_{k,2}\times\boldsymbol{r}_{k,2}+\boldsymbol{e}_{k,3}\times\boldsymbol{r}_{k,3}+\boldsymbol{e}_{k,6}\times\boldsymbol{r}_{k,6}+\boldsymbol{e}_{k,7}\times\boldsymbol{r}_{k,7}\end{cases} \tag{7.5}$$

式中　$\boldsymbol{R}_{k-1}$—— 从关节段 $k-1$ 的末端坐标系到机械臂基座的全局旋转矩阵；

$\boldsymbol{e}_{k,i}$—— 关节段 k 第 i 轴的全局矢量；

$\boldsymbol{r}_{k,i}$—— 从第 i 轴中心到绳驱机械臂末端的全局矢量，如图 7.8 所示。

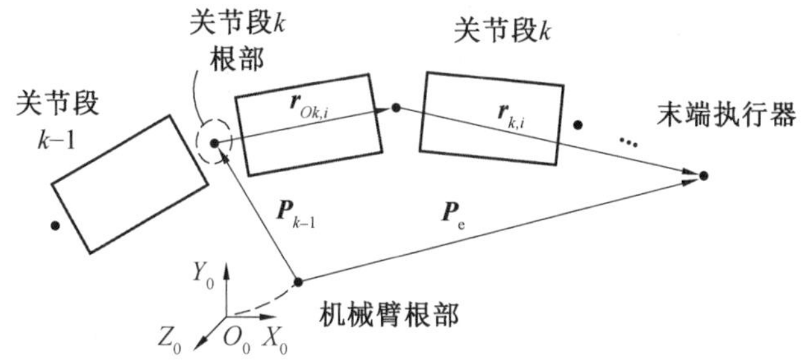

图 7.8　各个矢量之间的关系

式(7.4) 中，$\boldsymbol{f}_{\omega,2k-1}$ 和 $\boldsymbol{f}_{\omega,2k}$ 定义为

$$\boldsymbol{f}_{\omega,2k-1}={}^{k-1}\boldsymbol{e}_{k,1}+{}^{n-1}\boldsymbol{e}_{k,4}+{}^{k-1}\boldsymbol{e}_{k,5}+{}^{k-1}\boldsymbol{e}_{k,8}=\boldsymbol{f}_{\omega,2k-1}(\theta_{2k-1},\theta_{2k}) \tag{7.6}$$

$$\boldsymbol{f}_{\omega,2k}={}^{k-1}\boldsymbol{e}_{k,2}+{}^{k-1}\boldsymbol{e}_{k,3}+{}^{k-1}\boldsymbol{e}_{k,6}+{}^{k-1}\boldsymbol{e}_{k,7}=\boldsymbol{f}_{\omega,2k}(\theta_{2k-1},\theta_{2k}) \tag{7.7}$$

从图 7.8 中可以得到

$$\boldsymbol{r}_{k,i}=-\boldsymbol{r}_{Ok,i}-\boldsymbol{P}_{k-1}+\boldsymbol{P}_{\mathrm{e}} \tag{7.8}$$

式中　$\boldsymbol{r}_{Ok,i}$—— 从基坐标系到关节段 k 的第 i 子关节中心的全局矢量。

式(7.5) 的两项可分别写为

$$\begin{aligned}\boldsymbol{J}_{v,2k-1}&=\boldsymbol{e}_{k,1}\times\boldsymbol{r}_{k,1}+\boldsymbol{e}_{k,4}\times\boldsymbol{r}_{k,4}+\boldsymbol{e}_{k,5}\times\boldsymbol{r}_{k,5}+\boldsymbol{e}_{k,8}\times\boldsymbol{r}_{k,8}= \\ &\boldsymbol{e}_{k,1}^{\times}(\boldsymbol{P}_{\mathrm{e}}-\boldsymbol{r}_{Ok,1}-\boldsymbol{P}_{k-1})+\cdots+\boldsymbol{e}_{k,8}^{\times}(\boldsymbol{P}_{\mathrm{e}}-\boldsymbol{r}_{Ok,8}-\boldsymbol{P}_{k-1})= \\ &(\boldsymbol{e}_{k,1}^{\times}+\cdots+\boldsymbol{e}_{k,8}^{\times})(\boldsymbol{P}_{\mathrm{e}}-\boldsymbol{P}_{k-1})-(\boldsymbol{e}_{k,1}^{\times}\boldsymbol{r}_{Ok,1}+\cdots+\boldsymbol{e}_{k,8}^{\times}\boldsymbol{r}_{Ok,8})= \\ &\boldsymbol{R}_{k-1}\{({}^{k-1}\boldsymbol{e}_{k,1}^{\times}+\cdots+{}^{k-1}\boldsymbol{e}_{k,8}^{\times})[\boldsymbol{R}_{k-1}^{-1}(\boldsymbol{P}_{\mathrm{e}}-\boldsymbol{P}_{k-1})]- \\ &({}^{k-1}\boldsymbol{e}_{k,1}^{\times}\,{}^{k-1}\boldsymbol{r}_{Ok,1}+\cdots+{}^{k-1}\boldsymbol{e}_{k,8}^{\times}\,{}^{k-1}\boldsymbol{r}_{Ok,8})\}= \\ &\boldsymbol{R}_{k-1}[\boldsymbol{f}_{v1,2k-1}\boldsymbol{R}_{k-1}^{-1}(\boldsymbol{P}_{\mathrm{e}}-\boldsymbol{P}_{k-1})-\boldsymbol{f}_{v2,2k-1}]\end{aligned} \tag{7.9}$$

$$
\begin{aligned}
\boldsymbol{J}_{v,2k} = & \boldsymbol{e}_{k,2} \times \boldsymbol{r}_{k,2} + \boldsymbol{e}_{k,3} \times \boldsymbol{r}_{k,3} + \boldsymbol{e}_{k,6} \times \boldsymbol{r}_{k,6} + \boldsymbol{e}_{k,7} \times \boldsymbol{r}_{k,7} = \\
& \boldsymbol{e}_{k,2}^{\times}(\boldsymbol{P}_{\mathrm{e}} - \boldsymbol{P}_{k-1} - \boldsymbol{r}_{Ok,2}) + \cdots + \boldsymbol{e}_{k,7}^{\times}(\boldsymbol{P}_{\mathrm{e}} - \boldsymbol{P}_{k-1} - \boldsymbol{r}_{Ok,7}) = \\
& (\boldsymbol{e}_{k,2}^{\times} + \cdots + \boldsymbol{e}_{k,7}^{\times})(\boldsymbol{P}_{\mathrm{e}} - \boldsymbol{P}_{k-1}) - (\boldsymbol{e}_{k,2}^{\times}\boldsymbol{r}_{Ok,2} + \cdots + \boldsymbol{e}_{k,7}^{\times}\boldsymbol{r}_{Ok,7}) = \\
& \boldsymbol{R}_{k-1}\{({}^{k-1}\boldsymbol{e}_{k,2}^{\times} + \cdots + {}^{k-1}\boldsymbol{e}_{k,7}^{\times})[\boldsymbol{R}_{k-1}^{-1}(\boldsymbol{P}_{\mathrm{e}} - \boldsymbol{P}_{k-1})] - \\
& ({}^{k-1}\boldsymbol{e}_{k,2}^{\times}\,{}^{k-1}\boldsymbol{r}_{Ok,2} + \cdots + {}^{k-1}\boldsymbol{e}_{k,7}^{\times}\,{}^{k-1}\boldsymbol{r}_{Ok,7})\} = \\
& \boldsymbol{R}_{k-1}[\boldsymbol{f}_{v1,2k}\boldsymbol{R}_{k-1}^{-1}(\boldsymbol{P}_{\mathrm{e}} - \boldsymbol{P}_{k-1}) - \boldsymbol{f}_{v2,2k}]
\end{aligned} \tag{7.10}
$$

式中　$\boldsymbol{e}_{k,i}^{\times}$—— 关于矢量 $\boldsymbol{e}_{k,i}(i=1,2,\cdots,8)$ 的反对称矩阵。

变量 $\boldsymbol{R}_{k-1}$、$\boldsymbol{P}_{k-1}$ 和 $\boldsymbol{P}_{\mathrm{e}}$ 可以通过前面的关节段 —— 末端正向运动学方程直接获得。$\boldsymbol{f}_{v1,2k-1}$、$\boldsymbol{f}_{v2,2k-1}$、$\boldsymbol{f}_{v1,2k}$、$\boldsymbol{f}_{v2,2k}$ 定义为

$$\boldsymbol{f}_{v1,2k-1} = {}^{k-1}\boldsymbol{e}_{k,1}^{\times} + \cdots + {}^{k-1}\boldsymbol{e}_{k,8}^{\times} = \boldsymbol{f}_{v1,2k-1}(\theta_{2k-1},\theta_{2k}) \tag{7.11}$$

$$\boldsymbol{f}_{v2,2k-1} = {}^{k-1}\boldsymbol{e}_{k,1}^{\times}\,{}^{k-1}\boldsymbol{r}_{Ok,1} + \cdots + {}^{k-1}\boldsymbol{e}_{k,8}^{\times}\,{}^{k-1}\boldsymbol{r}_{Ok,8} = \boldsymbol{f}_{v2,2k-1}(\theta_{2k-1},\theta_{2k}) \tag{7.12}$$

$$\boldsymbol{f}_{v1,2k} = {}^{k-1}\boldsymbol{e}_{k,2}^{\times} + \cdots + {}^{k-1}\boldsymbol{e}_{k,7}^{\times} = \boldsymbol{f}_{v1,2k}(\theta_{2k-1},\theta_{2k}) \tag{7.13}$$

$$\boldsymbol{f}_{v2,2k} = {}^{k-1}\boldsymbol{e}_{k,2}^{\times}\,{}^{k-1}\boldsymbol{r}_{Ok,2} + \cdots + {}^{k-1}\boldsymbol{e}_{k,7}^{\times}\,{}^{k-1}\boldsymbol{r}_{Ok,7} = \boldsymbol{f}_{v2,2k}(\theta_{2k-1},\theta_{2k}) \tag{7.14}$$

7.2　整臂动态分段与同步规划策略

7.2.1　操作臂动态分段方法

针对受限非结构化环境的作业情况，将超冗余机器人的自由度进行动态分段，进入狭缝里面的部分称为内臂段，狭缝外面的部分称为外臂段，即超冗余机器人表现为强约束区与无约束区自由度的动态性。假设狭缝的立体空间表示为 $\Re_{\mathrm{slit}}$，空间第 m 段第 i 节（设共有 p 节）为进入段与狭缝初始截平面的边界，则外臂段部分可表示为 ${}^{0}\boldsymbol{f}_{\mathrm{out}}(\theta_1,\cdots,\theta_{2m})$，内臂段部分可表示为 ${}^{m,i}\boldsymbol{f}_{\mathrm{in}}(\boldsymbol{P}_{m,i},\boldsymbol{\varphi}_{m,i},\theta_{2m-1},\theta_{2m},\cdots,\theta_{2N-1},\theta_{2N})$。其中，内臂段的自由度为 $2(N-m)$，外臂段自由度为 $2m$，可以看出整个超冗余机器人内外臂段的自由度是动态变化的，它们分别满足不同的约束类型，实现非结构化环境的轨迹规划。定义狭缝初始截平面方程 π 为

$$Ax + By + Cz + D = 0 \tag{7.15}$$

则第 m 段第 i 节的末端点 $P_{m,i}$ 到 π 的距离为

$$d_{m,i} = \frac{|Ax_{m,i} + By_{m,i} + Cz_{m,i} + D|}{\sqrt{A^2 + B^2 + C^2}} \tag{7.16}$$

当 $d_{m,i} \leqslant \delta_{\mathrm{d}}$ 时（δ_{d} 为阈值，可设定为一个子关节长度），表示第 m 段第 i 节是当前待进入狭缝的小节，此时内臂段部分需要进行末端定位和臂型优化，其关系可表示为

$$
{}^{m,i}\boldsymbol{f}_{\mathrm{in}}(\boldsymbol{P}_{m,i},\boldsymbol{\varphi}_{m,i},\theta_{2m-1},\theta_{2m},\cdots,\theta_{2N-1},\theta_{2N}):\begin{Bmatrix}{}^{m,i}\boldsymbol{P}_{N,p}(\theta_1,\cdots,\theta_{2m})\rightarrow\boldsymbol{P}_{\mathrm{ed}}\\{}^{m,i}\boldsymbol{\varphi}_{N,p}(\theta_1,\cdots,\theta_{2m})\rightarrow\boldsymbol{\varphi}_{\mathrm{ed}}\\({}^{m,i}\boldsymbol{P}_{m,i+1},\cdots,{}^{N,p-1}\boldsymbol{P}_{N,p})\in\Re_{\mathrm{slit}}\end{Bmatrix} \tag{7.17}
$$

外臂段部分需要躲避障碍物，同时需要保证第 m 段第 i 节顺利进入狭缝平面，即有

$$
{}^{0}\boldsymbol{f}_{\mathrm{out}}(\theta_1,\cdots,\theta_{2m})=\begin{Bmatrix}\overrightarrow{P_{m,i-1}P_{m,i}}\in\Re_{\mathrm{slit}}\\|\overrightarrow{P_{j,k}P_{\mathrm{obs}}}|-r_{\mathrm{obs}}\geqslant d_{\mathrm{saf}}\end{Bmatrix} \tag{7.18}
$$

7.2.2　末端位姿与臂型同步规划策略

狭缝穿越是典型的对机器人末端位姿和整臂臂型都有严格约束的任务，对于此，提出末端位姿与臂型同步轨迹规划方法，流程图如图 7.9 所示。

主要步骤如下。

(1) 通过计算进入段与狭缝初始截平面边界的距离，对超冗余机器人进行动态分段，分为确定进入狭缝部分的臂段(称为内臂段) 和在狭缝外的臂段(称为外臂段)，由于在运动过程中内臂段和外臂段是动态变化的，外臂段所属臂杆不断变少而内臂段所属臂杆不断增加，故称为动态分段。

(2) 根据动态分段结果，计算 t 时刻超冗余机器人内臂段 ${}^{m,i}\boldsymbol{f}_{\mathrm{in}}$ 与外臂段 ${}^{0}\boldsymbol{f}_{\mathrm{out}}$ 的约束关系，进而得到期望的末端位姿与实际位姿之间的偏差 $\Delta\boldsymbol{X}_{\mathrm{e}}(t)=\begin{bmatrix}\Delta\boldsymbol{P}_{\mathrm{e}}(t)\\\Delta\boldsymbol{\varphi}_{\mathrm{e}}(t)\end{bmatrix}$、内臂段臂型与狭缝平面的关系(臂型线约束或臂型面约束)，以及障碍物与超冗余机器人臂杆的最近距离，判断各变量是否满足阈值条件。若满足，则结束；否则，执行下一步。

(3) 建立内臂段带有臂型约束的雅可比矩阵(线约束雅可比矩阵 $\boldsymbol{J}_{\mathrm{Line}}$ 或面约束雅可比矩阵 $\boldsymbol{J}_{\mathrm{Surf}}$，详细推导参见 7.3 节和 7.4 节)，并与传统雅可比矩阵 $\boldsymbol{J}_{\mathrm{g}}$ 合成为带有臂型约束的扩展雅可比矩阵($\tilde{\boldsymbol{J}}_{\mathrm{gLine}}$ 或 $\hat{\boldsymbol{J}}_{\mathrm{gn}}$)。

(4) 基于扩展雅可比矩阵进行冗余性分解，计算带有距离约束的梯度矩阵 $\nabla\boldsymbol{H}_{\mathrm{d}}$。

(5) 求得 t 时刻的位姿偏差和内臂段臂型偏差后，根据建立的扩展雅可比矩阵与梯度矩阵，采用速度级逆运动学进行速度分解，计算得到各关节角速度的最小范数解，同时利用其零空间做避障规划。

(6) 规划得到关节角速度后，采用数值积分得到各关节的期望角度。

(7) 判断运行时间 t 是否大于最大限制时间 $t_{\max}$，若大于，则结束任务；若不满足要求，则转步骤(1)，继续迭代。

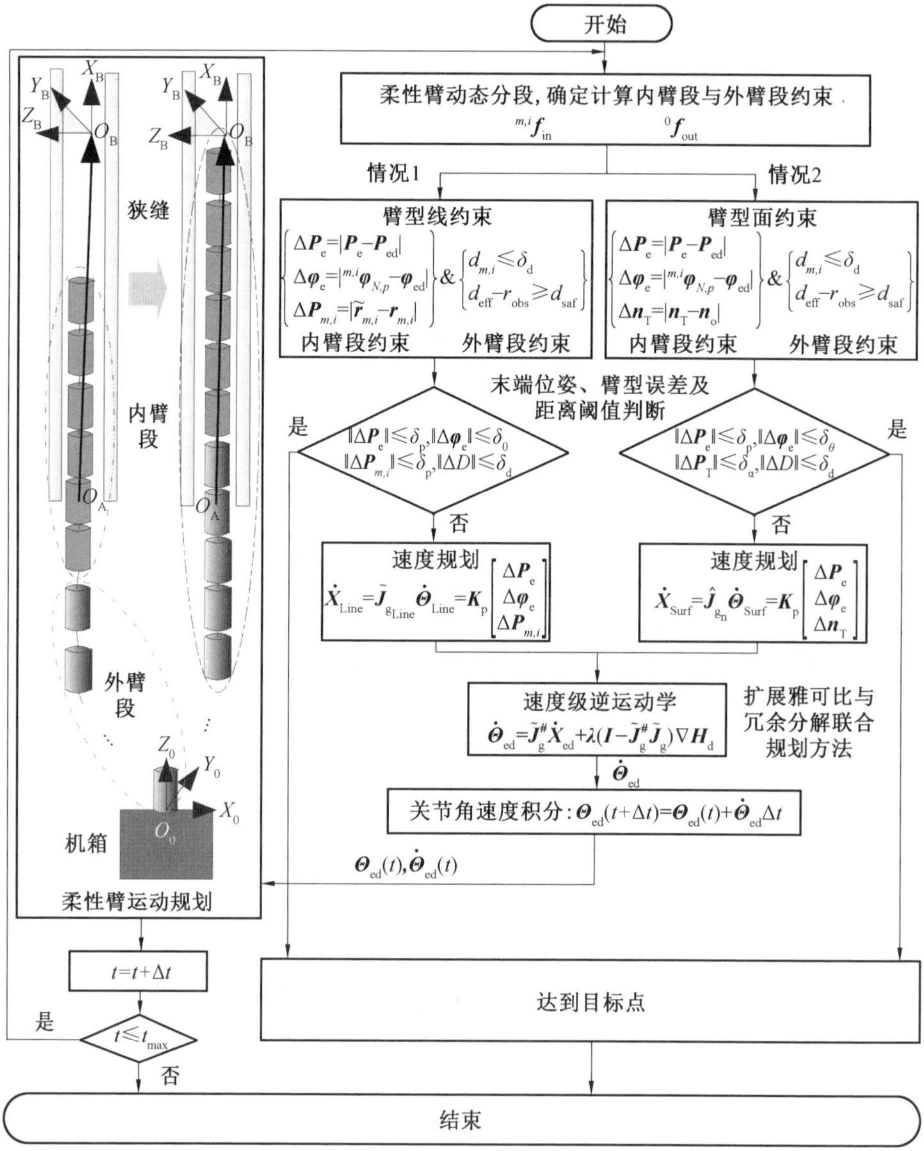

开始

柔性臂动态分段，确定计算内臂段与外臂段约束

${}^{m,i}\boldsymbol{f}_{\text{in}}$　${}^{0}\boldsymbol{f}_{\text{out}}$

情况1

臂型线约束

$\begin{cases}\Delta\boldsymbol{P}_{\text{e}}=|\boldsymbol{P}_{\text{e}}-\boldsymbol{P}_{\text{ed}}|\\ \Delta\boldsymbol{\varphi}_{\text{e}}=|{}^{m,i}\boldsymbol{\varphi}_{N,p}-\boldsymbol{\varphi}_{\text{ed}}|\\ \Delta\boldsymbol{P}_{m,i}=|\tilde{\boldsymbol{r}}_{m,i}-\boldsymbol{r}_{m,i}|\end{cases}\&\begin{cases}d_{m,i}\leqslant\delta_{\text{d}}\\ d_{\text{eff}}-r_{\text{obs}}\geqslant d_{\text{saf}}\end{cases}$

内臂段约束　外臂段约束

情况2

臂型面约束

$\begin{cases}\Delta\boldsymbol{P}_{\text{e}}=|\boldsymbol{P}_{\text{e}}-\boldsymbol{P}_{\text{ed}}|\\ \Delta\boldsymbol{\varphi}_{\text{e}}=|{}^{m,i}\boldsymbol{\varphi}_{N,p}-\boldsymbol{\varphi}_{\text{ed}}|\\ \Delta\boldsymbol{n}_{\text{T}}=|\boldsymbol{n}_{\text{T}}-\boldsymbol{n}_{\text{o}}|\end{cases}\&\begin{cases}d_{m,i}\leqslant\delta_{\text{d}}\\ d_{\text{eff}}-r_{\text{obs}}\geqslant d_{\text{saf}}\end{cases}$

内臂段约束　外臂段约束

末端位姿、臂型误差及距离阈值判断

$\|\Delta\boldsymbol{P}_{\text{e}}\|\leqslant\delta_{\text{p}},\|\Delta\boldsymbol{\varphi}_{\text{e}}\|\leqslant\delta_{0}$
$\|\Delta\boldsymbol{P}_{m,i}\|\leqslant\delta_{\text{p}},\|\Delta D\|\leqslant\delta_{\text{d}}$

$\|\Delta\boldsymbol{P}_{\text{e}}\|\leqslant\delta_{\text{p}},\|\Delta\boldsymbol{\varphi}_{\text{e}}\|\leqslant\delta_{\theta}$
$\|\Delta\boldsymbol{P}_{\text{T}}\|\leqslant\delta_{\alpha},\|\Delta D\|\leqslant\delta_{\text{d}}$

是　否　是　否

速度规划

$\dot{\boldsymbol{X}}_{\text{Line}}=\tilde{\boldsymbol{J}}_{\text{g}_{\text{Line}}}\dot{\boldsymbol{\Theta}}_{\text{Line}}=\boldsymbol{K}_{\text{p}}\begin{bmatrix}\Delta\boldsymbol{P}_{\text{e}}\\ \Delta\boldsymbol{\varphi}_{\text{e}}\\ \Delta\boldsymbol{P}_{m,i}\end{bmatrix}$

速度规划

$\dot{\boldsymbol{X}}_{\text{Surf}}=\hat{\boldsymbol{J}}_{\text{g}_{\text{n}}}\dot{\boldsymbol{\Theta}}_{\text{Surf}}=\boldsymbol{K}_{\text{p}}\begin{bmatrix}\Delta\boldsymbol{P}_{\text{e}}\\ \Delta\boldsymbol{\varphi}_{\text{e}}\\ \Delta\boldsymbol{n}_{\text{T}}\end{bmatrix}$

速度级逆运动学

$\dot{\boldsymbol{\Theta}}_{\text{ed}}=\tilde{\boldsymbol{J}}_{\text{g}}^{\#}\dot{\boldsymbol{X}}_{\text{ed}}+\lambda(\boldsymbol{I}-\tilde{\boldsymbol{J}}_{\text{g}}^{\#}\tilde{\boldsymbol{J}}_{\text{g}})\nabla\boldsymbol{H}_{\text{d}}$

扩展雅可比与冗余分解联合规划方法

$\dot{\boldsymbol{\Theta}}_{\text{ed}}$

关节角速度积分：$\boldsymbol{\Theta}_{\text{ed}}(t+\Delta t)=\boldsymbol{\Theta}_{\text{ed}}(t)+\dot{\boldsymbol{\Theta}}_{\text{ed}}\Delta t$

$\boldsymbol{\Theta}_{\text{ed}}(t),\dot{\boldsymbol{\Theta}}_{\text{ed}}(t)$

X_{B}　Y_{B}　Z_{B}　O_{B}　狭缝　内臂段　O_{A}　外臂段　Z_0　Y_0　X_0　O_0　机箱

柔性臂运动规划

$t=t+\Delta t$

是　$t\leqslant t_{\max}$　否

达到目标点

结束

图 7.9　末端位姿与臂型同步轨迹规划方法流程图

下面将具体介绍基于臂型线约束和臂型面约束的同步规划方法。

7.3　基于臂型线约束的同步规划方法

7.3.1　基于臂型线约束的同步规划思想

由于关节角受限，将内臂段自由度固定的做法容易导致超冗余机器人的可行阈变小，使其应用范围受限。鉴于此，将超冗余机器人的末端相对于待进入节的起点方向与规划轨迹的切线方向保持一致，它们之间的欧几里得距离保持为最大距离（伸直状态）。如图 7.10 所示，超冗余机器人最后一节进入，保持第 $i-1$ 节的起点与最后一节终点的位置矢量为

$$\tilde{\boldsymbol{r}}_{N,i-1} = (l_{N,i} + l_{N,i-1})\boldsymbol{n}_{O_AO_B} \tag{7.19}$$

式中　$l_{N,i}$——第 N 段第 i 节臂段的长度；

$\boldsymbol{n}_{O_AO_B}$——O_AO_B 直线轨迹的单位向量。

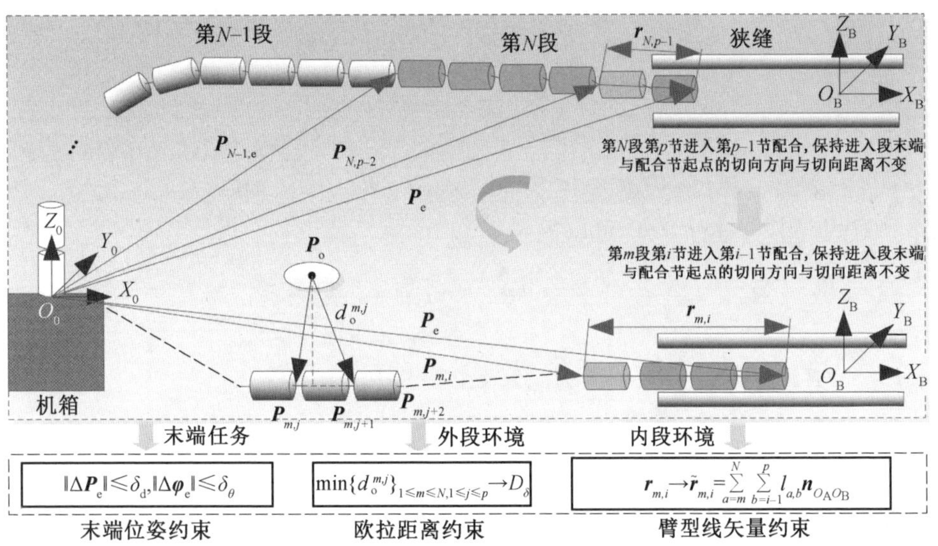

图 7.10　基于臂型线约束的同步规划思想

对于任意的第 m 段第 i 节进入狭缝，第 $i-1$ 节的位置矢量约束可表示为

$$\tilde{\boldsymbol{r}}_{m,i} = \sum_{a=m}^{N}\sum_{b=i-1}^{p} l_{a,b}\boldsymbol{n}_{O_AO_B} \tag{7.20}$$

式(7.20)为狭缝内臂段的臂型线约束，臂型外面的臂段为了防止与环境中的障碍物发生碰撞，将环境障碍物用一个以 P_o 为球心，$r_{obs}=d_o^{m,j}$ 为半径的球进

行包络，通过判断球心到距其最近臂段的欧拉距离保证外臂段的安全规划，即欧拉距离约束为

$$\tilde{d}_{o}^{m,j} \geqslant d_{o}^{m,j} + d_{saf} \tag{7.21}$$

式中　d_{saf}—— 安全阈值。

末端的位姿按期望的轨迹进行规划，同时考虑上述位置矢量约束与距离约束，从而保证超冗余机器人进入狭缝的同时既不与狭缝壁发生接触，又不与外界环境障碍物发生碰撞。于是超冗余机器人的规划可以分解为以下两方面。

(1) 通过扩展雅可比矩阵一方面保证末端指向期望的位姿，另一方面保证运动过程中内臂段伸直并与狭缝平面平行，即内臂段满足${}^{m,i}\boldsymbol{f}_{in}$ 的条件。

(2) 通过冗余分解法保证外臂段不与障碍物发生碰撞，同时满足待进入节顺利进入狭缝，即外臂段满足${}^{0}\boldsymbol{f}_{out}$ 的条件。

7.3.2　基于臂型线约束的扩展雅可比矩阵

超冗余机器人末端到任意参考点(以第 m 段第 i 小节末端为参考) 的位置矢量为

$$\boldsymbol{r}_{m,i} = \boldsymbol{P}_{e} - \boldsymbol{P}_{m,i} = \boldsymbol{R}_{m,i}\,{}^{m,i}\boldsymbol{t}_{e} \tag{7.22}$$

式中

$$\boldsymbol{R}_{m,i} = ({}^{0}\boldsymbol{R}_{1,1}\cdots{}^{1,p-1}\boldsymbol{R}_{1,p})\cdots({}^{m,1}\boldsymbol{R}_{m,2}\cdots{}^{m,i-1}\boldsymbol{R}_{m,i})$$

对式(7.22) 进行微分，可以得到

$$\begin{aligned}\frac{\partial \boldsymbol{r}_{m,i}}{\partial t} = \sum_{m=1}^{n}\Bigg(&{}^{0}\boldsymbol{R}_{m-1,2p}\frac{\partial^{m-1,2p}\boldsymbol{R}_{m,1}}{\partial\theta_{2m-1}}\,{}^{m,1}\boldsymbol{R}_{m,i}\,{}^{m,i}\boldsymbol{t}_{e}\dot{\theta}_{2m-1} + \\ &{}^{0}\boldsymbol{R}_{m-1,2p}\frac{\partial^{m-1,2p}\boldsymbol{R}_{m,1}}{\partial\theta_{2m}}\,{}^{m,1}\boldsymbol{R}_{m,i}\,{}^{m,i}\boldsymbol{t}_{e}\dot{\theta}_{2m} + \cdots + \\ &{}^{0}\boldsymbol{R}_{m,i-1}\frac{\partial^{m,i-1}\boldsymbol{R}_{m,i}}{\partial\theta_{2m-1}}\,{}^{m,i}\boldsymbol{t}_{e}\dot{\theta}_{2m-1} + {}^{0}\boldsymbol{R}_{m,i-1}\frac{\partial^{m,i-1}\boldsymbol{R}_{m,i}}{\partial\theta_{2m}}\,{}^{m,i}\boldsymbol{t}_{e}\dot{\theta}_{2m}\Bigg)\end{aligned} \tag{7.23}$$

式中　${}^{0}\boldsymbol{R}_{m,k}$—— 从{0} 号系到第 m 段第 k 节的{$2p(m-1)+k$} 号坐标系的姿态转换矩阵；

${}^{m,1}\boldsymbol{R}_{m,i}$—— 第 m 段第 1 节的{$2p(m-1)+1$} 号坐标系到第 i 节的{$2p(m-1)+i$} 号坐标系的姿态转换矩阵。

将式(7.23) 写成矩阵的形式，即有

$$\boldsymbol{J}_{\text{Line}}\dot{\boldsymbol{\Theta}}=\dot{\boldsymbol{r}}_{m,i}=\begin{bmatrix}\left[\sum_{i=1}^{2p}\left({}^{0}\boldsymbol{R}_{1,i-1}\dfrac{\partial^{1,i-1}\boldsymbol{R}_{1,i}}{\partial\theta_1}{}^{1,i}\boldsymbol{R}_{1,2p}\right)\cdots{}^{m,1}\boldsymbol{R}_{m,i}{}^{m,i}\boldsymbol{t}_{\text{e}}\right]^{\text{T}}\\\left[\sum_{i=1}^{2p}\left({}^{0}\boldsymbol{R}_{1,i-1}\dfrac{\partial^{1,i-1}\boldsymbol{R}_{1,i}}{\partial\theta_2}{}^{1,i}\boldsymbol{R}_{1,2p}\right)\cdots{}^{m,1}\boldsymbol{R}_{m,i}{}^{m,i}\boldsymbol{t}_{\text{e}}\right]^{\text{T}}\\\vdots\\\left(\sum_{i=1}^{2p}{}^{0}\boldsymbol{R}_{m,i-1}\dfrac{\partial^{m,i-1}\boldsymbol{R}_{m,i}}{\partial\theta_{2m-1}}{}^{m,i}\boldsymbol{t}_{\text{e}}+{}^{0}\boldsymbol{R}_{m,i}\dfrac{\partial^{m,i}\boldsymbol{t}_{\text{e}}}{\partial\theta_{2m-1}}\right)^{\text{T}}\\\left(\sum_{i=1}^{2p}{}^{0}\boldsymbol{R}_{m,i-1}\dfrac{\partial^{m,i-1}\boldsymbol{R}_{m,i}}{\partial\theta_{2m}}{}^{m,i}\boldsymbol{t}_{\text{e}}+{}^{0}\boldsymbol{R}_{m,i}\dfrac{\partial^{m,i}\boldsymbol{t}_{\text{e}}}{\partial\theta_{2m}}\right)^{\text{T}}\\\vdots\\\left({}^{0}\boldsymbol{R}_{m,i}\dfrac{\partial^{m,i}\boldsymbol{t}_{\text{e}}}{\partial\theta_{2N-1}}\right)^{\text{T}}\\\left({}^{0}\boldsymbol{R}_{m,i}\dfrac{\partial^{m,i}\boldsymbol{t}_{\text{e}}}{\partial\theta_{2N}}\right)^{\text{T}}\end{bmatrix}^{\text{T}}\begin{bmatrix}\dot{\theta}_1\\\dot{\theta}_2\\\vdots\\\dot{\theta}_{2m-1}\\\dot{\theta}_{2m}\\\vdots\\\dot{\theta}_{2N-1}\\\dot{\theta}_{2N}\end{bmatrix}\in\mathbf{R}^{3\times 2N}\tag{7.24}$$

式中　${}^{0}\boldsymbol{R}_{m,0}={}^{m,k}\boldsymbol{R}_{m,k}=\boldsymbol{E}_3$，$\boldsymbol{E}_3$ 为 3×3 的单位矩阵。

联立式(7.3) 和式(7.24)，带有臂型线约束的扩展雅可比矩阵可表示为

$$\widetilde{\boldsymbol{J}}_{\text{gLine}}=\begin{bmatrix}\boldsymbol{J}_{\text{g}}\\\boldsymbol{J}_{\text{Line}}\end{bmatrix}\in\mathbf{R}^{9\times 2n}\tag{7.25}$$

7.3.3　冗余性分解

假设空间任意三维点P_{o}的三维坐标为$(x_{\text{o}},y_{\text{o}},z_{\text{o}})$，超冗余机器人关节处任意相邻两点 $P_{m,j}$ 与 $P_{m,j+1}$ 的三维坐标分别为 $(x_{m,j},y_{m,j},z_{m,j})$ 与 $(x_{m,j+1},y_{m,j+1},z_{m,j+1})$，则任意点$P_{\text{o}}$到直线$\overrightarrow{P_{m,j}P_{m,j+1}}$的欧拉距离可表示为

$$d_{\text{o}}=\frac{\sqrt{|\overrightarrow{P_{\text{o}}P_{m,j}}|^2\cdot|\overrightarrow{P_{\text{o}}P_{m,j+1}}|^2-|\overrightarrow{P_{\text{o}}P_{m,j}}\cdot\overrightarrow{P_{\text{o}}P_{m,j+1}}|^2}}{|\overrightarrow{P_{m,j}P_{m,j+1}}|}\tag{7.26}$$

遍历整个超冗余机器人所有关节，取所有连杆中离目标点最近的那节作为目标距离搜索范围，即有

$$d_{\text{eff}}=\min\{d_{\text{o}}^{m,j}\}_{1\leqslant m\leqslant N,1\leqslant j\leqslant p}\tag{7.27}$$

令 $D_{\text{o}}=d_{\text{eff}}^2$，将 D_{o} 对 $\boldsymbol{\Theta}$ 求导，可以得到

$$\frac{\partial D_{\text{o}}}{\partial\boldsymbol{\Theta}}=\frac{1}{l_{m,j}^2}\left(a_x\frac{\partial x_{m,j}}{\partial\boldsymbol{\Theta}}+a_y\frac{\partial y_{m,j}}{\partial\boldsymbol{\Theta}}+a_z\frac{\partial z_{m,j}}{\partial\boldsymbol{\Theta}}+b_x\frac{\partial x_{m,j+1}}{\partial\boldsymbol{\Theta}}+b_y\frac{\partial y_{m,j+1}}{\partial\boldsymbol{\Theta}}+b_z\frac{\partial z_{m,j+1}}{\partial\boldsymbol{\Theta}}\right)\tag{7.28}$$

式中

$$\frac{\partial x_{m,i}}{\partial \boldsymbol{\Theta}}={}^{0}\boldsymbol{J}_{m,i}(1,:),\quad \frac{\partial y_{m,i}}{\partial \boldsymbol{\Theta}}={}^{0}\boldsymbol{J}_{m,i}(2,:),\quad \frac{\partial z_{m,i}}{\partial \boldsymbol{\Theta}}={}^{0}\boldsymbol{J}_{m,i}(3,:)$$

$$\begin{bmatrix} a_x \\ a_y \\ a_z \\ b_x \\ b_y \\ b_z \end{bmatrix}=\begin{bmatrix} 2y_{m,j+1}^2 x_{m,j}+2z_{m,j+1}^2 x_{m,j}-y_o-z_o \\ 2x_{m,j+1}^2 y_{m,j}+2z_{m,j+1}^2 y_{m,j}-x_o-z_o \\ 2x_{m,j+1}^2 z_{m,j}+2y_{m,j+1}^2 z_{m,j}-x_o-y_o \\ 2y_{m,j+1}^2 x_{m,j+1}+2z_{m,j}^2 x_{m,j+1}-y_o-z_o \\ 2x_{m,j+1}^2 y_{m,j+1}+2z_{m,j}^2 y_{m,j+1}-x_o-z_o \\ 2x_{m,j+1}^2 z_{m,j+1}+2y_{m,j}^2 z_{m,j+1}-x_o-y_o \end{bmatrix} \tag{7.29}$$

避障函数的定义如下：

$$\boldsymbol{H}_{\mathrm{d}}(\boldsymbol{\Theta})=\begin{cases}\lambda(d_{\mathrm{eff}}-d_{\mathrm{saf}})^2 & (d_{\mathrm{eff}}\leqslant d_{\mathrm{saf}}) \\ 0 & (\text{其他})\end{cases} \tag{7.30}$$

式中 λ—— 介于[0,1]的权值比例系数；

d_{saf}—— 安全距离。

于是，基于距离约束的梯度投影矩阵为

$$\nabla\boldsymbol{H}_{\mathrm{d}}(\boldsymbol{\Theta})=\begin{cases}\dfrac{\lambda}{d_{\mathrm{eff}}}(d_{\mathrm{eff}}-d_{\mathrm{saf}})\dfrac{\partial D_o}{\partial \boldsymbol{\Theta}}=f({}^{0}\boldsymbol{J}_{m,j},{}^{0}\boldsymbol{J}_{m,j+1})\in \mathbf{R}^{2N} & (d_{\mathrm{eff}}\leqslant d_{\mathrm{saf}}) \\ \boldsymbol{0} & (\text{其他})\end{cases} \tag{7.31}$$

为了提高计算效率，同时更有效地避开障碍物，λ 的选取规则为

$$\lambda=\begin{cases}0 & (d_{\mathrm{eff}}\geqslant d_{\mathrm{saf}}) \\ \dfrac{(d_{\mathrm{eff}}-d_{\mathrm{saf}})^2}{d_{\mathrm{saf}}^2}\lambda_{\max} & (0<d_{\mathrm{eff}}<d_{\mathrm{saf}})\end{cases} \tag{7.32}$$

式中 $\lambda_{\max}$——λ 的最大值。

根据动态分段的定义，超冗余机器人内外臂段的运动需要满足

$${}^{m,i}\boldsymbol{f}_{\mathrm{in}}(\boldsymbol{P}_{m,i},\boldsymbol{\varphi}_{m,i},\theta_{2m-1},\theta_{2m},\cdots,\theta_{2N-1},\theta_{2N}):\begin{Bmatrix}\Delta\boldsymbol{P}_{\mathrm{e}}=\boldsymbol{P}_{\mathrm{e}}(\theta_1,\cdots,\theta_{2N})-\boldsymbol{P}_{\mathrm{ed}}\to\boldsymbol{0} \\ \Delta\boldsymbol{\varphi}_{\mathrm{e}}={}^{m,i}\boldsymbol{\varphi}_{N,p}(\theta_1,\cdots,\theta_{2N})-\boldsymbol{\varphi}_{\mathrm{ed}}\to\boldsymbol{0} \\ \Delta\boldsymbol{P}_{m,i}=\tilde{\boldsymbol{r}}_{m,i}-\boldsymbol{r}_{m,i}\to\boldsymbol{0}\end{Bmatrix} \tag{7.33}$$

$${}^{0}\boldsymbol{f}_{\mathrm{out}}(\theta_1,\cdots,\theta_{2m}):\begin{Bmatrix}d_{m,i}\leqslant\delta_{\mathrm{d}} \\ d_{\mathrm{eff}}-r_{\mathrm{obs}}\geqslant d_{\mathrm{saf}}\end{Bmatrix} \tag{7.34}$$

进一步地，机器人末端位姿偏差、臂型位置约束与角速度的关系可描述为

$$\dot{\boldsymbol{X}}_{\text{Line}}=\tilde{\boldsymbol{J}}_{\text{gLine}}\dot{\boldsymbol{\Theta}}_{\text{Line}}=\boldsymbol{K}_{\text{p}}\begin{bmatrix}\Delta\boldsymbol{P}_{\text{e}}\\\Delta\boldsymbol{\varphi}_{\text{e}}\\\Delta\boldsymbol{P}_{m,i}\end{bmatrix}\tag{7.35}$$

式中　$\boldsymbol{K}_{\text{p}}$——增益矩阵；

$\Delta\boldsymbol{P}_{\text{e}}$、$\Delta\boldsymbol{\varphi}_{\text{e}}$——末端的位置偏差和姿态偏差；

$\Delta\boldsymbol{P}_{m,i}$——臂型线距离偏差。

将扩展雅可比矩阵用于速度分解，根据式(7.35)可得机器人关节角速度为

$$\dot{\boldsymbol{\Theta}}_{\text{Line}}=\tilde{\boldsymbol{J}}^{\#}_{\text{gLine}}\boldsymbol{K}_{\text{p}}\begin{bmatrix}\Delta\boldsymbol{P}_{\text{e}}\\\Delta\boldsymbol{\varphi}_{\text{e}}\\\Delta\boldsymbol{P}_{m,i}\end{bmatrix}+\lambda(\boldsymbol{I}-\tilde{\boldsymbol{J}}^{\#}_{\text{gLine}}\tilde{\boldsymbol{J}}_{\text{gLine}})\nabla\boldsymbol{H}_{\text{d}}\tag{7.36}$$

式中　$\tilde{\boldsymbol{J}}^{\#}_{\text{gLine}}$——臂型线约束下广义雅可比矩阵的伪逆矩阵。

7.4　基于臂型面约束的同步规划方法

7.4.1　基于臂型面约束的同步规划思想

根据狭缝空间的特点，与超冗余机器人可能接触的约束条件为平面，可以通过控制进入段臂型面的法向量来实现狭小空间的作业任务。如图 7.11 所示，假设超冗余机器人末端到第 m 段第 i 节的位置矢量为 ${}^{\text{e}}\boldsymbol{r}_{m,i}$，末端控制点与任意两个节点组成的平面可表示为 $P_{\text{e}}P_{N,i}P_{N,j}$，其法向量可表示为

$$\boldsymbol{n}_{i,j}=\overrightarrow{P_{\text{e}}P_{N,i}}\times\overrightarrow{P_{\text{e}}P_{N,j}}\tag{7.37}$$

将狭缝平面的法向量定义为期望值 $\boldsymbol{n}_{\text{ed}}$，定义一个目标向量 $\boldsymbol{n}_{\text{T}}=\boldsymbol{n}_{i,j}\times\boldsymbol{n}_{\text{ed}}$，使目标向量趋向于零即为超冗余机器人穿越过程中臂型平面约束的优化指标，即

$$\max\boldsymbol{n}_{\text{T}}=\{\boldsymbol{n}_{i,j}\times\boldsymbol{n}_{\text{ed}}\}_{i\neq j}=\left\{(\overrightarrow{P_{\text{e}}P_{m,i}}\times\overrightarrow{P_{\text{e}}P_{N,j}})\times\boldsymbol{n}_{\text{ed}}\right\}_{\max}\to\boldsymbol{0}\tag{7.38}$$

于是超冗余机器人的规划可以分解为以下两方面。

(1) 根据扩展雅可比矩阵一方面保证末端指向期望的位姿，另一方面保证运动过程中内臂段面的法向量与狭缝平面的法向量平行，即内臂段满足 ${}^{m,i}\boldsymbol{f}_{\text{in}}$ 的条件。

(2) 通过冗余分解保证外臂段不与障碍物发生碰撞,同时满足待进入节顺利进入狭缝,即外臂段满足${}^{0}\boldsymbol{f}_{\text{out}}$的条件。

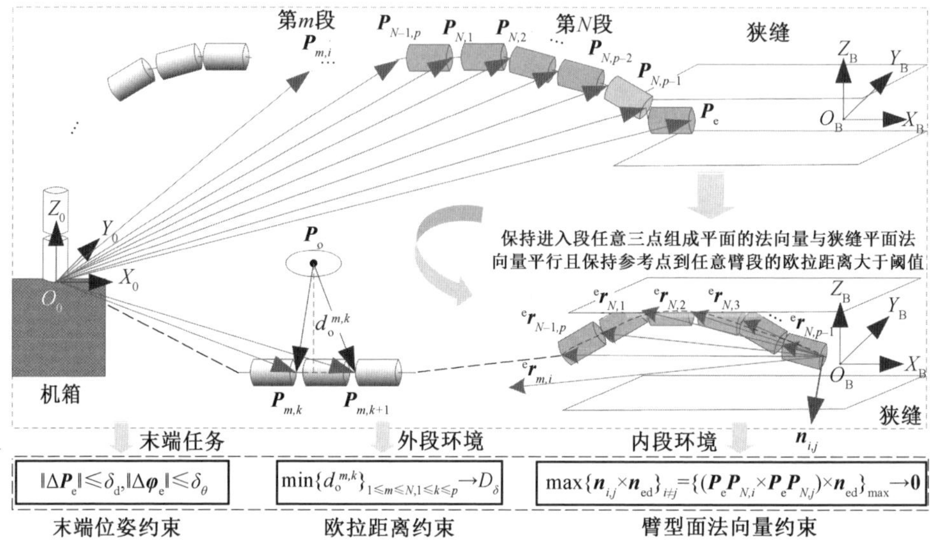

图 7.11　基于臂型面约束的同步规划思想

臂型面约束可以采用臂型面法向量约束和臂型角约束两种方式,下面分别进行介绍。

7.4.2　臂型面法向量约束的扩展雅可比矩阵

为了方便表达,记

$$\boldsymbol{n}_{\text{ed}}^{iN}=[n_{iN,x0}\quad n_{iN,y0}\quad n_{iN,z0}]^{\text{T}}$$

$$\overrightarrow{P_{\text{e}}P_{N,i}}=[x_{N,i}-x_{\text{e}}\quad y_{N,i}-y_{\text{e}}\quad z_{N,i}-z_{\text{e}}]^{\text{T}}$$

$$\overrightarrow{P_{\text{e}}P_{N,j}}=[x_{N,j}-x_{\text{e}}\quad y_{N,j}-y_{\text{e}}\quad z_{N,j}-z_{\text{e}}]^{\text{T}}$$

于是,内臂段臂型面的法向量可表示为

$$\boldsymbol{n}_{i,j}^{iN}=\begin{bmatrix}n_{iN,x}\\n_{iN,y}\\n_{iN,z}\end{bmatrix}=(\boldsymbol{P}_{N,i}-\boldsymbol{P}_{\text{e}})\times(\boldsymbol{P}_{N,j}-\boldsymbol{P}_{\text{e}})=\boldsymbol{P}_{N,i}^{\times}\boldsymbol{P}_{N,j}-\boldsymbol{P}_{N,i}^{\times}\boldsymbol{P}_{\text{e}}-\boldsymbol{P}_{\text{e}}^{\times}\boldsymbol{P}_{N,j}\tag{7.39}$$

其中,对于任意向量$\boldsymbol{n}=[p_x\quad p_y\quad p_z]^{\text{T}}$,其反对称矩阵为

$$\boldsymbol{n}^{\times}=\begin{bmatrix}0&-p_z&p_y\\p_z&0&-p_x\\-p_y&p_x&0\end{bmatrix}$$

进一步地,目标法向量为

$$\boldsymbol{n}_{\mathrm{T}}=\begin{bmatrix}n_{x\mathrm{T}}\\ n_{y\mathrm{T}}\\ n_{z\mathrm{T}}\end{bmatrix}=\boldsymbol{n}_{i,j}^{iN}\times\boldsymbol{n}_{\mathrm{ed}}=(\boldsymbol{P}_{N,i}^{\times}\boldsymbol{P}_{N,j}-\boldsymbol{P}_{N,i}^{\times}\boldsymbol{P}_{\mathrm{e}}-\boldsymbol{P}_{\mathrm{e}}^{\times}\boldsymbol{P}_{N,j})^{\times}\cdot\begin{bmatrix}n_{iN,x0}\\ n_{iN,y0}\\ n_{iN,z0}\end{bmatrix}\tag{7.40}$$

将式(7.40)对 $\boldsymbol{\Theta}$ 求导,可以得到以下方程:

$$\frac{\partial n_{x\mathrm{T}}}{\partial\boldsymbol{\Theta}}=\boldsymbol{f}(\boldsymbol{J}_{xx},\boldsymbol{J}_{\mathrm{g}},{}^{0}\boldsymbol{J}_{N,j},{}^{0}\boldsymbol{J}_{N,j+1})=a_{11}\frac{\partial x_{N,i}}{\partial\boldsymbol{\Theta}}+a_{12}\frac{\partial y_{N,i}}{\partial\boldsymbol{\Theta}}+a_{13}\frac{\partial z_{N,i}}{\partial\boldsymbol{\Theta}}+a_{21}\frac{\partial x_{N,j}}{\partial\boldsymbol{\Theta}}+a_{22}\frac{\partial y_{N,j}}{\partial\boldsymbol{\Theta}}+a_{23}\frac{\partial z_{N,j}}{\partial\boldsymbol{\Theta}}+a_{31}\frac{\partial x_{\mathrm{e}}}{\partial\boldsymbol{\Theta}}+a_{32}\frac{\partial y_{\mathrm{e}}}{\partial\boldsymbol{\Theta}}+a_{33}\frac{\partial z_{\mathrm{e}}}{\partial\boldsymbol{\Theta}}\tag{7.41}$$

$$\frac{\partial n_{y\mathrm{T}}}{\partial\boldsymbol{\Theta}}=\boldsymbol{f}(\boldsymbol{J}_{yy},\boldsymbol{J}_{\mathrm{g}},{}^{0}\boldsymbol{J}_{N,j},{}^{0}\boldsymbol{J}_{N,j+1})=b_{11}\frac{\partial x_{N,i}}{\partial\boldsymbol{\Theta}}+b_{12}\frac{\partial y_{N,i}}{\partial\boldsymbol{\Theta}}+b_{13}\frac{\partial z_{N,i}}{\partial\boldsymbol{\Theta}}+b_{21}\frac{\partial x_{N,j}}{\partial\boldsymbol{\Theta}}+b_{22}\frac{\partial y_{N,j}}{\partial\boldsymbol{\Theta}}+b_{23}\frac{\partial z_{N,j}}{\partial\boldsymbol{\Theta}}+b_{31}\frac{\partial x_{\mathrm{e}}}{\partial\boldsymbol{\Theta}}+b_{32}\frac{\partial y_{\mathrm{e}}}{\partial\boldsymbol{\Theta}}+b_{33}\frac{\partial z_{\mathrm{e}}}{\partial\boldsymbol{\Theta}}\tag{7.42}$$

$$\frac{\partial n_{z\mathrm{T}}}{\partial\boldsymbol{\Theta}}=\boldsymbol{f}(\boldsymbol{J}_{zz},\boldsymbol{J}_{\mathrm{g}},{}^{0}\boldsymbol{J}_{N,j},{}^{0}\boldsymbol{J}_{N,j+1})=c_{11}\frac{\partial x_{N,i}}{\partial\boldsymbol{\Theta}}+c_{12}\frac{\partial y_{N,i}}{\partial\boldsymbol{\Theta}}+c_{13}\frac{\partial z_{N,i}}{\partial\boldsymbol{\Theta}}+c_{21}\frac{\partial x_{N,j}}{\partial\boldsymbol{\Theta}}+c_{22}\frac{\partial y_{N,j}}{\partial\boldsymbol{\Theta}}+c_{23}\frac{\partial z_{N,j}}{\partial\boldsymbol{\Theta}}+c_{31}\frac{\partial x_{\mathrm{e}}}{\partial\boldsymbol{\Theta}}+c_{32}\frac{\partial y_{\mathrm{e}}}{\partial\boldsymbol{\Theta}}+c_{33}\frac{\partial z_{\mathrm{e}}}{\partial\boldsymbol{\Theta}}\tag{7.43}$$

其中

$$\frac{\partial x_{\mathrm{e}}}{\partial\boldsymbol{\Theta}}=\boldsymbol{J}_{\mathrm{g}}(1,:),\quad\frac{\partial y_{\mathrm{e}}}{\partial\boldsymbol{\Theta}}=\boldsymbol{J}_{\mathrm{g}}(2,:),\quad\frac{\partial z_{\mathrm{e}}}{\partial\boldsymbol{\Theta}}=\boldsymbol{J}_{\mathrm{g}}(3,:)$$

$$\boldsymbol{J}_{xx}=\begin{bmatrix}a_{11}&a_{12}&a_{13}\\ a_{21}&a_{22}&a_{23}\\ a_{31}&a_{32}&a_{33}\end{bmatrix}=\begin{bmatrix}-n_{iN,z0}(z_{N,j}-z_{\mathrm{e}})-n_{iN,y0}(y_{N,j}-y_{\mathrm{e}}) & n_{iN,y0}(x_{N,j}-x_{\mathrm{e}}) & n_{iN,z0}(x_{N,j}-x_{\mathrm{e}})\\ n_{iN,z0}(z_{N,i}-z_{\mathrm{e}})+n_{iN,y0}(y_{N,i}-y_{\mathrm{e}}) & -n_{iN,y0}(x_{N,i}-x_{\mathrm{e}}) & -n_{iN,z0}(x_{N,i}-x_{\mathrm{e}})\\ n_{iN,z0}(z_{N,j}-z_{N,i})+n_{iN,y0}(y_{N,j}-y_{N,i}) & n_{iN,y0}(x_{N,i}-x_{N,j}) & n_{iN,z0}(x_{N,i}-x_{N,j})\end{bmatrix}\tag{7.44}$$

$$\boldsymbol{J}_{yy}=\begin{bmatrix}b_{11}&b_{12}&b_{13}\\ b_{21}&b_{22}&b_{23}\\ b_{31}&b_{32}&b_{33}\end{bmatrix}=\begin{bmatrix}n_{iN,x0}(y_{N,j}-y_{\mathrm{e}}) & -n_{iN,z0}(z_{N,j}-z_{\mathrm{e}})-n_{iN,x0}(x_{N,j}-x_{\mathrm{e}}) & n_{iN,z0}(y_{N,j}-y_{\mathrm{e}})\\ -n_{iN,x0}(y_{N,i}-y_{\mathrm{e}}) & n_{iN,z0}(z_{N,i}-z_{\mathrm{e}})+n_{iN,x0}(x_{N,i}-x_{\mathrm{e}}) & -n_{iN,z0}(y_{N,i}-y_{\mathrm{e}})\\ n_{iN,x0}(y_{N,i}-y_{N,j}) & n_{iN,z0}(z_{N,j}-z_{N,i})+n_{iN,x0}(x_{N,j}-x_{N,i}) & n_{iN,z0}(y_{N,i}-y_{N,j})\end{bmatrix}\tag{7.45}$$

$$\boldsymbol{J}_{zz}=\begin{bmatrix}c_{11} & c_{12} & c_{13}\\ c_{21} & c_{22} & c_{23}\\ c_{31} & c_{32} & c_{33}\end{bmatrix}=$$

$$\begin{bmatrix}n_{iN,x0}(z_{N,j}-y_{\mathrm{e}}) & n_{iN,y0}(z_{N,j}-z_{\mathrm{e}}) & -n_{iN,y0}(y_{N,j}-y_{\mathrm{e}})-n_{iN,x0}(x_{N,j}-x_{\mathrm{e}})\\ -n_{iN,x0}(z_{N,i}-z_{\mathrm{e}}) & -n_{iN,y0}(z_{N,i}-y_{\mathrm{e}}) & n_{iN,y0}(y_{N,i}-y_{\mathrm{e}})+n_{iN,x0}(x_{N,i}-x_{\mathrm{e}})\\ n_{iN,x0}(z_{N,i}-z_{N,j}) & n_{iN,y0}(z_{N,i}-z_{n,j}) & n_{iN,y0}(y_{N,j}-y_{N,i})+n_{iN,x0}(x_{N,j}-x_{N,i})\end{bmatrix}$$

(7.46)

于是,基于臂型面约束的雅可比矩阵可表示为

$$\boldsymbol{J}_{\mathrm{Surf}}=\begin{bmatrix}\dfrac{\partial \boldsymbol{n}_{x\mathrm{T}}}{\partial \boldsymbol{\Theta}}\\ \dfrac{\partial \boldsymbol{n}_{y\mathrm{T}}}{\partial \boldsymbol{\Theta}}\\ \dfrac{\partial \boldsymbol{n}_{z\mathrm{T}}}{\partial \boldsymbol{\Theta}}\end{bmatrix}=\boldsymbol{f}({}^{0}\boldsymbol{J}_{N,i},{}^{0}\boldsymbol{J}_{N,j},\boldsymbol{J}_{\mathrm{g}})\in \mathbf{R}^{3\times 2N} \tag{7.47}$$

联立式(7.3)与式(7.47),得含臂型面约束的扩展雅可比矩阵可表示为

$$\hat{\boldsymbol{J}}_{\mathrm{gn}}=\begin{bmatrix}\boldsymbol{J}_{\mathrm{g}}\\ \boldsymbol{J}_{\mathrm{Surf}}\end{bmatrix}\in \mathbf{R}^{9\times 2N} \tag{7.48}$$

根据动态分段的定义,超冗余机器人内臂段的运动需要满足以下条件:

$$^{m,i}\boldsymbol{f}_{\mathrm{in}}(\boldsymbol{P}_{m,i},\boldsymbol{\varphi}_{m,i},\theta_{2m-1},\theta_{2m},\cdots,\theta_{2N-1},\theta_{2N}):$$

$$\begin{Bmatrix}\Delta\boldsymbol{P}_{\mathrm{e}}=\boldsymbol{P}_{\mathrm{e}}(\theta_1,\cdots,\theta_{2N})-\boldsymbol{P}_{\mathrm{ed}}\rightarrow\boldsymbol{0}\\ \Delta\boldsymbol{\varphi}_{\mathrm{e}}={}^{m,i}\boldsymbol{\varphi}_{N,p}(\theta_1,\cdots,\theta_{2N})-\boldsymbol{\varphi}_{\mathrm{ed}}\rightarrow\boldsymbol{0}\\ \Delta\boldsymbol{n}_{\mathrm{T}}=\boldsymbol{n}_{\mathrm{T}}-\boldsymbol{n}_{\mathrm{o}}\rightarrow\boldsymbol{0}\end{Bmatrix} \tag{7.49}$$

进一步地,机器人末端位姿偏差、臂型平面法向量约束的关系可描述为

$$\dot{\boldsymbol{X}}_{\mathrm{Surf}}=\hat{\boldsymbol{J}}_{\mathrm{gn}}\dot{\boldsymbol{\Theta}}_{\mathrm{Surf}}=\boldsymbol{K}_{\mathrm{p}}\begin{bmatrix}\Delta\boldsymbol{P}_{\mathrm{e}}\\ \Delta\boldsymbol{\varphi}_{\mathrm{e}}\\ \Delta\boldsymbol{n}_{\mathrm{T}}\end{bmatrix} \tag{7.50}$$

根据式(7.50)可得关节角速度的解为

$$\dot{\boldsymbol{\Theta}}_{\mathrm{Surf}}=\hat{\boldsymbol{J}}_{\mathrm{gn}}^{\#}\boldsymbol{K}_{\mathrm{p}}\begin{bmatrix}\Delta\boldsymbol{P}_{\mathrm{e}}\\ \Delta\boldsymbol{\varphi}_{\mathrm{e}}\\ \Delta\boldsymbol{n}_{\mathrm{T}}\end{bmatrix}+\lambda(\boldsymbol{I}-\hat{\boldsymbol{J}}_{\mathrm{gn}}^{\#}\hat{\boldsymbol{J}}_{\mathrm{gn}})\nabla\boldsymbol{H}_{\mathrm{d}} \tag{7.51}$$

式中　$\hat{\boldsymbol{J}}_{\mathrm{gn}}^{\#}$——法向量约束下广义雅可比矩阵的伪逆矩阵。

7.4.3　基于臂型角约束的同步规划方法

期望的臂型角$\tilde{\boldsymbol{\zeta}}_{iN}$与实际的臂型角$\boldsymbol{\zeta}_{iN}$可分别表示为

$$\tilde{\boldsymbol{\zeta}}_{iN}=\begin{bmatrix}\tilde{\alpha}_{iN}\\ \tilde{\beta}_{iN}\end{bmatrix}=\begin{bmatrix}\operatorname{atan2}(n_{iN,x0},n_{iN,y0})\\ \operatorname{atan2}(\sqrt{n_{iN,x0}^2+n_{iN,y0}^2},n_{iN,z0})\end{bmatrix} \tag{7.52}$$

$$\boldsymbol{\zeta}_{iN}=\begin{bmatrix}\alpha_{iN}\\ \beta_{iN}\end{bmatrix}=\begin{bmatrix}\operatorname{atan2}(n_{iN,x},n_{iN,y})\\ \operatorname{atan2}(\sqrt{n_{iN,x}^2+n_{iN,y}^2},n_{iN,z})\end{bmatrix} \tag{7.53}$$

其中

$$\begin{bmatrix}n_{iN,x}\\ n_{iN,y}\\ n_{iN,z}\end{bmatrix}=\begin{bmatrix}y_{m,i}z_{m,j}-z_{e}y_{m,i}-y_{e}z_{m,j}-z_{m,i}y_{m,j}+y_{e}z_{m,i}+z_{e}y_{m,j}\\ z_{m,i}x_{m,j}-x_{e}z_{m,i}-z_{e}x_{m,j}-x_{m,i}z_{m,j}+z_{e}x_{m,i}+x_{e}z_{m,j}\\ x_{m,i}y_{m,j}-y_{e}x_{m,i}-x_{e}y_{m,j}-y_{m,i}x_{m,j}+x_{e}y_{m,i}+y_{e}x_{m,j}\end{bmatrix} \tag{7.54}$$

将式(7.53)对 $\boldsymbol{\Theta}$ 求导，可以得到以下方程：

$$\boldsymbol{J}_{\alpha\beta}=\begin{bmatrix}\dfrac{\partial\alpha_{iN}}{\partial\boldsymbol{\Theta}}\\ \dfrac{\partial\beta_{iN}}{\partial\boldsymbol{\Theta}}\end{bmatrix}=\begin{bmatrix}a_1{}^0\boldsymbol{J}_{\alpha1}+a_2{}^0\boldsymbol{J}_{\alpha2}\\ b_1\boldsymbol{J}_{\beta1}+b_2\boldsymbol{J}_{\beta2}+b_3\boldsymbol{J}_{\beta3}\end{bmatrix}\in\mathbf{R}^{2\times2N} \tag{7.55}$$

$$[a_1\quad a_2]=\left[-\frac{n_{iN,y}}{n_{iN,x}^2+n_{iN,y}^2}\quad\frac{n_{iN,x}}{n_{iN,x}^2+n_{iN,y}^2}\right] \tag{7.56}$$

$$[b_1\quad b_2\quad b_3]=\begin{bmatrix}-\dfrac{n_{iN,x}n_{iN,z}}{(n_{iN,x}^2+n_{iN,y}^2+n_{iN,z}^2)\sqrt{n_{iN,x}^2+n_{iN,y}^2}}\\ -\dfrac{n_{iN,y}n_{iN,z}}{(n_{iN,x}^2+n_{iN,y}^2+n_{iN,z}^2)\sqrt{n_{iN,x}^2+n_{iN,y}^2}}\\ \dfrac{\sqrt{n_{iN,x}^2+n_{iN,y}^2}}{n_{iN,x}^2+n_{iN,y}^2+n_{iN,z}^2}\end{bmatrix}^{\mathrm{T}} \tag{7.57}$$

$$\begin{bmatrix}{}^0\boldsymbol{J}_{\alpha1}\\ {}^0\boldsymbol{J}_{\alpha2}\end{bmatrix}=\begin{bmatrix}(z_{m,j}-z_e){}^0\boldsymbol{J}_{m,i}(2,:)+(y_e-y_{m,j}){}^0\boldsymbol{J}_{m,i}(3,:)+(z_e-z_{m,i}){}^0\boldsymbol{J}_{m,j}(2,:)+\\ (y_{m,i}-y_e){}^0\boldsymbol{J}_{m,j}(3,:)+(z_{m,i}-z_{m,j})\boldsymbol{J}_g(2,:)+(y_{m,j}-y_{m,i})\boldsymbol{J}_g(3,:);\\ (z_e-z_{m,j}){}^0\boldsymbol{J}_{m,i}(1,:)+(x_{m,j}-x_e){}^0\boldsymbol{J}_{m,i}(3,:)+(z_{m,i}-z_e){}^0\boldsymbol{J}_{m,j}(1,:)+\\ (x_e-x_{m,i}){}^0\boldsymbol{J}_{m,j}(3,:)+(z_{m,j}-z_{m,i})\boldsymbol{J}_g(1,:)+(x_{m,i}-x_{m,j})\boldsymbol{J}_g(3,:)\end{bmatrix}^{\mathrm{T}} \tag{7.58}$$

$$\begin{bmatrix}\boldsymbol{J}_{\beta1}\\ \boldsymbol{J}_{\beta2}\\ \boldsymbol{J}_{\beta3}\end{bmatrix}=\begin{bmatrix}(z_{m,j}-z_e){}^0\boldsymbol{J}_{m,i}(2,:)+(y_e-y_{m,j}){}^0\boldsymbol{J}_{m,i}(3,:)+(z_e-z_{m,i}){}^0\boldsymbol{J}_{m,j}(2,:)+\\ (y_{m,i}-y_e){}^0\boldsymbol{J}_{m,j}(3,:)+(z_{m,i}-z_{m,j})\boldsymbol{J}_g(2,:)+(y_{m,j}-y_{m,i})\boldsymbol{J}_g(3,:);\\ (z_e-z_{m,j}){}^0\boldsymbol{J}_{m,i}(1,:)+(x_{m,j}-x_e){}^0\boldsymbol{J}_{m,i}(3,:)+(z_{m,i}-z_e){}^0\boldsymbol{J}_{m,j}(1,:)+\\ (x_e-x_{m,i}){}^0\boldsymbol{J}_{m,j}(3,:)+(z_{m,j}-z_{m,i})\boldsymbol{J}_g(1,:)+(x_{m,i}-x_{m,j})\boldsymbol{J}_g(3,:);\\ (y_{m,j}-y_e){}^0\boldsymbol{J}_{m,i}(1,:)+(x_e-x_{m,j}){}^0\boldsymbol{J}_{m,i}(2,:)+(y_e-y_{m,i}){}^0\boldsymbol{J}_{m,j}(1,:)+\\ (x_{m,i}-x_e){}^0\boldsymbol{J}_{m,j}(2,:)+(y_{m,i}-y_{m,j})\boldsymbol{J}_g(1,:)+(x_{m,j}-x_{m,i})\boldsymbol{J}_g(2,:)\end{bmatrix}^{\mathrm{T}} \tag{7.59}$$

联立式(7.3)和式(7.55)，带有臂型角约束的扩展雅可比矩阵可表示为

$$\hat{\boldsymbol{J}}_{g\theta}=\begin{bmatrix}\boldsymbol{J}_g\\ \boldsymbol{J}_{\alpha\beta}\end{bmatrix}\in\mathbf{R}^{8\times 2N} \tag{7.60}$$

根据动态分段的定义，超冗余机器人内臂段的运动需要满足以下条件：

$$^{m,i}\boldsymbol{f}_{\mathrm{in}}(\boldsymbol{P}_{m,i},\boldsymbol{\varphi}_{m,i},\theta_{2m-1},\theta_{2m},\cdots,\theta_{2N-1},\theta_{2N}):\left\{\begin{aligned}&\Delta\boldsymbol{P}_{\mathrm{e}}=\boldsymbol{P}_{\mathrm{e}}(\theta_1,\cdots,\theta_{2n})-\boldsymbol{P}_{\mathrm{ed}}\to\mathbf{0}\\&\Delta\boldsymbol{\varphi}_{\mathrm{e}}={}^{m,i}\boldsymbol{\varphi}_{N,p}(\theta_1,\cdots,\theta_{2N})-\boldsymbol{\varphi}_{\mathrm{ed}}\to\mathbf{0}\\&\Delta\zeta=\zeta_{iN}-\tilde{\zeta}_{iN}\to\mathbf{0}\end{aligned}\right\} \tag{7.61}$$

类似地，采用式(7.60)的扩展雅可比矩阵，可得机器人的关节角速度为

$$\dot{\boldsymbol{\Theta}}_{\mathrm{Surf}}=\hat{\boldsymbol{J}}_{g\theta}^{\#}\begin{bmatrix}\Delta\boldsymbol{P}_{\mathrm{e}}\\ \Delta\boldsymbol{\varphi}_{\mathrm{e}}\\ \Delta\zeta\end{bmatrix}+\lambda(\boldsymbol{I}-\hat{\boldsymbol{J}}_{g\theta}^{\#}\hat{\boldsymbol{J}}_{g\theta})\nabla\boldsymbol{H}_{\mathrm{d}} \tag{7.62}$$

式中　$\tilde{\boldsymbol{J}}_{g\theta}^{\#}$——臂型角约束下广义雅可比矩阵的伪逆矩阵。

7.5　狭缝穿越仿真

设机器人的参数表见表7.3，在关节限制下的工作空间如图7.12所示。

表7.3　超冗余机器人参数表

参数名	参数值	单位
每节的尺寸	ϕ50×100	mm×mm
最大长度	3.0	m
段数	5	—
最大关节角	15	(°)
节数／每段	6	—
自由度	10	DOF
末端的最大线速度	0.25	m/s
末端的最大角速度	5	(°)/s

假设平面狭缝穿越初始臂型的关节角为(单位：(°))

$$\boldsymbol{\Theta}=[-10\quad 0\quad -10\quad 0\quad 10\quad -2\quad 10\quad 0\quad 10\quad -2] \tag{7.63}$$

定义狭缝穿越起点和终点的末端位姿分别为(单位：mm)

$$\boldsymbol{P}_{\mathrm{OA}}=[1\ 380\quad -270\quad 450] \tag{7.64}$$

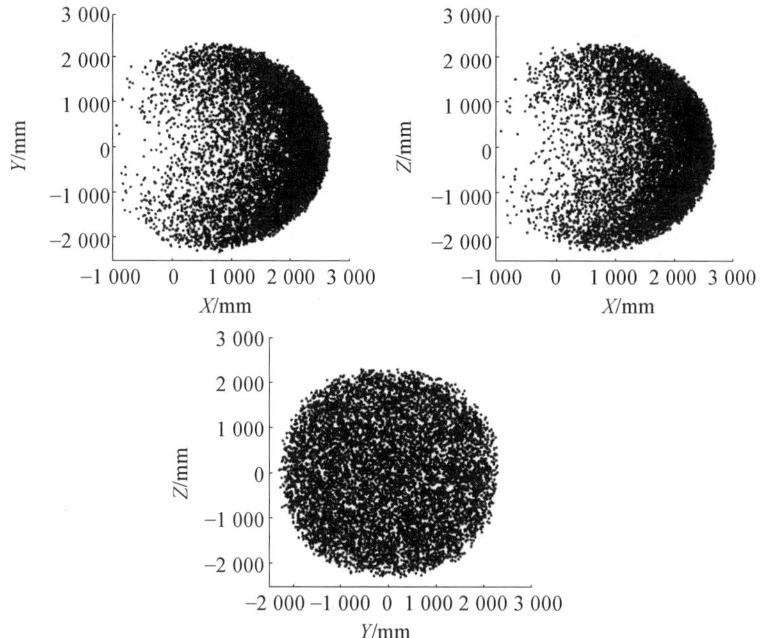

图 7.12　不同视角下工作空间 2D 投影图

$$\boldsymbol{P}_{OB}=[2\ 650 \quad -40 \quad 100] \tag{7.65}$$

$$\boldsymbol{R}_{OA}=\boldsymbol{R}_{OB}=\begin{bmatrix} 0.951\ 6 & 0.239\ 5 & 0.173\ 6 \\ 0.171\ 6 & 0.087\ 2 & -0.984\ 8 \\ -0.254\ 9 & 0.967\ 0 & 0 \end{bmatrix} \tag{7.66}$$

(1) 直线规划中，对于空间任意两点P_{OA}和P_{OB}二者相连直线上点P的坐标可表示为

$$\boldsymbol{P}_k=\boldsymbol{P}_{OA}+k\frac{\overrightarrow{P_{OA}P_{OB}}}{|\overrightarrow{P_{OA}P_{OB}}|} \tag{7.67}$$

式中　k—— 当前迭代的步数，是一个常值。

(2) 圆弧规划中，假设空间圆弧的直径为$2r=1\ 600$ mm，姿态同上述直线规划的姿态，其空间三维位置坐标可表示为

$$\begin{cases} x_k=x_o+r\sin\varphi \\ y_k=y_o+k\cdot\dfrac{y_e-y_o}{k_{\max}} \\ z_k=z_o+r\cos\varphi \end{cases} \tag{7.68}$$

式中　$k_{\max}$—— 迭代的最大步数；

φ—— 空间圆弧的圆心角，$\varphi=\varphi_0+k\cdot\delta_\varphi$；

$[x_o \quad y_o \quad z_o]$、$\varphi_0$、$\delta_\varphi$—— 圆心的三维坐标、空间圆弧的起始角度以及每次迭代的角度增量，它由起点P_{OA}与终点P_{OB}决定。

7.5.1 基于臂型线约束的轨迹规划仿真

1.末端直线轨迹规划仿真

基于臂型线约束的轨迹规划仿真中，超冗余机器人的末端做直线规划的三维运动示意图如图 7.13 所示，同时末端 3D 运动轨迹如图 7.14 所示。运动过程中，末端的期望位姿偏差、臂型线长度误差以及超冗余机器人与障碍物最近距离曲线如图 7.15 所示，关节角变化曲线如图 7.16 所示。超冗余机器人穿越狭缝空间几种状态的 3D 仿真画面如图 7.17 所示。

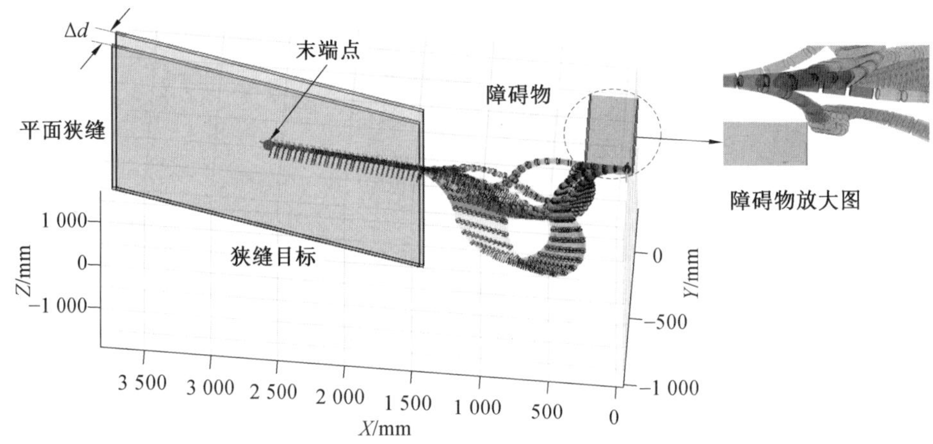

图 7.13 运动过程 3D 显示(末端直线轨迹)

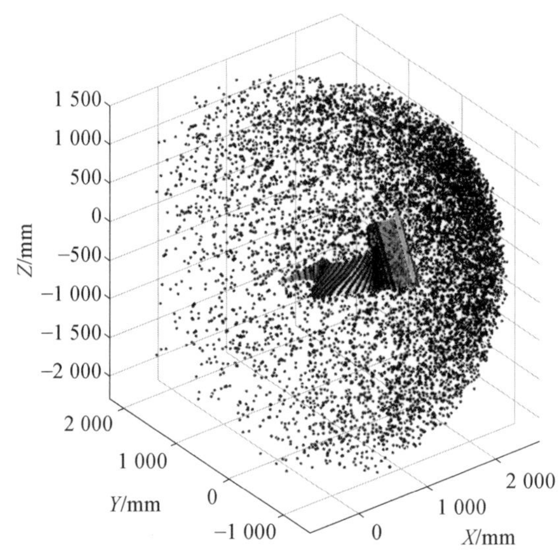

(a) 超冗余机器人运动与工作空间三维图

图 7.14 末端直线 3D 运动轨迹

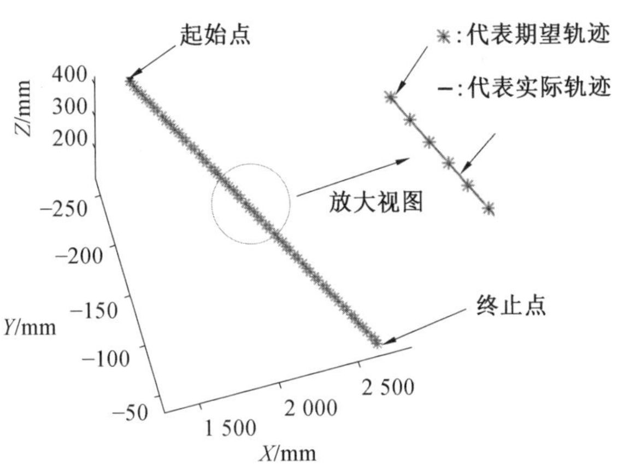

(b) 末端期望轨迹与实际轨迹

续图 7.14

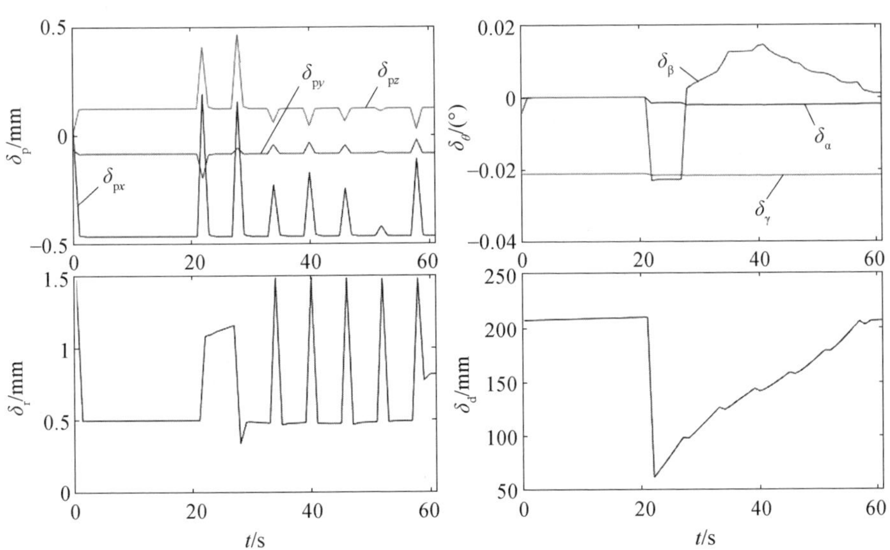

图 7.15　末端的期望位姿偏差、臂型线长度误差以及超冗余机器人与障碍物最近距离曲线

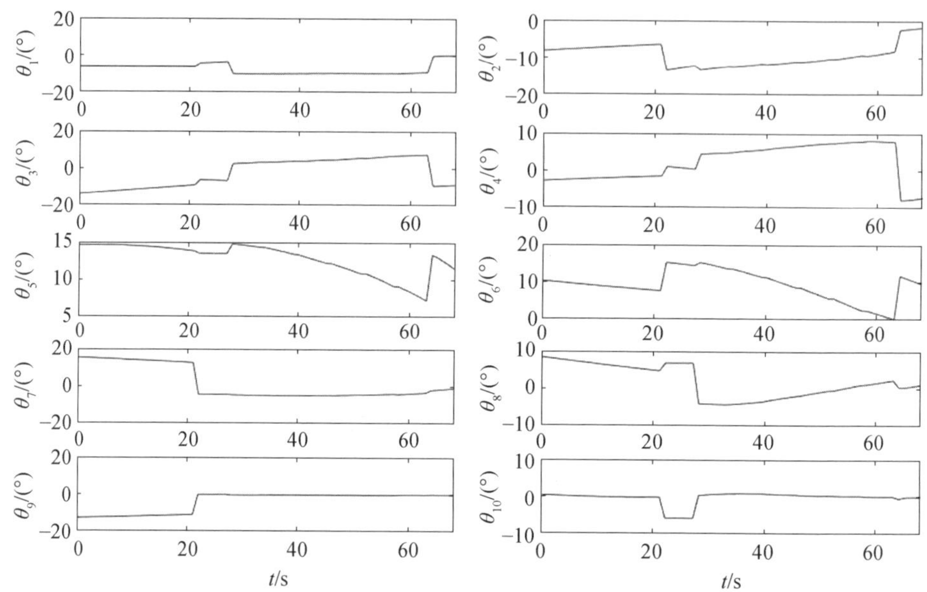

图 7.16 关节角变化曲线(末端直线轨迹)

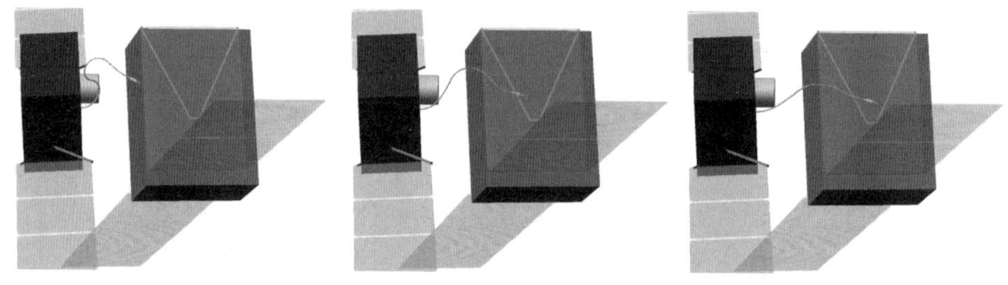

图 7.17 几种典型状态 3D 运动示意图(末端直线轨迹)

2.末端圆弧轨迹规划仿真

超冗余机器人的末端做空间圆弧规划的三维运动示意图如图 7.18 所示,同时末端的运动轨迹与期望轨迹如图 7.19 所示。运动过程中,末端的期望位姿偏差、臂型线误差以及超冗余机器人与障碍物最近距离曲线如图 7.20 所示,关节角变化曲线如图 7.21 所示。超冗余机器人穿越狭缝空间几种状态的 3D 仿真画面如图 7.22 所示。

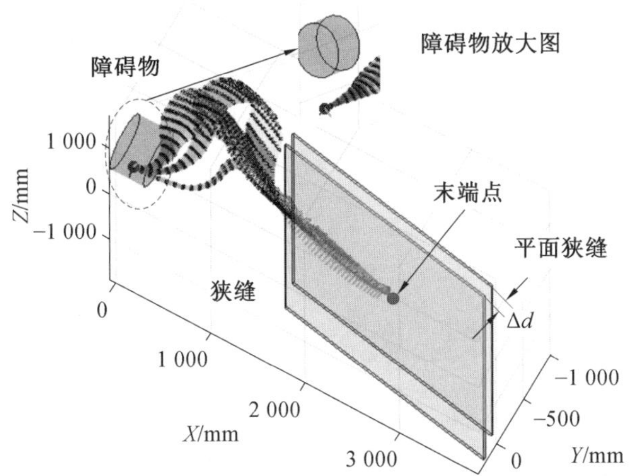

图 7.18　运动过程 3D 显示(末端圆弧轨迹)

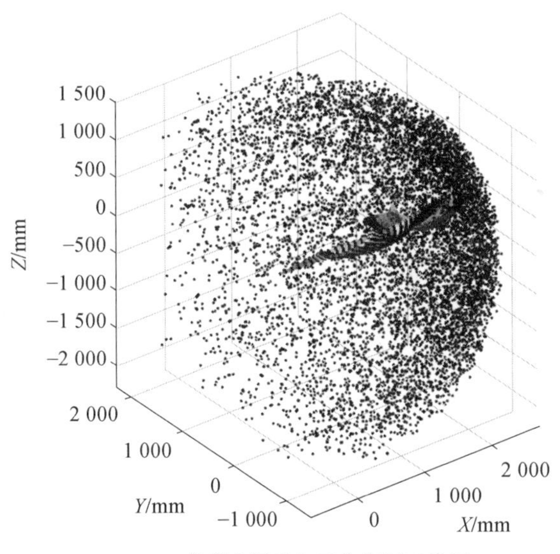

(a) 机器人运动与工作空间三维图

图 7.19　末端圆弧 3D 运动轨迹

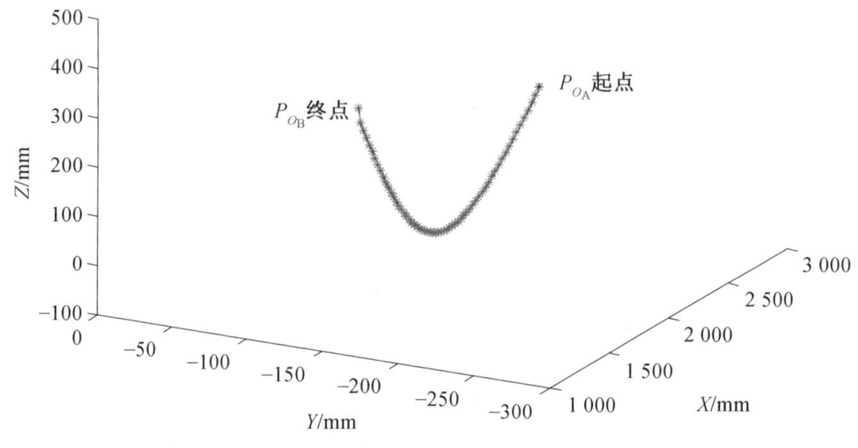

(b) 末端期望轨迹与实际轨迹

续图 7.19

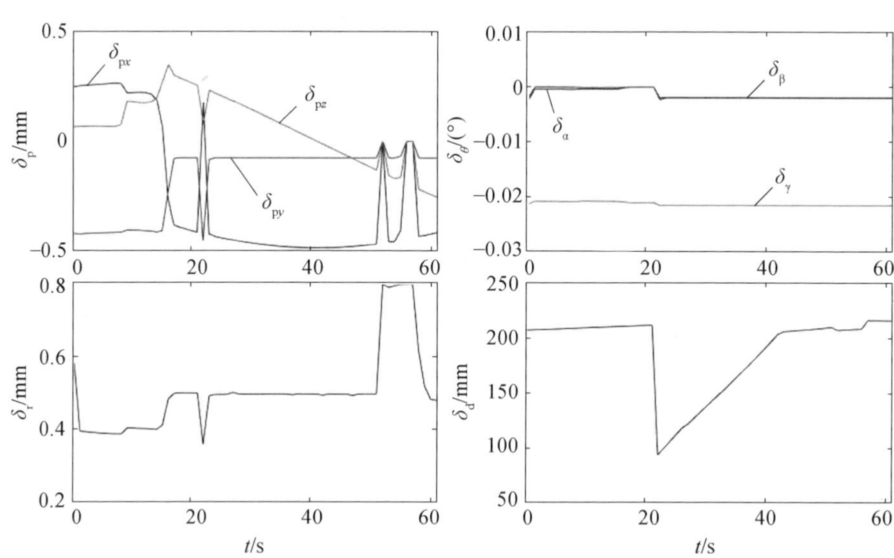

图 7.20　末端位姿、法向量误差角以及距离误差曲线

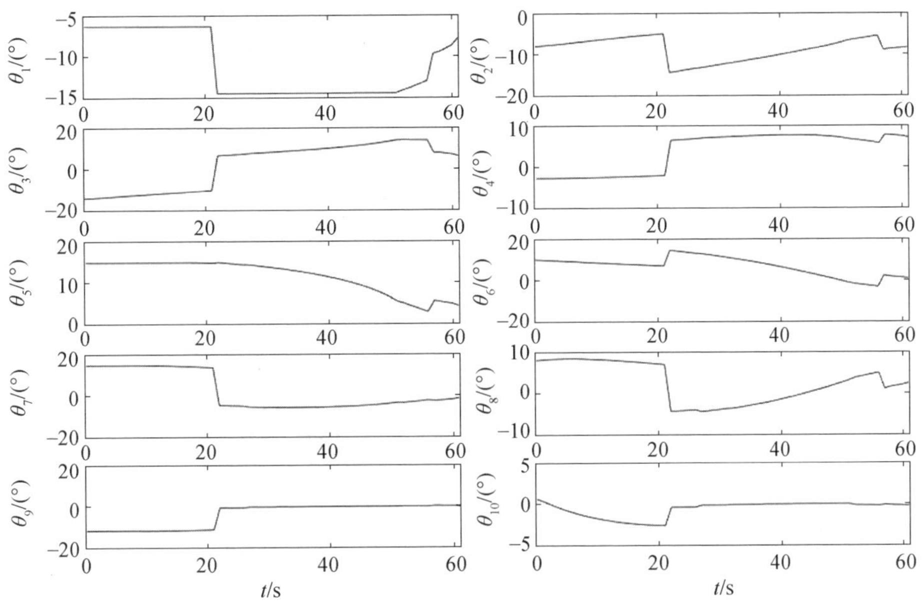

图 7.21　关节角变化曲线(末端圆弧轨迹)

图 7.22　几种典型状态 3D 运动示意图(末端圆弧轨迹)

7.5.2 基于臂型面约束的轨迹规划仿真

1.基于臂型法向量约束的轨迹规划仿真

基于臂型法向量约束的轨迹规划仿真中，超冗余机器人的末端做空间圆弧规划的三维运动示意图如图 7.23 所示，同时末端的运动轨迹与期望轨迹如图 7.24 所示。运动过程中，末端的期望位姿偏差、法向量误差角以及超冗余机器人与障碍物最近距离曲线如图 7.25 所示，关节角变化曲线如图 7.26 所示。超冗余机器人穿越狭缝空间几种状态的 3D 仿真画面如图 7.27 所示。

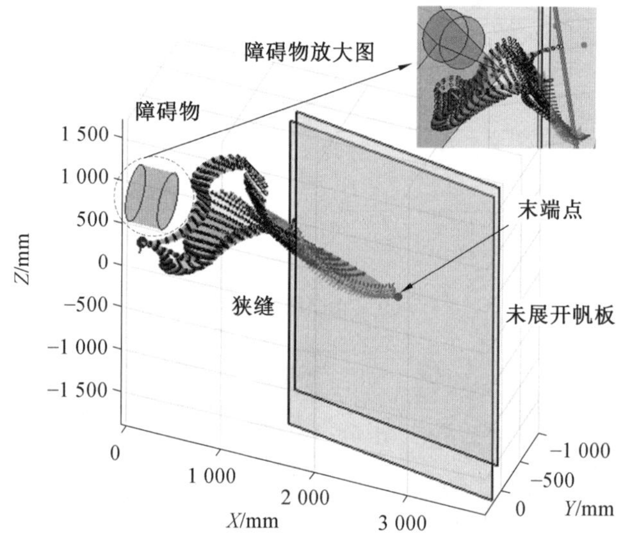

图 7.23　运动过程 3D 显示(末端圆弧轨迹，基于臂型法向量约束)

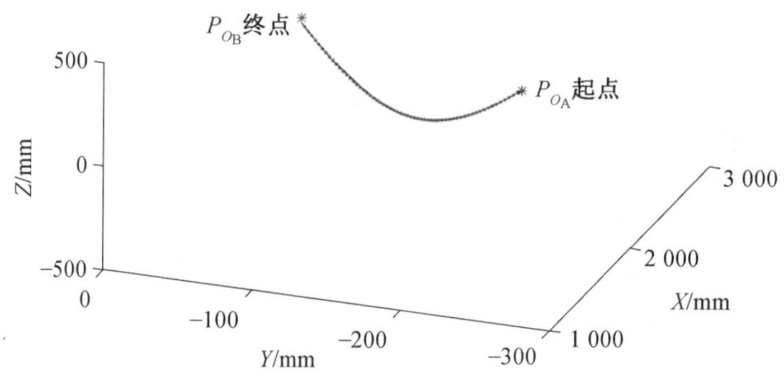

图 7.24　末端 3D 运动轨迹(基于臂型法向量约束)

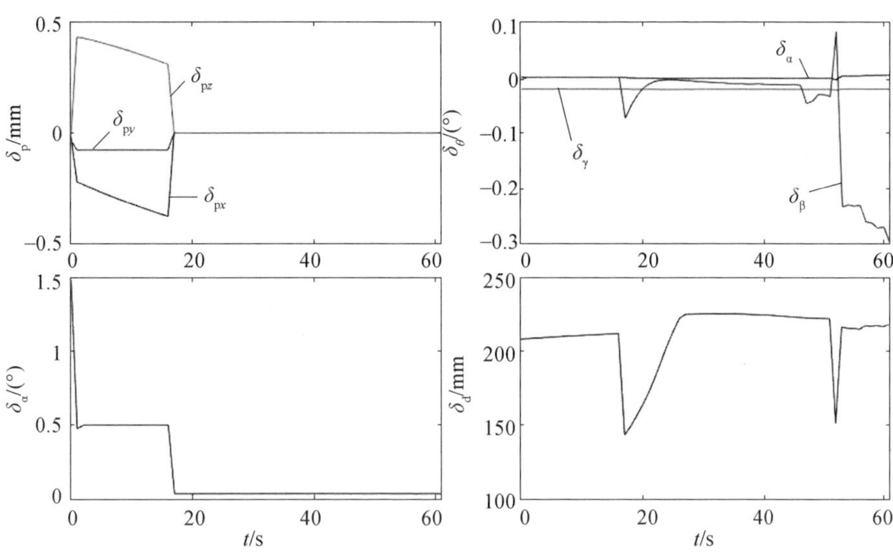

图 7.25　末端位姿、法向量误差角及距离误差曲线

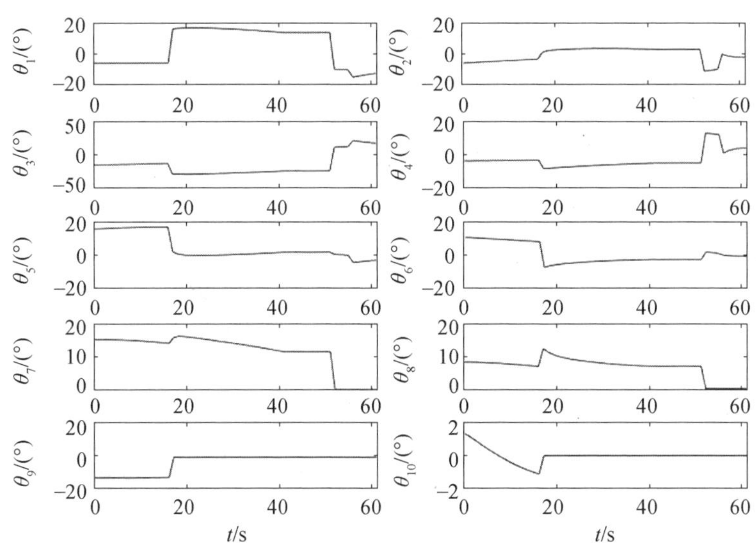

图 7.26　关节角变化曲线(基于臂型法向量约束)

图 7.27　几种典型状态 3D 运动示意图(基于臂型法向量约束)

2.基于臂型角约束的轨迹规划仿真

基于臂型角约束的轨迹规划仿真中,超冗余机器人的末端做空间圆弧规划的三维运动示意图如图 7.28 所示,同时末端的运动轨迹与期望轨迹如图 7.29 所示。运动过程中,末端的期望位姿偏差、臂型角误差以及超冗余机器人与障碍物最近距离曲线如图 7.30 所示,关节角变化曲线如图 7.31 所示。超冗余机器人穿越狭缝空间几种状态的 3D 仿真画面如图 7.32 所示。

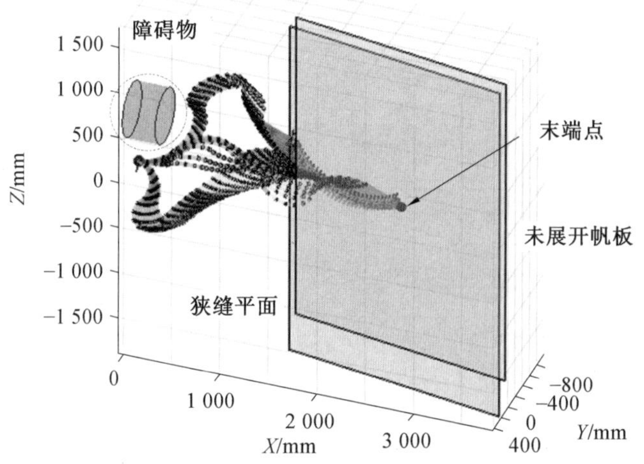

图 7.28　运动过程 3D 显示(末端圆弧轨迹,基于臂型角约束)

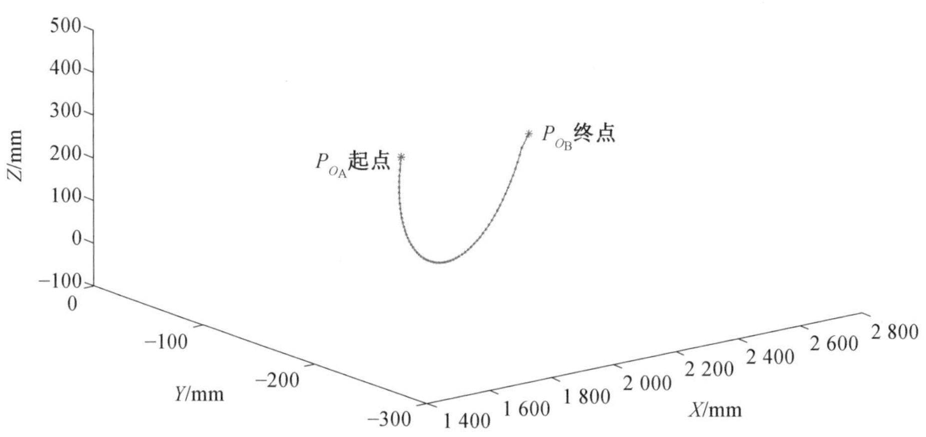

图 7.29　末端 3D 运动轨迹(基于臂型角约束)

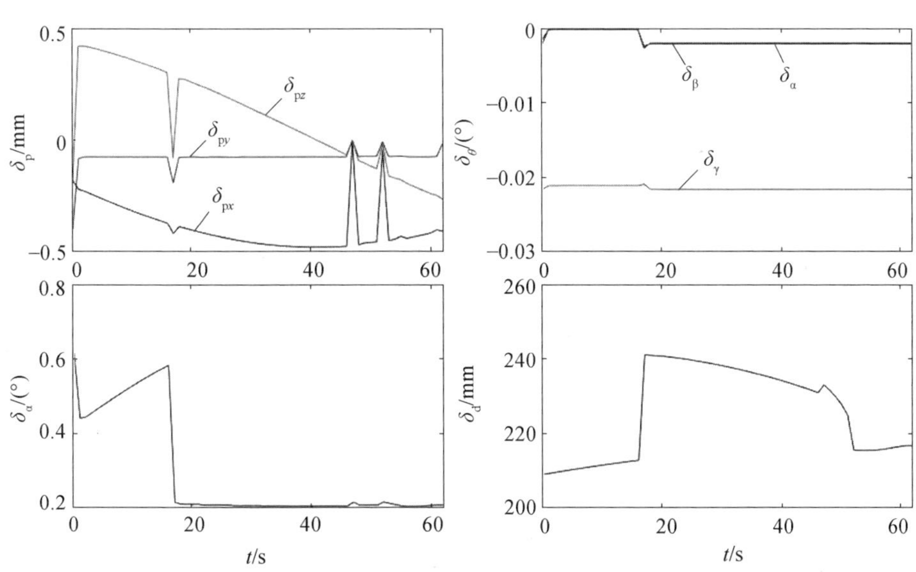

图 7.30　末端位姿、臂型角及距离误差曲线

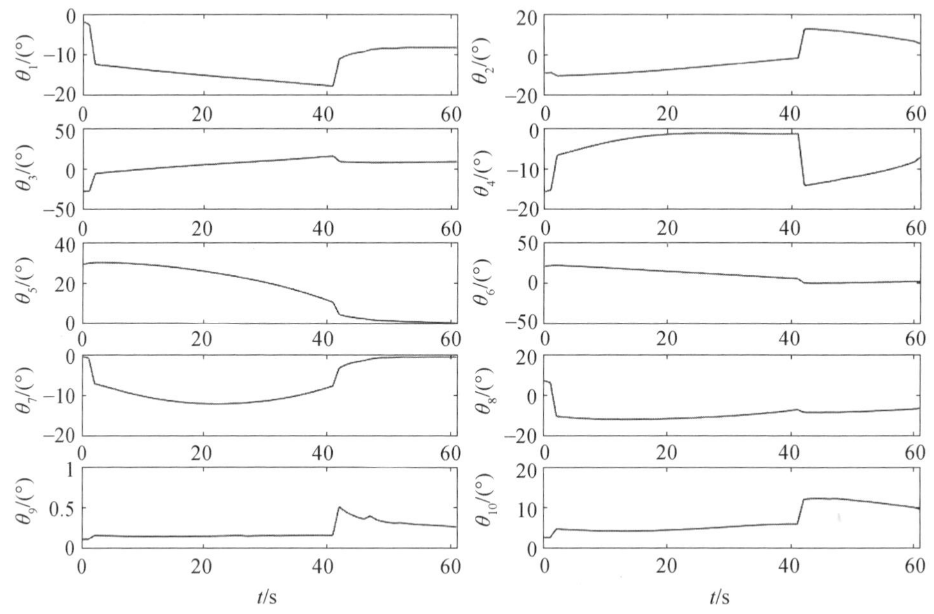

图 7.31 关节角变化曲线(基于臂型角约束)

图 7.32 几种典型状态 3D 仿真示意图(基于臂型角约束)

7.5.3 仿真结果分析

针对上述两种狭小空间穿越的方法，对其精度与算法耗时做了统计(表 7.4)。臂型线约束方法一个周期的平均计算时间界于臂型角约束与法向量约束

方法，同时其位姿与臂型平均误差比臂型面约束方法的大，该方法不但适用于平面狭缝穿越，也适用于圆形狭缝穿越。臂型面约束方法中，臂型角约束方法计算量较小，同时位姿与臂型平均误差比法向量约束方法的小，非常适合平面狭缝的轨迹规划。

表7.4　两种规划方法效果对比

方法		平均耗时/s	平均位姿误差		平均臂型误差		应用场合
			位置误差/mm	姿态误差/(°)	臂型线/mm	臂型面/(°)	
臂型线约束		3.316 6	0.224 5	0.458 4	0.516 7	—	圆孔或平面狭缝
臂型面约束	法向量	5.879 2	0.066 1	0.021 6	—	0.148 0	平面狭缝
	臂型角	2.438 3	0.225 0	0.021 7	—	0.098 2	平面狭缝

7.6　本章小结

本章针对狭小空间作业需求，提出了末端位姿与臂型同步规划方法，该方法的核心是推导环境约束下的扩展雅可比矩阵，基于此进行冗余性分解。首先，根据典型狭小受限空间穿越任务，阐述“末端－臂型”同步轨迹规划问题。进而，根据主被动混合驱动分段联动结构特点，简化超冗余机器人雅可比矩阵，提高了逆运动学的计算效率。根据动态分段法，将超冗余机器人分解为内臂段与外臂段，其自由度动态变化。利用动态分段结果，将内臂段的臂型约束融合到末端的雅可比矩阵中，构建新的扩展雅可比矩阵，从而实现“末端－臂型”的同步规划；同时，对扩展雅可比矩阵的零空间进行冗余分解，实现避障任务。数值仿真与实验结果表明了两种同步规划方法的有效性。上述方法可扩展应用于其他非平面的场合。

第 8 章

基于两层几何迭代的逆运动学求解与轨迹规划

针对传统的基于雅可比矩阵逆运动学规划存在的计算量大、矩阵计算复杂、容易发生奇异等问题，提出了基于两层几何迭代的逆运动学求解及轨迹规划方法。该方法将末端的姿态等效成一个特定矢量及其滚转角。前者和末端位置作为求解变量，在内层几何迭代中求解，而后者作为外层求解实现目标。通过改进的 FABRIK 几何迭代法，可以完成内层的末端位置和指向的求解。在外层迭代中，通过将整个机械臂以期望的滚转角度绕末端或者根部进行滚转，结合内层迭代，完成合理的关节角度快速求解。进一步地，通过考虑简化的关节型臂几何约束，完成对机械臂的避障、关节角避极限等额外任务，实现对末端和构型约束下的同步逆运动学求解。

基于雅可比伪逆矩阵的逆运动学求解方法往往需要大量的计算，不但影响其效率，且容易出现运动学奇异问题，限制其应用范围。本章提出一种两层几何迭代法，将原本只能用于传统串联型机械臂逆运动学快速求解的FABRIK(Forward and Backward Reaching Inverse Kinematics)几何迭代法进行改进，实现绳驱分段联动冗余机器人在狭小空间作业中的逆运动学求解与轨迹规划。一方面，将机械臂的末端姿态分解成一个指向和绕其转动的角度，末端位置和指向作为内层迭代求解的目标，而转动角度作为外层迭代的求解变量；另一方面，为了使得FABRIK几何方法能应用于绳驱分段联动冗余机械臂上，在内层迭代中将多个联动段简化成一个关节型机械臂，以便能用于内层几何迭代求解。根据任务的环境约束，在几何迭代的逆运动学求解中，对简化的关节型机械臂臂杆进行位置限制，进一步地实现整个绳驱分段联动冗余机械臂的末端位姿和构型的同步快速规划。

8.1　逆运动学问题分析与解决策略

绳驱超冗余机械臂的分段联动及超冗余运动特性使得其逆运动学求解更加复杂。为了克服这些问题，本章首先对当前的逆运动学求解问题进行分析总结，然后提出相应的解决策略。

8.1.1　逆运动学问题分析

(1) 传统的基于雅可比矩阵方法存在的问题。

一方面，传统的基于雅可比矩阵方法存在计算量大、矩阵计算复杂和奇异性问题；另一方面，绳驱分段联动冗余机械臂的关节角度限制往往设计得相对较小，以便达到接近连续的外观臂型。在很多情况下，利用传统的基于雅可比矩阵的方法，即使是梯度投影法，在进行该机械臂的逆运动学求解时，所得的关节角度也往往超过其关节极限。因此，若要强制地将关节角度限制在极限范围内，则其求解的速度变得相当慢。

(2)FABRIK 方法在绳驱分段联动机械臂中的应用难点。

针对离散关节型机器人的逆运动学求解问题，一些学者提出了一种具有高工作效率、零误差解且无奇异性问题的基于几何分析的 FABRIK 方法。然而，要将该方法应用于绳驱分段联动的冗余机械臂，存在以下问题：①FABRIK 方法难以同时满足机械臂的末端约束和联动段内等角度联动关系；② 即使将整个分段联动的机械臂简化为几个离散的连杆，每个杆的可变杆长和关节角仍需要在每次迭代中同时确定。

(3) 当前改进的 FABRIK 方法存在的问题。

尽管存在上述困难，还有少数学者提出基于 FABRIK 的连续机器人方法。然而，这些方法目前是相对比较基础的，仍然有许多问题需要进一步解决，如回避关节角极限、优化迭代过程等。因此，这些方法并不能直接应用于分段联动的绳驱冗余机械臂。更重要的是，迄今为止所有提出的基于 FABRIK 的方法只能求解末端 5 自由度的位置和指向约束下的解，而不能针对末端 6 自由度完全约束进行求解。因此，这极大地限制了这些方法的应用，特别是对于无滚动自由度且基座固定的绳驱分段联动冗余机械臂。

8.1.2 解决策略

结合绳驱分段联动机器人的结构特点，本章提出了相应的策略以解决前述现有方法中存在的问题，具体步骤如下。

(1) 构建分段联动机械臂的等效关节型机械臂。

根据绳驱联动机器人的结构特点，每一个联动段内各小节的节点位于一个空间圆弧上，各小节对应的连杆为圆弧的弦，故可采用外接圆作为每个联动段的包络曲线，由此整个机械臂的多个联动段可通过多个圆弧进行包络，相邻圆弧之间是相切的。

如图 8.1 所示，每一联动段通过一个外接圆弧进行包络，该圆弧的两侧切线分别与该关节段两端重合，并相交于节点 N_i 处。另外，对于相邻的关节段，它们的切线在段点(每段的终点)S_i 处共线，并形成等效的连杆 l_i。这些等效连杆的长度取决于关节段的弯曲角度 θ_{si}，连杆的位置与弯曲角度 θ_{si} 和方向角 β_{si} 相关，因此由所有这些连杆串联而成的臂可以被视为绳驱分段联动冗余机械臂的等效关节型机械臂。

然后，根据图 8.1 中的三角形 $\Delta N_1 P_{C1} P_0$，可以得到

$$0.5l/r_i = \tan(\theta_{si}/2m) \quad (1 \leqslant i \leqslant M) \tag{8.1}$$

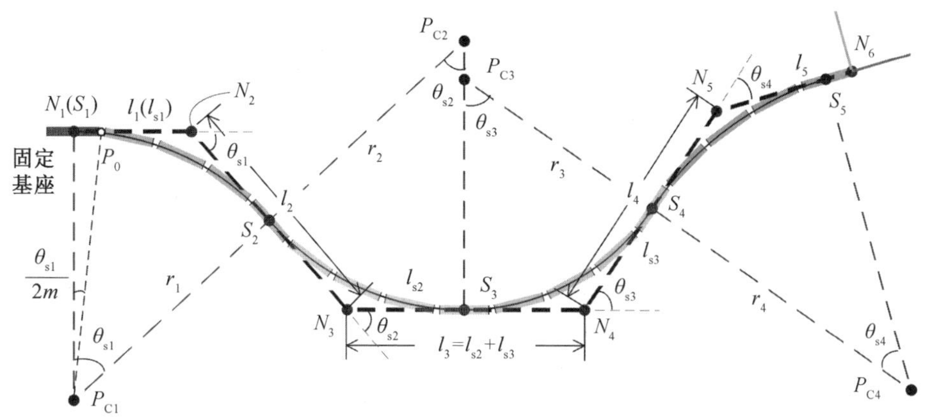

图 8.1　绳驱分段联动冗余机械臂的简化和等效

式中　l—— 子关节的臂杆长度；

m、M—— 关节段内的子关节个数和整个绳驱冗余机械臂的关节段数量（这里 m、$M=4$）。

关节段 i 的切线段 l_{si} 长度为

$$l_{si}=r_i\tan(0.5\theta_{si})\quad(1\leqslant i\leqslant M)\tag{8.2}$$

然后，等效的臂杆长度可以计算为

$$l_i=\begin{cases}l_{si} & (i=1)\\ l_{s(i-1)}+l_{si} & (2\leqslant i\leqslant M)\\ l_{s(i-1)}+0.5l & (i=M+1)\end{cases}\tag{8.3}$$

等效关节型机械臂的节点 N_i 可进一步计算得

$$\boldsymbol{N}_i=\begin{cases}[-0.5l\quad 0\quad 0]^{\mathrm{T}} & (i=1)\\ \boldsymbol{N}_{i-1}+\boldsymbol{e}_i l_i & (1\leqslant i\leqslant M+2)\end{cases}\tag{8.4}$$

式中　$\boldsymbol{e}_i$—— 等效臂杆 l_i 的单位矢量。

根据式(8.1)～(8.4)，对于绳驱冗余机械臂的每一个状态，只有一个等效的关节型机械臂与其对应。另外，一旦确定了等效的关节型机械臂，则绳驱分段联动臂也可以唯一地恢复和更新。利用这些特殊关系，本章将采用改进的 FABRIK 方法直接对简化的等效关节型机械臂的逆运动学问题进行求解，以间接地求解绳驱分段联动臂的运动学问题。

(2) 两层几何迭代(Two-Layer Geometry Iteration，TLGI)。

与传统的基于雅可比矩阵的逆运动学方法不同，本章将末端姿态分解为一个特定矢量及绕该矢量的旋转角，利用两层几何迭代来求解逆运动学方程，即包括求解末端位置和指向的内环迭代和求解末端滚转角的外环迭代。

在内环迭代过程中,由于等效的关节型机械臂的杆长是可变的,因此在几何迭代过程中,该简化的臂和分段联动等角度冗余机械臂的状态更新需要同时进行。由此,在给定绳驱分段联动冗余机械臂的末端5自由度约束(位置和指向),能够通过几何法完成求解。

此外,考虑到完整6自由度末端约束下的逆运动学求解问题相当于在前面求解的基础上,增加额外的末端滚动角的求解,因此,本章提出TLGI方法的流程图,如图8.2所示。在图8.2中,$\Delta\boldsymbol{X}=\boldsymbol{X}_{\mathrm{d}}-\boldsymbol{X}_{\mathrm{c}}\in\mathbf{R}^{6\times1}$ 指的是当前和期望的末端位姿之差;$\boldsymbol{X}'\in\mathbf{R}^{5\times1}$ 是位置和指向的列向量;$\Delta\boldsymbol{\theta}_{\mathrm{roll}}$ 是剩余的滚动角误差,其由当前 $\boldsymbol{Y}_{\mathrm{c}}$ 和期望的 $\boldsymbol{Y}_{\mathrm{d}}$ 轴向量之间的角度计算得到;λ 是调节因子。

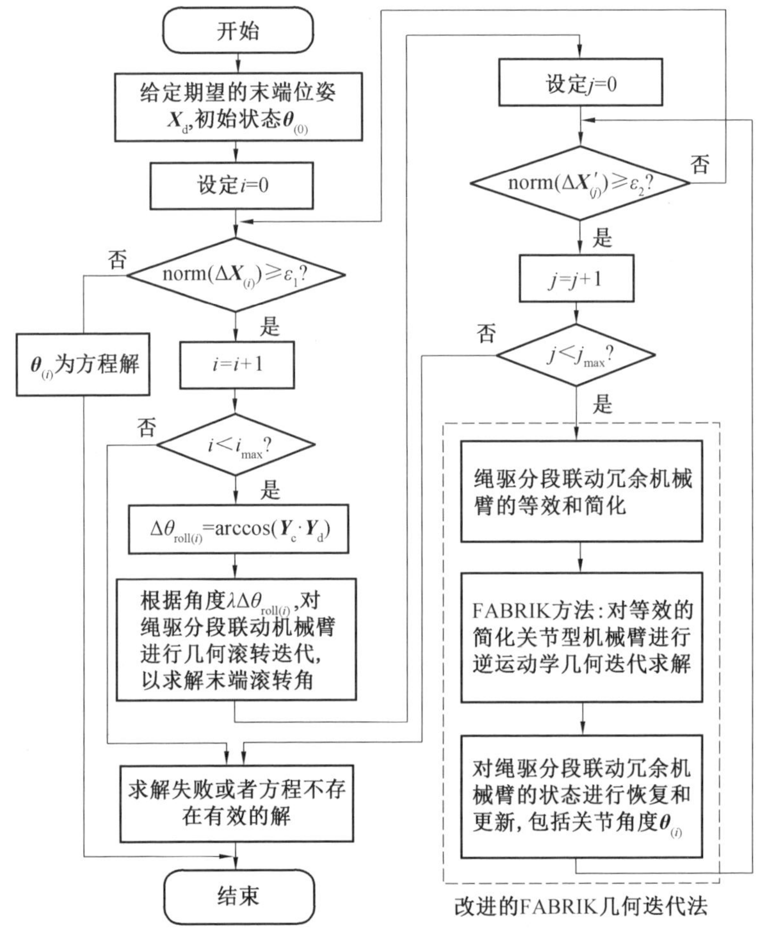

图 8.2　两层几何迭代法流程图

值得注意的是，在每次内环迭代过程中，等效的关节型机械臂的连杆长度可以考虑在瞬间保持不变，所以可以通过 FABRIK 方法进行迭代求解。然而，在几何迭代和状态更新后，因为关节段运动和状态变化，等效关节型机械臂的杆长需要相应地更新和改变。

(3) 回避关节角度极限。

为了解决关节角度超限的问题，将关节的角度极限转化为关节型机械臂的连杆几何约束问题，从而保证迭代的效率。

8.2 等价运动学建模

对于这种多关节段机械臂，在几何迭代分析中往往需要用到关节段的弯曲角度和方向。而在前面第 2 章的运动学分析过程中，常用的是关节角度，以表达该机械臂的状态。因此，为了分析关节段的关节角度和其弯曲角度及方向之间的关系，本章对其关节进行等效运动学建模。

如图 8.3(a) 所示，以关节段 i 的一个子节为例进行分析。三个坐标系$\{i,1\}$、$\{i,0\}$ 和$\{i,2\}$ 分别定义在连杆 1、中心块和连杆 2 上。在初始状态下，子关节的两个角都是零。然后这些坐标系的 Z 轴和 Y 轴分别平行于轴 ξ_1 和 ξ_2，而 X 轴则由右手法则确定。

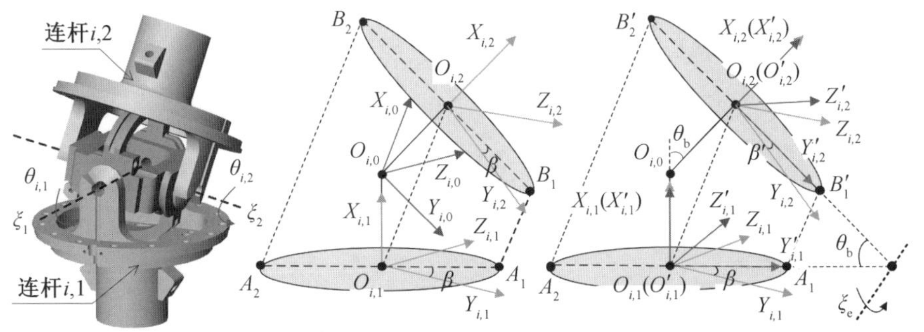

图 8.3 绳驱冗余机械臂单个子关节运动学等价分析

然后可以得到从坐标系$\{i,1\}$ 到$\{i,0\}$、$\{i,0\}$ 到$\{i,2\}$ 的齐次变换矩阵分别为

$$^{i,1}\boldsymbol{T}_{i,0}=\mathrm{Trans}(d,0,0)\mathrm{Rot}(Z,\theta_{i,1}) \tag{8.5}$$

$$^{i,0}\boldsymbol{T}_{i,2}=\mathrm{Rot}(Y,\theta_{i,2})\mathrm{Trans}(d,0,0) \tag{8.6}$$

式中 d—— 万向节中心到上、下圆盘中心的距离，$d=O_{i,0}O_{i,1}=O_{i,0}O_{i,2}$；

Trans()、Rot()—— 平移和旋转的函数。

进一步地，变换矩阵从坐标系$\{i,1\}$到$\{i,2\}$为

$$ {}^{i,1}\boldsymbol{T}_{i,2} = {}^{i,1}\boldsymbol{T}_{i,0}\, {}^{i,0}\boldsymbol{T}_{i,2} \tag{8.7}$$

除了上述的运动学分析，还可以利用另外一个等效的运动学分析方法，其采用关节段的弯曲方向β_{si}和角度θ_{si}进行表达。如图 8.3(c) 所示，从坐标系$\{i,1\}$到$\{i,2\}$的变换需要经历 3 次的旋转，即

$$ {}^{i,1}\boldsymbol{T}'_{i,2} = \mathrm{Rot}(X,\beta_{si})\mathrm{Rot}(\xi_{e},\theta_{bi})\mathrm{Rot}(X,-\beta'_{si}) \tag{8.8}$$

式中　β'_{si}—— 辅助的旋转角，其大小依赖于关节角度的大小；

ξ_{e}—— 垂直于弯曲平面的合成轴；

θ_{bi}—— 关节段i的每个子关节的弯曲角度，$\theta_{bi}=\theta_{si}/M$，$M$是关节段中的子关节数目(这里$M=4$)。

值得一提的是，坐标系$\{i,1\}$和$\{i,2\}$在图 8.3(b)、(c) 中是一致的。因此，可以得到

$$ {}^{i,1}\boldsymbol{T}'_{i,2} = {}^{i,1}\boldsymbol{T}_{i,2} \tag{8.9}$$

根据式(8.5) ～ (8.9)，可以得到

$$\begin{cases}\beta_{si} = \mathrm{atan2}(-\sin\theta_{i,2},\sin\theta_{i,1}\cos\theta_{i,2}) \\ \beta'_{si} = \mathrm{atan2}(-\sin\theta_{i,1},\cos\theta_{i,1}\sin\theta_{i,2})\end{cases} \tag{8.10}$$

$$\theta_{bi} = \begin{cases}\mathrm{atan2}(-\sin\theta_{i,2}\sin\beta_{si},\cos\theta_{i,1}\cos\theta_{i,2}\sin^{2}\beta_{si}) & (\sin\beta_{si}\neq 0) \\ \mathrm{atan2}(\sin\theta_{i,1}\cos\theta_{i,2}\cos\beta_{si},\cos\theta_{i,1}\cos\theta_{i,2}\cos^{2}\beta_{si}) & (\sin\beta_{si}=0)\end{cases} \tag{8.11}$$

类似地，当给定弯曲方向和角度时，关节角度同样也可以计算，如下所示：

$$\begin{cases}\theta_{i,1} = \mathrm{atan2}(\cos\beta_{si}\sin\theta_{bi},\cos\theta_{bi}) \\ \theta_{i,2} = \mathrm{atan2}(-\sin\theta_{bi}\sin\beta_{si}\cos\theta_{i,1},\cos\theta_{bi})\end{cases} \tag{8.12}$$

8.3　两层几何迭代方法

基于上述所提的解决策略，绳驱分段联动冗余机械臂的逆运动学求解可通过两层迭代来实现。在内环迭代过程中，本章将提出一种新的改进 FABRIK 方法用于末端位置和方向求解；而在外环迭代过程中，将考虑一种新的迭代方法用于末端滚转角求解。

8.3.1　基于改进 FABRIK 方法的内环迭代

内环迭代实际上是一种新的改进 FABRIK 方法，如图 8.4 所示，它包括绳驱分段联动冗余机械臂的等效与简化、正反向接近迭代、前向接近迭代、后向接近

迭代和分段联动冗余机械臂的状态更新 5 个部分。

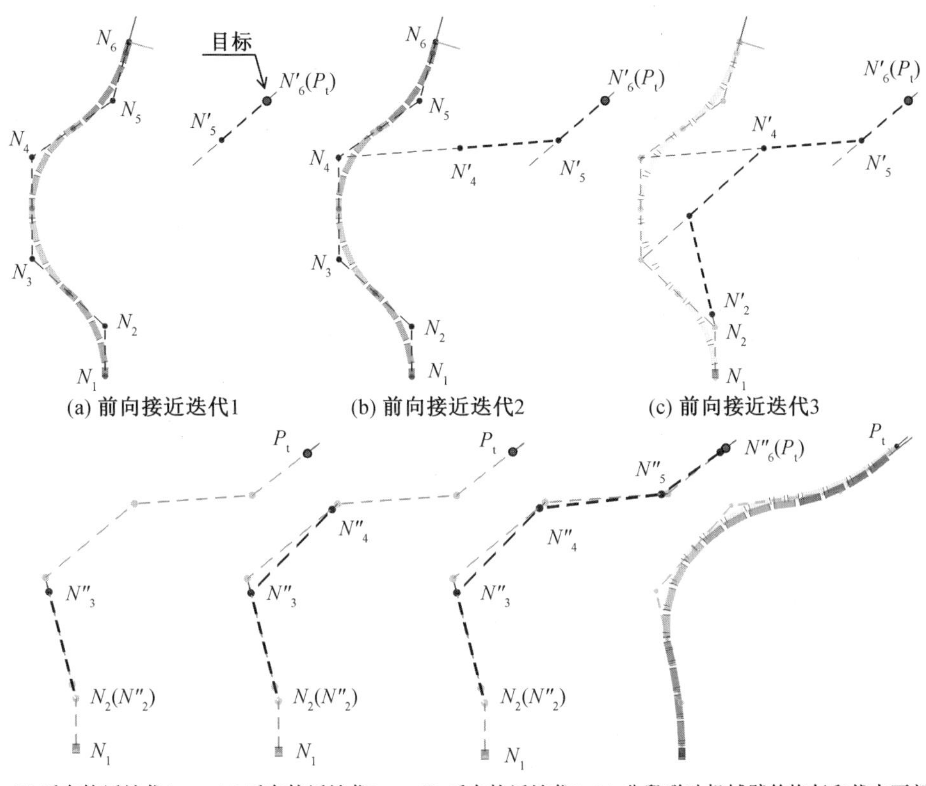

(a) 前向接近迭代1　(b) 前向接近迭代2　(c) 前向接近迭代3

(d) 后向接近迭代1　(e) 后向接近迭代2　(f) 后向接近迭代3　(g) 分段联动机械臂的恢复和状态更新

图 8.4　整个内环迭代过程

(1) 绳驱分段联动冗余机械臂的等效与简化。

在简化和等效运动学模型的基础上，将绳驱分段联动冗余机械臂简化为 $M+1$ 串联等效关节型机械臂，如图 8.1 所示。每个关节段被等价成两个等效臂杆及其之间的关节。等效臂杆的长度和位置可通过式(8.10)、式(8.11) 和式(8.1) ~ (8.4) 获得。这样可以大大简化绳驱分段联动机械臂的迭代过程，而无须考虑段内子关节间复杂的联动关系。

(2) 正反向接近迭代。

对于绳驱分段联动机械臂，可用 FABRIK 方法对其简化等效关节型机械臂进行几何迭代求解逆运动学问题。它可以进一步分为两个步骤，即前向接近迭代和后向接近迭代。整个过程如图 8.4 所示。

(3) 前向接近迭代。

图 8.4(a) 给出了迭代初始条件。假设期望的机械臂末端位置为 P_t，通过 FABRIK 方法，首先将最后一个节点 N'_{M+2} 设为与目标重合，而其余节点需要尽

可能接近其原始位置。则最后一个等效连杆 $M+1$ 的新的单位向量为

$$\boldsymbol{e}_{M+1}=\boldsymbol{e}_{\mathrm{t}} \tag{8.13}$$

式中 $\boldsymbol{e}_{\mathrm{t}}$—— 期望的末端指向矢量。

一般地，$\boldsymbol{e}_{\mathrm{t}}$在初始的条件下已经给出，否则其可以通过式(8.14)确定：

$$\boldsymbol{e}_{\mathrm{t}}=(\boldsymbol{e}_{\mathrm{cd}}+\boldsymbol{e}_{\mathrm{d}})/|\boldsymbol{e}_{\mathrm{cd}}+\boldsymbol{e}_{\mathrm{d}}| \tag{8.14}$$

式中 $\boldsymbol{e}_{\mathrm{cd}}$、$\boldsymbol{e}_{\mathrm{d}}$—— 从机械臂的当前末端以及从原点 O 到期望的目标位置 P_{t} 的单位矢量。它们可以通过式(8.15)、式(8.16)计算得到：

$$\boldsymbol{e}_{\mathrm{cd}}=\overrightarrow{N_{M+2}P_{\mathrm{t}}}/|\overrightarrow{N_{M+2}P_{\mathrm{t}}}| \tag{8.15}$$

$$\boldsymbol{e}_{\mathrm{d}}=\overrightarrow{OP_{\mathrm{t}}}/|\overrightarrow{OP_{\mathrm{t}}}| \tag{8.16}$$

值得一提的是，当只给定期望目标 P_{t} 位置时，期望的末端指向矢量 $\boldsymbol{e}_{\mathrm{t}}$ 的值只在第一次迭代中通过计算获得，在接下来的迭代中它将被认为是已知量。

那么其余节点的新位置(粗斜体符号 $\boldsymbol{N}_i$ 表示相应节点 N_i 的位置矢量)可以计算为

$$\boldsymbol{N}'_i=\boldsymbol{N}'_{i+1}-l_i\boldsymbol{e}_i \quad (2\leqslant i\leqslant M+1) \tag{8.17}$$

式中 $\boldsymbol{e}_i$—— 等效臂杆 i 的单位矢量。它可以通过式(8.18)获得：

$$\boldsymbol{e}_i=\begin{cases}\boldsymbol{e}_{\mathrm{t}} & (i=M+1)\\ \overrightarrow{N_iN'_{i+1}}/|\overrightarrow{N_iN'_{i+1}}| & (1\leqslant i\leqslant M+1)\end{cases} \tag{8.18}$$

然后，在图 8.4(c)中可以看到新节点位置，其中节点 2 的新旧位置不重合。因此，它需要进一步后向接近迭代。

(4) 后向接近迭代。

与前向接近迭代类似，后向接近迭代从根部到末端逐个更新节点位置，如图 8.4(d) ~ (f) 所示。首先将节点 N''_2 的新位置设为其旧位置 N_2，对于其余的节点，它们的新位置可以计算为

$$\boldsymbol{e}_i=\overrightarrow{N''_iN'_{i+1}}/|\overrightarrow{N''_iN'_{i+1}}| \quad (2\leqslant i\leqslant M+1) \tag{8.19}$$

$$\boldsymbol{N}''_{i+1}=\boldsymbol{N}''_i+l_i\boldsymbol{e}_i \quad (2\leqslant i\leqslant M+1) \tag{8.20}$$

然后，如图 8.4(f) 所示可以获得所有节点的新位置，其中可以看出最后一个节点的新位置几乎已经到达目标。

(5) 分段联动冗余机械臂的状态更新。

绳驱分段联动机械臂运动到新的状态时，其等效的关节型机械臂的杆长会发生变化。因此，经过前后向接近迭代后，需要更新绳驱分段联动机械臂的状态，进而得到新的等效的关节型机械臂。

如图 8.4(f) 所示，关节段 i 的弯曲平面法向量为

$$\boldsymbol{v}_{\mathrm{n}i}=\boldsymbol{e}_i\times\boldsymbol{e}_{i+1} \tag{8.21}$$

然后关节段 i 的弯曲角度可以计算为

$$\theta_{si} = \mathrm{atan2}(|\boldsymbol{v}_{ni}|, \boldsymbol{e}_i \cdot \boldsymbol{e}_{i+1}) \tag{8.22}$$

对于其弯曲方向，由下面的式子可获得：

$$\beta_{si} = \mathrm{atan2}(\boldsymbol{v}_{\mathrm{vef1}} \cdot \boldsymbol{e}_{i+1}, \boldsymbol{v}_{\mathrm{vef2}} \cdot \boldsymbol{e}_{i+1}) \tag{8.23}$$

式中　$\boldsymbol{v}_{\mathrm{vef1}}$、$\boldsymbol{v}_{\mathrm{vef2}}$——单位参考矢量，它们定义为

$$\boldsymbol{v}_{\mathrm{vef1}} = \begin{cases} [0 \quad 0 \quad 1]^{\mathrm{T}} & (i=1) \\ {}^{0}\boldsymbol{T}_{si-1}(1:3,3) & (2 \leqslant i \leqslant M) \end{cases} \tag{8.24}$$

$$\boldsymbol{v}_{\mathrm{vef2}} = \begin{cases} [0 \quad 1 \quad 0]^{\mathrm{T}} & (i=1) \\ {}^{0}\boldsymbol{T}_{si-1}(1:3,2) & (2 \leqslant i \leqslant M) \end{cases} \tag{8.25}$$

然后，可以通过式(8.12)得到关节段 i 当前的关节角。根据简化的运动方程，可以进一步推导出关节段状态更新后的变换矩阵 ${}^{0}\boldsymbol{T}_{si}$，并用于下一关节段状态的推导。最后，如图 8.4(g) 所示，可以获得绳驱冗余机械臂的新状态。

此时，一个周期内的几何迭代已经完成。随着循环次数的增加，当前与期望末端位置和指向差将迅速收敛。当满足以下条件时，内环迭代将结束：

$$\begin{cases} \Delta\boldsymbol{X}' = [\Delta x \quad \Delta y \quad \Delta z \quad \Delta\theta_{\mathrm{yaw}} \quad \Delta\theta_{\mathrm{pitch}}]^{\mathrm{T}} \\ \mathrm{norm}(\Delta\boldsymbol{X}') \leqslant \varepsilon_2 \end{cases} \tag{8.26}$$

8.3.2　末端滚转角度接近的外环迭代

给定的末端点位置和指向实际上对绳驱冗余机械臂有 5 自由度约束。在完全给定 6 自由度末端姿态约束的条件下，要实现其完整的运动学逆解，还需要进一步求解剩余的末端滚转角。为了解决这一问题，本章首先对末端主动滚转下的构型被动运动进行研究，进一步提出求解末端滚转角的几何迭代求解方法。

(1) 绳驱冗余臂的臂型调整与迭代策略。

图 8.5 给出了两个典型情况，即当绳驱分段联动冗余机械臂绕其末端 X 轴相对于初始状态分别以 $-25°$ 和 $35°$ 的角度滚转时的构型被动运动。根据传统的基于雅可比矩阵的方法，绳驱冗余机械臂分别达到构型 2 和构型 3 的位置。从图中可以看出，构型 2 可以看作是绳驱冗余机械臂从初始状态以一定角度绕着末端滚动而成，而构型 3 相当于其绕着根部进行旋转运动的结果。

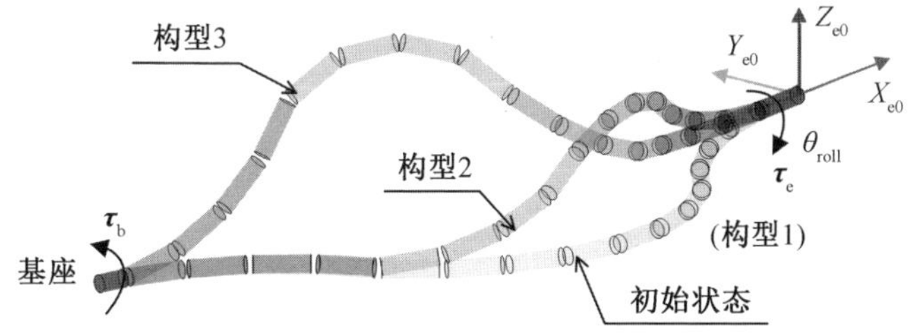

图 8.5　绳驱冗余臂的末端主动滚转对其构型被动运动影响分析

为便于理解，将一个等效的外部滚转力矩 $\boldsymbol{\tau}_e$ 加载到绳驱分段联动冗余机械臂的末端，此时假定机械臂的末端具有唯一滚动自由度。然后，为了平衡末端受到的扭矩载荷，机械臂的根部将受到底座传递来的另一个被动力矩 $\boldsymbol{\tau}_b$。也就是说，在绳驱分段联动冗余机械臂末端滚转运动过程中，其末端和根部分别受到两个外力矩 $\boldsymbol{\tau}_e$ 和 $\boldsymbol{\tau}_b$ 的作用，从而可能出现其构型上的绕末端滚转和根部滚转运动情况。考虑到力矩 $\boldsymbol{\tau}_e$ 和 $\boldsymbol{\tau}_b$ 具有方向相反的特点，因此，机械臂可以通过绕末端或根部分别以相反方向旋转，以达到所需的末端滚动角 θ_{roll}。

因此，对于末端滚动角求解的外环迭代，应同时考虑机械臂的末端和根部旋转运动。由此，本章提出了对应的外环迭代的策略，如图 8.6 所示。图中，End_Cond 是指迭代的结束条件，包括图 8.2 中所示的外环迭代的姿态误差和迭代次数判断；Cond 是指旋转模式自动切换的条件，其定义为

$$\text{Cond} = \text{Cond}(a) \parallel \text{Cond}(b) \tag{8.27}$$

$$\text{Cond}(a) = [\text{abs}(\Delta\theta_{\text{roll}(i-1)} - \Delta\theta_{\text{roll}(i)}) \leqslant \varepsilon_3] \&\& [\text{abs}(\Delta\theta_{\text{roll}(i-2)} - \Delta\theta_{\text{roll}(i-1)}) \leqslant \varepsilon_3] \tag{8.28}$$

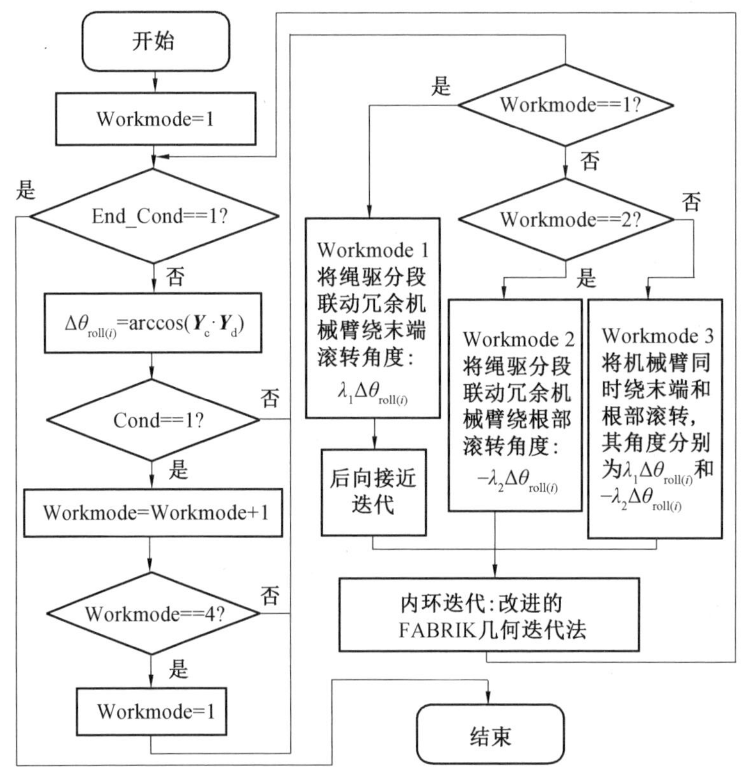

图 8.6　外环迭代的详细流程图

$$\mathrm{Cond}(b)=[\mathrm{abs}(\Delta\theta_{\mathrm{roll}(i-1)})<\mathrm{abs}(\Delta\theta_{\mathrm{roll}(i)})]\&\&[\mathrm{abs}(\Delta\theta_{\mathrm{roll}(i-2)})<\mathrm{abs}(\Delta\theta_{\mathrm{roll}(i-1)})] \tag{8.29}$$

式中　abs()—— 绝对值函数；

Cond(a)、Cond(b)—— 迭代是否收敛和是否不再收敛的判据。

(2) 末端滚转角求解的外环几何迭代。

从图 8.6 可以看出，外循环迭代有三种迭代模式，当式(8.27) ~ (8.29) 中的条件满足时，可以自动地从一种模式切换到另一种模式。这样绳驱冗余机械臂可以最终达到所需的末端滚转角度。

① 迭代模式 1，绕末端旋转。如图 8.7 所示，当 Workmode＝1 时，机械臂将会绕着末端进行旋转运动。同时，机械臂对应的简化等效关节型机械臂也将一起旋转，其节点新位置为

$$\boldsymbol{N}'_i=\mathrm{Rot}(\boldsymbol{X}_{\mathrm{e0}},\lambda_1\Delta\theta_{\mathrm{roll}})(\boldsymbol{N}_i-\boldsymbol{P}_{\mathrm{e}})+\boldsymbol{P}_{\mathrm{e}}\quad(1\leqslant i\leqslant M+2) \tag{8.30}$$

$$\boldsymbol{P}_{\mathrm{e}}=\boldsymbol{N}_{M+2}={}^{0}\boldsymbol{T}_{\mathrm{end}}(1:3,4) \tag{8.31}$$

由于旋转后的机械臂根部已经偏移了原点位置，因此在后序的内环迭代之前，首先需要对其进行向后接近迭代。最终可以获得图 8.7 所示的新构型。

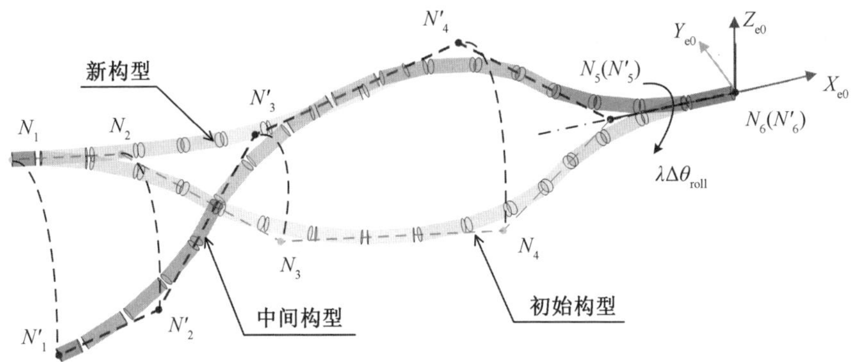

图 8.7　迭代模式 1:绕末端旋转运动

② 迭代模式 2，绕根部旋转。与绕末端旋转相似，当前迭代模式是绕着根部坐标系的 X 轴进行旋转。然后，其对应的关节型机械臂新节点的位置为

$$\boldsymbol{N}'_i=\mathrm{Rot}(\boldsymbol{X}_0,-\lambda_2\Delta\theta_{\mathrm{roll}})(\boldsymbol{N}_i-\boldsymbol{P}_0)+\boldsymbol{P}_0\quad(1\leqslant i\leqslant M+2) \tag{8.32}$$

$$\boldsymbol{X}_0=[1\quad 0\quad 0]^{\mathrm{T}},\quad \boldsymbol{P}_0=[0\quad 0\quad 0]^{\mathrm{T}} \tag{8.33}$$

③ 迭代模式 3，同时绕末端和根部旋转。考虑到单末端或根部旋转模式对构型中段的调整相对有限，本章提出了第三种工作模式，即上述两种模式的组合。

根据式(8.30) ~ (8.33)，新模式下简化的等效关节型机械臂的节点新位置为

$$\boldsymbol{N}_i' = \begin{cases} \mathrm{Rot}(\boldsymbol{X}_0, -\lambda_2 \Delta\theta_{\mathrm{roll}})(\boldsymbol{N}_i - \boldsymbol{P}_0) + \boldsymbol{P}_0 & (1 \leqslant i \leqslant i_{\mathrm{mid}}) \\ \mathrm{Rot}(\boldsymbol{X}_{\mathrm{e}0}, \lambda_1 \Delta\theta_{\mathrm{roll}})(\boldsymbol{N}_i - \boldsymbol{P}_{\mathrm{e}}) + \boldsymbol{P}_{\mathrm{e}} & (i_{\mathrm{mid}} < i \leqslant i_{\mathrm{end}}) \end{cases} \tag{8.34}$$

$$i_{\mathrm{mid}} = \mathrm{int}(0.5M) + 1 \quad (i_{\mathrm{end}} = M + 2) \tag{8.35}$$

另外，值得注意的是，由于节点 $\boldsymbol{N}'_{i_{\mathrm{mid}}}$ 与节点 $\boldsymbol{N}'_{i_{\mathrm{mid}+1}}$ 之间可能存在不合理的距离，此时不应更新组合的节点的新等效连杆长度，即等效连杆的长度保持旋转前的长度值。

然后，经过上述一个或多个迭代模式的切换迭代，绳驱分段联动冗余机械臂将能通过内环迭代以新的滚动角再次到达目标。当当前和期望的姿态差逐渐收敛到一定值时，整个迭代过程将完成，而当前迭代的关节角 $\boldsymbol{\theta}(i)$ 则是期望的逆运动学方程的解。

8.3.3 回避关节角度极限

在内外环几何迭代的基础上，绳驱分段联动冗余机械臂的关节段角度极限回避可以在等效关节型机械臂前后向接近的迭代过程中实现。为了更好地说明，图 8.8 示出了前向接近迭代中的关节段角度极限回避示意图。

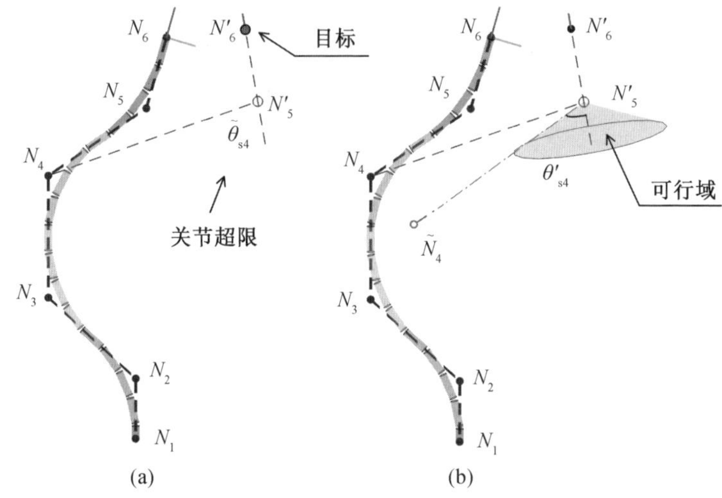

图 8.8　前向接近迭代中的关节段角度极限回避

从图 8.8(a) 可知，当关节段的弯曲角度 $\tilde{\theta}_{\mathrm{s}4}$ 超过极限值时，需要进行角度避极限，此时关节角度满足以下条件：

$$\tilde{\theta}_{\mathrm{s}4} > m\theta_{\mathrm{bmax}} \tag{8.36}$$

式中　θ_{bmax}——关节段中每个子关节的最大弯曲角度。

为了避开关节极限，图 8.8(b) 示出了等效臂杆 l_4 的新位置下的可行域。通

常地，等效臂杆 l_4 的新位置被视为可行域内与超限时的位置最为接近的位置，如图 8.8(b) 中点画线所示。那么它对应的关节段新弯曲角度是 $\theta'_{s4}=m\theta_{max}$。

等效臂杆 l_4 新的单位向量可以通过下式确定：

$$\boldsymbol{e}_5=\overrightarrow{N'_6N'_5}/|\overrightarrow{N'_6N'_5}| \tag{8.37}$$

$$\tilde{\boldsymbol{e}}_4=\overrightarrow{N'_5N_4}/|\overrightarrow{N'_5N_4}| \tag{8.38}$$

$$\boldsymbol{v}_{n4}=\boldsymbol{e}_5\times\tilde{\boldsymbol{e}}_4 \tag{8.39}$$

$$\boldsymbol{e}_4=\mathrm{Rot}(\boldsymbol{v}_{n4},\theta'_{s4})\boldsymbol{e}_5 \tag{8.40}$$

然后该剩余的内环迭代将依据其与等效臂杆 l_4 的新位置。对于其余的关节段，其角度避极限也是如此。同样地，关节段的角度避极限也可以应用于逆向接近迭代中。只有正向和逆向接近迭代同时对关节段的角度避极限，才能最终实现整个绳驱冗余机械臂关节段的角度避极限。

8.3.4　仿真分析

为了验证所提出的 TLGI(两层几何迭代) 方法的能力，本节将分别在给定的末端位置和指向以及整个位姿的约束情况下，对所提出的 TLGI 方法和传统的基于雅可比矩阵的方法进行仿真比较。相关初始条件如下。

(1) 关节段的子关节弯曲角度极限为 $\theta_{bmax}=25°$，内外环迭代总共的次数最大为 1 000，不同迭代模式下的调节因子定义为

$$\begin{cases}\lambda_1=1.0 & (\text{Workmode}=1)\\ \lambda_2=1.0 & (\text{Workmode}=2)\\ \lambda_1=1.0,\quad \lambda_2=2.0 & (\text{Workmode}=3)\end{cases} \tag{8.41}$$

(2) 为了使得数据更具有通用性和说服力，本章采用蒙特卡洛方法生成 5 000 个随机构型如下：

$$\begin{cases}\beta_s=360\mathrm{Rand}(M,5\ 000) & (\beta_{s,i}=[\beta_{s1}\ \cdots\ \beta_{sM}])\\ \theta_s=m\theta_{bmax}(\mathrm{Rand}(M,5\ 000)-0.5) & (\theta_{s,i}=[\theta_{s1}\ \cdots\ \theta_{sM}])\end{cases} \tag{8.42}$$

用式(8.12) 可以求出每个构型下的各节段关节角，然后通过简化的运动学方程，可以得到各个构型的期望末端数据。

(3) 为避开传统雅可比方法奇异性问题，绳驱冗余机械臂初始状态定义为

$$\boldsymbol{\theta}=[0.2°\ \cdots\ 0.2°]\in\mathbf{R}^{1\times 2M} \tag{8.43}$$

此外，考虑到该机械臂的关节角度非常有限，在基于雅可比方法的每次迭代

中，还设计了一个系数 k 来调节每次迭代的关节角度增量，也即

$$\dot{\boldsymbol{\theta}} = k\boldsymbol{J}^{+}\dot{\boldsymbol{X}}_{\mathrm{e}} \quad (k=0.15) \tag{8.44}$$

(4) 不同的末端约束条件下的几何迭代循环结束条件为

$$\begin{cases} \text{Cond1: } \mathrm{d}P \leqslant 0.01, \quad \mathrm{d}A \leqslant 0.2^{\circ} & (\text{位姿}) \\ \text{Cond2: } \mathrm{d}P \leqslant 0.01, \quad \mathrm{d}A_X \leqslant 0.06^{\circ} & (\text{位置和指向}) \\ \text{Cond3: } \mathrm{d}P \leqslant 0.01 & (\text{位置}) \end{cases}$$

式中　$\mathrm{d}P$、$\mathrm{d}A$——当前的和期望的机械臂末端位置和姿态误差，它们可通过下面式子得到：

$$\mathrm{d}P = \mathrm{norm}(\boldsymbol{P}_{\mathrm{e}} - \boldsymbol{P}_{\mathrm{t}}) \tag{8.45}$$

$$\mathrm{d}A = \arcsin(\mathrm{norm}(0.5(\boldsymbol{e}_{\mathrm{c}X} \times \boldsymbol{e}_{\mathrm{d}X} + \boldsymbol{e}_{\mathrm{c}Y} \times \boldsymbol{e}_{\mathrm{d}Y} + \boldsymbol{e}_{\mathrm{c}Z} \times \boldsymbol{e}_{\mathrm{d}Z}))) \tag{8.46}$$

式中　$\boldsymbol{e}_{\mathrm{c}X}$、$\boldsymbol{e}_{\mathrm{d}X}$——当前和期望的末端姿态中的 x 轴矢量。

类似地，$\mathrm{d}A_X$ 被定义为

$$\mathrm{d}A_X = \mathrm{norm}(\boldsymbol{e}_{\mathrm{c}X} \times \boldsymbol{e}_{\mathrm{d}X}) \tag{8.47}$$

为了对上述两种方法进行各方面的比较，本章分别以 4 段 8 DOF 和 6 段 12 DOF 的绳驱分段联动冗余机械臂为对象进行了仿真。仿真的平台为 Window 10，Intel(R)Pentium(R)CPU P6000@1.87 GHz。通过对两组仿真进行比较，其比较结果见表 8.1。

表8.1　两组仿真比较分析

逆运动学求解方法	机械臂参数	不同的末端约束条件	成功求解覆盖率/%	求解时间			平均迭代次数	最快求解比例/%
				$0 \leqslant t \leqslant 0.2$ s	$t > 0.2$ s	平均值/s		
传统的基于雅可比方法	4 段 8 DOF	姿态	61.44	0.22%	99.78%	0.468	140.5	26.15
		位置和指向	44.42	1.64%	98.36%	0.504	151.3	1.47
		位置	79.50	2.74%	97.26%	0.313	97.6	5.47
本章提出的 TLGI 方法		姿态	89.62	66.50%	33.50%	0.382	127.2	73.85
		位置和指向	98.40	97.05%	2.95%	0.040	23.7	98.53
		位置	95.04	97.73%	2.27%	0.037	22.1	94.53

续表8.1

逆运动学求解方法	机械臂参数	不同的末端约束条件	成功求解覆盖率 /%	求解时间			平均迭代次数	最快求解比例 /%
				$0 \leqslant t \leqslant$ 0.2 s	$t >$ 0.2 s	平均值 /s		
传统的基于雅可比方法	6 段 12 DOF	姿态	61.50	0.0%	100.0%	0.803	155.0	20.25
		位置和指向	63.74	0.0%	100.0%	0.874	183.4	0.12
		位置	84.68	0.0%	100.0%	0.478	99.6	1.12
本章提出的 TLGI 方法		姿态	84.88	65.14%	34.86%	0.335	115.9	79.75
		位置和指向	100.0	98.68%	1.32%	0.035	13.6	99.88
		位置	99.82	98.22%	1.78%	0.040	15.7	98.88

通过表 8.1，可以从四个方面得出比较结果。① 所提出的 TLGI 方法具有更广泛的求解能力，可以成功地求解在工作空间内近 90% 或更多的解。② 提出的 TLGI 方法具有更少的迭代次数和更快的求解速度。特别是在给定末端位置和指向的情况下，其速度甚至是传统雅可比方法的 10 倍甚至更快。③ 与其他两种给定末端约束相比，该方法在给定末端位置和指向的约束下具有更高的性能。④ 与传统的基于雅可比矩阵方法相比，该方法在关节段数目增加的情况下，表现出部分更好的性能，此时与传统的基于雅可比方法性能恰好相反。

此外，为了更加直观地显示迭代过程中的比较结果，本节进一步地以 4 段 8 DOF 绳驱分段联动冗余机械臂为对象，针对两种不同的末端约束条件（包括给定末端位置及指向和末端姿态约束）下的两种方法进行逆运动学求解比较，其结果分别如图 8.9 和图 8.10 所示。

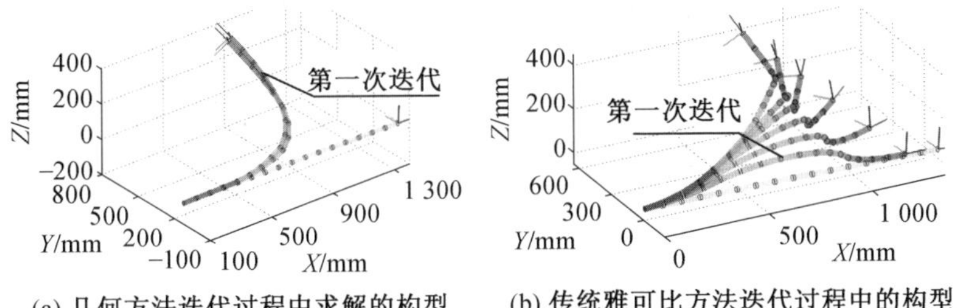

(a) 几何方法迭代过程中求解的构型　　(b) 传统雅可比方法迭代过程中的构型

图 8.9　在给定末端位置和指向情况下的逆运动学求解仿真比较

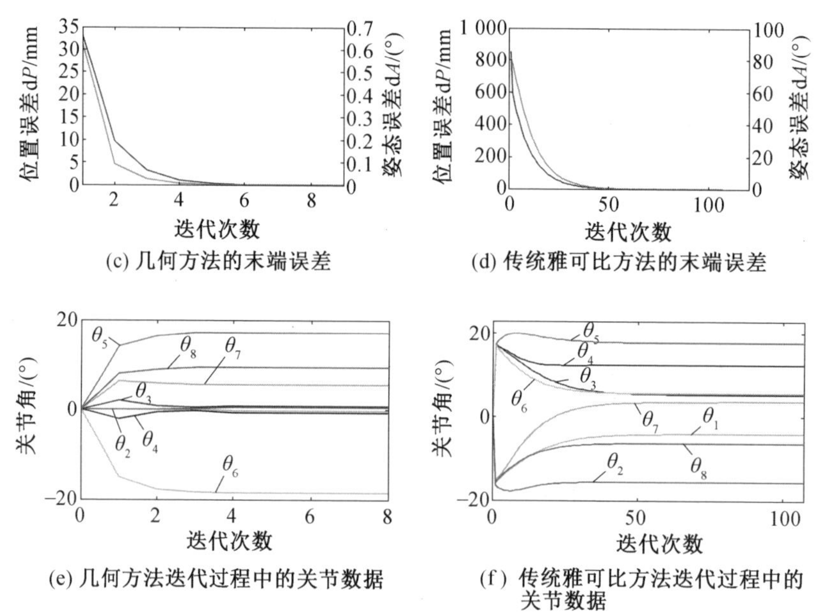

(c) 几何方法的末端误差

(d) 传统雅可比方法的末端误差

(e) 几何方法迭代过程中的关节数据

(f) 传统雅可比方法迭代过程中的关节数据

续图 8.9

从图 8.9 和图 8.10 可以看出，所提出的 TLGI 方法的末端误差和关节数据在迭代过程中的变化相对不连续。然而，它们的收敛速度远远比传统的基于雅可比的方法快。在经过第一次迭代之后，TLGI 方法的构型已经与目标非常接近。此外，用 TLGI 方法求解的最终构型更接近初始状态，这与该方法的迭代原理是一致的。

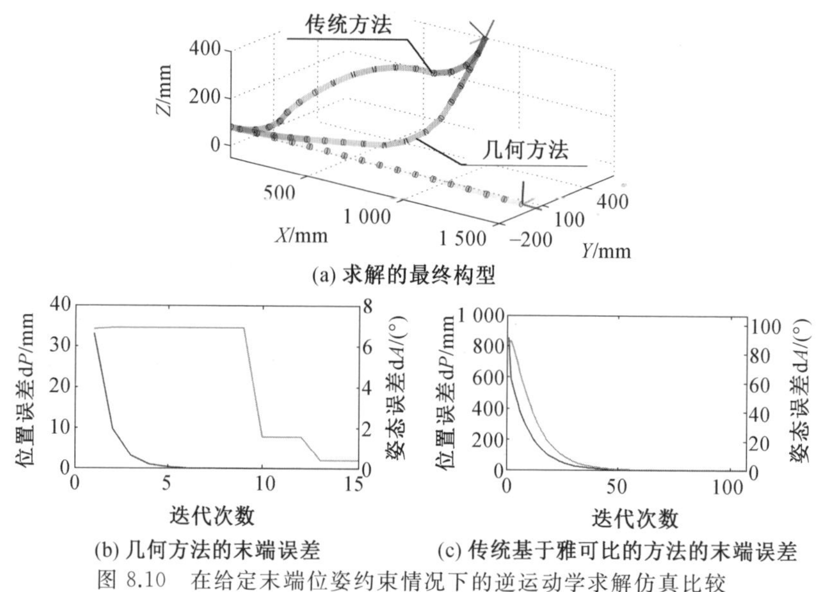

(a) 求解的最终构型

(b) 几何方法的末端误差

(c) 传统基于雅可比的方法的末端误差

图 8.10　在给定末端位姿约束情况下的逆运动学求解仿真比较

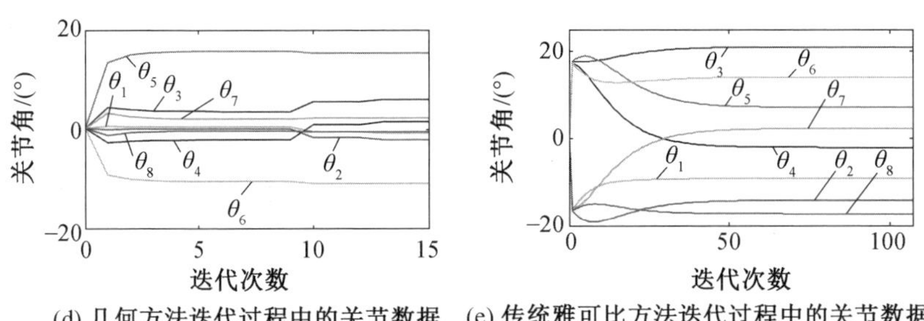

(d) 几何方法迭代过程中的关节数据　(e) 传统雅可比方法迭代过程中的关节数据

续图 8.10

8.4　末端位姿和整体构型同步规划方法

考虑到严格约束的受限空间，在对该机械臂的规划过程中还需要考虑额外的构型约束，以避免与环境的碰撞。因此，本章提出了一种基于 TLGI 的构型与末端位姿同步规划方法，该方法具有快速求解和避免奇异性的特点。

8.4.1　环境参数化

为了在有限空间中求解，首先分析了具有点、线、面、体等约束的典型环境中的运动学约束，其结果见表 8.2。

表8.2　典型任务环境下的运动学约束分析

典型任务	约束	模型	运动学约束
	点	d_2 d_3 d_4	$d_i \geqslant d_{\min} \quad (i=2,3,4)$
	线	$\theta_{b,4}$	$\theta_{b,4}=0,\quad \beta_4 \in [0,\pi]$
	面	n_4 n_d β_4	$\beta_4=\beta_d,\quad \theta_{b,4} \in [\theta_{bj,\min},\theta_{bj,\max}]$
	体（空间）	d_4 β_4 $\theta_{b,4}$	$d_4 \leqslant d_{\max}$ 或 $\theta_{b,4} \in [\theta_{b,\min},\theta_{b,\max}]$；$\beta_4=\beta_d$

从表 8.2 可以知道，不同的任务环境可以被参数化为构型参数的约束，包括关节与障碍物之间的欧几里得距离、关节段弯曲角度和弯曲方向。也就是说，通过在逆运动学求解过程中约束这些构型参数，可以达到构型位姿同步规划的避障效果。

8.4.2 同步规划策略

结合上述环境参数化分析结果和 TLGI 方法的几何迭代原理，本节进一步提出了构型和末端位姿同步规划策略，如图 8.11 所示。该方法除了环境参数化以外，还包括路径离散化、关节型机械臂的几何约束、构型约束下的逆运动学求解等部分。

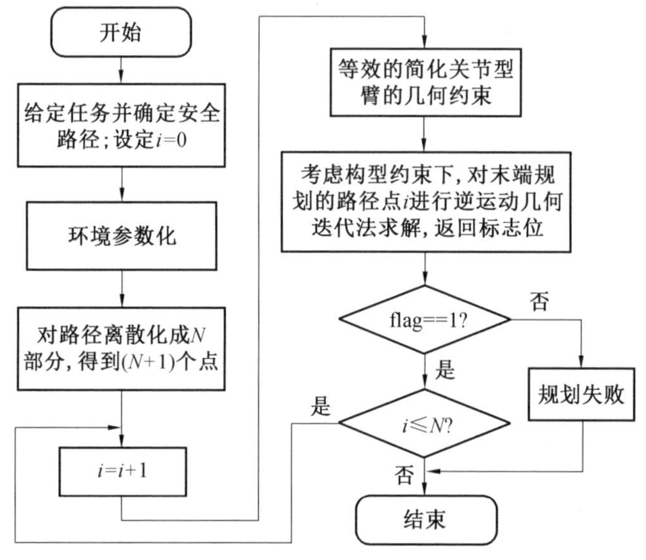

图 8.11 构型和末端位姿同步规划策略

详细步骤如下。

(1) 根据给定的任务和环境约束条件，首先确定绳驱冗余机械臂的末端可避障的安全路径并将其离散化，即将路径 N 等分，得到$(N+1)$ 个点。然后根据环境约束，对于路径上的任意第 i 个点，赋以时间 t_i，并且规划其相应的末端姿态 $\boldsymbol{X}_{\mathrm{e}}$。

(2) 根据给定的约束环境和规划的末端姿态，考虑利用几何方法对等效关节型机械臂进行约束，包括前面提及的欧几里得距离、弯曲角度和方向的约束。对于构型的弯曲角度限制，类似于上述的关节段角度避极限方法，本章不在此展开。对于欧几里得距离和弯曲方向限制，可以通过图 8.12 所示的几何方法来实现。

从图 8.12(a) 来看，欧几里得距离限制可以通过对等效臂杆在 TLGI 的迭代区间进行约束。当障碍物与等效连杆 l_4 之间的欧几里得距离（用 d_4 表示）太小时，会导致碰撞。为避免这种情况，可通过以下方法获得等效连杆 l_4 的新安全位置：

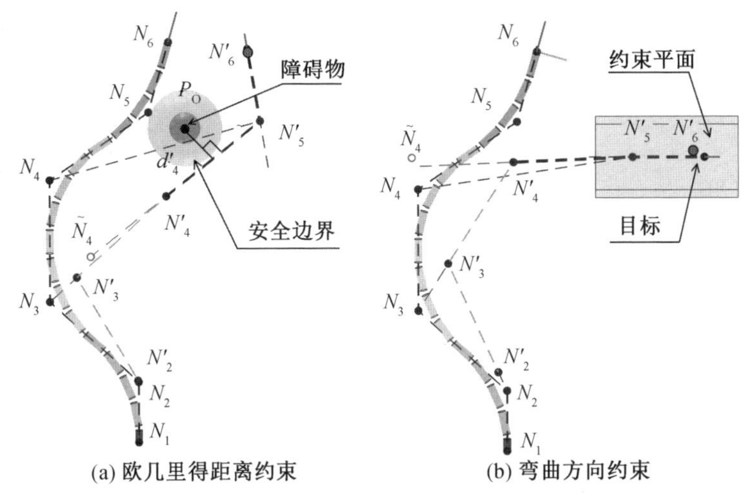

图 8.12　构型约束下构型－位姿同步逆运动学求解

$$\tilde{\boldsymbol{e}}_4=\overrightarrow{N'_5N_4}/|\overrightarrow{N'_5N_4}| \tag{8.48}$$

$$\boldsymbol{e}_{\mathrm{O}}=\overrightarrow{P_{\mathrm{O}}N'_5}/|\overrightarrow{P_{\mathrm{O}}N'_5}| \tag{8.49}$$

$$\tilde{\boldsymbol{v}}_{\mathrm{n4}}=\boldsymbol{e}_{\mathrm{O}}\times\tilde{\boldsymbol{e}}_4 \tag{8.50}$$

$$\theta_{\mathrm{saf}}=\arcsin\left(d_{\mathrm{saf}}/|\overrightarrow{P_{\mathrm{O}}N'_5}|\right) \tag{8.51}$$

$$\boldsymbol{e}_4=\mathrm{Rot}(\tilde{\boldsymbol{v}}_{\mathrm{n4}},\theta_{\mathrm{saf}})\boldsymbol{e}_{\mathrm{O}} \tag{8.52}$$

式中　d_{saf}—— 期望的 d_4 的安全理想值；

θ_{saf}—— 期望的安全距离 d_{saf} 下对应的等效连杆 l_4 安全偏向角。

类似地，为了达到关节段 4 的期望弯曲方向的构型约束，等效连杆 l_4 的新位置可以计算为

$$\boldsymbol{e}_4=(\tilde{\boldsymbol{e}}_4-\tilde{\boldsymbol{e}}_4\boldsymbol{v}_{\mathrm{nd}})/|\tilde{\boldsymbol{e}}_4-\tilde{\boldsymbol{e}}_4\boldsymbol{v}_{\mathrm{nd}}| \tag{8.53}$$

式中　$\boldsymbol{v}_{\mathrm{nd}}$—— 所期望的关节段约束平面的法向量。

(3) 利用几何约束的等效关节型机械臂以及 TLGI 方法可对路径上各个点进行构型－位姿逆运动学求解。进一步地，可以得到绳驱分段联动冗余机械臂的构型－位姿同步规划下的关节数据。

8.5　仿真研究分析

8.5.1　基于弯曲方向约束的狭缝中轨迹跟踪

根据图 8.13(a)，绳驱分段联动冗余机械臂被设定为在狭缝中对预定的轨迹

进行跟踪。该轨迹和狭缝分别定义为

$$\boldsymbol{P}_0=[695.5\quad 175.0\quad 2.1]^{\mathrm{T}},\quad \boldsymbol{P}_{c0}=[695.5\quad 275.0\quad 2.1]^{\mathrm{T}} \tag{8.54}$$

$$\boldsymbol{O}_c=[991.3\quad 275.0\quad 636.5]^{\mathrm{T}},\quad \theta_c=32^\circ \tag{8.55}$$

$$\boldsymbol{V}_{\mathrm{Normal}}=\boldsymbol{v}_{nc}=[0.423\quad 0\quad 0.906]^{\mathrm{T}},\quad \boldsymbol{W}_{\mathrm{slit}}=30\ \mathrm{mm} \tag{8.56}$$

机械臂的初始状态为

$$\theta_{(0)}=[-12^\circ\quad 12^\circ\quad 14^\circ\quad 0\quad -10^\circ\quad 0] \tag{8.57}$$

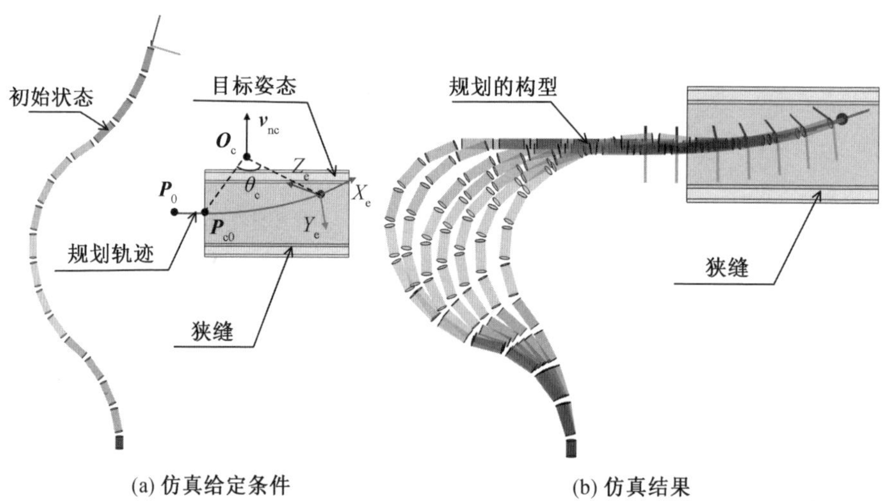

(a) 仿真给定条件　　(b) 仿真结果

图 8.13　基于弯曲方向约束的狭缝内轨迹跟踪

然后考虑狭缝的平面约束，绳驱冗余机械臂构型和末端姿态规划如下：

$$\begin{cases}\boldsymbol{v}_{n4}=\boldsymbol{v}_{nc}\\ \boldsymbol{X}_i=\begin{cases}\mathrm{Trans}(Y,16.67t_i)\boldsymbol{X}_0 & (t_i\in[0,6])\\ \mathrm{Rot}(\boldsymbol{v}_{nc},1.33(t_i-6))\boldsymbol{X}_{c0} & (t_i\in(6,30])\end{cases}\end{cases} \tag{8.58}$$

式中　$\boldsymbol{X}_0$——轨迹起始点的机械臂末端位置和姿态矩阵，即 $\boldsymbol{X}_0=\begin{bmatrix}\boldsymbol{R}_{c0} & \boldsymbol{P}_0\\ \boldsymbol{0} & 1\end{bmatrix}$；

$\boldsymbol{X}_{c0}$——狭缝入口处（即 $\boldsymbol{P}_{c0}$ 点）对应的末端位姿，$\boldsymbol{X}_{c0}=\mathrm{Trans}(Y,100)\boldsymbol{X}_0$。

进一步地，通过构型－位姿逆运动学求解方法，绳驱分段联动机械臂在狭缝中的圆弧轨迹跟踪下的规划构型和关节角数据可以获得，分别如图 8.13(b) 和图 8.14 所示。

仿真结果表明，绳驱冗余机械臂能够在狭缝内跟踪预定的轨迹并成功到达期望的目标。所有关节角度数据都限制在[0,25°]范围内。关节数据曲线变化平稳，反映了所提出的构型－位姿同步规划方法的有效性。

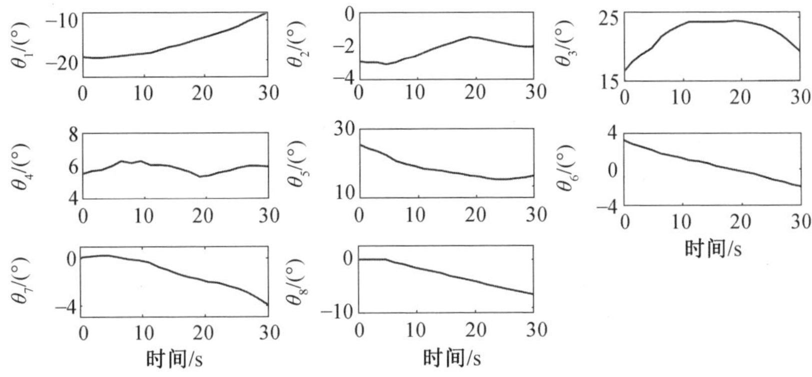

图 8.14　绳驱冗余机械臂轨迹跟踪的规划关节角

8.5.2　基于欧几里得距离约束的狭窄弯管道穿越

如图 8.15(a) 所示，绳驱冗余机械臂的构型可由狭窄弯管穿越时的管道中心轴与段点 S_4 之间的欧几里得距离约束来实现避障。然后，可以得到安全末端轨迹为

$$\begin{cases} \boldsymbol{O}_{\mathrm{b}} = [729.50 \quad 410.45 \quad -288.59] \\ \boldsymbol{P}_{\mathrm{b0}} = [733.23 \quad 407.05 \quad -18.63] \\ \boldsymbol{v}_{\mathrm{nb}} = [-1 \quad 0 \quad 0], \quad \theta_{\mathrm{b}} = 60°, \quad r_{\mathrm{b}} = 150 \end{cases} \tag{8.59}$$

考虑到上面的构型约束，绳驱冗余机械臂的末端姿态和构型参数规划为

$$\begin{cases} d_4 \leqslant d_{\mathrm{saf}} = 20\ \mathrm{mm} \\ \boldsymbol{X}_i = \begin{cases} \mathrm{Trans}(Y, -10(6-t_i))\boldsymbol{X}_{\mathrm{b0}} & (t_i \in [0,6]) \\ \mathrm{Rot}(\boldsymbol{v}_{\mathrm{nb}}, 2.5(t_i-6))\boldsymbol{X}_{\mathrm{c0}} & (t_i \in (6,30]) \end{cases} \end{cases} \tag{8.60}$$

$$\boldsymbol{X}_{\mathrm{b0}} = \begin{bmatrix} \boldsymbol{R}_{\mathrm{b0}} & \boldsymbol{P}_{\mathrm{b0}} \\ \boldsymbol{0} & 1 \end{bmatrix}, \quad \boldsymbol{R}_{\mathrm{b0}} = [\boldsymbol{e}_Y \quad -\boldsymbol{e}_X \quad \boldsymbol{e}_Z] \tag{8.61}$$

式中　$\boldsymbol{e}_X$、$\boldsymbol{e}_Y$、$\boldsymbol{e}_Z$ —— 原点坐标系各轴的单位向量。

类似于上述提到的欧几里得距离约束的几何方法，段点 S_4 和管道入口的中心轴之间的欧几里得距离 d_4 约束也可以实现，其结果的构型和关节数据分别如图 8.15(b) 和图 8.16(实线，方法 1) 中所示。

为了便于比较，本章还对传统的基于雅可比矩阵的梯度投影法(方法 2) 进行了仿真。当阻尼系数 $c \in [0.55, 1.38]$ 时，其仿真过程中欧几里得距离 d_4 才能满足 $d_4 \leqslant d_{\mathrm{saf}}$ 的要求，相关的关节数据在图 8.16 中以虚线示出。两种方法的比较结果见表 8.3。此外，图 8.16 的最后一个子图中还示出了两种方法的迭代过程中的欧几里得距离 d_4。

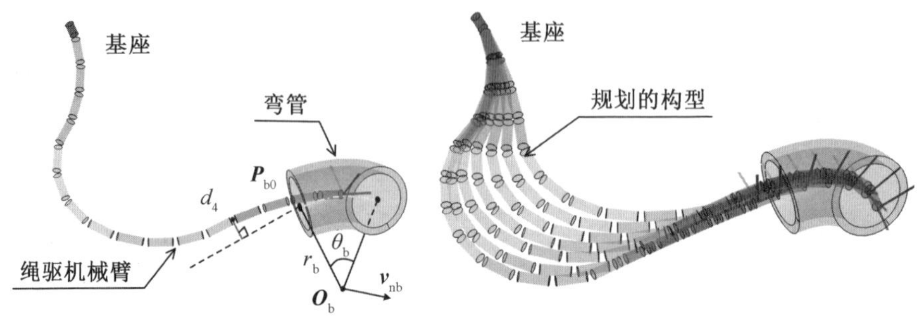

图 8.15　基于欧几里得距离约束的窄弯管穿越

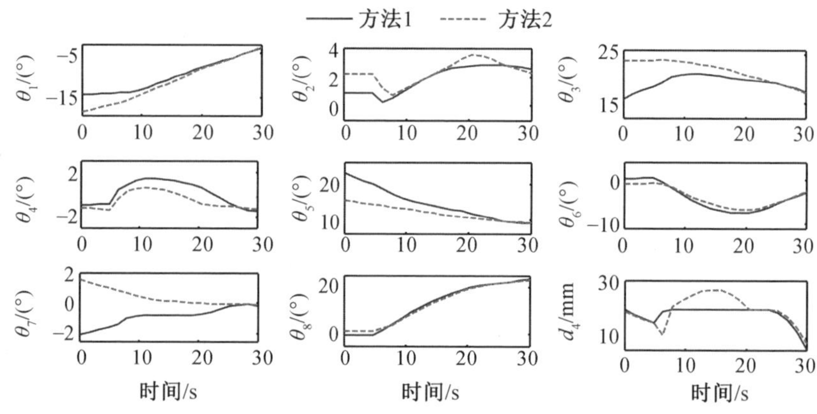

图 8.16　两种狭窄弯管道穿越方法的关节数据与欧几里得距离比较

表8.3　两种方法的仿真比较结果

比较项目	方法 1	方法 2
仿真时间	0.32 s	6.83 s
是否能对构型约束	是	条件性的：$c \in [0.55,1.38]$

从仿真比较结果来看，所提出的构型－位姿同步规划具有很高的运算效率，是传统基于雅可比梯度投影法的几十倍(这里几乎是20倍)。所规划的构型能成功避开与狭窄空间的干涉，其规划的关节数据相对平滑，再次验证了所提出方法的有效性。

8.6　本章小结

本章针对传统的基于雅可比矩阵逆运动学规划存在的计算量大、矩阵计算

复杂、容易发生奇异等问题，提出了基于两层几何迭代的逆运动学求解及轨迹规划方法。该方法将末端的姿态等效成一个特定矢量及其滚转角。前者和末端位置作为求解变量，在内层几何迭代中求解，而后者作为外层求解实现目标。另外，通过将绳驱分段联动冗余机械臂的每个关节段简化成两个切线，可将该机械臂等效成一个简化的关节型臂。由此，通过改进的 FABRIK 几个迭代方法，可以完成内层的末端位置和指向的求解。在外层迭代中，通过将整个机械臂以期望的滚转角度绕末端或者根部进行滚转，结合内层迭代，完成合理的关节角度快速求解。进一步地，通过考虑简化的关节型臂几何约束，以完成对机械臂的避障、关节角避极限等额外任务，实现对末端和构型约束下的同步逆运动学求解。

第9章

基于扩展虚拟关节的逆运动学求解与避障轨迹规划

本章介绍一种基于扩展虚拟关节的绳驱分段联动冗余机械臂的逆运动学求解和轨迹规划方法。首先定义用于反映末端与环境之间关系的等效虚拟关节，将其与原机械臂组合，形成含虚拟关节的扩展机械臂，通过对扩展机械臂进行逆动学方程求解，得到原机械臂的关节角和等效的虚拟关节角。通过扩展的虚拟关节将绳驱分段联动机械臂末端求解的约束条件放宽，也能为机械臂的中间臂型增加约束条件，防止其与障碍物碰撞。该方法一方面可以实现区域范围内的快速搜索，另一方面可以通过增加的虚拟自由度，放宽方程的约束条件以增加有效解的数量。最后以空间单体障碍回避和桁架穿越为例，进行了相应的避障轨迹规划。

与传统的串联机械臂相比，绳驱联动机械臂具有更加灵活的三维运动能力，特别适合在一些非结构化环境下进行检测和维修作业。然而这也给其运动规划带来巨大挑战。首先，由于非结构化狭小空间的约束条件，因此无碰撞的逆运动学求解非常困难。其次，为了适应驱动绳索的走线，机械臂的所有关节均采用了“PY”或者“YP”的配置方式，整个机械臂缺少滚转(Roll)关节，导致末端位姿与臂型强烈耦合。特别地，当一些末端位置和姿态需要全部约束时，其有效解的数量十分有限，甚至无解。传统的逆运动学求解方法难以满足绳驱分段联动机械臂狭小空间下的运动规划要求。

针对以上问题，本章将定义用于反映末端与环境之间关系的等效虚拟关节(Virtual Joint，VJ)，将其与原机械臂组合形成含虚拟关节的扩展机械臂，通过对扩展机械臂进行逆运动学方程求解，得到原机械臂的关节角和等效的虚拟关节角。由于等效虚拟关节与原机械臂构成了扩展机械臂，故也将等效虚拟关节称为扩展虚拟关节(Extended Virtual Joint, EVJ)，通过它可以将绳驱分段联动机械臂末端求解的约束条件适当放宽，也能为机械臂的中间臂型增加约束条件，防止其与障碍物碰撞。该方法一方面可以实现区域范围内的快速搜索，另一方面可以通过增加的虚拟自由度，放宽方程的约束条件以增加有效解的数量。

9.1　基于扩展虚拟关节的逆运动学求解

9.1.1　扩展虚拟关节的定义

虚拟关节的概念最早是由Ji等提出的，通过设定虚拟关节的范围来表示不等式约束；然后利用广义加权最小范数法，完成不等式的求解，实现关节极限的回避。与此不同，本章将利用虚拟关节建立关于给定约束环境的附加运动链，即将虚拟关节组成运动链，其工作空间等于或者小于有效环境空间(满足相关约束条件的空间)，相应的虚拟关节称为扩展虚拟关节。

举例说明扩展虚拟关节的定义。如对于某项作业任务，机器人末端被允许可以绕某个轴任意转动（即不约束该轴的姿态角），则可以该轴为旋转轴定义一个虚拟的旋转关节。图 9.1 所示为绕末端 X 轴旋转的扩展虚拟关节的定义。

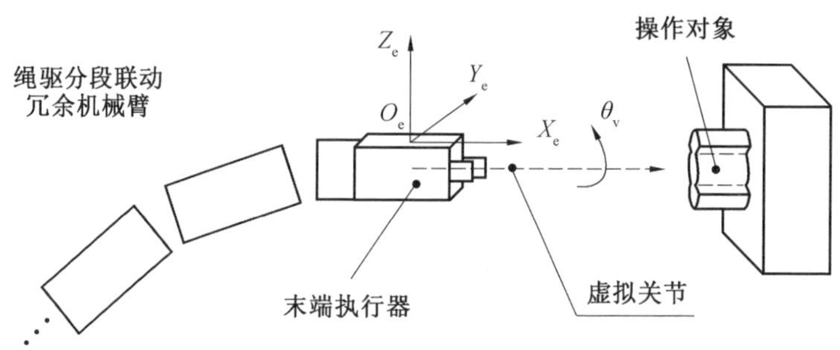

图 9.1　绕末端 X 轴旋转的扩展虚拟关节的定义

引入扩展虚拟关节可以有效地扩展机械臂的自由度和工作空间，并可以实现在给定工作空间内快速搜索，进一步有助于狭小空间下的绳驱分段联动机械臂的运动规划。一方面，通过虚拟关节，可以将末端的 6 DOF 约束适当地放宽，使其仍然可以满足给定任务环境的约束范围，扩大其逆运动学求解的范围；另一方面，通过虚拟关节，可以进一步地实现绳驱机械臂的中间臂型有效约束，满足狭小空间极限环境下作业的避障规划要求。不失一般性地，扩展虚拟关节具有以下特点。

(1) 虚拟关节的“原象”。

虚拟关节可以对应于机械臂末端手眼相机的视场、操作对象或者任务的容差，以及给定的环境空间约束等。

(2) 虚拟关节的类型可配置。

对于不同的操作任务，等价的虚拟关节可以由旋转关节或者移动关节组成。该虚拟关节的具体关节类型主要取决于系统的给定操作任务或者环境空间约束。

(3) 虚拟关节的数目可配置。

对于同个任务场合下的不同操作机械臂，或者同个机械臂下的不同操作任务，其所需要的扩展等效虚拟关节可以由一个或多个关节组成。同样地，该具体配置也是取决于任务需求。

(4) 虚拟关节的极限角度。

对于虚拟关节的关节角（记为 θ_v），其值的大小对应于绳驱机械臂的末端手

眼相机视场角、操作任务所允许的操作误差范围，或者给定约束环境的有效工作空间等。

(5) 虚拟关节的作用。

通过采用扩展虚拟关节，系统的总自由度增加，进一步地增加了机器人系统的冗余性，扩大了逆运动学求解的搜索范围；从另一个角度来看，则是释放了某些约束条件，扩展了求解区域，增加了有效解的求解范围。

以图 9.1 中末端绕 X 轴旋转的虚拟关节为例，则绳驱分段冗余机械臂拥有 $(n+1)$ 个自由度(本章中 $n=8$)。考虑虚拟关节后的正运动学方程扩展为

$$\boldsymbol{f}_{\mathrm{v}}=\boldsymbol{T}_{\mathrm{s1}}\boldsymbol{T}_{\mathrm{s2}}\cdots\boldsymbol{T}_{\mathrm{sN}}\boldsymbol{T}_{\mathrm{v}}=f(\theta_1,\theta_2,\cdots,\theta_{n-1},\theta_n,\theta_{n+1}) \tag{9.1}$$

式中　$\boldsymbol{T}_{\mathrm{v}}$—— 机械臂绕末端 X 轴旋转的虚拟关节的对应齐次变换矩阵，即

$$\boldsymbol{T}_{\mathrm{v}}=\begin{bmatrix}\mathrm{Rot}(\boldsymbol{X},\theta_{n+1}) & \boldsymbol{0}\\ \boldsymbol{0} & 1\end{bmatrix} \tag{9.2}$$

式中　Rot()——3 × 3 的旋转矩阵函数。

进一步地，可以得到绳驱分段联动冗余机械臂的扩展雅可比矩阵为

$$\boldsymbol{J}_{\mathrm{v}}=\begin{bmatrix}\boldsymbol{J}_{v1} & \boldsymbol{J}_{v2} & \cdots & \boldsymbol{J}_{vn} & \boldsymbol{J}_{v,n+1}\\ \boldsymbol{J}_{\omega1} & \boldsymbol{J}_{\omega2} & \cdots & \boldsymbol{J}_{\omega n} & \boldsymbol{J}_{\omega,n+1}\end{bmatrix}\in\mathbf{R}^{6\times(n+1)} \tag{9.3}$$

式中　$\boldsymbol{J}_{v,n+1}$—— 虚拟关节的单位角速度对机械臂末端线速度的影响；

$\boldsymbol{J}_{\omega,n+1}$—— 虚拟关节的单位角速度对机械臂末端角速度的影响。

$\boldsymbol{J}_{v,n+1}$ 和 $\boldsymbol{J}_{w,n+1}$ 可以根据下面的式子得到：

$$\boldsymbol{J}_{v,n+1}=\boldsymbol{0},\quad \boldsymbol{J}_{\omega,n+1}=\boldsymbol{e}_{\mathrm{v}} \tag{9.4}$$

式中　$\boldsymbol{e}_{\mathrm{v}}$—— 虚拟关节对应旋转轴的单位矢量。

9.1.2　基于虚拟关节的有效工作空间扩展

绳驱分段联动冗余机械臂的特殊关节配置为“PY＋YP”，使得其末端位姿和机械臂构型之间存在强烈的耦合。进一步地，这将导致末端的 6 DOF 位姿约束情况下，关节角有效解的数量大大减少，影响其运动过程中中间臂型的避障能力。特别地，在接近其工作空间边缘执行连续轨迹跟踪任务时，在末端位姿完全受限的情况下，将可能出现某些点没有有效解的情况。基于扩展虚拟关节对绳驱分段联动冗余机械臂的末端约束进行释放，可扩大其具有有效解的工作空间，最终保证轨迹的连续性。

为了说明扩展虚拟关节的作用，下面分别将传统的逆运动学求解方法和基于扩展虚拟关节的逆运动学求解方法用于处理相同路径节点的求解问题。给定

如图 9.2 所示的矩形闭合路径，其每个顶点的坐标为

$$[A \quad B \quad C \quad D] = \begin{bmatrix} 906.71 & 1\,051.6 & 999.84 & 854.9 \\ -179.52 & -141.29 & 48.96 & 10.727 \\ 201.9 & 208.64 & 242.18 & 235.44 \end{bmatrix} \tag{9.5}$$

整个运动中期望的末端姿态为

$$\boldsymbol{R}_e = \begin{bmatrix} 0.966 & 0.067 & 0.25 \\ 0.255 & -0.414 & -0.874 \\ 0.045 & 0.908 & -0.417 \end{bmatrix} \tag{9.6}$$

机械臂的初始臂型为

$$\boldsymbol{\theta}_{(0)} = [3° \quad 0 \quad 3° \quad 0 \quad -3° \quad 0 \quad -3° \quad 0]^{\mathrm{T}} \tag{9.7}$$

下面将上述路径分隔为多个小段，得到多个离散的节点，对每个节点进行逆运动学求解以确定相应的关节角。具体做法为：沿着矩形轨迹的每条边，将其按距离 $d\,(d=15\text{ mm})$ 分成 M_i 部分，得到(M_i+1) 个点。采用传统的伪逆法对轨迹上的每个点进行逐个求解，得到的结果如图 9.2(a) 所示，可见在部分区域是无法获得有效解的。

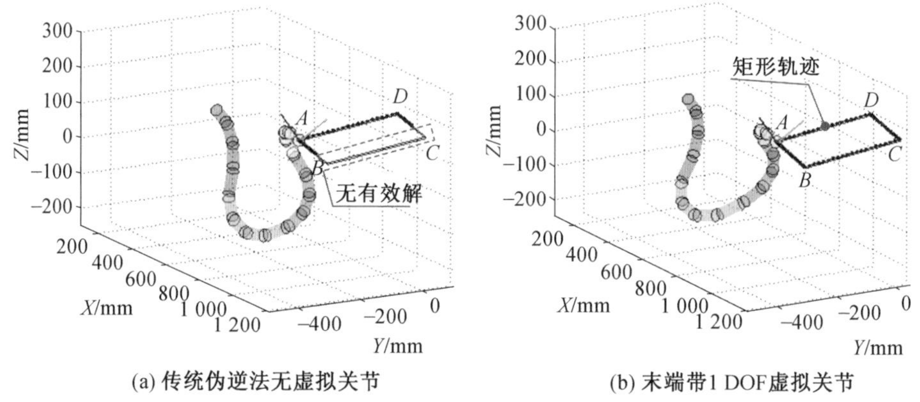

(a) 传统伪逆法无虚拟关节　　(b) 末端带1 DOF虚拟关节

图 9.2　有无末端 1 DOF 虚拟关节下的逆运动学求解比较

与此相比，将机械臂末端扩展了一个绕 X 轴滚转的虚拟关节后，得到新的扩展机械臂。对于同样的轨迹，采用基于扩展机械臂雅可比矩阵的伪逆进行关节角求解，结果如图 9.2(b) 所示，可见在整个闭合轨迹上均能获得有效解。

不采用虚拟关节和采用虚拟关节两种方法的求解结果见表 9.1。

表9.1　两种方法下的逆运动学求解结果

方法	求解的有效解数	占百分比	轨迹上的离散点
传统的无虚拟关节	36	48.65%	74
末端带 1 DOF 虚拟关节	74	100.0%	

从比较结果来看，绳驱分段联动冗余机械臂在无末端虚拟关节情况下，即末端 6 DOF 完全约束的情况下，求解的有效解数比扩展虚拟关节的解数要少。这说明了通过扩展的虚拟关节，可以释放逆运动学求解时的末端约束条件，以增加其有效解的数量（或有效工作空间），进而实现连续路径的运动规划。

9.1.3　基于虚拟关节的区域内快速求解

扩展虚拟关节不仅可以扩展绳驱冗余机械臂的有效工作空间，还可以实现区域内的有效解快速搜索。对于受限空间中操作的绳驱冗余机械臂，区域内快速搜索算法对其避障具有重要意义。因此，结合扩展虚拟关节的特点，提出区域内快速求解算法。

区域内快速求解算法流程如下（输入为给定的任务空间和当前臂的状态；输出为任务空间中一个有效解）。

① 选择适合的参考点 O_t 以便对任务空间进行参数化：$\boldsymbol{X}_t=g_t(\boldsymbol{\theta}_t)$，其中 $\boldsymbol{\theta}_t$ 为机械臂的扩展虚拟关节。

② 用反序的虚拟关节 $\boldsymbol{\theta}_t$ 扩展绳驱冗余机械臂原有关节变量。

③ 更新正向运动学方程：$f_v(\boldsymbol{\theta}_v)=f(\boldsymbol{\theta})g_t^{-1}(\boldsymbol{\theta}_t)$；进一步地，求导扩展后机械臂新的雅可比矩阵。

④ 将点 O_t 设置为新的目标，然后计算点 O_t 相对于机械臂根部坐标系的变换矩阵 $\boldsymbol{T}_{Ot}$。

⑤ 利用扩展的运动学方程以及期望的末端位姿 $\boldsymbol{T}_{Ot}$ 进行逆运动学求解。

⑥ 如果无解，则区域内不存在有效的解；否则，在任务空间中至少存在着一个合适的解 $\boldsymbol{\theta}_v$，其对应的末端点为 $f(\boldsymbol{\theta}_v)$。

与其他的逆运动学算法相比，该算法不需要逐个点搜索求解，而是将约束区域转化为一个期望的目标点，只进行一次求解。这样可以大大地缩短算法有效解的搜索时间，提高其计算效率。

为了验证所提算法的有效性，定义了一个厚度可忽略不计的圆环状任务空间来进行有效解的搜索，如图 9.3 所示。

圆心位置、内圆半径分别为

$$\boldsymbol{O}_t=[x_o \quad y_o \quad z_o]^{\mathrm{T}}=[947.01 \quad -86.32 \quad -194.25]^{\mathrm{T}} \tag{9.8}$$

$$r = 120 \tag{9.9}$$

绳驱机械臂的初始臂型为

$$\boldsymbol{\theta}_{(0)} = [0 \quad -1 \quad 0 \quad -1 \quad 0 \quad -1 \quad 0 \quad -1]^{\mathrm{T}} \tag{9.10}$$

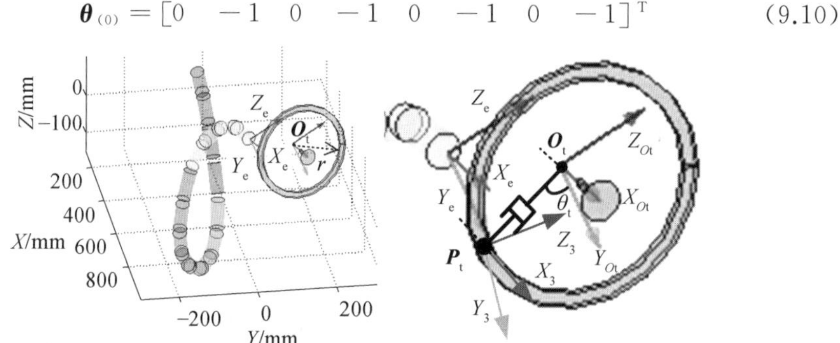

图 9.3 任务空间——圆环的参数化和虚拟关节建立

如图 9.3 所示，在圆环的中心建立参考坐标系 $\{O_{\mathrm{t}}\}$，以得到新转化的目标（即变换矩阵 $\boldsymbol{T}_{O\mathrm{t}}$）以及将任务空间参数化。则圆环上的点 $\boldsymbol{P}_{\mathrm{t}}$ 坐标可以参数化为

$$\boldsymbol{P}_{\mathrm{t}} = [0 \quad r\cos\theta_{\mathrm{t}} \quad r\sin\theta_{\mathrm{t}}]^{\mathrm{T}} \tag{9.11}$$

假定目标姿态为恒定的，那么任务空间圆环上的点 $\boldsymbol{P}_{\mathrm{t}}$ 相对于参考坐标系 $\{O_{\mathrm{t}}\}$ 的齐次变换矩阵为

$$\boldsymbol{T}_{\mathrm{task}} = \begin{bmatrix} \boldsymbol{I}_{3\times3} & \boldsymbol{P}_{\mathrm{t}} \\ \boldsymbol{0} & 1 \end{bmatrix} \tag{9.12}$$

设 $\boldsymbol{g}_{\mathrm{t}}(\theta_{\mathrm{t}}) = \boldsymbol{T}_{\mathrm{task}}$，那么机械臂的扩展正向运动学方程变为

$$\boldsymbol{f}_{\mathrm{v}} = \boldsymbol{f}(\boldsymbol{\theta})\boldsymbol{g}_{\mathrm{t}}^{-1}(\theta_{\mathrm{t}}) = \boldsymbol{f}(\boldsymbol{\theta})\boldsymbol{T}_{\mathrm{task}}^{-1} \tag{9.13}$$

根据正向运动学方程，可以推导得到其扩展的雅可比矩阵为

$$\boldsymbol{J}_{\mathrm{v}} = [\boldsymbol{J} \mid \boldsymbol{J}_{\mathrm{vt}}] \tag{9.14}$$

式中 $\boldsymbol{J}_{\mathrm{vt}}$——扩展虚拟关节相关的雅可比矩阵。

此任务下的 $\boldsymbol{J}_{\mathrm{vt}}$ 定义为

$$\boldsymbol{J}_{\mathrm{vt}} = \left[-\dot{\boldsymbol{P}}_{\mathrm{t}}^{\mathrm{T}} \quad \boldsymbol{0}^{\mathrm{T}} \right]^{\mathrm{T}} \in \mathbf{R}^{6\times1} \tag{9.15}$$

根据初始的机械臂状态以及期望的末端位姿 $\boldsymbol{T}_{O\mathrm{t}}$，通过前面所提的数值迭代法，可以进行逆运动学求解，得到

$$\theta_{\mathrm{t}} = -38.69^{\circ} \tag{9.16}$$

$${}^{0}\boldsymbol{P}_{\mathrm{t}} = [880.28 \quad 151.95 \quad 299.03]^{\mathrm{T}} \tag{9.17}$$

结果表明，至少有一个合适的解 ${}^{0}\boldsymbol{P}_{\mathrm{t}}$ 使得该机械臂可以到达圆环。该方法在有效解搜索过程中，只进行了一次逆运动学求解，验证了该算法的有效性。

9.2　避障目标等价运动学约束

为了使虚拟关节在各种任务场合的应用中具有更好的通用性，本节对多个典型场景下的避障目标运动约束进行等价分析。根据任务场景的不同，该运动学的等价分析可以分为静态避障目标点下的运动学约束等效分析和动态避障目标点下的运动学约束等效分析，下面将分别进行展开介绍。

9.2.1　静态避障目标等价运动学约束

对于一些静态的避障目标（或操作物），其对应的环境约束往往是固定不变的。但是考虑到操作或者避障过程中有无姿态的约束，该运动学的等价分析还可以进一步地分为两种情况：一种是固定姿态下的等效运动约束分析；另一种是无姿态约束下的等效运动约束分析。本章继续以圆环状的任务空间为例，分别在上述两种情况下建立相应的等价虚拟关节，如图 9.4 所示。

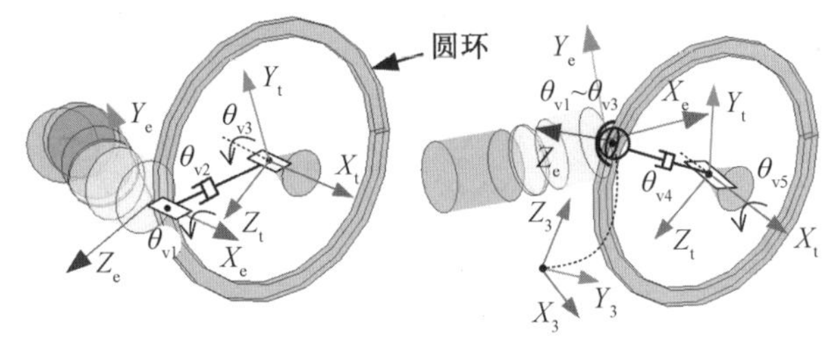

图 9.4　圆环的避障目标空间对应的等价虚拟关节

下面分两种情形进行讨论。

(1) 固定姿态约束。

在一些情况下，要求绳驱分段联动冗余机械臂以固定的姿态进行任务操作。因此，就需要以固定的期望姿态对圆环任务空间上的有效解进行搜索。考虑到圆环的任务空间，其等价的自由度为两个（旋转＋平移）。若再考虑有效解的位置在圆环上的不确定性，其等效的虚拟关节表示为旋转－平移－旋转关节组，其运动方程为三个连乘的旋转变换 $\mathrm{Rot}(\alpha)\mathrm{Trans}(r)\mathrm{Rot}(-\alpha)$，其中 r 为环内半径，$\mathrm{Rot}() \in \mathbf{R}^{3\times 3}$ 为旋转函数。由式(9.6) 可知 $\alpha = \pi/2 - \theta_t$。

(2) 无姿态约束。

考虑到与固定姿态约束的不同，在仅有末端的位置约束情况下，需要建立虚拟的球关节，用于调整绳驱冗余机械臂的末端坐标系 $\{X_e Y_e Z_e\}$ 以达到图 9.4(b)

所示的坐标系$\{X_3Y_3Z_3\}$。加上圆环任务空间的两个等价自由度，由此便可以完成其等效虚拟关节的建立，表示为球形－移动－旋转关节组，对应的运动学方程为 $\mathrm{Rot}(\alpha)\mathrm{Rot}(\beta)\mathrm{Rot}(\gamma)\mathrm{Trans}(r)\mathrm{Rot}(-\alpha)$。

同样地，对于其他避障任务空间，也分别按照有无末端姿态要求，进行了等效的运动约束分析，结果见表 9.2（其中 R—Revolute Pair，转动副；P—Prismatic Pair，移动副；S—Spherical Pair，球面副）。

表9.2　多个典型避障目标任务空间的等效运动学约束分析

典型任务空间	形状	固定姿态下的等效虚拟关节	运动学约束方程 $f(\boldsymbol{\theta}_v)\in\mathbf{R}^{1\times6}$	无姿态约束下等效虚拟关节	运动学约束方程 $f(\boldsymbol{\theta}_v)\in\mathbf{R}^{1\times6}$
圆或椭圆		RPR	$\mathrm{Rot}(\alpha)\mathrm{Trans}(r)\mathrm{Rot}(-\alpha)$; $\alpha\in[0,2\pi]$; $0\leqslant r\leqslant r_{\max}$	SPR	$\mathrm{Rot}(\alpha)\ \mathrm{Rot}(\beta)$ $\mathrm{Rot}(\gamma)\mathrm{Trans}(\rho)\mathrm{Rot}(\eta)$; $\alpha,\beta,\gamma,\eta\in[0,2\pi]$; $0\leqslant\rho\leqslant r_{\max}$
方形		PP	$\mathrm{Trans}(a)\ \mathrm{Trans}(b)$; $a\in[0,l]$; $b\in[0,h]$	SPP	$\mathrm{Rot}(\alpha)\mathrm{Rot}(\beta)\mathrm{Rot}(\gamma)$ $\mathrm{Trans}(a)\mathrm{Trans}\ (b)$; $\alpha,\beta,\gamma\in[0,2\pi]$; $a\in[0,l]$; $b\in[0,h]$
圆柱或圆锥		RPRP	$\mathrm{Rot}(\alpha)\mathrm{Trans}(r)$ $\mathrm{Rot}(-\alpha)\ \mathrm{Trans}(h)$; $\alpha\in[0,2\pi]$; $0\leqslant r\leqslant r_{\max}$; $0\leqslant h\leqslant h_{\max}$	SPRP	$\mathrm{Rot}(\alpha)\mathrm{Rot}(\beta)$ $\mathrm{Rot}(\gamma)\mathrm{Trans}(r)$ $\mathrm{Rot}(\eta)\mathrm{Trans}(h)$; $\alpha,\beta,\gamma,\eta\in[0,2\pi]$; $0\leqslant r\leqslant r_{\max}$; $0\leqslant h\leqslant h_{\max}$
长方体		PPP	$\mathrm{Trans}(a)\ \mathrm{Trans}(b)$ $\mathrm{Trans}(c)$; $a\in[0,l]$; $b\in[0,h]$; $c\in[0,w]$	SPPP	$\mathrm{Rot}(\alpha)\mathrm{Rot}(\beta)$ $\mathrm{Rot}(\gamma)\mathrm{Trans}(a)$ $\mathrm{Trans}(b)\mathrm{Trans}(c)$; $\alpha,\beta,\gamma\in[0,2\pi]$; $a\in[0,l]$; $b\in[0,h]$; $c\in[0,w]$

续表9.2

典型任务空间	形状	固定姿态下的等效虚拟关节	运动学约束方程 $f(\boldsymbol{\theta}_v) \in \mathbf{R}^{1\times 6}$	无姿态约束下等效虚拟关节	运动学约束方程 $f(\boldsymbol{\theta}_v) \in \mathbf{R}^{1\times 6}$
球形		RRPRR	Rot(α)Rot(β) Trans(r) Rot($-\beta$) Rot($-\alpha$)； α，$\beta \in [0,2\pi]$； $0 \leqslant r \leqslant r_{\max}$	RRPS (或简化为 RRP)	Rot(σ) Rot(η) Trans(r) Rot(α) Rot(β)Rot(γ)； 或简化为 Rot(α) Rot(β) Trans(r)(仅位置方程)； σ，η,α，β，$\gamma \in [0,2\pi]$； $0 \leqslant r \leqslant r_{\max}$

9.2.2　动态避障目标等价运动学约束

在一些特殊任务场合下，还需要绳驱分段联动冗余机械臂与动态合作的避障目标进行协调控制规划，以共同完成复杂任务。这种任务情况，往往对系统实时规划性提出较高的要求。因此，为了快速地在各自有效的工作空间中，找出有效的合理解，本章将进一步对其进行运动学的等效分析。与静态避障目标的等效分析类似，动态合作避障目标的运动学约束等价分析也可以分为两种情况，即固定姿态和无姿态约束下的运动学等效分析。本章将以平面运动的双连杆末端为动态的合作目标 $\boldsymbol{P}_{de}$ 进行等价运动学分析，如图 9.5 所示。由图可知，动态目标 $\boldsymbol{P}_{de}$ 对应的位姿矩阵可以从下面的式子获得：

$$\boldsymbol{X}_{de} = {}^{0}\boldsymbol{T}_{c}\,{}^{c}\boldsymbol{T}_{v1}\,{}^{v1}\boldsymbol{T}_{v2} \tag{9.18}$$

式中　${}^{0}\boldsymbol{T}_{c}$——双连杆机构的根部坐标系在惯性坐标系中的表示；

${}^{c}\boldsymbol{T}_{v1}$、${}^{v1}\boldsymbol{T}_{v2}$——双连杆机构的相邻关节坐标系之间的齐次变换矩阵，它们分别定义为

$${}^{c}\boldsymbol{T}_{v1} = \begin{bmatrix} \mathrm{Rot}(Z,\theta_{v1}) & [l_{de} \quad 0 \quad 0]^{\mathrm{T}} \\ \boldsymbol{0} & 1 \end{bmatrix} = \mathrm{Trans}([l_{de} \quad 0 \quad 0]^{\mathrm{T}})\mathrm{Rot}(Z,\theta_{v1}) \tag{9.19}$$

$${}^{v1}\boldsymbol{T}_{v2} = \begin{bmatrix} \mathrm{Rot}(Z,\theta_{v2}) & [l_{de} \quad 0 \quad 0]^{\mathrm{T}} \\ \boldsymbol{0} & 1 \end{bmatrix} = \mathrm{Trans}([l_{de} \quad 0 \quad 0]^{\mathrm{T}})\mathrm{Rot}(Z,\theta_{v2}) \tag{9.20}$$

式中　θ_{v1}、θ_{v2}——双连杆机构的第一、第二关节转动角。

下面分两种情况进一步讨论。

(1) 固定姿态约束。

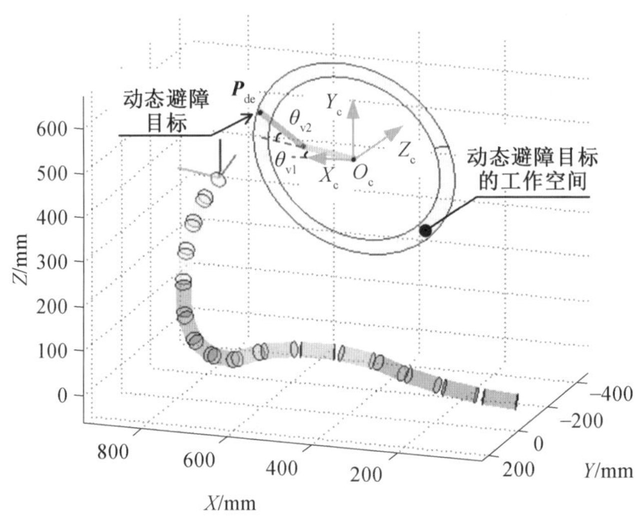

图 9.5　动态避障目标对接任务示意图

绳驱分段联动冗余机械臂的末端位姿与构型之间存在着强烈的耦合，导致其在末端 6 DOF 完全约束的情况下达到 $\boldsymbol{P}_{de}$ 点，可能并不存在着有效的解，特别是在接近工作空间边缘处。因此，需要同时联立连杆机构和绳驱机械臂的运动学约束方程进行求解。首先根据目标条件，有

$$\boldsymbol{f}(\boldsymbol{\theta})=\boldsymbol{X}_{de} \tag{9.21}$$

联立式(9.18)和式(9.21)，可进一步得到

$$\begin{aligned}{}^{0}\boldsymbol{T}_{c}=\boldsymbol{f}(\boldsymbol{\theta})^{v1}\boldsymbol{T}_{v2}^{-1}\,{}^{c}\boldsymbol{T}_{v1}^{-1}=\\ \boldsymbol{f}(\boldsymbol{\theta})\mathrm{Rot}(Z,-\theta_{v2})\\ \mathrm{Trans}(-[l_{de}\quad 0\quad 0]^{\mathrm{T}})\mathrm{Rot}(Z,-\theta_{v1})\\ \mathrm{Trans}(-[l_{de}\quad 0\quad 0]^{\mathrm{T}})\end{aligned} \tag{9.22}$$

由式(9.22)可知，在姿态全部约束的情况下，绳驱机械臂对双连杆机构形成的动态目标进行避障时，扩展后的总关节变量为

$$\boldsymbol{\Theta}_{v}=[\boldsymbol{\theta}^{\mathrm{T}}\quad \theta_{v2}\quad \theta_{v1}]^{\mathrm{T}} \tag{9.23}$$

式中　$\boldsymbol{\Theta}$—— 真实机械臂关节变量 $\boldsymbol{\theta}$ 和等价扩展虚拟关节变量$[\theta_{v2}\quad \theta_{v1}]^{\mathrm{T}}$ 组合。

由式(9.22)和式(9.23)可知，对于动态目标点的避障，通过运动学约束的等价分析，可利用扩展虚拟关节将动态避障点的搜索，转化成对一个等效的固定目标点进行一次运动学求解。

类似地，对于其余的动态合作目标，其等价的扩展虚拟关节为绳驱冗余机械臂的关节与动态合作目标所在机构反序关节的组合，对应的运动学约束方程也可类似于式(9.22)。

(2) 无姿态约束。

在无末端姿态约束的情况下，动态目标和绳驱冗余机械臂的末端存在着以下的关系：

$$\boldsymbol{X}_{\mathrm{de}}=\boldsymbol{f}(\boldsymbol{\theta})\boldsymbol{T}_{\mathrm{se}} \tag{9.24}$$

$$\boldsymbol{T}_{\mathrm{se}}=\mathrm{Rot}(X,\theta_{\mathrm{s1}})\mathrm{Rot}(Y,\theta_{\mathrm{s2}})\mathrm{Rot}(Z,\theta_{\mathrm{s3}}) \tag{9.25}$$

于是，类似地，结合式(9.24) 和式(9.18)，可以得到绳驱机械臂在无末端姿态约束的情况下，双连杆动态目标的等价扩展虚拟关节为

$$\boldsymbol{\Theta}_{\mathrm{v}}=\begin{bmatrix}\boldsymbol{\theta}^{\mathrm{T}} & \theta_{\mathrm{s1}} & \theta_{\mathrm{s2}} & \theta_{\mathrm{s3}} & \theta_{\mathrm{v2}} & \theta_{\mathrm{v1}}\end{bmatrix}^{\mathrm{T}} \tag{9.26}$$

同样地，对于其余的动态合作目标，其等价的扩展虚拟关节为绳驱冗余机械臂的关节、球关节，与动态合作目标所在机构反序关节的组合。而与固定末端位姿情况下的动态合作目标点的扩展虚拟关节相比，无末端固定位姿情况下多加了一个球关节。这与静态目标运动学约束分析结果具有一致性。

9.3　基于扩展虚拟关节的避障规划

基于区域范围内快速有效解搜索的特点，扩展虚拟关节一方面可以用来放宽末端六维位姿约束，另一方面也能进一步地给臂型带来一定约束，实现机械臂的无碰撞运动规划。因此，本章在前面等效运动学约束分析的基础上，根据绳驱分段联动冗余机械臂的典型任务，提出一种基于扩展虚拟关节的运动规划方法。根据该方法，本章将进一步地分别以基于固定扩展虚拟关节的单体障碍物避障以及基于动态扩展虚拟关节的狭小空间穿越为例进行规划仿真分析。

9.3.1　末端－构型同步避障规划方法

对于绳驱分段联动冗余机械臂给定的极限环境下作业任务，不仅要求对其末端位姿进行期望轨迹规划，还要求对其构型进行避障规划，以满足狭小空间避障运动和作业要求。因此，考虑到前面小节中的扩展虚拟关节特点，本章进一步提出了一种末端位姿和构型同步规划的方法，如图 9.6 所示。该方法的主要步骤如下。

(1) 末端无碰撞路径的确定。

根据任务的要求，确定几个关键的位置点下的末端位置姿态。进一步地，整个任务下的末端位姿规划可以通过这几个关键位置点下规划值的线性插值得到。

(2) 等价运动学分析和扩展虚拟关节的建立。

首先根据任务，在末端位置姿态约束要求不高的情况下，对臂的末端进行等

价运动学约束分析，建立末端的等价扩展虚拟关节。同样地，对于操作任务下的非结构化环境，在臂型上也需要同时进行等价运动学约束分析，建立其等价的虚拟关节。

(3) 末端和构型约束的扩展运动学方程推导。

根据建立的扩展虚拟关节，推导同时含有末端约束和臂型约束的扩展正运动学方程。进一步地，根据正运动学方程，推导其扩展的雅可比矩阵。

(4) 末端和构型的同步逆运动学求解。

根据规划的末端位姿 $\boldsymbol{X}_i$，更新臂型约束的条件。利用数值迭代的方法，对给定末端位姿 $\boldsymbol{X}_i$ 和构型约束转化点 $\boldsymbol{X}c_i$，进行逆运动学迭代求解，得到每个时刻的关节角度 $\boldsymbol{\theta}(t_i)$。

(5) 关节空间的样条曲线插值。

根据规划的每个时刻的关节角度 $\boldsymbol{\theta}(t_i)$，利用样条曲线进行插值，使得每个时刻的关节角度能平滑连接。

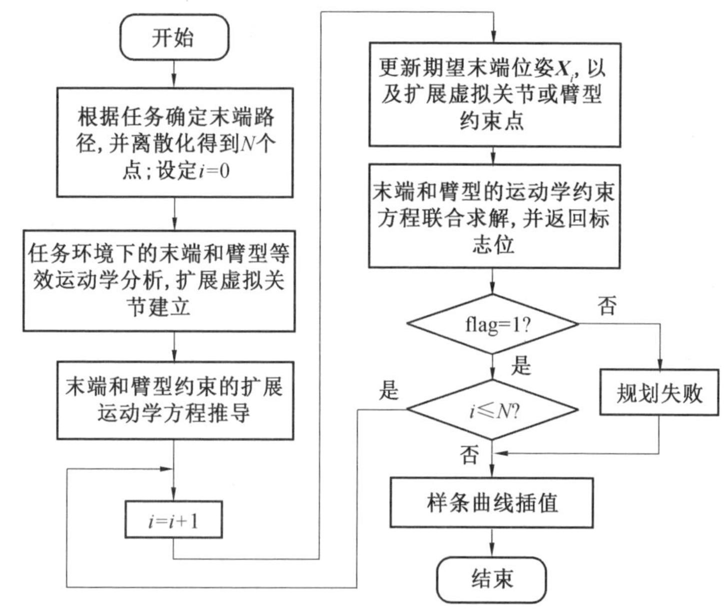

图 9.6　基于扩展虚拟关节的绳驱分段联动冗余机械臂末端－构型同步避障规划

9.3.2　空间单体障碍回避轨迹规划

如图 9.7 所示，作为绳驱分段联动冗余机械臂的典型空间规划任务之一，机械臂不仅需要末端对期望的轨迹进行跟踪运动，同时也需要满足臂型对单体障碍物的避障需求。为了最终实现对臂型的约束，设计了一个球形的虚拟约束，以达到对绳驱机械臂受约束关节 i(图中 $i=16$) 的位置约束。根据前面小节的运动

学约束等效分析，建立了与球形约束等价的固定虚拟关节 RRP，连接于受约束关节和等价转换位置点（即障碍物中心）之间。

另外，为了强化绳驱机械臂的整臂构型的避障能力，在机械臂的末端也设计了一个扩展虚拟关节，其绕着末端坐标系的 X 轴（臂延长方向）滚转。则可得

$$\boldsymbol{f}_{\mathrm{v1}}(\boldsymbol{\Theta}_{\mathrm{v1}})=\boldsymbol{X}_{\mathrm{e1}} \tag{9.27}$$

$$\boldsymbol{J}_{\mathrm{v1}}(\boldsymbol{\Theta}_{\mathrm{v1}})\dot{\boldsymbol{\Theta}}_{\mathrm{v1}}=\dot{\boldsymbol{X}}_{\mathrm{e1}} \tag{9.28}$$

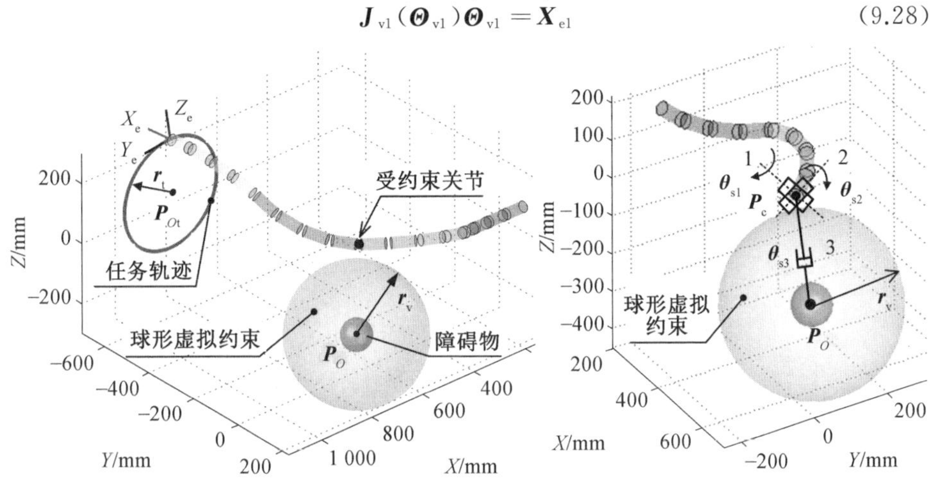

图 9.7　基于扩展虚拟关节的单体障碍回避规划

根据图 9.7，球形虚拟约束的关节为 RRP 配置。这样从机械臂的根部到受约束关节 i，再到障碍物的中心位置，形成了新的运动学链。其运动学约束方程可以表示为

$$\boldsymbol{f}_{\mathrm{v2}}(\boldsymbol{\Theta}_{\mathrm{v2}})=\boldsymbol{f}_{\mathrm{r}}(\boldsymbol{\theta}_{\mathrm{r}})\boldsymbol{f}_{\mathrm{vs}}(\boldsymbol{\theta}_{\mathrm{vs}})\boldsymbol{P}_{\mathrm{a}}=\boldsymbol{P}_{\mathrm{S}} \tag{9.29}$$

$$\boldsymbol{P}_{\mathrm{a}}=[0\quad 0\quad 0\quad 1]^{\mathrm{T}} \tag{9.30}$$

$$\boldsymbol{\theta}_{\mathrm{r}}=[\theta_1\quad \theta_2\quad \cdots\quad \theta_{2m-1}\quad \theta_{2m}]^{\mathrm{T}} \tag{9.31}$$

$$\boldsymbol{\theta}_{\mathrm{vs}}=[\theta_{\mathrm{s1}}\quad \theta_{\mathrm{s2}}\quad \theta_{\mathrm{s3}}]^{\mathrm{T}} \tag{9.32}$$

$$\boldsymbol{\Theta}_{\mathrm{v2}}=\begin{bmatrix}\boldsymbol{\theta}_{\mathrm{r}}\\ \boldsymbol{\theta}_{\mathrm{vs}}\end{bmatrix}\in\mathbf{R}^{(2m+3)\times 1} \tag{9.33}$$

式中　$\boldsymbol{P}_{\mathrm{a}}$—— 辅助矩阵，目的是提取出齐次变换矩阵中的位置信息；

$\boldsymbol{P}_{\mathrm{S}}$—— 扩展虚拟关节组的末端位置，且 $\boldsymbol{P}_{\mathrm{S}}=[\boldsymbol{P}_O^{\mathrm{T}}\quad \mathbf{1}]^{\mathrm{T}}$；

$\boldsymbol{\Theta}_{\mathrm{v2}}$—— 真实关节的变量 $\boldsymbol{\theta}_{\mathrm{r}}$ 和虚拟关节组变量 $\boldsymbol{\theta}_{\mathrm{vs}}$ 组合；

$\boldsymbol{f}_{\mathrm{vs}}$—— 虚拟关节组的正运动学方程；

$\boldsymbol{f}_{\mathrm{r}}$—— 从机械臂的根部到受约束关节 i 的真实子臂 i 的正运动学方程。

$\boldsymbol{f}_{\mathrm{vs}}$ 和 $\boldsymbol{f}_{\mathrm{r}}$ 可以由下面的式子确定：

$$\boldsymbol{f}_{\mathrm{r}}(\boldsymbol{\theta}_{\mathrm{r}})=\boldsymbol{T}_{\mathrm{s1}}\boldsymbol{T}_{\mathrm{s2}}\,{}^{m,0}\boldsymbol{T}_{m,1}\,{}^{m,1}\boldsymbol{T}_{m,2}\cdots{}^{m,i-1}\boldsymbol{T}_{m,i} \tag{9.34}$$

$$\boldsymbol{f}_{\mathrm{vs}}(\boldsymbol{\theta}_{\mathrm{vs}})=\mathrm{Rot}(\boldsymbol{Z},\theta_{\mathrm{s1}})\mathrm{Rot}(\boldsymbol{X},\theta_{\mathrm{s2}})\mathrm{Trans}(\boldsymbol{Y},\theta_{\mathrm{s3}}) \tag{9.35}$$

通过对式(9.29)求导,可得

$$\boldsymbol{J}_{\mathrm{v2}}(\boldsymbol{\Theta}_{\mathrm{v2}})\dot{\boldsymbol{\Theta}}_{\mathrm{v2}}=\dot{\boldsymbol{P}}_{\mathrm{S}} \tag{9.36}$$

$$\boldsymbol{J}_{\mathrm{v2}}=[\boldsymbol{J}_{\mathrm{r}}\quad \boldsymbol{J}_{\mathrm{vs}}]\in\mathbf{R}^{3\times(2m+3)} \tag{9.37}$$

式中　$\boldsymbol{J}_{\mathrm{r}}$—— 真实子臂 i 对应的雅可比矩阵;

$\boldsymbol{J}_{\mathrm{vs}}$—— 固定的扩展虚拟关节组的雅可比矩阵。

$\boldsymbol{J}_{\mathrm{r}}$ 和 $\boldsymbol{J}_{\mathrm{vs}}$ 定义为

$$\boldsymbol{J}_{\mathrm{r}}=[\tilde{\boldsymbol{v}}_1\quad \tilde{\boldsymbol{v}}_2\quad \cdots\quad \tilde{\boldsymbol{v}}_{2m-1}\quad \tilde{\boldsymbol{v}}_{2m}]\in\mathbf{R}^{3\times 2m} \tag{9.38}$$

$$\boldsymbol{J}_{\mathrm{vs}}=[\boldsymbol{z}_{\mathrm{s},1}\times\boldsymbol{P}_{\mathrm{c}}\boldsymbol{P}_{O}\quad \boldsymbol{x}_{\mathrm{s},2}\times\boldsymbol{P}_{\mathrm{c}}\boldsymbol{P}_{O}\quad \boldsymbol{y}_{\mathrm{s},3}]\in\mathbf{R}^{3\times 3} \tag{9.39}$$

式中　$\tilde{\boldsymbol{v}}_{2m-1}$—— 关节段 m 的变量 θ_{2m-1} 对虚拟关节组末端的线速度影响;

$\tilde{\boldsymbol{v}}_{2m}$—— 关节段 m 的变量 θ_{2m} 对虚拟关节组末端的线速度影响;

$\boldsymbol{z}_{\mathrm{s},j}$、$\boldsymbol{x}_{\mathrm{s},j}$、$\boldsymbol{y}_{\mathrm{s},j}$—— 虚拟关节组的坐标系 j 的三个坐标轴单位矢量;

$\boldsymbol{P}_{\mathrm{c}}\boldsymbol{P}_{O}$—— 从受约束关节 i 中心到障碍物中心的矢量。

结合式(9.28)和式(9.36),可以得到绳驱机械臂的组合运动学约束方程为

$$\boldsymbol{J}_{\mathrm{v}}(\boldsymbol{\Theta}_{\mathrm{v}})\dot{\boldsymbol{\Theta}}_{\mathrm{v}}=\dot{\boldsymbol{X}}_{\mathrm{e}} \tag{9.40}$$

$$\boldsymbol{J}_{\mathrm{v}}=\begin{bmatrix}\boldsymbol{J}_{\mathrm{v1,1}} & \boldsymbol{J}_{\mathrm{v1,2}} & \mathbf{0}^{6\times 3}\\ \boldsymbol{J}_{\mathrm{r}} & \mathbf{0}^{3\times(8-2m)} & \boldsymbol{J}_{\mathrm{vs}}\end{bmatrix}\in\mathbf{R}^{9\times 12} \tag{9.41}$$

$$\boldsymbol{\Theta}_{\mathrm{v}}=\begin{bmatrix}\boldsymbol{\Theta}_{\mathrm{v1}}\\ \boldsymbol{\theta}_{\mathrm{vs}}\end{bmatrix}\in\mathbf{R}^{12\times 1} \tag{9.42}$$

$$\dot{\boldsymbol{X}}_{\mathrm{e}}=\begin{bmatrix}\dot{\boldsymbol{X}}_{\mathrm{e1}}\\ \dot{\boldsymbol{P}}_{\mathrm{S}}\end{bmatrix} \tag{9.43}$$

式中　$\boldsymbol{\Theta}_{\mathrm{v}}$—— 包括所有真实的和虚拟的关节角变量。

$\boldsymbol{J}_{\mathrm{v1,1}}$ 和 $\boldsymbol{J}_{\mathrm{v1,2}}$ 由下面的式子确定:

$$[\boldsymbol{J}_{\mathrm{v1,1}}^{3\times 2m}\quad \boldsymbol{J}_{\mathrm{v1,2}}^{3\times(8-2m)}]=\boldsymbol{J}_{\mathrm{v1}} \tag{9.44}$$

对于式(9.40),在逆运动学数值迭代求解过程中,每次关节角度的增量为

$$\Delta\boldsymbol{\Theta}_{\mathrm{v}}=\boldsymbol{J}_{\mathrm{v}}^{+}(\boldsymbol{\Theta}_{\mathrm{v}})\Delta\boldsymbol{X}_{\mathrm{e}} \tag{9.45}$$

式中　$\boldsymbol{J}_{\mathrm{v}}^{+}$—— 雅可比矩阵 $\boldsymbol{J}_{\mathrm{v}}$ 的伪逆。

式(9.40)中同时存在两个求解目标,即包括末端的位姿和中间构型的约束。再考虑到不同任务需求的差异性,引入了权重矩阵,分别对末端和构型约束分配了不同的优先级。进一步地,式(9.45)可以被重新写成

$$\Delta\boldsymbol{\Theta}_{\mathrm{v}}=\boldsymbol{J}_{\mathrm{v}}^{+}(\boldsymbol{\Theta}_{\mathrm{v}})\boldsymbol{K}_{\mathrm{w}}\begin{bmatrix}\Delta\boldsymbol{P}_{\mathrm{e}} & \Delta\boldsymbol{\varphi}_{\mathrm{e}} & \Delta\boldsymbol{P}_{\mathrm{e}}\end{bmatrix}^{\mathrm{T}} \tag{9.46}$$

式中　$\boldsymbol{K}_{\mathrm{w}}$——基于任务的对角权重矩阵，以调节同个末端误差下的逆运动学求解过程中每个关节角度的响应角度差，$\boldsymbol{K}_{\mathrm{w}}\in\mathbf{R}^{9\times9}$。

根据式(9.41)和式(9.46)，可以通过数值迭代法得到相应于给定的每组末端位姿下的关节角度；然后采用样条曲线进行关节空间插值，实现末端位姿和构型的同步规划。

9.3.3　空间桁架结构穿越轨迹规划

如图 9.8 所示，作为典型的狭窄空间穿越任务，绳驱分段联动冗余机械臂被用于桁架检测维修。根据任务要求，在靠近桁架的入口位置，首先对受约束关节 $i(i=24)$ 建立虚拟圆柱体约束，以保证受约束关节能保持在虚拟的圆柱体约束内，从而避开与桁架的入口碰撞。基于虚拟约束，进一步地，建立了 SPRP(球副—平动—旋转—平动关节组)的等效虚拟关节，如图 9.9 所示。类似地，为了扩大绳驱机械臂末端的解搜索区域，还在其末端 X 轴同样地设计了一个滚转自由度的虚拟关节。

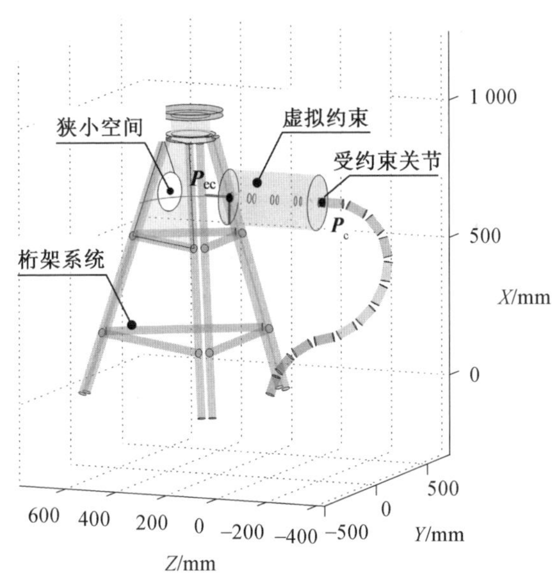

图 9.8　基于扩展虚拟关节的桁架结构穿越任务

参照表 9.2，对于圆柱体虚拟约束，其对应虚拟关节的运动约束方程为

$$\boldsymbol{f}_{\mathrm{v2}}(\boldsymbol{\Theta}_{\mathrm{v2}})=\boldsymbol{f}_{\mathrm{r}}(\boldsymbol{\theta}_{\mathrm{r}})\boldsymbol{f}_{\mathrm{vc}}(\boldsymbol{\theta}_{\mathrm{vc}})=\boldsymbol{X}_{\mathrm{t2}} \tag{9.47}$$

$$\boldsymbol{X}_{\mathrm{t2}}=\begin{bmatrix}\boldsymbol{R}_{\mathrm{ec}} & \boldsymbol{P}_{\mathrm{ec}}\\ \mathbf{0} & 1\end{bmatrix} \tag{9.48}$$

$$\boldsymbol{\theta}_{\mathrm{r}}=[\theta_1 \quad \theta_2 \quad \cdots \quad \theta_5 \quad \theta_6]^{\mathrm{T}} \tag{9.49}$$

$$\boldsymbol{\theta}_{\mathrm{vc}}=[\theta_{\mathrm{c1}} \quad \theta_{\mathrm{c2}} \quad \cdots \quad \theta_{\mathrm{c5}} \quad \theta_{\mathrm{c6}}]^{\mathrm{T}} \quad (\theta_{\mathrm{c4}} \leqslant r_{\mathrm{v}}, \quad \theta_{\mathrm{c6}} \leqslant l_{\mathrm{c}}) \tag{9.50}$$

$$\boldsymbol{\Theta}_{\mathrm{v2}}=[\boldsymbol{\theta}_{\mathrm{r}}^{\mathrm{T}} \quad \boldsymbol{\theta}_{\mathrm{vc}}^{\mathrm{T}}]^{\mathrm{T}} \tag{9.51}$$

式中　$\boldsymbol{\theta}_{\mathrm{vc}}$—— 与圆柱体虚拟约束相对应的等效扩展虚拟关节组变量；

$\boldsymbol{\theta}_{\mathrm{r}}$—— 真实子臂 i(即从臂的根部到受约束的关节 i) 的关节变量；

$\boldsymbol{f}_{\mathrm{vc}}(\boldsymbol{\theta}_{\mathrm{vc}})$—— 等效的扩展虚拟关节对应的正向运动方程；

$\boldsymbol{f}_{\mathrm{r}}(\boldsymbol{\theta}_{\mathrm{r}})$—— 真实子臂 i 对应的正运动学方程。

$\boldsymbol{f}_{\mathrm{r}}(\boldsymbol{\theta}_{\mathrm{r}})$ 和 $\boldsymbol{f}_{\mathrm{vc}}(\boldsymbol{\theta}_{\mathrm{vc}})$ 分别可以由以下公式确定：

$$\boldsymbol{f}_{\mathrm{r}}(\boldsymbol{\theta}_{\mathrm{r}})=\boldsymbol{T}_{\mathrm{s1}}\boldsymbol{T}_{\mathrm{s2}}\,{}^{3,0}\boldsymbol{T}_{3,1}\,{}^{3,1}\boldsymbol{T}_{3,2}\cdots{}^{3,i-1}\boldsymbol{T}_{3,i} \tag{9.52}$$

$$\begin{aligned}\boldsymbol{f}_{\mathrm{vc}}(\boldsymbol{\theta}_{\mathrm{vc}})=&\operatorname{Rot}(Z,\theta_{\mathrm{c1}})\operatorname{Rot}(X,\theta_{\mathrm{c2}})\operatorname{Rot}(Y,\theta_{\mathrm{c3}})\\&\operatorname{Trans}(Y,\theta_{\mathrm{c4}})\operatorname{Rot}(X,\theta_{\mathrm{c5}})\operatorname{Trans}(X,\theta_{\mathrm{c6}})\end{aligned} \tag{9.53}$$

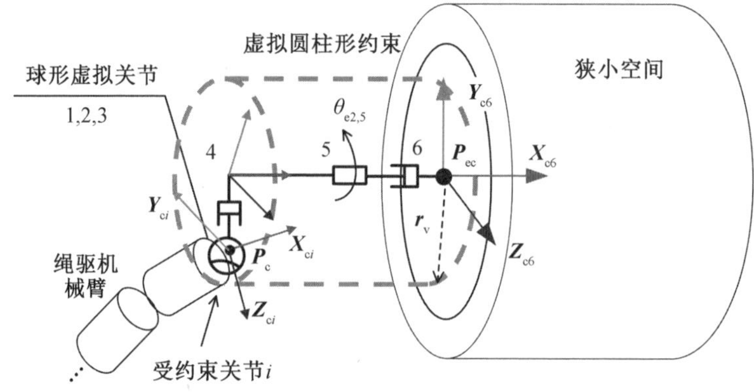

图 9.9　虚拟约束和扩展虚拟关节建立

通过对公式(9.47) 求导,可以得到

$$\boldsymbol{J}_{\mathrm{v2}}(\boldsymbol{\Theta}_{\mathrm{v2}})\dot{\boldsymbol{\Theta}}_{\mathrm{v2}}=\dot{\boldsymbol{X}}_{\mathrm{t2}} \tag{9.54}$$

$$\boldsymbol{J}_{\mathrm{v2}}=[\boldsymbol{J}_{\mathrm{r}} \quad \boldsymbol{J}_{\mathrm{vc}}] \in \mathbf{R}^{6\times 12} \tag{9.55}$$

式中　$\boldsymbol{J}_{\mathrm{r}}$—— 子臂 i 的雅可比矩阵；

$\boldsymbol{J}_{\mathrm{vc}}$—— 对应于虚拟扩展关节的雅可比矩阵。

$\boldsymbol{J}_{\mathrm{vc}}$ 和 $\boldsymbol{J}_{\mathrm{r}}$ 分别定义为

$$\boldsymbol{J}_{\mathrm{r}}=\begin{bmatrix}\boldsymbol{v}_1 & \boldsymbol{v}_2 & \cdots & \tilde{\boldsymbol{v}}_5 & \tilde{\boldsymbol{v}}_6\\ \boldsymbol{w}_1 & \boldsymbol{w}_2 & \cdots & \tilde{\boldsymbol{w}}_5 & \tilde{\boldsymbol{w}}_6\end{bmatrix} \in \mathbf{R}^{6\times 6} \tag{9.56}$$

$$\boldsymbol{J}_{\mathrm{vc}}=\begin{bmatrix}\boldsymbol{z}_{\mathrm{c1}}^{\times}\boldsymbol{P}_{\mathrm{c}}\boldsymbol{P}_{\mathrm{ec}} & \boldsymbol{x}_{\mathrm{c2}}^{\times}\boldsymbol{P}_{\mathrm{c}}\boldsymbol{P}_{\mathrm{ec}} & \boldsymbol{y}_{\mathrm{c3}}^{\times}\boldsymbol{P}_{\mathrm{c}}\boldsymbol{P}_{\mathrm{ec}} & \boldsymbol{y}_{\mathrm{c4}} & \mathbf{0} & \boldsymbol{x}_{\mathrm{e}}\\ \boldsymbol{z}_{\mathrm{c1}} & \boldsymbol{x}_{\mathrm{c2}} & \boldsymbol{y}_{\mathrm{c3}} & \mathbf{0} & \boldsymbol{x}_{\mathrm{e}} & \mathbf{0}\end{bmatrix} \tag{9.57}$$

式中　$\boldsymbol{z}_{cj}^{\times}$、$\boldsymbol{x}_{cj}^{\times}$、$\boldsymbol{y}_{cj}^{\times}$—— 虚拟关节组坐标系 j 中各坐标轴的单位向量的反对称矩阵。

对于绳驱冗余机械臂的末端，其运动约束方程可以类似地得到，即

$$\boldsymbol{f}_{\mathrm{v1}}(\boldsymbol{\Theta}_{\mathrm{v1}}) = \boldsymbol{f}(\boldsymbol{\theta})\mathrm{Rot}(X, \theta_{\mathrm{v}}) = \boldsymbol{X}_{\mathrm{t1}} \tag{9.58}$$

$$\boldsymbol{J}_{\mathrm{v1}}(\boldsymbol{\Theta}_{\mathrm{v1}})\dot{\boldsymbol{\Theta}}_{\mathrm{v1}} = \dot{\boldsymbol{X}}_{\mathrm{t1}} \tag{9.59}$$

结合式(9.54) 和式(9.59)，绳驱机械臂的组合约束方程可以表示为

$$\boldsymbol{J}_{\mathrm{v}}(\boldsymbol{\Theta}_{\mathrm{v}})\dot{\boldsymbol{\Theta}}_{\mathrm{v}} = \dot{\boldsymbol{X}}_{\mathrm{t}} \tag{9.60}$$

$$\boldsymbol{J}_{\mathrm{v}} = \begin{bmatrix} \boldsymbol{J}_{\mathrm{v1,1}} & \boldsymbol{J}_{\mathrm{v1,2}} & \boldsymbol{0}^{6\times6} \\ \boldsymbol{J}_{\mathrm{r}} & \boldsymbol{0}^{6\times3} & \boldsymbol{J}_{\mathrm{vc}} \end{bmatrix} \in \mathbf{R}^{12\times15} \tag{9.61}$$

$$\boldsymbol{\Theta}_{\mathrm{v}} = [\boldsymbol{\Theta}_{\mathrm{v1}}^{\mathrm{T}} \quad \boldsymbol{\theta}_{\mathrm{vc}}^{\mathrm{T}}]^{\mathrm{T}} \in \mathbf{R}^{15\times1}, \quad \boldsymbol{X}_{\mathrm{t}} = [\boldsymbol{X}_{\mathrm{t1}}^{\mathrm{T}} \quad \boldsymbol{X}_{\mathrm{t2}}^{\mathrm{T}}]^{\mathrm{T}} \tag{9.62}$$

式中　$\boldsymbol{\Theta}_{\mathrm{v}}$—— 绳驱机械臂的所有虚拟关节和真实关节的变量。

$\boldsymbol{J}_{\mathrm{v1,1}}$ 和 $\boldsymbol{J}_{\mathrm{v1,2}}$ 被定义为

$$[\boldsymbol{J}_{\mathrm{v1,1}} \quad \boldsymbol{J}_{\mathrm{v1,2}}] = \boldsymbol{J}_{\mathrm{v1}} \quad (\boldsymbol{J}_{\mathrm{v1,1}} \in \mathbf{R}^{6\times6}, \quad \boldsymbol{J}_{\mathrm{v1,2}} \in \mathbf{R}^{6\times3}) \tag{9.63}$$

根据式(9.60)，在每次的数值迭代中，关节角的增量可以表示为

$$\Delta\boldsymbol{\Theta}_{\mathrm{v}} = \boldsymbol{J}_{\mathrm{v}}^{+}(\boldsymbol{\Theta}_{\mathrm{v}})\Delta\boldsymbol{X}_{\mathrm{t}} \tag{9.64}$$

类似地，通过引入权重矩阵，式(9.64) 可以进一步表示为

$$\Delta\boldsymbol{\Theta}_{\mathrm{v}} = \boldsymbol{J}_{\mathrm{v}}^{+}(\boldsymbol{\Theta}_{\mathrm{v}}) = \boldsymbol{K}_{\mathrm{w}}[\Delta\boldsymbol{P}_{\mathrm{e}}^{\mathrm{T}} \quad \Delta\boldsymbol{\varphi}_{\mathrm{e}}^{\mathrm{T}} \quad \Delta\boldsymbol{P}_{\mathrm{ec}}^{\mathrm{T}} \quad \Delta\boldsymbol{\varphi}_{\mathrm{ec}}^{\mathrm{T}}]^{\mathrm{T}} \tag{9.65}$$

式中　$\boldsymbol{K}_{\mathrm{w}}$—— 与任务相关的对角权重矩阵。

然后通过以下几个步骤可以完成基于虚拟关节的狭小空间穿越规划。

(1) 将狭小空间穿越路径 N 等分，得到$(N+1)$ 个点；设置当前路径上的点数 $k=0$。

(2) 根据式(9.65)，从 $k \sim N+1$ 依次对路径上的点进行逆运动学求解，然后得到具有避障功能的关节角度数据。

(3) 利用样条曲线可以对每个关节的离散规划数据进行插值，便可以确定在 t_0 和 t_{f} 之间任何时刻的关节角度。进而在每一步中用插值后的关节数据控制绳驱冗余机械臂。

9.4　仿真研究

9.4.1　空间单体障碍避碰规划仿真

根据图 9.7，障碍物位置为

$$\boldsymbol{P}_{O} = [670 \quad -10 \quad 220]^{\mathrm{T}} \tag{9.66}$$

绳驱机械臂的末端沿圆弧轨迹运动，圆心位置 $\boldsymbol{P}_{O\mathrm{t}}$、圆弧半径 r_{t}，以及圆弧面法向量 $\mathbf{V}_{\mathrm{N1}}$ 分别为

$$\boldsymbol{P}_{\mathrm{Ot}}=\begin{bmatrix}x_{\mathrm{o}}\\y_{\mathrm{o}}\\z_{\mathrm{o}}\end{bmatrix}=\begin{bmatrix}780\\380\\100\end{bmatrix} \tag{9.67}$$

$$r_{\mathrm{t}}=120 \tag{9.68}$$

$$\boldsymbol{V}_{\mathrm{N1}}=[0\quad 1\quad 0]^{\mathrm{T}} \tag{9.69}$$

为了实现机械臂在构型上的约束，定义了球形虚拟约束，其半径为 $r_{\mathrm{v}}=150$。

将末端圆弧轨迹进行均分，得到 M 段轨迹以及 $(M+1)$ 个节点，各节点的坐标如下：

$$\begin{cases}x_i=x_{\mathrm{o}}+r_{\mathrm{t}}\cos(\alpha_0+i\cdot\Delta\eta)\\y_i=y_{\mathrm{o}}\\z_i=z_{\mathrm{o}}+r_{\mathrm{t}}\sin(\alpha_0+i\cdot\Delta\eta)\end{cases}\quad(1\leqslant i\leqslant M+1) \tag{9.70}$$

式中　$\Delta\eta$—— 每相邻的两个点之间的角度差，$\Delta\eta=\eta/M$（这里 $\eta=2\pi$）。

相应于每一个末端轨迹节点，采用传统的基于雅可比伪逆的逆运动学求解得到相应的关节角，进一步得到所有节点对应的关节角，臂型变化情况如图 9.10 所示，从中可见机械臂与障碍物发生了碰撞。

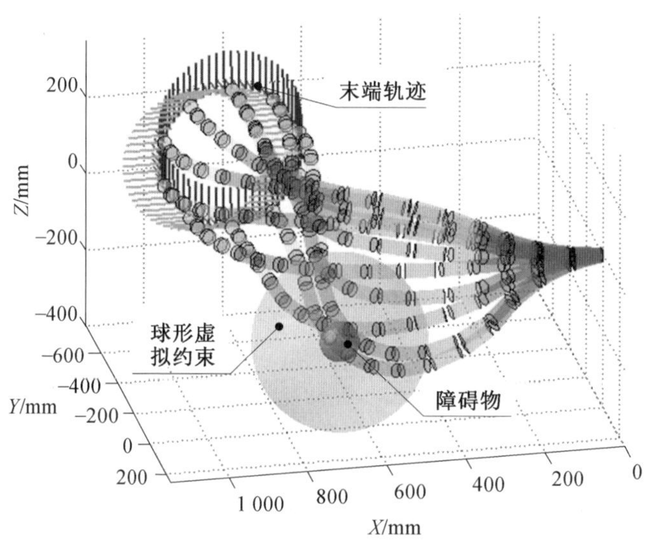

图 9.10　基于传统雅可比逆运动学规划仿真结果

为了避免机械臂与障碍物发生碰撞，采用 9.3.2 节中的避障规划算法，得到该机械臂的所有臂型，如图 9.11 所示，规划的关节角轨迹如图 9.12 所示。可以看出，采用该方法成功地避开了障碍物。

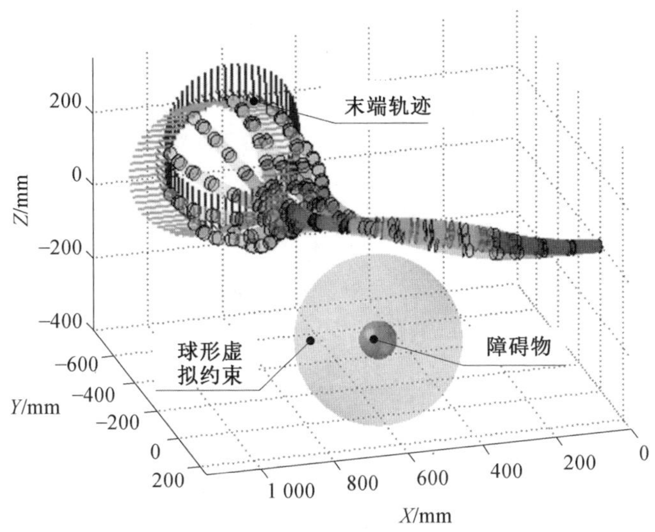

图 9.11　基于虚拟关节避障规划方法得到的臂型

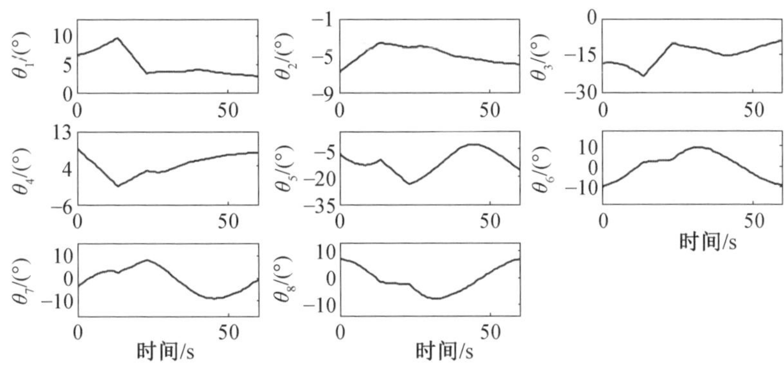

图 9.12　基于虚拟关节避障规划方法得到的关节角轨迹

比较上述仿真结果，可以看出基于传统的雅可比逆运动学规划方法，会导致构型与障碍物之间发生碰撞，而通过基于虚拟关节的运动规划方法，可以实现绳驱分段联动机械臂对障碍物的避障。这说明了基于虚拟关节避障规划算法的有效性。另外，该规划方法得到的关节角度相对比较平滑，适用于运动控制。

9.4.2　空间桁架结构穿越规划仿真

如图 9.13 所示，定义了一个桁架结构系统作为绳驱冗余机械臂的狭小穿越空间，其相关参数为

$$\boldsymbol{O}_{\mathrm{b}} = [630 \quad 410 \quad -138]^{\mathrm{T}} \tag{9.71}$$

$$r_{\mathrm{b}} = 270 \text{ mm} \tag{9.72}$$

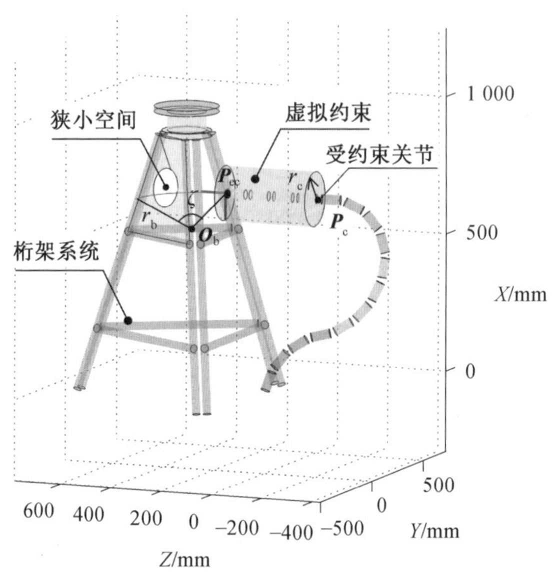

图 9.13 绳驱分段联动冗余机械臂的桁架穿越仿真系统

根据任务要求，首先确定穿越桁架狭小空间的中心轨迹，其法向量为$\boldsymbol{V}_{N2}$，圆弧角度为ζ，有

$$\boldsymbol{V}_{N2}=[-0.965 \quad -0.256 \quad -0.052]^{T} \tag{9.73}$$

$$\zeta=\pi/3 \tag{9.74}$$

桁架的入口位置为

$$\boldsymbol{P}_{ec}=[650.0 \quad 385 \quad 130]^{T} \tag{9.75}$$

根据上述环境条件，建立了半径为$r_c=20$ mm 的圆柱体虚拟约束以及等效虚拟关节，如图 9.9 所示。

将末端运动轨迹进行等距离划分，得到离散位置点，相应于每个位置点进行逆运动学求解，即得到相应的臂型。基于传统雅可比逆运动学的绳驱冗余机械臂桁架穿越规划仿真结果如图 9.14 所示，可见机械臂在桁架入口处即与桁架结构产生了干涉。而采用基于虚拟关节的绳驱分段联动冗余机械臂桁架穿越规划结果如图 9.15 所示，可见机械臂在桁架穿越过程中有效地避免了与桁架的干涉。运动过程中的关节角曲线如图 9.16 所示，可见关节运动也较为平滑，适用于进行运动控制。

从以上比较结果可以看出，在没有扩展虚拟关节的情况下，所规划的绳驱冗余机械臂的构型会与桁架的入口产生干涉，而基于扩展虚拟关节的规划结果可以避免在整个狭小空间穿越过程中机械臂构型与桁架的碰撞。另外，所规划的关节角度相对比较平滑，表明了所提出的运动规划方法的有效性。

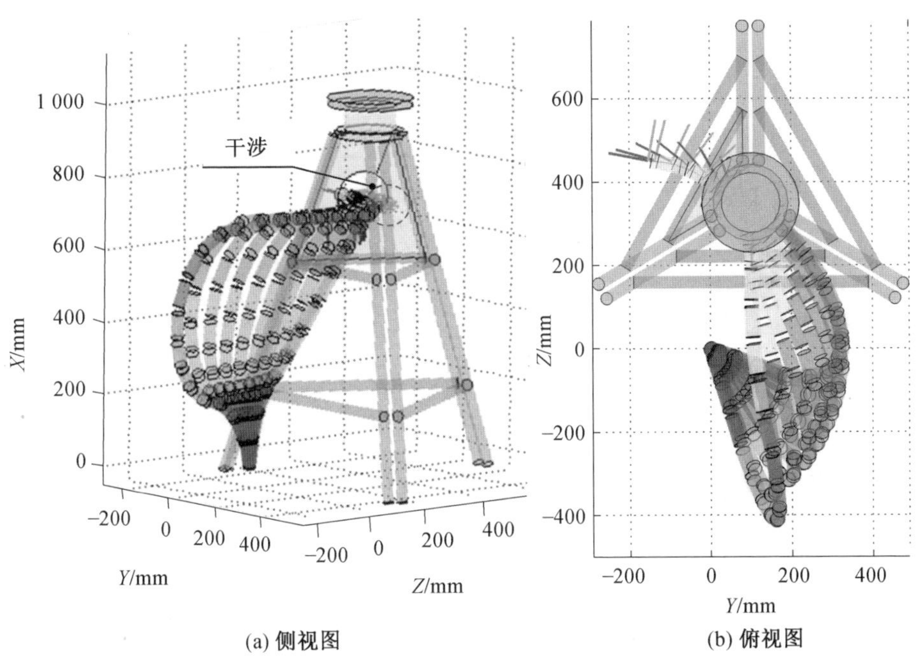

(a) 侧视图　(b) 俯视图

图 9.14　基于传统雅可比逆运动学的绳驱冗余机械臂桁架穿越规划结果

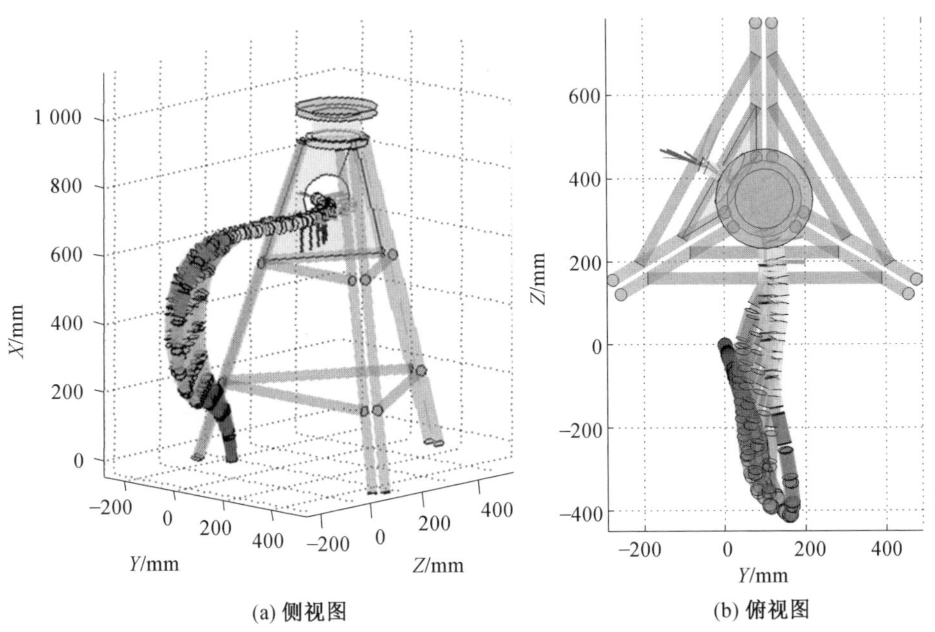

(a) 侧视图　(b) 俯视图

图 9.15　基于虚拟关节的绳驱分段联动冗余机械臂桁架穿越规划结果

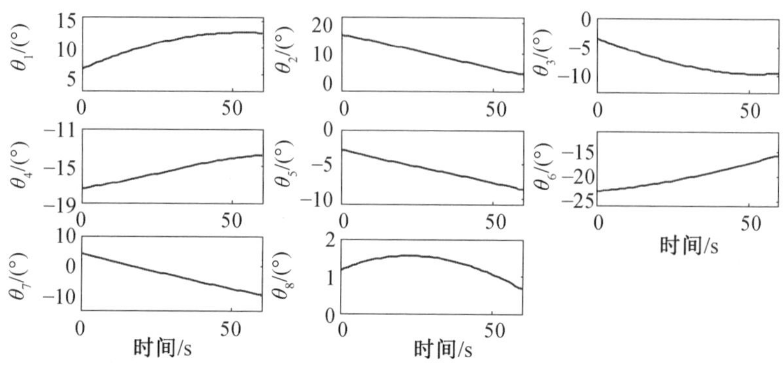

图 9.16 绳驱冗余机械臂桁架狭小空间穿越的规划关节角

9.4.3 两层几何迭代法与基于扩展虚拟关节方法的对比

两层几何迭代法与基于扩展虚拟关节方法的对比结果见表 9.3。可以看出，两种算法在任务工况的适应性(如末端是否需要释放约束，以扩大求解范围)及求解耗时方面各有特点，在实际应用中，需要根据环境的特点及规划耗时的要求选择更加合适的方法。

表9.3 两层几何迭代法与基于扩展虚拟关节方法的对比

章节	逆解方式及特点	路径规划耗时	灵活性	避障能力	奇异性	解决问题
第3章	几何法；几何迭代求解，计算效率高	Matlab 中规划耗时为1.19 s	灵活；末端和段点同时约束下快速求解	弱，只对联动段的段点进行避障	无	狭小工作空间操作任务下，需同时考虑机械臂末端位姿和整体构型的问题
第4章	数值法；基于雅可比伪逆迭代，计算量大，效率较低	Matlab 中规划耗时为12.53 s	较灵活；可释放末端约束，同时添加臂型约束进行规划	强，可实现段点或子关节所有节点处的避障	有，容易发生奇异	针对静态狭小约束空间或者动态合作目标，进行区域范围内搜索单个有效解的问题

9.5　本章小结

本章针对狭小空间的极限约束操作环境，提出了基于虚拟关节的绳驱分段联动冗余机械臂的逆运动学求解和轨迹规划方法。通过扩展的虚拟关节，可以降低末端的六维位姿约束，扩展有效的工作空间。为了体现扩展虚拟关节的广泛适用性，还对典型的任务场景(包括静态避障目标和动态避障目标)进行等价运动学约束分析，在此基础上，可以通过虚拟关节实现对机械臂构型的约束。然后以空间单体障碍回避和桁架穿越为例，进行了相应的轨迹规划，仿真结果表明了方法的有效性。

第10章

绳驱超冗余机器人及操作目标测量方法

本章设计了一套基于全局视觉及手眼视觉融合的对绳驱超冗余机器人和操作目标同时进行测量的同步测量系统，并提出相应的视觉测量方法，以解决大范围、高精度的测量问题。该系统由两个固定的全局相机、一个安装于操作臂末端并随操作臂运动的手眼相机及固定于环境中的任务板组成。操作臂每个运动构件及任务板上均装有二维码，形成多点分散的测量标识。通过全局相机对臂杆上的标识、手眼相机对任务板上的标识分别进行识别，再将所有标识的信息融合后，进一步计算得到操作臂各个关节转动角度并重建出臂杆的空间臂型，同时也求得了操作臂末端的位姿，使操作臂能够更准确地感知自身状态，有助于提高运动精度。

由于操作臂部分旋转轴的空间狭小，无法安装编码器等位置传感器以直接检测关节轴的旋转角，而只能依靠检测驱动控制箱内电机的位置来间接反映关节的位置。同时解算过程中需结合“作动空间（电机转角）－驱动空间（绳长）－关节空间（关节角）”的多空间映射关系，导致关节角的控制精度难以提高，再加上整个绳驱机械臂的传动环节多、摩擦特性复杂、驱动绳变形等因素，因此绳驱超冗余机器人整臂形状及末端精度较低，影响任务执行效果。为了提供准确的臂型检测、关节角检测、末端位姿及操作对象的检测，本章设计了一套基于全局视觉及手眼视觉融合的绳驱超冗余机器人及操作目标同时进行测量的同步测量系统，并提出相应的视觉测量方法，以解决大范围、高精度的测量问题。

10.1　视觉测量系统需求分析与方案设计

10.1.1　测量需求分析

针对典型的任务场景进行分析，得出绳驱超冗余机器人视觉测量系统的功能需求，如图 10.1 所示。

绳驱超冗余机器人视觉测量系统的功能需求主要可分为以下几种。

（1）视觉测量系统标定需求。

视觉测量系统中通常包含相机等光学元器件，由于相机的部分参数（如焦距等）并非固定不变，因此在使用之前需要对其进行标定。另外，为验证视觉测量系统的精度，通常需要借助更高精度的仪器（如激光跟踪仪）来辅助测量；为比较相机和激光跟踪仪的测量结果，需要提前标定出相机与激光跟踪仪之间的相对位姿，因此需借助一些工具来满足视觉测量系统标定的需求。

（2）目标位姿测量需求。

按照相机安装固定方式，可将其分为眼在手上和眼在手外两种类型，它们在观察目标及位姿测量方面各有优劣。眼在手上的相机也称为手眼相机，具有灵

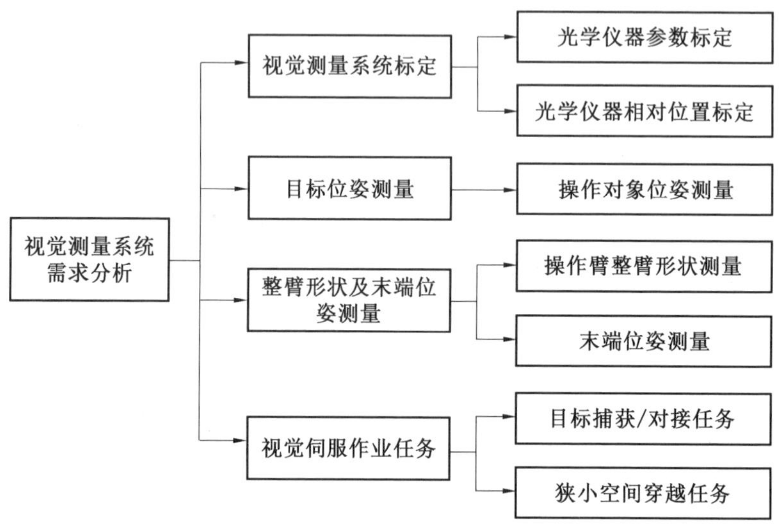

图 10.1 视觉测量系统的功能需求

活的视野，可以运动到合适的位置再观察目标，但会增加机械臂的负重，并且视野可能被机械臂末端工具遮挡；眼在手外的相机也常称为全局相机，通常具有更大的视野，且不会晃动，但通常难以清晰地观察到非焦点附近的目标。因此可考虑利用手眼相机对目标进行位姿测量，以便获得更精准的结果。鉴于超冗余机器人带载能力较弱，因此手眼相机需选用轻便的相机和镜头。

(3) 整臂形状及末端位姿测量需求。

当前通过钢丝绳对超冗余机器人进行驱动，其中存在钢丝绳松动、绳长到关节角映射不太准确、初始零位不准确等诸多问题，导致超冗余机器人的运动精度较差。在超冗余机器人外壳上安装特定标识，通过视觉测量得到标识的位姿，根据几何关系计算，得到绳驱超冗余机器人整臂的形状参数，实现臂型重建；此外，在末端也安装测量标识，通过视觉测量得到机器人末端的位姿。

(4) 视觉伺服作业任务需求。

借助视觉测量得到的目标位姿，对绳驱超冗余机器人进行视觉闭环控制，以对操作目标进行抓捕、对接，或进行狭小空间的穿越。

10.1.2 总体方案设计

为实现超冗余机器人形状测量、目标位姿测量、视觉测量系统标定及视觉伺服任务模拟等功能，并使其具有便携性，本节对超冗余机器人视觉测量总体方案进行设计。如图 10.2 所示，其主要包含绳驱超冗余机器人、提供全局视觉的两个

全局相机、提供手眼视觉的安装于超冗余机器人末端的手眼相机及固定在环境中的任务板。

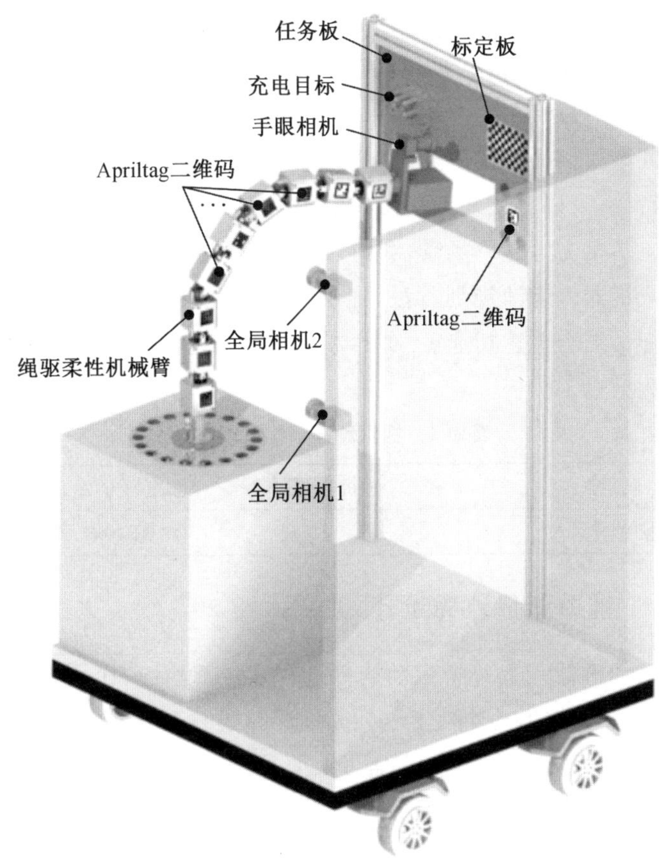

图 10.2　视觉测量系统总体方案

针对超冗余机器人形状测量功能，上述视觉测量系统主要采用两个全局相机来对每个运动构件上的Apriltag二维码进行识别及位姿测量，获得每个运动构件转动中心在相机中的位姿，从而得到超冗余机器人的空间臂型，并获得超冗余机器人的关节角度。

针对目标位姿测量功能，上述视觉测量系统主要借助手眼相机来测得目标在手眼相机中的位姿，并结合全局相机获得的安装在机械臂末端的手眼相机在基座坐标系中的位姿，将手眼相机与全局相机信息进行融合，从而可获得目标在超冗余机器人基座坐标系中的位姿，即

$$ {}^{\mathrm{base}}\boldsymbol{T}_{\mathrm{obj}} = {}^{\mathrm{base}}\boldsymbol{T}_{\mathrm{end}} \cdot {}^{\mathrm{end}}\boldsymbol{T}_{\mathrm{cam}} \cdot {}^{\mathrm{cam}}\boldsymbol{T}_{\mathrm{obj}} \tag{10.1} $$

借助上述系统中的任务板及其上的标定板，可对手眼相机及全局相机内参及两个全局相机相对位姿进行标定。另外，利用手眼相机对已知位置处的标定板进行测量可获得实际的超冗余机器人的末端位姿，结合超冗余机器人形状测量功能可获得关节角度，依据多组构型下末端位姿及关节角度可对超冗余机器人运动学参数进行标定。

针对超冗余机器人具体的工况，超冗余机器人应具有便携等特点，从而具有良好的移动特性，可以方便地到达作业场所执行特定的任务。例如，针对航空设备维护给航空飞机充电这一场景，利用目标位姿测量功能可获得目标的位姿，进而利用超冗余机器人运动规划方法，能够实现超冗余机器人末端携带充电插头对接充电目标。结合上述功能需求，并考虑超冗余机器人的作业需求，视觉测量系统总体参数见表 10.1。

表10.1　视觉测量系统总体参数

名称	相机数目 / 个	总体尺寸 /(mm × mm × mm)
视觉测量系统	3	900 × 1 000 × 1 100

10.1.3　辅助测量外壳设计

为对超冗余机器人上每个运动构件进行定位，设计一个安装测量标识的外壳，并将该外壳安装在运动构件上。外壳设计图如图 10.3 所示，外壳采用分体式设计，包含两个可拆分的部分，外壳通过端面与卡口在运动构件上实现轴向与周向定位，外壳中间凹陷的正方形区域可用于安装 Apriltag 二维码，外壳四个面上均可安装二维码，使相机从不同视角均可观察到运动构件上至少一个二维码，保证测量鲁棒性。

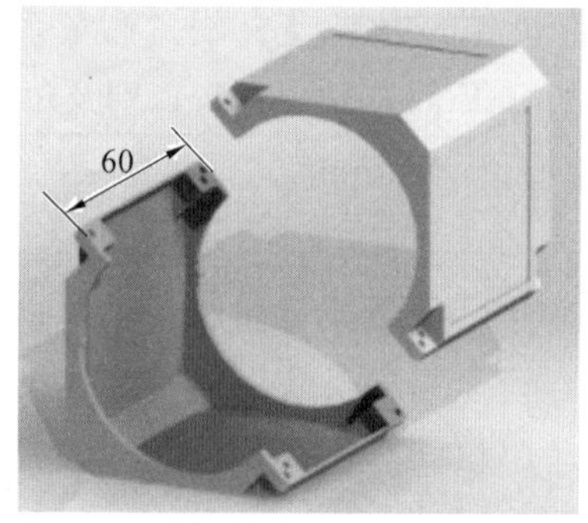

图 10.3　臂杆外壳结构图(单位:mm)

针对与控制箱连接的根部运动构件，对其进行设计，如图 10.4 所示。该根部运动构件包含两截，前一截用于安装外壳，以便借助二维码对基座进行定位；后一截用于与控制箱进行连接，以便驱动超冗余机器人运动。

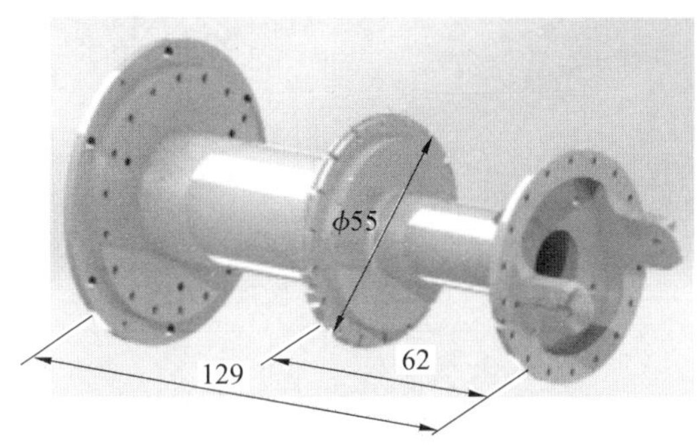

图 10.4　机器人根部运动构件结构图(单位：mm)

超冗余机器人两个相邻运动构件通过双自由度关节相连，可实现俯仰(Pitch)和偏航(Yaw)两个方向的转动。由于相连运动构件装配时存在 90° 旋转，因此超冗余机器人的基本组成模块包含两个运动构件与两个双自由度关节，其自由度配置为"PYYP"(Pitch－Yaw－Yaw－Pitch)这种形式。鉴于超冗余机器人上基本模块较多，本章将由两个基本模块组成的超冗余机器人段称为超冗余机器人模块段，如图 10.5 所示。在超冗余机器人运动构件上安装外壳，并在外壳上安装定制的二维码，二维码采用铝来制作，保证平整不易变形。

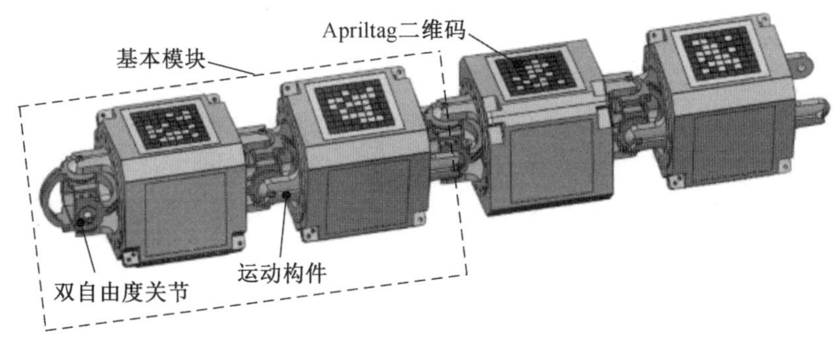

图 10.5　安装辅助测量外壳的机器人外观结构

10.1.4　任务板及安装工装设计

为实现视觉测量系统标定、视觉任务模拟等功能，本章对任务板进行设计，任务板功能区如图 10.6 所示。针对功能板安装，利用型材、角码等搭建架子，并设计 Z形连接件将功能板安装到架子上，借助滑块螺母及型材中的滑槽来实现任务板上下高度可调，任务板整体如图 10.7 所示，架子最高为1.5 m。

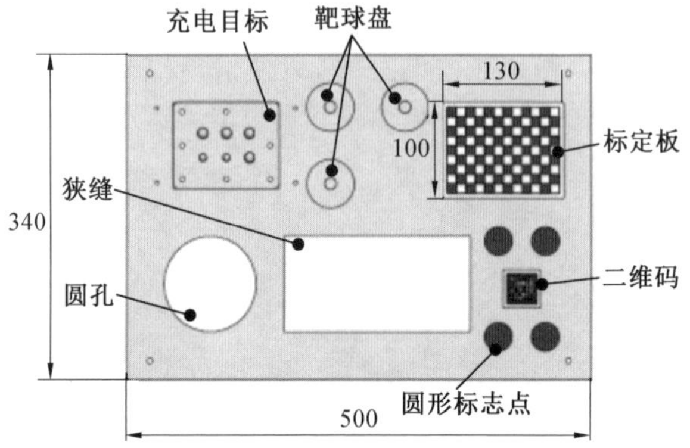

图 10.6　任务板功能区(单位:mm)

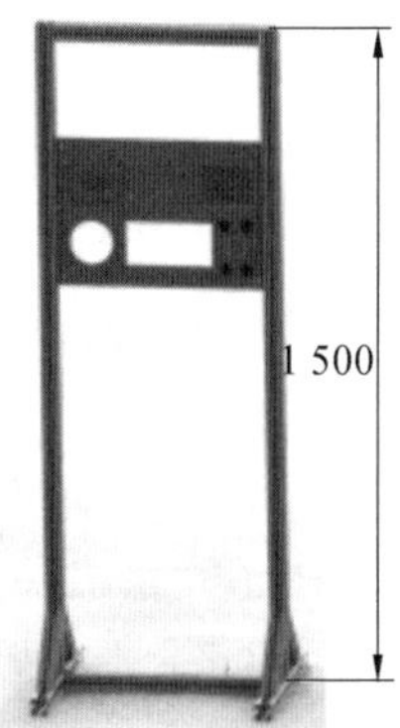

图 10.7　任务板整体图(单位:mm)

功能板上设计的特征按功能划分主要包含三部分:首先是用于标定的部分,如靶球盘、标定板,可标定出相机和激光跟踪仪之间的相对位姿;其次是算法验证部分,如二维码、圆形标志点,可用于验证相应的视觉测量方法的精度;最后是任务模拟部分,如充电目标、圆孔及狭缝,以便超冗余机器人执行穿越或对接任务。

在相机安装支架方面当前常见的类型有 3 种:固定在天花板类型、整个空间内搭建钢架结构类型、显微镜实验台类型。上述这几种在可移动性、稳定性等方面不能兼顾,因此对相机支架进行了设计,如图 10.8 所示。其利用铸铁平台、地脚、型材搭建基本安装架,并包含水平工装、倾斜工装和楔形工装,可实现不同的相机安装方式。

针对手眼相机,考虑将其安装在超冗余机器人末端,另外超冗余机器人末端需安装末端工具(如设备维护中的充电头等),因此设计末端相机连接件如图10.9所示,各部分通过螺钉进行连接,利用该连接件可有效地将末端工具与相机固定在机械臂末端。

另外，后续测量环节需借助二维码获取运动构件转动中心的位姿，因此需提前标定出二维码与运动构件转动中心之间的相对位姿。该标定过程常借助激光跟踪仪进行，因此借助图 10.10 所示的靶球盘来获取转动中心在激光跟踪仪的位姿。该靶球盘具有沿着圆周均布的三个靶球安装孔，孔的直径对应 1.27 cm 靶球的大小。

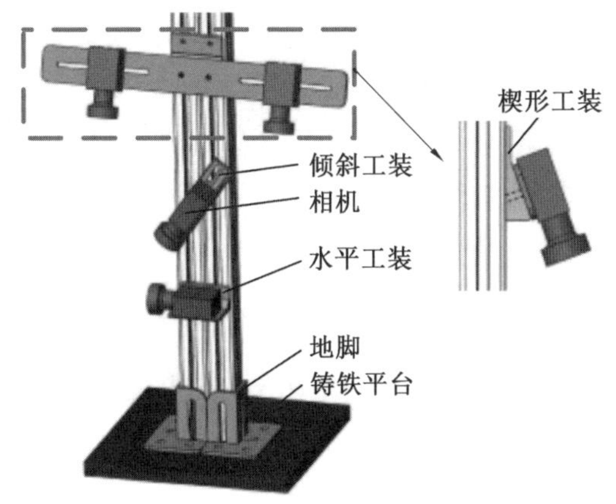

图 10.8　相机安装架

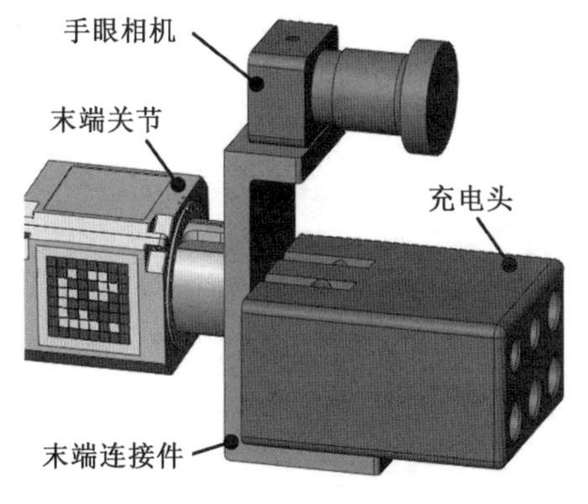

图 10.9　末端相机及工具安装

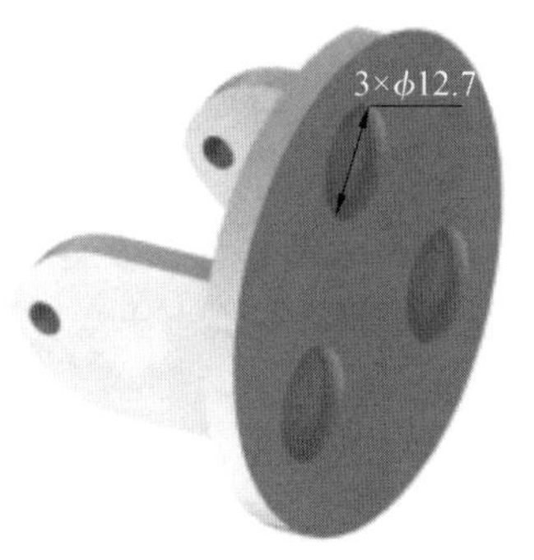

图 10.10　靶球盘(单位:mm)

为标定转动中心相对二维码或靶球板的位姿，设计了整套工具如图 10.11 所示，其主要包含靶球盘、垫块、固定带、靶球板、铸铁平台等。借助靶球盘可获得运动构件转动中心坐标系在激光跟踪仪中的位姿，借助相机可获得二维码在相机中的位姿，利用激光跟踪仪与相机之间的相对位姿可求得二维码与运动构件转动中心的相对位姿。所设计的靶球板上包含位于同一平面的三个靶座放置孔，通过三点可建立靶球盘坐标系，在标定转动中心与靶球盘坐标系相对位姿的前提下，后续可借助靶球盘方便地获得转动中心的位姿，所设计的固定带沿着垂直工作台方向的尺寸比接触状态尺寸短 3 mm，这主要用于后续压紧与固定。

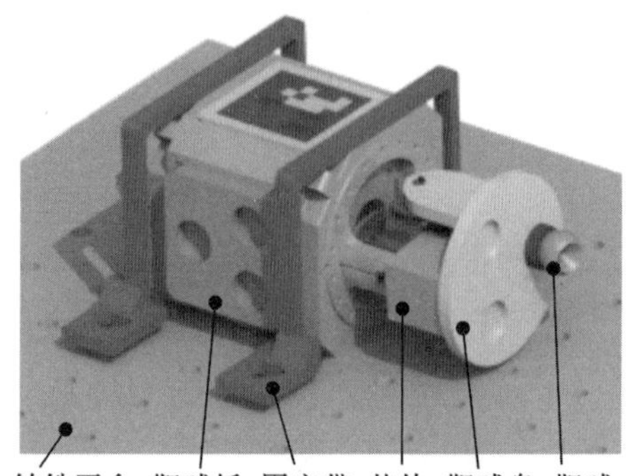

图 10.11　靶球定位盘与关节中心位姿标定

10.2　视觉测量系统搭建与标定

10.2.1　相机参数确定及选型

依据视觉测量系统方案，针对超冗余机器人形状测量需求，在此采用眼在手外的固定方式安装相机。考虑实际需测量的超冗余机器人通常较长，为此可采用 2 个(或多个) 全局相机对超冗余机器人外形进行测量。针对固定安装的全局相机，其测量场景尺寸如图 10.12 所示。因超冗余机器人整体包含 9 个运动构件，中间部位每个运动构件长度为 0.09 m，测量场景长度需大于二维码所在区域的臂杆长度，因此 L 需不小于 0.8 m，相机工作距离考虑安全及清晰测量要求，选取为 0.5 ～ 0.8 m。

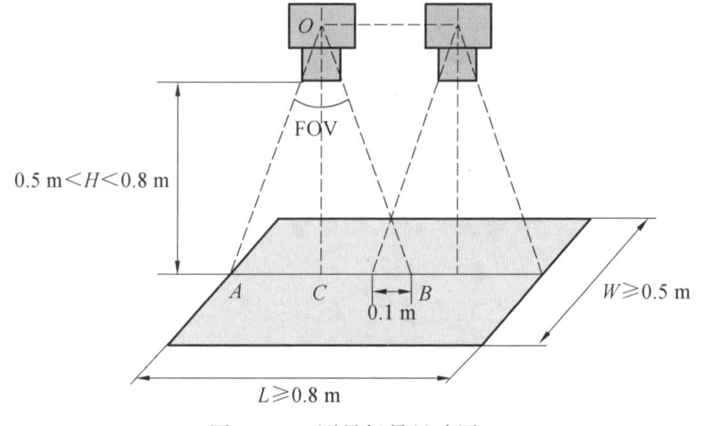

图 10.12　测量场景尺寸图

结合上述测量需求，可对视觉相机进行参数计算，以工业面阵 CMOS 作为视觉相机的传感器，选取面阵 CMOS 的尺寸为 1.69 cm、像素数为 500 万、像素尺寸为 $d = 3.45\ \mu\text{m}$，则视场角计算为 41.1°，视觉相机的焦距计算得 11.73 mm，因此将焦距选择为 12 mm，此时对应的水平视场角为 40.27°。

针对固定安装相机，希望其能尽可能清晰地看清物体，帧率较高且兼容 Linux 环境；因此选用 GS3 系列相机 GS3－U3－51S5C－C，并搭配镜头 FA1202A。这一搭配下相机性能参数为 500 万像素，帧率达到 75 FPS，竖直和水平方向视场角分别为 39° 和 30.3°。另外，针对安装在超冗余机器人末端的手眼相机，考虑超冗余机器人带载能力较弱，在固定安装相机要求的基础上，它要求相机及镜头质量较轻，且视野较大，以便更好地找到目标。因此相机采用 CM3－U3－31S4C－CS，镜头采用 LM3NCM，其总质量为 140 g，选型结果见表 10.2。

表10.2　视觉相机主要参数

名称	全局相机参数	备注	手眼相机参数	备注
相机型号	GS3－U3－51S5C－C	USB 3.0 接口	CM3－U3－31S4C－CS	USB 3.0 接口
传感器类型	CMOS	面阵	CMOS	面阵
传感器尺寸	2/3″	8.8 mm×6.6 mm	1/1.8″	7.2 mm×5.35 mm
像素数	500 万	2 448 × 2 048	320	2 048 × 1 536
帧率	75 FPS		55 FPS	
镜头型号	FA1202A		LM3NCM	
焦距 f	12 mm		3.5 mm	
视场角 θ_{FOV}	39° × 30.3°		89.0° × 73.8°	广角
畸变	－0.8%		0.4%	
总质量	195 g		140 g	

为对目标的位姿进行测量，并获得更好的测量精度，可借助手眼相机动态地进行测量，搭建全局相机和手眼相机的超冗余机器人如图 10.13 所示，全局相机及镜头如图 10.14 所示。

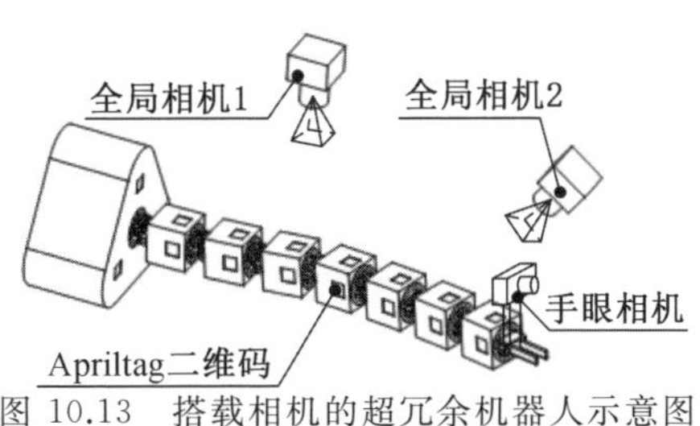

图 10.13　搭载相机的超冗余机器人示意图

图 10.14　全局相机及镜头

10.2.2　视觉测量系统集成

将臂杆与控制箱进行组装，控制箱中绳索传动有两种方式，即滑轮式和卡线式，由于滑轮具有放大2倍行程的特性，因此末端3个运动构件上的6根驱动绳索通过动滑轮进行传动，根部6个自由度的驱动绳索通过卡线块进行传动；将电机安装到控制箱，并采用联轴器将电机输出轴与丝杠相连，从而可实现绳索沿着丝杠方向进行拉伸及收缩，组装后的超冗余机器人整体如图 10.15 所示。

图 10.15　超冗余机器人整体图

采用 Intel NUC(Next Unite of Computing) 迷你电脑作为上位机，并与绳驱超冗余机器人、任务板、全局相机、手眼相机等集成，整个系统如图 10.16 所示。

上述视觉测量系统集成和实验系统的搭建，已完成本章研究所需的硬件部分，之后的章节将重点在超冗余机器人形状及末端位姿测量方法、超冗余机器人运动学参数标定方法及充电目标检测与位姿测量方法上开展研究，并利用当前已搭建的实验系统进行相应的实验以验证相应方法。

视觉测量系统使用过程中主要借助相机和二维码，因此在使用前需对相机或二维码进行标定或误差评价，以便为后续测量奠定基础，这一过程本章称之为视觉测量系统校正。视觉测量系统校正过程需借助更高精度的测量设备，在此主要借助激光跟踪仪和光学标定板实现校正。

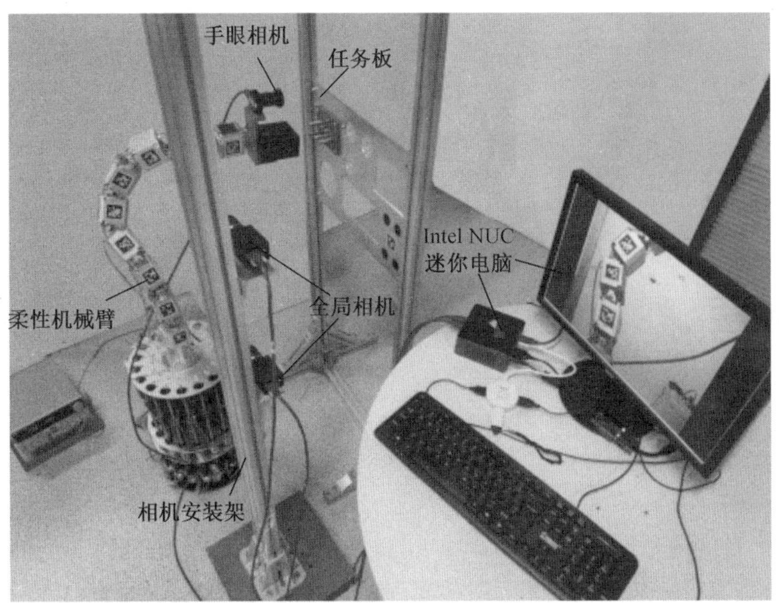

图 10.16　视觉测量系统整体图

10.2.3　二维码测量方法与误差分析

此前，二维码主要用于移动机器人导航领域，其要求的定位精度较低，通常为厘米级别。针对 Apriltag 二维码，在此前的研究与文献中，并没有确切地给出二维码的绝对定位精度，因此本章首先需借助视觉测量系统及激光跟踪仪等辅助测量设备来评定二维码的测量精度，评定方法及流程如下。

(1) 相机内参标定。

将标定板固定在三脚架上，在 6 个自由度方向逐一移动三脚架并利用相机拍摄标定板图片，利用 Matlab 对图片进行处理得出相机内参。

(2) 标定板安装及定位。

测量定制陶瓷标定板的各部分尺寸如图 10.17 所示，将其安装在任务板上，建立标定板坐标系与靶球坐标系，其相对位置如图 10.18 所示。因靶球及标定板均安装在任务板上，相对位置确定，依据图 10.18 则可得靶球坐标系与标定板坐标系的理论相对位姿为

$$
{}^{\text{board}}\boldsymbol{T}_{\text{bar}} = \begin{bmatrix} 1 & 0 & 0 & -10.36 \\ 0 & 1 & 0 & -135.36 \\ 0 & 0 & 1 & 8.9 \\ 0 & 0 & 0 & 1 \end{bmatrix} \tag{10.2}
$$

(3) 标定相机与激光跟踪仪的相对位姿。

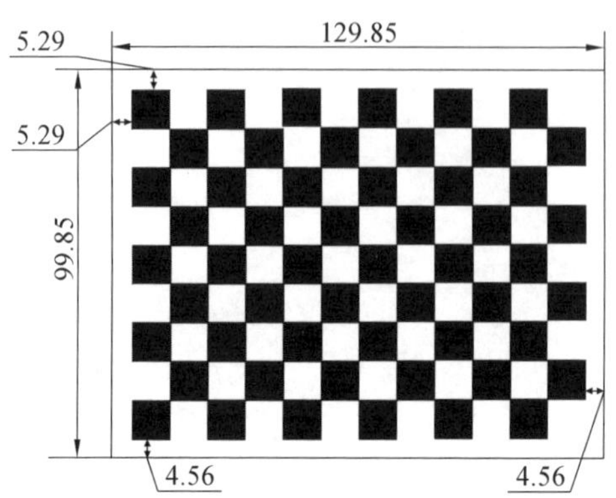

图 10.17　标定板尺寸图(单位:mm)

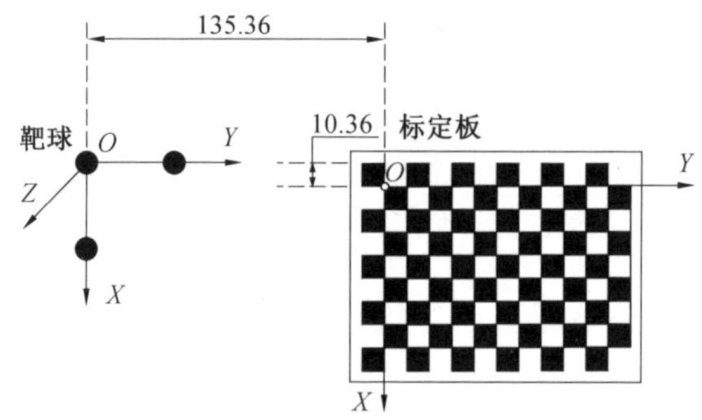

图 10.18　标定板坐标系与靶球坐标系的相对位姿(单位:mm)

为借助高精度激光跟踪仪来评定二维码的测量精度,需标定出相机与激光跟踪仪的相对位姿,标定原理如图 10.19 所示。

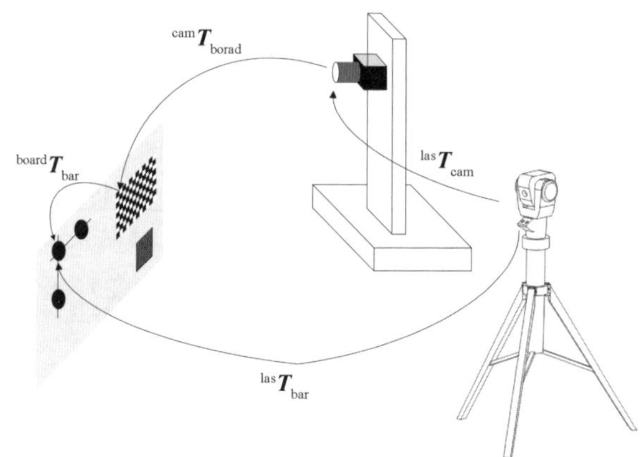

图 10.19　激光跟踪仪与相机相对位姿标定图

利用激光跟踪仪测量任务板上三个靶球的位置,建立靶球坐标系,可得靶球

坐标系在激光跟踪仪坐标系中的位姿 ${}^{\mathrm{las}}\boldsymbol{T}_{\mathrm{bar}}$；另外利用相机对标定板进行测量，可获得标定板在相机中的位姿 ${}^{\mathrm{cam}}\boldsymbol{T}_{\mathrm{board}}$；结合靶球坐标系与标定板坐标系之间的相对位姿 ${}^{\mathrm{board}}\boldsymbol{T}_{\mathrm{bar}}$，各部分的相对位姿关系可表示为

$$ {}^{\mathrm{las}}\boldsymbol{T}_{\mathrm{bar}} = {}^{\mathrm{las}}\boldsymbol{T}_{\mathrm{cam}} \cdot {}^{\mathrm{cam}}\boldsymbol{T}_{\mathrm{board}} \cdot {}^{\mathrm{board}}\boldsymbol{T}_{\mathrm{bar}} \tag{10.3} $$

根据式(10.3)，可得相机与激光跟踪仪的相对位姿关系为

$$ {}^{\mathrm{las}}\boldsymbol{T}_{\mathrm{cam}} = {}^{\mathrm{las}}\boldsymbol{T}_{\mathrm{bar}} \cdot ({}^{\mathrm{board}}\boldsymbol{T}_{\mathrm{bar}})^{-1} \cdot ({}^{\mathrm{cam}}\boldsymbol{T}_{\mathrm{board}})^{-1} \tag{10.4} $$

(4) 二维码位姿测量。

如图 10.20 所示，保持相机和激光跟踪仪固定不动，调整任务板的位姿使二维码出现在相机视野；利用相机测量二维码的位姿，并用激光跟踪仪测量靶球的位姿；实际测得的二维码在相机中的理论相对位姿为

$$ {}^{\mathrm{cam}}\boldsymbol{T}_{\mathrm{tag}} = ({}^{\mathrm{las}}\boldsymbol{T}_{\mathrm{cam}})^{-1} \cdot {}^{\mathrm{las}}\boldsymbol{T}_{\mathrm{bar}} \cdot ({}^{\mathrm{tag}}\boldsymbol{T}_{\mathrm{bar}})^{-1} \tag{10.5} $$

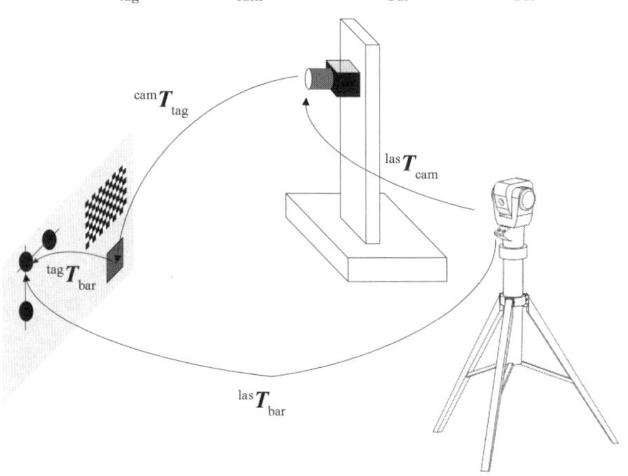

图 10.20　二维码测量精度验证

因二维码与靶球均安装在任务板上，${}^{\mathrm{tag}}\boldsymbol{T}_{\mathrm{bar}}$ 具有确定的相对位姿关系，二维码到靶球的理论位姿可表示为

$$ {}^{\mathrm{tag}}\boldsymbol{T}_{\mathrm{bar}} = \begin{bmatrix} 0 & 1 & 0 & -205 \\ -1 & 0 & 0 & 190 \\ 0 & 0 & 1 & 7.2 \\ 0 & 0 & 0 & 1 \end{bmatrix} \tag{10.6} $$

(5) 二维码在相机中理论位姿与实际位姿比较。

如图 10.21 所示，根据前面得到的相机在激光跟踪仪的位姿 ${}^{\mathrm{las}}\boldsymbol{T}_{\mathrm{cam}}$，可得理论上二维码在相机中的位姿 ${}^{\mathrm{cam}}\boldsymbol{T}_{\mathrm{tag}}$，并将其与直接测得二维码得到的位姿 ${}^{\mathrm{cam}}\boldsymbol{T}_{\mathrm{tag\_actual}}$ 进行比较，得到

$$
{}^{\mathrm{cam}}\boldsymbol{T}_{\mathrm{tag}}=\begin{bmatrix}0.991\,9 & 0.024\,7 & 0.124\,7 & 86.355\,8\\ 0.031\,8 & -0.997\,8 & -0.057\,4 & 84.458\,9\\ 0.123\,0 & 0.060\,9 & -0.990\,6 & 784.847\,2\\ 0 & 0 & 0 & 1\end{bmatrix} \tag{10.7}
$$

$$
{}^{\mathrm{cam}}\boldsymbol{T}_{\mathrm{tag\_actual}}=\begin{bmatrix}0.992\,509 & 0.018\,985\,8 & 0.120\,688 & 86.990\,5\\ 0.025\,145\,2 & -0.998\,447 & -0.049\,719\,5 & 84.523\,2\\ 0.119\,557 & 0.052\,381\,8 & -0.991\,445 & 785.971\\ 0 & 0 & 0 & 1\end{bmatrix} \tag{10.8}
$$

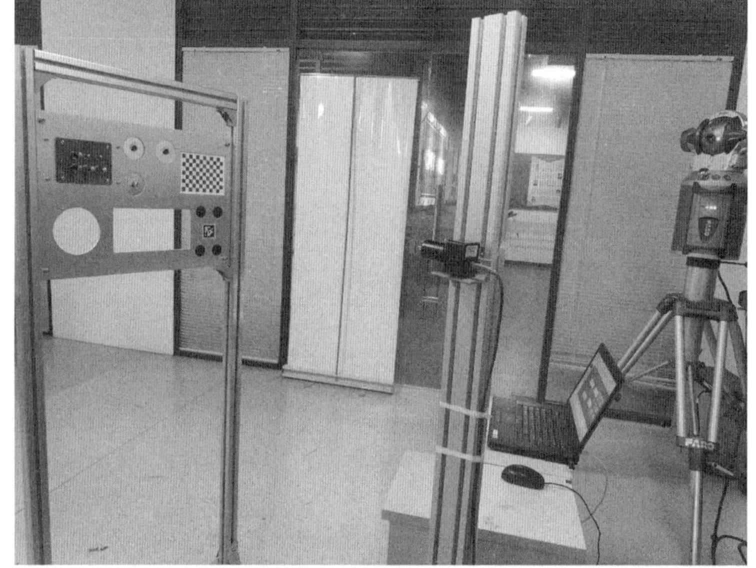

图 10.21　二维码测量精度验证实验图

比较理论位姿与实际位姿可得位置偏差为 $\boldsymbol{\delta}_{\mathrm{p}}=[-0.634\,7\quad -0.064\,3\quad -1.123\,8]$(单位:mm)。另外将${}^{\mathrm{cam}}\boldsymbol{T}_{\mathrm{tag}}$和${}^{\mathrm{cam}}\boldsymbol{T}_{\mathrm{tag_actual}}$中的旋转矩阵转换为 ZYX 欧拉角,并比较角度误差可得 $\boldsymbol{\delta}_{\theta}=[0.383\,9\quad -0.200\,5\quad -0.492\,7]$(单位:(°))。通过多次实验均呈现上述相似结果,因此可得在二维码尺寸为40 mm×40 mm,相机距离二维码 0.785 m 时测量误差为:位置误差小于 1.2 mm,姿态偏差小于 0.5°。上述测量误差包含加工误差及二维码和标定板的安装误差等,实际二维码位姿测量误差应低于上述计算得到的位置与姿态误差。

10.2.4　二维码与转动中心相对位姿标定

对 Apriltag 二维码进行测量,直接获得的是二维码在相机中的位姿,鉴于安装在外壳上的二维码与运动构件转动中心相对静止,因此可提前标定出运动构

件转动中心在二维码坐标系中的位姿，从而可借助二维码获得运动构件转动中心的位姿。标定出运动构件转动中心坐标系在二维码坐标系中的位姿原理如图 10.22 所示，其主要借助相机和激光跟踪仪来实现。

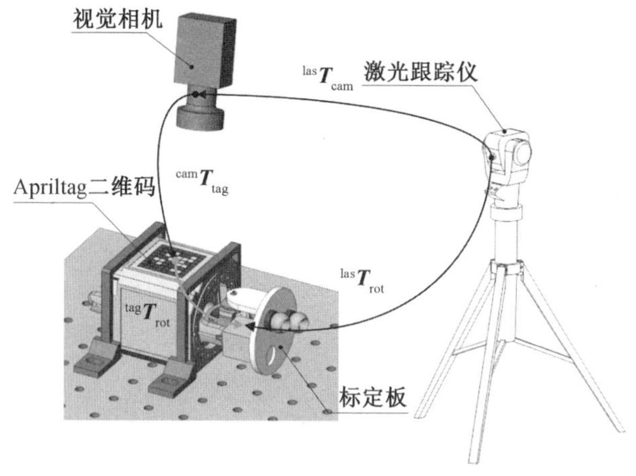

图 10.22　转动中心与二维码坐标系位姿标定原理图

首先，借助任务板标定出相机与激光跟踪仪的相对位姿关系${}^{cam}\boldsymbol{T}_{las}$；其次，标定出运动构件转动中心在激光跟踪仪中的位姿${}^{las}\boldsymbol{T}_{rot}$，其原理如图 10.23 所示；最后，利用相机测出二维码在相机中的位姿${}^{cam}\boldsymbol{T}_{tag}$。为了准确计算标定转动中心在激光跟踪仪中的位姿，将安装了二维码的运动构件固定在铸铁平台上，因靶球盘通过双自由度关节与运动构件转动中心相连，如图 10.24 所示，可每次限制一个方向的自由度，使得靶球盘绕单一方向进行转动。利用激光跟踪仪记录靶球圆弧轨迹上的三点(M_1,M_2,M_3) 坐标，并拟合出圆心坐标(C_1)，同理在靶球盘另一位置放置靶球并记录运动圆弧上的三点(M_4,M_5,M_6) 坐标，拟合得到圆心坐标(C_2)。依据 C_1、C_2 两点坐标，可得竖直轴线方向矢量 ξ_J。同理限制双自由度关节另一方向的运动自由度如图 10.25 所示，求取两圆弧圆心坐标 C_3、C_4，可得水平轴线方向矢量 ξ_I。

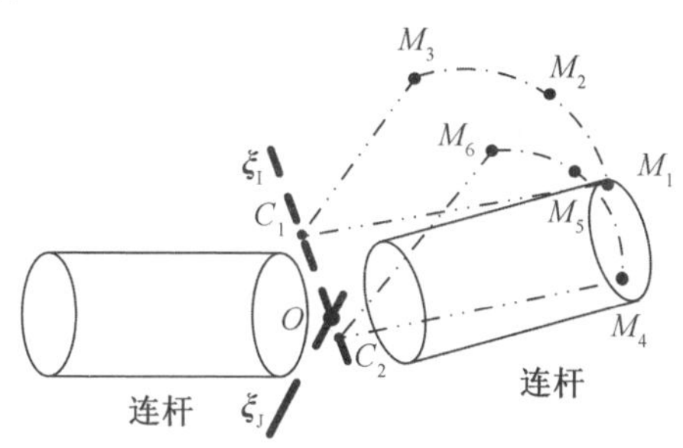

图 10.23　求取转动中心原理图

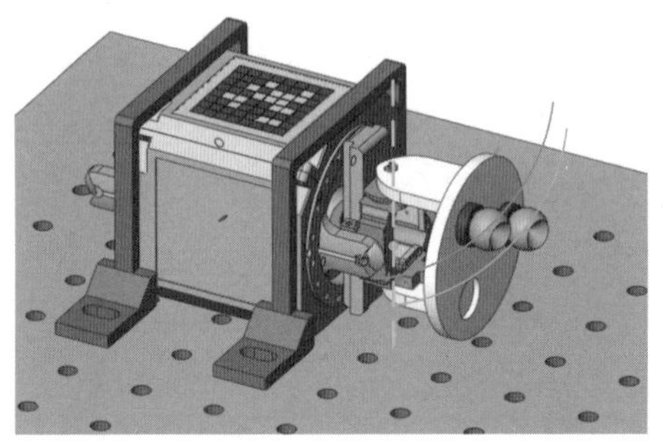

图 10.24　绕竖直轴线转动

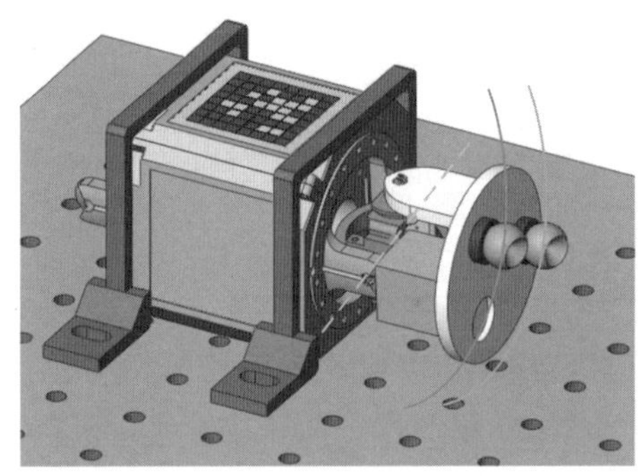

图 10.25　绕水平轴线转动

在激光跟踪仪中测得的数据及拟合的圆弧如图 10.26 所示，可得 C_1、C_2、C_3、C_4 四个圆心坐标。因配合间隙等引起误差，通常圆心 C_1、C_2 构成的直线 ξ_J 与 C_3、C_4 构成的直线 ξ_I 没有交点，针对此空间异面直线求“交点”情形，主要先求得空间异面直线的垂线，并计算垂线与两异面直线的交点，取两交点的中点作为空间异面直线的“交点”。该“交点”可作为关节转动中心坐标系的原点，ξ_J 和 ξ_I 分别为关节转动中心坐标系两轴线方向。

结合上述标定过程获得的相机与激光跟踪仪的相对位姿关系 ${}^{cam}\boldsymbol{T}_{las}$、运动构件转动中心在激光跟踪仪中的位姿 ${}^{las}\boldsymbol{T}_{rot}$、相机测出二维码在相机中的位姿 ${}^{cam}\boldsymbol{T}_{tag}$，则可计算转动中心坐标系在二维码坐标系中的位姿为

$$ {}^{tag}\boldsymbol{T}_{rot} = ({}^{cam}\boldsymbol{T}_{tag})^{-1} \cdot {}^{cam}\boldsymbol{T}_{las} \cdot {}^{las}\boldsymbol{T}_{rot} \tag{10.9} $$

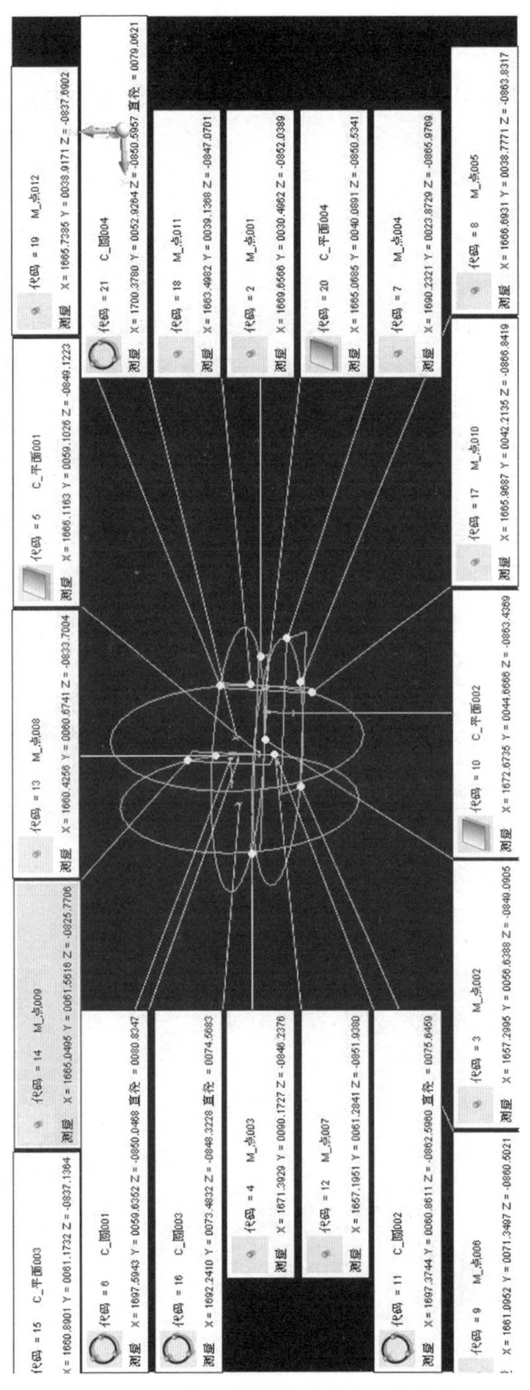

图 10.26　激光跟踪仪测量及拟合结果

10.3 整臂形状与末端位姿测量

10.3.1 关节角度测量

结合运动构件转动中心与二维码坐标系的相对位姿，可求得各个运动构件转动中心坐标系在相机中的位姿，从根部到末端将相邻运动构件依次连接可得到超冗余机器人的空间形状；在此基础上结合相邻运动构件转动中心坐标系的位姿，可计算出超冗余机器人的关节角度。

利用上述二维码坐标系到运动构件转动中心位姿的标定方法，可标定出运动构件转动中心与超冗余机器人运动构件上二维码的相对位姿。因二维码数目较多，依据所安装的二维码ID建立二维码坐标系；二维码坐标系建立规则为二维码所在平面为 xy 平面，其中 y 轴朝上、x 轴朝右、z 轴垂直二维码所在平面朝外，因超冗余机器人各段结构和参数相同，对超冗余机器人模块段建立二维码坐标系如图 10.27 所示。

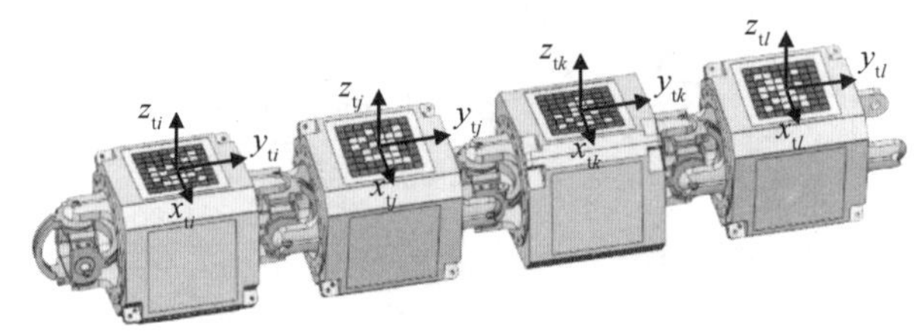

图 10.27　超冗余机器人模块段上的二维码坐标系

为对关节角度测量方法及测量精度进行研究，利用超冗余机器人根部模块段进行分析与实验，超冗余机器人根部模块段上的二维码坐标系如图 10.28 所示。

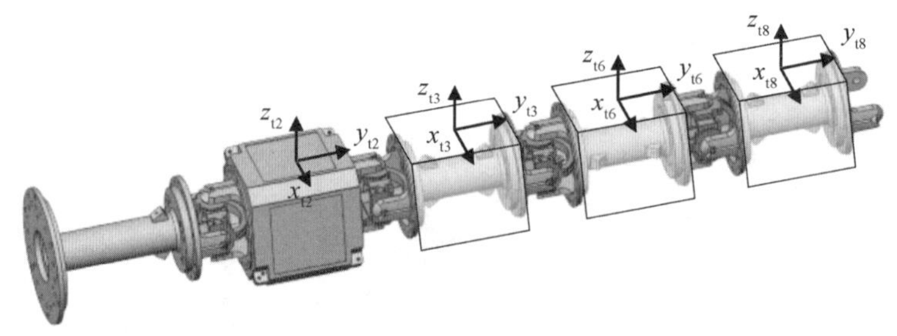

图 10.28　超冗余机器人根部模块段上的二维码坐标系

对超冗余机器人根部模块段，为描述运动构件的位姿，可采用 D－H 方法建

立坐标系如图 10.29 所示。为更好地描述和计算关节的转角，在所建立 D－H 坐标系的基础上，增加如下坐标系：$x_{4b}y_{4b}z_{4b}$、$x_{6b}y_{6b}z_{6b}$、$x_{8b}y_{8b}z_{8b}$。其中下标中数字相同的坐标系（如 $x_{4b}y_{4b}z_{4b}$ 与 $x_4y_4z_4$）附着在同一杆件上，具有相同的姿态指向，$x_{4b}y_{4b}z_{4b}$ 坐标系的原点与前一坐标系 $x_3y_3z_3$ 的原点重合。利用上述运动构件转动中心与二维码坐标系相对位姿标定方法，标定结果见表 10.3。

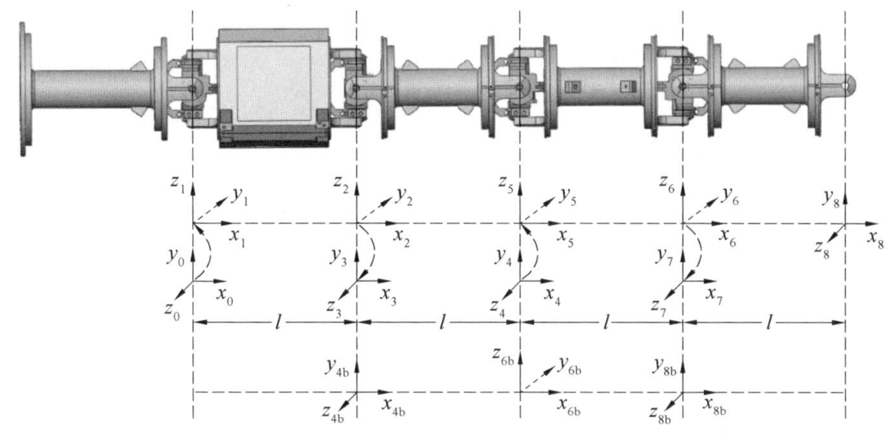

图 10.29　超冗余机器人拓展 D－H 坐标系

表10.3　转动中心在二维码坐标系中的位姿

前向转动中心	后向转动中心
${}^{\text{tag2}}\boldsymbol{T}_{\text{rot2}}=\begin{bmatrix}0.029\,4 & -0.995\,6 & 0.086\,0 & -0.055\,6\\ 0.999\,3 & 0.030\,1 & -0.010\,9 & 44.145\,1\\ 0.007\,5 & 0.090\,0 & 0.996\,3 & -27.486\,9\\ 0 & 0 & 0 & 1.000\,0\end{bmatrix}$	${}^{\text{tag3}}\boldsymbol{T}_{\text{rot4b}}=\begin{bmatrix}0.008\,1 & -0.078\,3 & 0.997\,0 & -0.287\,3\\ 0.999\,7 & 0.002\,7 & -0.009\,4 & -44.126\,2\\ -0.001\,2 & 0.997\,0 & 0.078\,6 & -27.720\,0\\ 0 & 0 & 0 & 1.000\,0\end{bmatrix}$
${}^{\text{tag3}}\boldsymbol{T}_{\text{rot4}}=\begin{bmatrix}0.029\,4 & -0.086\,6 & 0.996\,4 & 0.284\,4\\ 0.999\,3 & -0.000\,4 & -0.031\,0 & 44.593\,5\\ 0.002\,4 & 0.996\,3 & 0.081\,0 & -27.866\\ 0 & 0 & 0 & 1.000\,0\end{bmatrix}$	${}^{\text{tag6}}\boldsymbol{T}_{\text{rot6b}}=\begin{bmatrix}0.006\,9 & -0.997\,0 & 0.081\,3 & -0.050\,2\\ 0.999\,8 & 0.008\,5 & 0.000\,6 & -43.863\,7\\ -0.000\,6 & 0.078\,5 & 0.996\,8 & -27.500\,1\\ 0 & 0 & 0 & 1.000\,0\end{bmatrix}$
${}^{\text{tag6}}\boldsymbol{T}_{\text{rot6}}=\begin{bmatrix}-0.001\,1 & -0.997\,4 & 0.077\,9 & -0.097\,3\\ 0.999\,8 & 0.000\,3 & -0.001\,9 & 44.568\,8\\ 0.001\,2 & 0.073\,8 & 0.997 & -27.412\,1\\ 0 & 0 & 0 & 1.000\,0\end{bmatrix}$	${}^{\text{tag8}}\boldsymbol{T}_{\text{rot8b}}=\begin{bmatrix}0.012\,5 & -0.079\,5 & 0.996\,7 & -0.144\,2\\ 0.999\,7 & -0.000\,7 & -0.014\,1 & -44.295\,4\\ 0.002\,5 & 0.996\,9 & 0.081\,9 & -27.412\,6\\ 0 & 0 & 0 & 1.000\,0\end{bmatrix}$

从而借助坐标系原点重合的两个坐标系 $x_iy_iz_i$ 与 $x_{(i+2)\text{b}}y_{(i+2)\text{b}}z_{(i+2)\text{b}}$ 的相对位姿关系较好地描述了双自由度关节两个方向的运动，因借助视觉测量可获得上述原点重合的两坐标系在相机中的位姿 ${}^{\text{cam}}\boldsymbol{T}_{\text{rot}i}$、${}^{\text{cam}}\boldsymbol{T}_{\text{rot}(i+2)\text{b}}$，因此可求得后一坐标系在前一坐标系中的位姿为

$$ {}^{\mathrm{rot}i}\boldsymbol{T}_{\mathrm{rot}(i+2)\mathrm{b}} = ({}^{\mathrm{cam}}\boldsymbol{T}_{\mathrm{rot}i})^{-1} \cdot {}^{\mathrm{cam}}\boldsymbol{T}_{\mathrm{rot}(i+2)\mathrm{b}} \tag{10.10} $$

因超冗余机器人重复的基本模块化单元包含两个运动构件与两个双自由度关节，其内部自由度配置为“PYYP”这种组成，因此只需针对相邻两个双自由度关节处分析${}^{\mathrm{rot}i}\boldsymbol{T}_{\mathrm{rot}(i+2)\mathrm{b}}$的表达式。当 $i=4k$ 及 $i=4k+2$ 时，有

$$ {}^{\mathrm{rot}4k}\boldsymbol{T}_{\mathrm{rot}(4k+2)\mathrm{b}} = \begin{bmatrix} \cos\theta_{4k+1}\cos\theta_{4k+2} & -\cos\theta_{4k+1}\sin\theta_{4k+2} & -\sin\theta_{4k+1} & 0 \\ \cos\theta_{4k+2}\sin\theta_{4k+1} & -\sin\theta_{4k+1}\sin\theta_{4k+2} & \cos\theta_{4k+1} & 0 \\ -\sin\theta_{4k+2} & -\cos\theta_{4k+2} & 0 & 0 \\ 0 & 0 & 0 & 1 \end{bmatrix} \tag{10.11} $$

$$ {}^{\mathrm{rot}(4k+2)}\boldsymbol{T}_{\mathrm{rot}(4k+4)\mathrm{b}} = \begin{bmatrix} \cos\theta_{4k+3}\cos\theta_{4k+4} & -\cos\theta_{4k+3}\sin\theta_{4k+4} & \sin\theta_{4k+3} & 0 \\ \cos\theta_{4k+4}\sin\theta_{4k+3} & -\sin\theta_{4k+3}\sin\theta_{4k+4} & -\cos\theta_{4k+3} & 0 \\ \sin\theta_{4k+4} & \cos\theta_{4k+4} & 0 & 0 \\ 0 & 0 & 0 & 1 \end{bmatrix} \tag{10.12} $$

比较${}^{\mathrm{rot}4k}\boldsymbol{T}_{\mathrm{rot}(4k+2)\mathrm{b}}$与${}^{\mathrm{rot}(4k+2)}\boldsymbol{T}_{\mathrm{rot}(4k+4)\mathrm{b}}$可发现，两个矩阵第三列与第三行的元素互为相反数，因此第三行或第三列中非零两元素的比值相等，这也表明 i 的取值不影响比值结果。在求得${}^{\mathrm{rot}i}\boldsymbol{T}_{\mathrm{rot}(i+2)\mathrm{b}}$的情况下，因结构限制角度的取值范围为$(-90°,90°)$，则可求得对应的关节转角为

$$ \begin{cases} \theta_{i+1} = \arctan({}^{\mathrm{rot}i}\boldsymbol{T}_{\mathrm{rot}(i+2)\mathrm{b}}(1,3)/(-{}^{\mathrm{rot}i}\boldsymbol{T}_{\mathrm{rot}(i+2)\mathrm{b}}(2,3))) \\ \theta_{i+2} = \arctan({}^{\mathrm{rot}i}\boldsymbol{T}_{\mathrm{rot}(i+2)\mathrm{b}}(3,1)/{}^{\mathrm{rot}i}\boldsymbol{T}_{\mathrm{rot}(i+2)\mathrm{b}}(3,2)) \end{cases} \tag{10.13} $$

为借助更高精度设备评价基于二维码的关节角度测量精度，在双自由度关节上安装角度编码器，其结构如图 10.30 所示。角度编码器主要包括磁环、感应芯片、电路板等部分，电路板能依据磁环与感应芯片之间的相对转动量测出关节转动角度，其中所采用的 16 位角度编码器角度测量误差小于 0.01°。

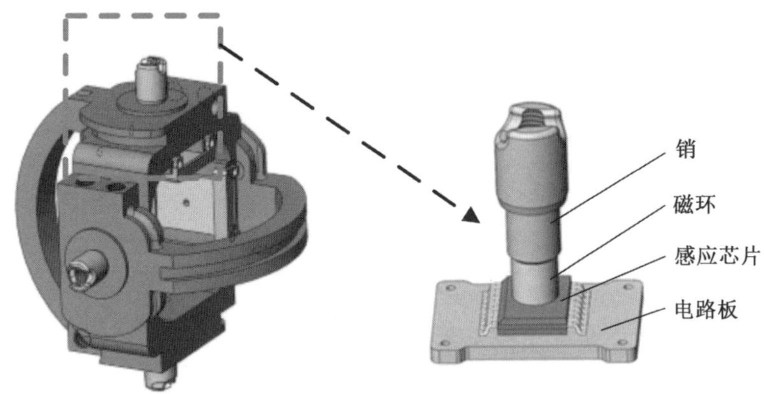

图 10.30　角度编码器构成图

因角度编码器使用前需在超冗余机器人段伸直情况下复位，将各个编码器的读数置为零，因此采用将超冗余机器人段倒挂的方法，待悬挂一段时间超冗余机器人稳定后将编码器读数置零，如图 10.31 所示。在倒挂稳定状态下，借助相机及二维码可测得超冗余机器人段初始关节角度，之后利用相机借助二维码测量转角场景，如图 10.32 所示。

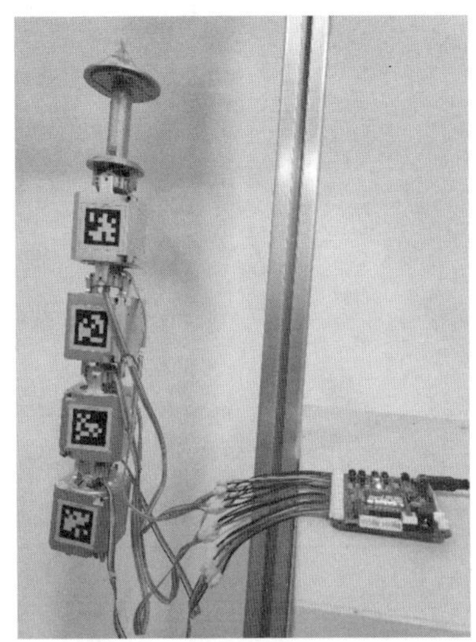

图 10.31　角度编码器复位

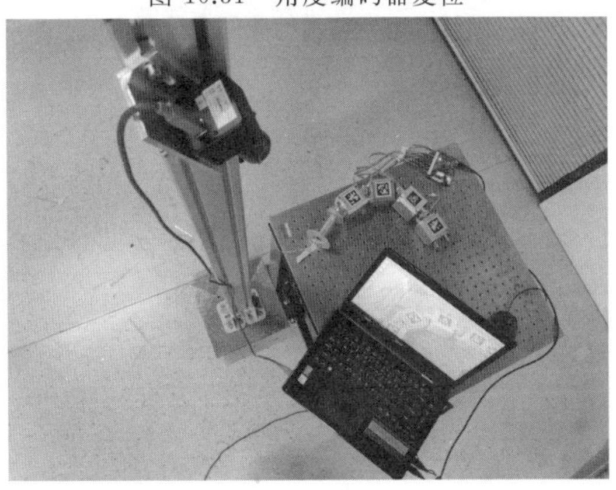

图 10.32　超冗余机器人臂型测量

将超冗余机器人置于工作台上，先后摆放出 4 种构型，如图 10.33 所示。机械臂初始构型对应的关节角度见表 10.4，通过二维码测得的超冗余机器人关节与通过编码器采集的关节角度见表 10.5、表 10.6。

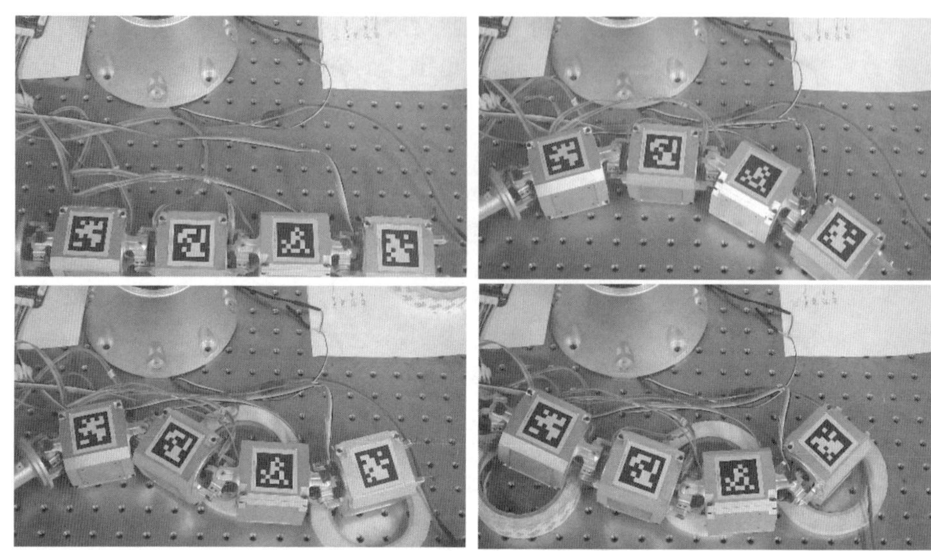

图 10.33　4 种测量的超冗余机器人形状

表10.4　二维码初始构型测得的超冗余机器人角度　(°)

分类	关节 1	关节 2	关节 3	关节 4	关节 5	关节 6
初始构型	0.935 7	−6.064 5	2.412 6	0.947 9	−0.464 3	−0.475 2

表10.5　通过二维码测得的超冗余机器人关节角度　(°)

分类	关节 1	关节 2	关节 3	关节 4	关节 5	关节 6
构型 1	2.511 2	−0.929 7	−0.499 8	1.584 4	−2.181 8	0.078 4
构型 2	−20.204 3	−0.595 8	−0.593 7	−25.090 4	−10.354 8	0.023 7
构型 3	−43.973 7	9.58	−11.781 3	31.372 2	17.519 3	−1.090 2
构型 4	5.219 3	1.965 8	10.540 3	22.113 6	41.016 3	−3.681 8

表10.6　通过编码器采集的超冗余机器人关节角度　(°)

分类	关节 1	关节 2	关节 3	关节 4	关节 5	关节 6
构型 1	1.532 42	5.229 2	−3.169 52	0.598 52	−1.328 52	0.615 2
构型 2	−20.901	5.389 8	−3.274 96	−25.982	−9.651 96	0.269 6
构型 3	−45.071	15.337	−14.787 2	30.238 2	18.331	−0.488 71
构型 4	4.624 88	7.800 6	8.025 6	20.945 6	42.056	−2.806 88

将通过二维码测得的关节角度减去初始构型下通过二维码得到的关节角度，并与角度编码器采集的关节角度进行比较，得到各个关节角度测量误差见表 10.7。测量结果表明，基于二维码的关节角度测量误差在 0.6° 内。

表10.7　各测量值误差大小　(°)

分类	关节 1	关节 2	关节 3	关节 4	关节 5	关节 6
构型 1	0.043 08	−0.094 4	0.257 12	0.037 98	−0.388 98	−0.061 6
构型 2	−0.239	0.078 9	0.268 66	−0.056 3	−0.238 54	0.229 3
构型 3	0.161 6	0.307 5	0.593 3	0.186 1	−0.347 4	−0.126 29
构型 4	−0.341 28	0.229 7	0.102 1	0.220 1	−0.575 4	−0.399 72

10.3.2　臂型重建

对自由度较多的超冗余机器人，通常很难准确地获取其在空间中的臂型。本章结合上述二维码在相机中的位姿以及运动构件转动中心在二维码所在坐标系中的位姿，可予以实现。其中转动中心在相机中的位姿可表示为

$$ {}^{\mathrm{cam}}\boldsymbol{T}_{\mathrm{rot}i} = {}^{\mathrm{cam}}\boldsymbol{T}_{\mathrm{tag}j} \cdot {}^{\mathrm{tag}j}\boldsymbol{T}_{\mathrm{rot}i} \tag{10.14} $$

另外，可将所有转动中心的位姿转换到基座坐标系中进行表示，即

$$ {}^{\mathrm{base}}\boldsymbol{T}_{\mathrm{rot}i} = {}^{\mathrm{base}}\boldsymbol{T}_{\mathrm{cam}} \cdot {}^{\mathrm{cam}}\boldsymbol{T}_{\mathrm{rot}i} = ({}^{\mathrm{cam}}\boldsymbol{T}_{\mathrm{rot}0})^{-1} \cdot {}^{\mathrm{cam}}\boldsymbol{T}_{\mathrm{rot}i} \tag{10.15} $$

为对超冗余机器人臂型动态地进行重建及显示，并方便后续数据利用及处理，本章借助机器人操作系统(Robot Operation System，ROS)将所测得二维码的位姿信息发布到特定主题中，并在Matlab中初始化与ROS的通信及订阅特定主题中的消息，运动过程某一时刻重建出的臂型如图 10.34 所示。重建出的臂型有利于反映超冗余机器人在空间的运动姿态，角度测量结果可用于后续标定及运动规划等环节。

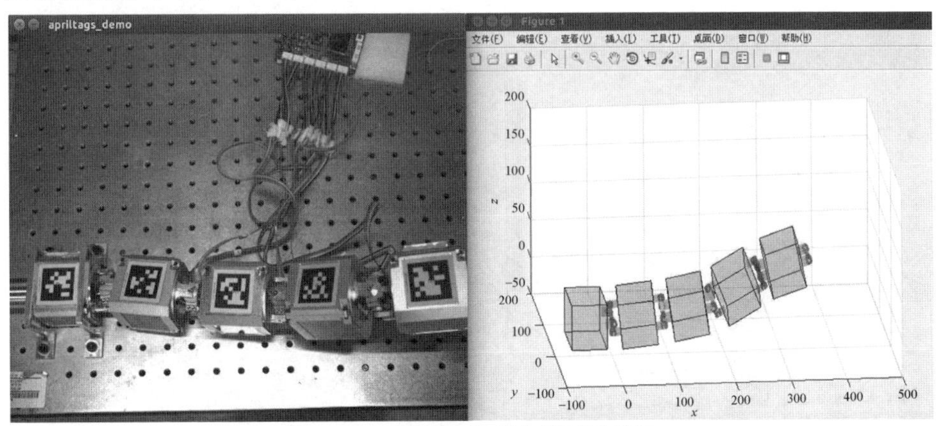

图 10.34　超冗余机器人臂型重建图

10.3.3　末端位姿测量

超冗余机器人末端位姿可借助二维码进行测量，通过提前标定超冗余机器

人末端运动构件转动中心相对外壳上二维码的位姿，可获取末端转动中心在相机中的位姿${}^{cam}\boldsymbol{T}_{end}$。当末端装有末端工具时，通过提前标定出工具坐标系相对超冗余机器人末端转动中心的位姿，可得末端工具的位姿。

通常需要将测得的末端位姿映射到超冗余机器人的基座坐标系中，以便用于超冗余机器人进一步运动规划；因超冗余机器人根部运动构件装有二维码，则可得到基座在相机中的位姿为

$${}^{cam}\boldsymbol{T}_{base} = {}^{cam}\boldsymbol{T}_{rot0} = {}^{cam}\boldsymbol{T}_{tag0} \cdot {}^{tag0}\boldsymbol{T}_{rot0} \tag{10.16}$$

此前已获得末端在相机中的位姿${}^{cam}\boldsymbol{T}_{end}$，因此借助${}^{cam}\boldsymbol{T}_{base}$可获得末端在基座坐标系中的位姿为

$${}^{base}\boldsymbol{T}_{end} = ({}^{cam}\boldsymbol{T}_{base})^{-1} \cdot {}^{cam}\boldsymbol{T}_{end} \tag{10.17}$$

为直观展示基于二维码的超冗余机器人末端位姿测量特性，本章先通过运动规划，让超冗余机器人末端沿着圆周运动，并借助激光跟踪仪及相机分别测量出末端的运动轨迹。将圆轨迹等分成 20 份，并对圆周上包含理论重合的始末点在内的 21 个点进行测量，运动过程中部分点的轨迹如图 10.35 所示。

图 10.35　末端沿着圆周运动

另外，将所测得的 21 个点在激光跟踪仪的位置坐标拟合成一个圆，如图 10.36 所示，图中反映出超冗余机器人实际运动的轨迹不是一个准确的圆，且理论重合的初始点（*M*_ 点 001）与终止点（*M*_ 点 021）并未重合，运动误差达到 5 mm。通过相机测出的轨迹与激光跟踪仪测出的轨迹如图 10.37 所示。

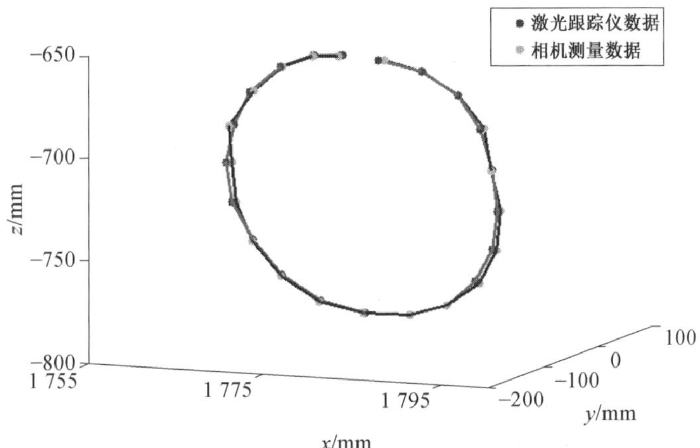

图 10.36　激光跟踪仪拟合出的圆

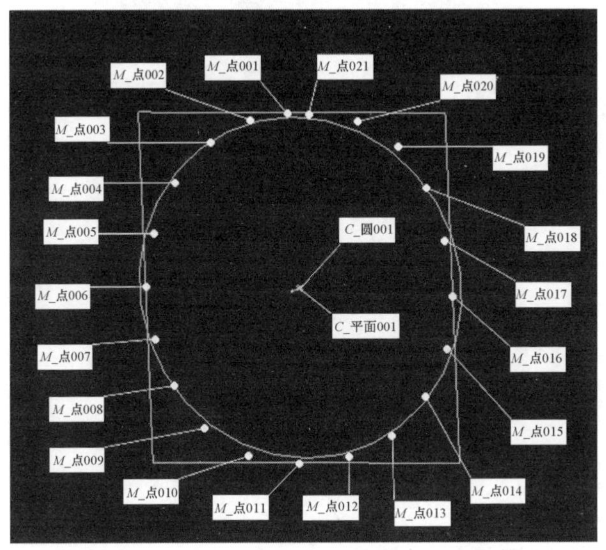

图 10.37　相机及激光跟踪仪测得的末端位置

上述测量结果表明，超冗余机器人沿着圆周运动始末两点不重合；也表明超冗余机器人运动具有一定的误差，显然借助视觉测量末端位姿能有效地反馈末端位姿以便纠正运动误差。

10.4 典型充电目标检测与位姿测量

以航空设备维护为应用案例，利用绳驱超冗余机器人对飞机进行自动充电，需要对充电目标进行检测，并融合充电目标的多种特征，实现位姿测量。

当前飞机主要依赖手动进行充电，飞机充电场景如图 10.38 所示，一般采用 PJ500TB/PJ500AB 航空交流插座，插头及插座如图 10.39 所示。为提高充电效率，针对航空自动充电需求，设计了相应的自动充电机器人，其关键技术之一就是需要解决充电目标的识别和位置测量。鉴于模板匹配具有较高的准确性及较快的收敛速度，本章采用模板匹配算法来对充电插座进行检测及定位。

图 10.38 飞机充电场景

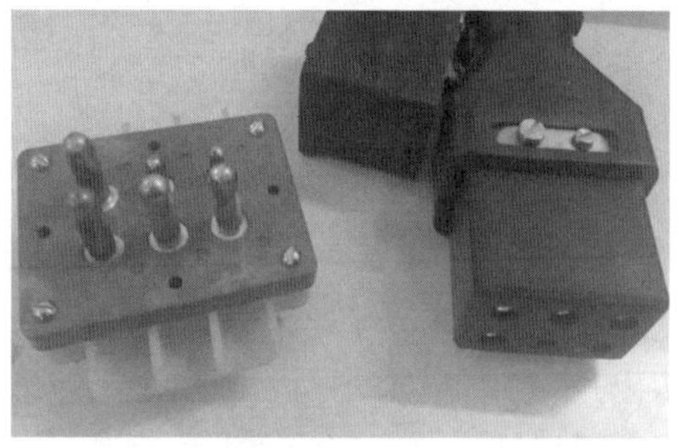

图 10.39 航空交流插头及插座

10.4.1 经典模板匹配算法

此前国内外学者针对模板匹配开展了较多的研究，但因目标图像相对模板图像存在尺度伸缩、旋转、光照不一致、遮挡等干扰因素，模板匹配效果不太理想，鲁棒性不足。经典的模板匹配算法及其特点如下，其中 $\boldsymbol{T}(x',y')$ 表示模板图像在(x',y')处的像素值，$\boldsymbol{I}(x+x',y+y')$ 表示待匹配图像在$(x+x',y+$

y'）处的像素值。

（1）绝对误差和（Sum of Absolute Differences，SAD）算法。

$$\boldsymbol{R}(x,y)=\sum_{x',y'}\left|\boldsymbol{T}(x',y')-\boldsymbol{I}(x+x',y+y')\right| \tag{10.18}$$

（2）误差平方和（Sum of Squared Differences，SSD）算法。

$$\boldsymbol{R}(x,y)=\sum_{x',y'}\left[\boldsymbol{T}(x',y')-\boldsymbol{I}(x+x',y+y')\right]^2 \tag{10.19}$$

（3）归一化积相关（Normalized Cross Correlation，NCC）算法。

$$\boldsymbol{R}(x,y)=\frac{\sum_{x',y'}\boldsymbol{T}(x',y')\cdot\boldsymbol{I}(x+x',y+y')}{\sqrt{\sum_{x',y'}\boldsymbol{T}^2(x',y')\cdot\sum_{x',y'}\boldsymbol{I}^2(x+x',y+y')}} \tag{10.20}$$

（4）序贯相似性检测（Sequential Similarity Detection Algorithm，SSDA）算法。

$$\boldsymbol{\varepsilon}(i,j,m_k,n_k)=\left|\boldsymbol{S}(m_k,n_k)-\bar{\boldsymbol{S}}(i,j)-\boldsymbol{T}(m_k,n_k)+\bar{\boldsymbol{T}}(i,j)\right| \tag{10.21}$$

式中

$$\begin{cases}\bar{\boldsymbol{S}}(i,j)=\dfrac{1}{M^2}\displaystyle\sum_{m=1}^{M}\sum_{n=1}^{M}\boldsymbol{S}^{i,j}(m,n)\\[2ex]\bar{\boldsymbol{T}}(i,j)=\dfrac{1}{M^2}\displaystyle\sum_{m=1}^{M}\sum_{n=1}^{M}\boldsymbol{T}^{i,j}(m,n)\end{cases} \tag{10.22}$$

上述四种经典的模板匹配算法中，SAD 算法与 SSD 算法对光照变化及尺度伸缩等干扰因素抵抗能力较差；与前两者相比，NCC 算法对光照具有较好的抵抗能力，但由于其对每个像素逐一进行上述运算，因此存在计算量较大、处理速度较慢等问题，另外该方法在复杂背景条件下，模板匹配性能不太稳定；SSDA 算法主要选取模板中的部分像素点与搜索图中图像进行比较，当结果差异较大时则放弃本次匹配，相比前面的算法提高了运算效率，但匹配点采用的是随机方式选取，因此可能会导致误匹配，存在匹配精度不高等问题。

对影响模板匹配性能的几个主要因素进行分析，均存在常用的解决方法。针对光照不均匀这一干扰因素，当前通常采取的归一化处理方法能大体上消除光照不均给模板匹配带来的影响。针对尺度伸缩问题，国内外学者常采用图像金字塔来对图像或者模板进行缩放，以便找到相似度最高的区域并作为匹配结果。另外，当目标相对模板图像存在旋转时，倘若仅仅是二维平面的旋转，借助具有旋转不变性的二维码能够较好地确定旋转角度并进行匹配；但当存在因视角变化引起的三维旋转时，模板匹配的相似度值将大大降低，为此可考虑透视变换或者借助多个视角模板来进行匹配。另外，通常基于灰度的模板匹配算法计算量随着图片尺寸的增大而增大，为此可考虑基于几何特征进行模板匹配。

10.4.2 改进的模板匹配算法

通过上述分析，基于灰度的模板匹配算法存在匹配精度较低及计算量较大等问题，因此本章考虑基于几何特征的模板匹配算法，在快速方向导角匹配算法(Fast Directional Chamfer Matching，FDCM)的基础上进一步改进，将其命名为改进的快速方向导角匹配(Further Improved FDCM，FFDCM)。相比原算法，FFDCM 算法对每次匹配结果增加了 score 得分，并且当前算法可采用多张模板去搜索目标在图像中的位置，通过求对应 score 得分的最小值找到最佳匹配位置。

在模板匹配算法中，模板的代表性通常影响着匹配的效果，此前诸多的模板匹配论文均未涉及模板的制作与筛选，本章采用匹配得分 score 来定义模板匹配的效果，其中 score 的定义如下：

$$\text{score}=\frac{D_{\min}}{L_{\text{Tem}}} \tag{10.23}$$

式中 L_{Tem}—— 模板图像中所检测到直线集合的长度；

$D_{\min}$—— 模板直线与待匹配图像中直线的最短距离，其定义为

$$D_{\min}(U,V)=\frac{1}{n}\sum_{l_j\in U}\sum_{p_i\in l_j}\left[\text{DT}(p_i)+\lambda\mid\varphi_j-\text{VD}(p_i)\mid\right] \tag{10.24}$$

式中 U—— 模板中的直线集合；

V—— 待匹配图像中的直线集合；

p_i—— 属于直线 l_j 的第 i 个点；

DT、VD—— 距离变换图和角度维诺图对应的距离。

匹配过程中生成的距离变换图和角度维诺图如图 10.40 所示，DT(p_i) 表示表示 p_i 点在距离变换图上的值，VD(p_i) 表示 p_i 点在角度维诺图上的值，式(10.24) 表明算法的计算量和模板图像及目标图像中直线数量直接相关，通常图片中直线的数量远低于像素的数量，这也从侧面反映这类方法比基于灰度的模板匹配方法具有更小的计算量和更高的运算效率。

模板与待匹配图像的匹配距离 $D_{\min}$ 越小，则二者相似度越高。依据式(10.23) 对 $D_{\min}$ 进行归一化处理，归一化结果定义为 score。score 越小，则表明目标图像区域与模板图像相似度越高。

为使模板更具有代表性并提高检测效果，对于 FDCM 算法所不具有的抵抗尺度变化、视角变化引起的三维旋转等特性，FFDCM 算法将这些因素考虑进模板制作。模板制作方法为：采集各种情况下一定数量的图片，并从中截取一定数量目标所在区域图片作为模板；分别利用模板对相应场景中的目标进行检测，并计算模板对每张图片进行目标检测的结果，从中选出该类场景下检测成功率大

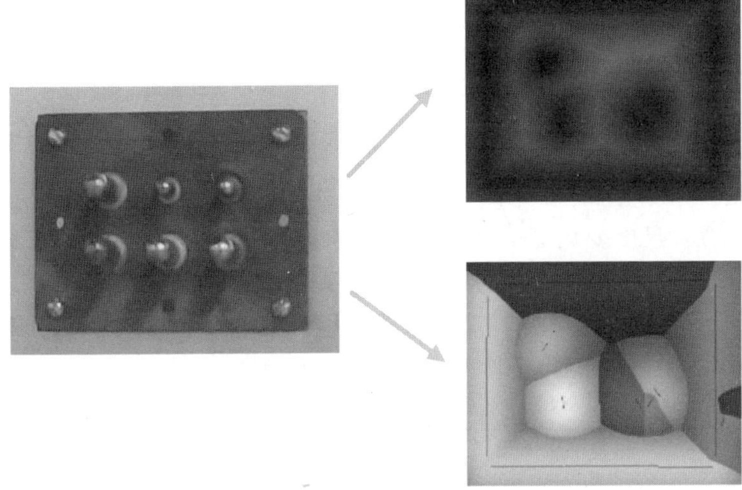

图 10.40　距离变换图和角度维诺图

于 90%，且平均得分最低的模板作为该类场景下的匹配模板，具体表达式如下：

$$\text{Template} = \text{Tem}(k)$$

$$\text{满足：} \quad \sum_{j=1}^{n} \text{score}(k, j) = \min\left(\sum_{j=1, i \in [1, m]}^{n} \text{score}(i, j)\right) \tag{10.25}$$

$$\frac{1}{n}\sum_{j=1}^{n} \text{pass}(k, j) > 0.9$$

式中　pass(k, j)——第 k 张模板对第 j 张图片进行检测的结果，取值为 0 或 1。

结合实际工况，由于观测过程俯角和仰角较小，因此采用 4 张模板进行检测，分别为左右侧视角各一张，尺度伸缩方向两张，通过筛选得到的模板如图 10.41 所示，其尺寸按图像金字塔进行排列，收缩因子为 0.9。

 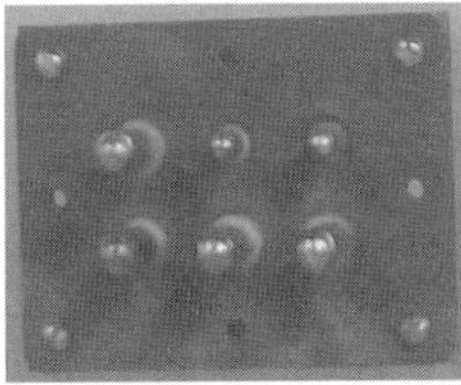 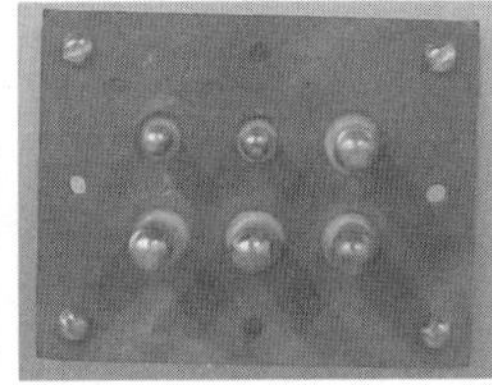 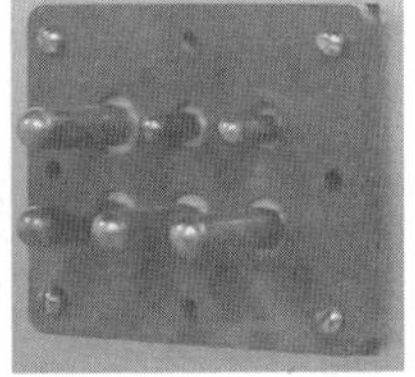

图 10.41　筛选后的模板图

FFDCM 算法的实现流程如上所示，其主要包含将模板及待匹配图像转换为灰度图并分别进行直线提取，通过对模板中的直线集合与待匹配图像中的直线集合进行距离变换，并计算匹配距离，可得出最佳的匹配位置，并获得此时的匹配得分(score)。理论分析可得，FFDCM 算法所采用的多个模板存在相对旋转及尺度伸缩等特点，因此采用上述模板匹配算法进行目标检测具有良好的抵抗二维及三维空间内旋转及因观测距离变化引起的尺度伸缩等优点。

对相机由远及近观测到的图片进行采集，利用 FFDCM 算法和 Improved FDCM 算法对充电目标进行检测，检测结果见表 10.8，其中偏差属性表示检测的矩形中心框偏离充电目标实际中心位置 1/3 倍检测框尺寸及以上，但仍在实际充电目标中心位置附近。通过对比发现，改进后的算法相对原算法具有更高的准确率，存在目标却检测不出来的概率为 0，另外其存在小部分的检测位置偏差；当模板数量增加、尺度变化更小时，位置偏差会更小，但耗时更多。为满足运动过程中对目标进行实时检测的要求，该部分不适合增加更多模板，对小部分情况存在 1/3 左右位置偏差的情形，其解决方法为以检测矩形中心为中心，扩大检测范围至当前检测矩形的两倍，以便为后续特征提取提供目标所在的感兴趣区域。

表10.8　三种模板匹配算法性能对比

模板匹配算法	模板	样本数量	偏差率 /%	未检测率 /%	平均耗时 /s
FFDCM	4 张	122	8.19	0	0.361
Improved FDCM	第 1 张	122	20.49	7.3	0.113
	第 2 张		0.8	20.49	
	第 3 张		0	31.14	
	第 4 张		1.64	31.96	
BBS	第 1 张	122	17.21	0	0.606
	第 2 张		10.66	0	
	第 3 张		13.11	0	
	第 4 张		13.11	0	

另外，将 FFDCM 算法与 BBS 算法进行比较（表 10.8），发现 BBS 算法相对耗时较多，在待匹配图分辨率为 1 280 × 720 时，匹配一张图片平均耗时为0.606 s，耗时接近 FFDCM 算法的两倍，难以满足较为实时检测的需求。另外，FFDCM 算法在检测效果方面与 BBS 进行比较，未检测率均为 0；但 BBS 相比 FFDCM，检测的位置偏差率明显偏大，平均偏差率是后者的 1.5 倍；并且从检测效果可得，BBS 算法检测框与充电目标的大小很多时候不一致，显然对抵抗尺度变化这方面尚且不太理想。上述对比表明，FFDCM 算法兼具较好的实时性与准确性，在实际工况（如充电目标动态检测过程）中能更好地发挥作用。

利用上述 FFDCM 算法对充电目标进行检测，检测效果如图 10.42 所示。检测结果表明，该算法对于从左侧、右侧及中间视角观察充电目标得到的图像，以及观察距离引起尺度变化的图像，均能较好地检测，并且检测框大小与目标的大小基本一致。

  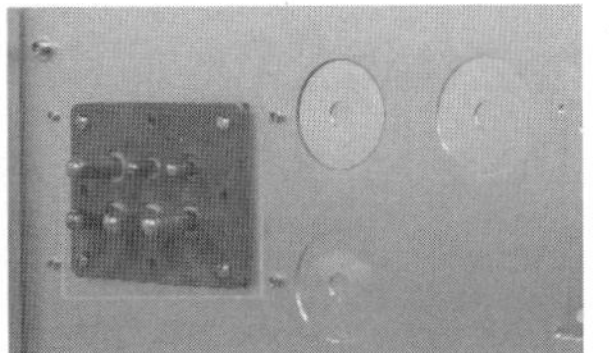

图 10.42　充电插座模板匹配结果

10.4.3　基于椭圆特征的充电目标位姿测量

航空交流插座这一充电目标上具有诸多的特征，包括较为典型的直线特征与圆(椭圆)特征。因视角不同时，提取到的椭圆特征可能不太准确，且提取直线特征时，边缘的直线可能存在局部被遮挡，也可能引起位姿测量误差；因此下面分别对基于椭圆及直线的特征提取及位姿测量进行研究，通过远距离(粗定位)与近距离(精定位)组合测量方法，实现充电目标在不同距离、不同方位的精确测量。

因充电目标上的充电圆柱具有典型的圆特征，但相对而言尺寸较小，因此在近距离可利用椭圆特征进行精确测量。对充电目标上充电圆柱的椭圆特征进行提取，并获得其圆心坐标，对椭圆特征进行提取时结合椭圆的五要素(半长轴、半短轴、圆心横纵坐标和倾角)可对干扰椭圆进行剔除，充电目标原始图像如图 10.43 所示，椭圆特征提取效果如图 10.44 所示。

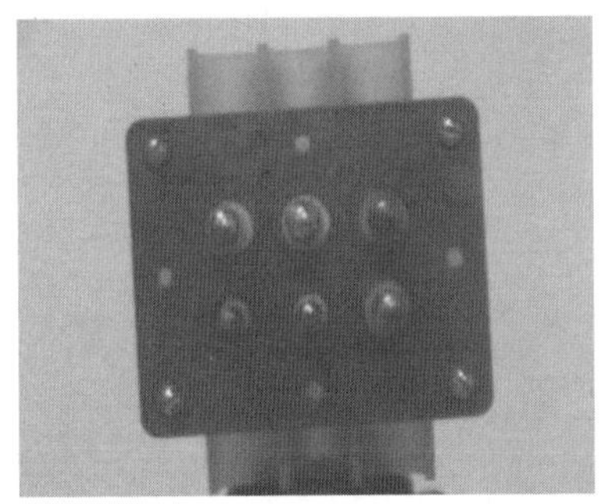

图 10.43　充电目标原始图像

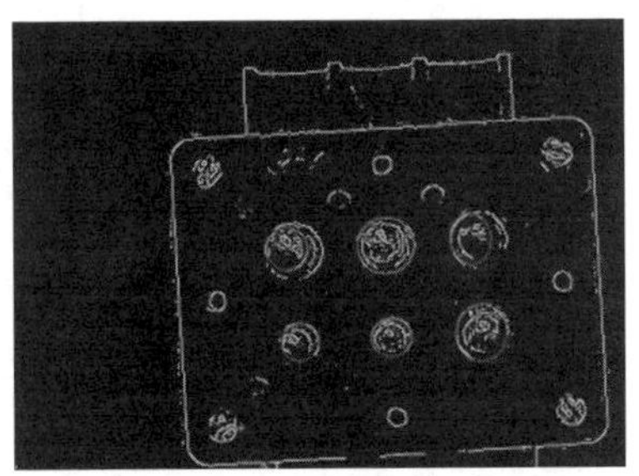

图 10.44　椭圆特征提取效果

通过特征提取可获得椭圆圆心在图像平面的坐标，另外结合充电目标上圆特征的相对位姿尺寸(图 10.45)，利用透视 n 点算法(PnP 算法)可求得充电目标在相机中的位姿。

其中 PnP 问题为利用已标定摄像机图像中 n 个特征点的二维图像坐标，结合这些特征点在空间中的相对位置，计算这些特征点的三维空间坐标的问题。PnP 问题中，因 P3P 问题存在多解问题且对目标位姿有严格要求，对于 P4P 问题，当 4 个特征点共面时，目标在相机坐标系中的位姿具有唯一解，因此本章将采

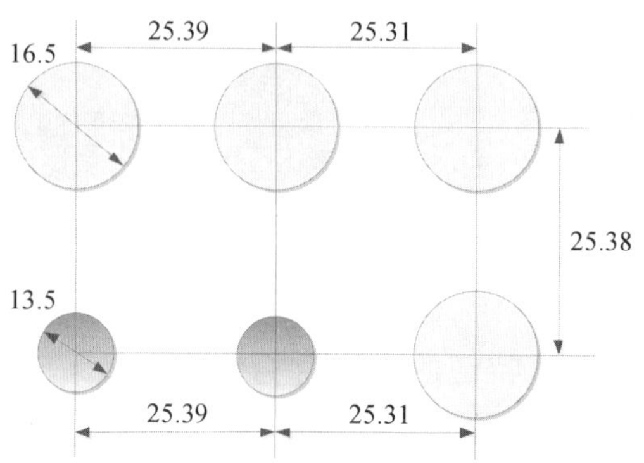

图 10.45　充电目标截面尺寸分布图(单位:mm)

用基于 4 个特征点的 P4P 方法,P4P 方法的计算原理如下。

空间中的 4 点 $P_0 \sim P_3$ 处于同一个平面且相对位置已知,以 P_0 点为原点建立目标坐标系 $P_0x_ty_tz_t$,则 4 个点在目标坐标系下的坐标均可获得。另外这 4 个点投影到相机中,在像素平面的成像坐标为 $M_0 \sim M_3$,依据相机针孔模型及像素平面投影约束条件可求出 $P_0 \sim P_3$ 在相机坐标系中的空间三维坐标。针对 $P_0 \sim P_3$,在目标坐标系中有 $z_t = 0$,如图 10.46 所示。

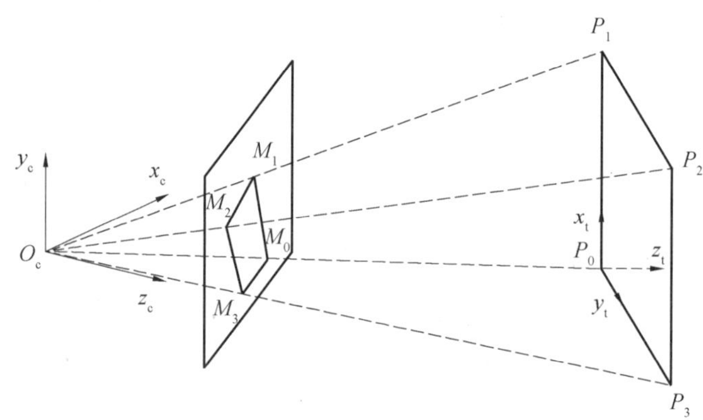

图 10.46　P4P 位姿测量几何模型

因此,根据图像坐标系与世界坐标系的转换关系,可得到如下关系:

$$\begin{bmatrix} u \\ v \\ 1 \end{bmatrix} = \frac{1}{z_c} \begin{bmatrix} a_x & 0 & u_0 \\ 0 & a_y & v_0 \\ 0 & 0 & 1 \end{bmatrix} \begin{bmatrix} m_1 & m_2 & m_x \\ m_4 & m_5 & m_y \\ m_7 & m_8 & m_z \end{bmatrix} \begin{bmatrix} x_t \\ y_t \\ 1 \end{bmatrix} \tag{10.26}$$

令 x_q、y_q 为归一化图像坐标,则有

$$\begin{cases} x_q = \dfrac{u-u_0}{a_x} = \dfrac{m_1x_t+m_2y_t+m_x}{m_7x_t+m_8y_t+m_z} \\ y_q = \dfrac{v-v_0}{a_y} = \dfrac{m_4x_t+m_5y_t+m_x}{m_7x_t+m_8y_t+m_z} \end{cases} \tag{10.27}$$

对式(10.27)进行移项整理，得到关于 $m_i(i=1, 2, 4, 5, 7, 8, x, y, z)$ 的方程组，即

$$\begin{cases} m_1x_t+m_2y_t+m_x-x_q(m_7x_t+m_8y_t+m_z)=0 \\ m_4x_t+m_5y_t+m_x-y_q(m_7x_t+m_8y_t+m_z)=0 \end{cases} \tag{10.28}$$

假设目标坐标系原点在相机光轴正方向一侧，则有 $m_z>0$。令 $s_i=m_i/m_z(i=1, 2, 4, 5, 7, 8, x, y, z)$，可得如下线性方程组：

$$\begin{cases} s_1x_t+s_2y_t+s_x-x_q(s_7x_t+s_8y_t+1)=0 \\ s_4x_t+s_5y_t+s_y-y_q(s_7x_t+s_8y_t+1)=0 \end{cases} \tag{10.29}$$

对每个特征点都有式(10.29)所示的两个方程，则需至少 4 个特征点才可线性求解 8 个参数 $s_i(i=1, 2, 4, 5, 7, 8, x, y)$。根据旋转变换矩阵 $\boldsymbol{R}$ 的单位正交性，m_z 可按下式求得：

$$s_1^1+s_2^2+s_7^2=\frac{m_1^2+m_4^2+m_7^2}{m_z^2}=\frac{1}{m_z^2} \tag{10.30}$$

进一步地，可求得 $m_i=s_i/m_z(i=1, 2, 4, 5, 7, 8, x, y, z)$，并进一步求得 $\boldsymbol{R}$ 和 $\boldsymbol{T}$，即目标在相机坐标系中的位姿，采用齐次变换矩阵表示为

$${}^{c}\boldsymbol{T}_t=\begin{bmatrix} \boldsymbol{R} & \boldsymbol{T} \\ \boldsymbol{0} & 1 \end{bmatrix}=\begin{bmatrix} m_1 & m_2 & m_3 & m_x \\ m_4 & m_5 & m_6 & m_y \\ m_7 & m_8 & m_9 & m_z \\ 0 & 0 & 0 & 1 \end{bmatrix} \tag{10.31}$$

10.4.4　基于直线特征的充电目标位姿测量

针对充电目标，其上面存在明显的由直线组成的矩形轮廓，因此远距离可采用矩形边缘特征进行位姿测量。通过上述模板匹配算法可得到充电目标在图像中的大概位置，在该位置选取一个 2 倍于模板尺寸的区域作为感兴趣区域，该区域以充电目标为主，因此采用直线提取算法存在较少的环境干扰。考虑充电目标提取的 4 条边缘直线组合起来是一个矩形，且边缘直线长度较长，因此可采用下列算法检测出充电目标所在位置的矩形区域。

针对感兴趣区域的矩形检测算法，主要思路为：① 筛选出最长的 10 条直线；

② 在前一步结果的基础上，剔除没有平行线的直线，其中因实际检测到的平行直线之间并非绝对平行，直线倾角存在 5° 范围偏差则暂视为平行直线；③ 自定义直线聚合算法，对共线的两条直线进行聚合，聚合满足的约束条件如下式：

$$\text{Line}=\text{Line1}\cup\text{Line2}$$

$$\text{满足：}\quad (1)\ \frac{|A_1x_2+B_1y_2+C_1|}{\sqrt{A_1{}^2+B_1{}^2}}<0.1\cdot L_{\text{Line1}} \tag{10.32}$$

$$(2)\,\text{Line2}\not\subset\text{Line1}$$

主要为两直线距离小于第一条直线长度的 0.1，且第二条直线不位于第一条直线中间；④ 剔除平行直线中不存在长度近似相等的直线；⑤ 对符合上面要求的 n 条直线行排列组合，即从 n 条直线中选出 4 条直线，得到所有组合情况；⑥ 对每种排列组合中的 4 条直线进行能够构成矩形判断。

其中构成矩形判断是矩形检测算法核心的部分，其主要包含下列步骤：① 判断 4 条直线中每条直线是否都存在平行直线；② 将 4 条直线分为水平直线和垂直直线 2 组，每组各 2 条，计算两水平直线与垂直直线的交点，需要满足交点在图像范围内；③ 计算直线和其垂直直线交点到直线端点的距离与直线长度的比值，将此定义为错误率 η_{err}，且有每个交点处沿着每条直线方向均存在错误率 η_{err}，其中所有错误率均应小于阈值（如 0.25）；④ 计算平行直线距离，需满足大于垂直直线长度的 0.8 这一约束条件。当满足上述 4 个条件时则可认定为 4 条直线可构成矩形。

利用上述矩形检测算法，对充电目标矩形边缘进行检测，中间过程处理及结果如图 10.47 所示，中间检测结果体现出，图 10.47(c) 相对图 10.47(b) 将充电目标下边沿的 2 条共线线段进行了聚合。另外，图 10.47(d) 相对图 10.47(c) 剔除了左侧较长的直线，图 10.47(e) 为对一组直线组合进行判断能够构成矩形，图 10.47(f) 为最终检测的结果。检测结果表明，边缘检测较为准确，因充电目标顶点处存在圆角，所以检测出的直线在该处并未相交，但这不影响交点的求取。

在上述检测结果中，可求得每条直线两个端点的坐标，从而可获得直线的一般方程，进一步地可计算两条直线的交点，如下式所示：

$$Ax+By+C=0\Rightarrow(y_2-y_1)x+(x_1-x_2)y+x_2y_1-x_1y_2=0 \tag{10.33}$$

$$x_{\text{cross}}=\frac{B_1C_2-B_2C_1}{A_1B_2-A_2B_1},\quad y_{\text{cross}}=\frac{A_2C_1-A_1C_2}{A_1B_2-A_2B_1} \tag{10.34}$$

两直线为相互垂直的直线，因此不存在计算结果中分母 $(A_1B_2-A_2B_1)$ 等于 0 的情况。

(a) 检测到的所有直线

(b) 筛选后的10条直线

(c) 直线聚合后的直线

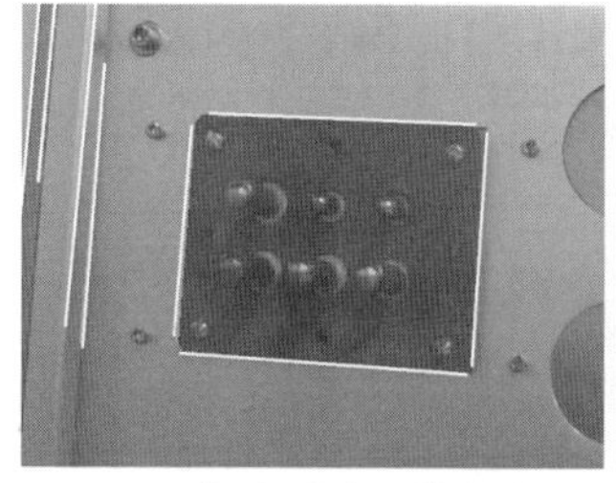

(d) 长度剔除后的直线

(e) 矩形分析过程直线

(f) 矩形检测结果

图 10.47　矩形检测实现流程

利用上述矩形检测算法，对一系列采集到的图片中模板匹配获得的感兴趣区域进行矩形检测，检测结果如图 10.48 所示，通过检测 121 张图像统计得到检测出矩形的成功率为 93.3%。

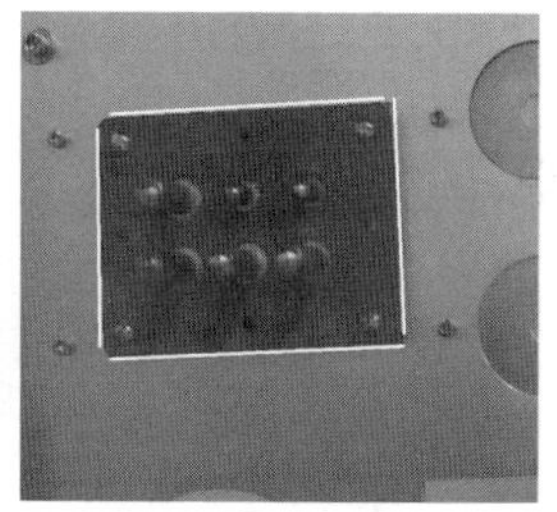

图 10.48　部分充电目标边缘矩形检测结果

由于充电目标在图像中的矩形轮廓存在旋转，因此需获取充电目标给定位置的顶点在图像中的坐标(定义 4 个顶点编号顺序为：左上角、右上角、右下角、左下角)，采用的判断方法如图 10.49 所示，利用该算法检测出的顶点如图 10.50 所示。

在求得上述交点坐标的基础上，结合感兴趣区域在原图中的位置，可获得交点在原图中的像素坐标，另外需获得各顶点在自身三维坐标系中的空间位置。其中充电目标所在的三维坐标系建立如下：以充电目标中心为原点，长度方向朝右为 x 轴，宽度方向为 y 轴，z 轴朝外。因充电目标矩形轮廓长为 115 mm，宽为 90 mm，依据上述顶点顺序，各个顶点在充电目标自身坐标系的坐标分别为

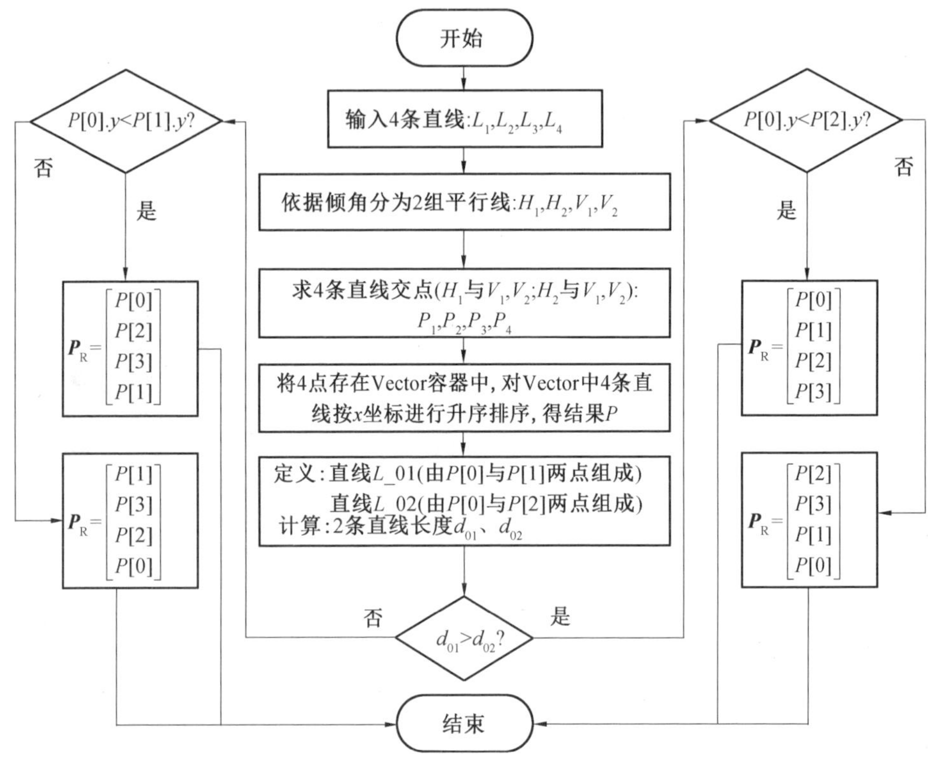

图 10.49　获取给定顺序的矩形顶点算法流程图

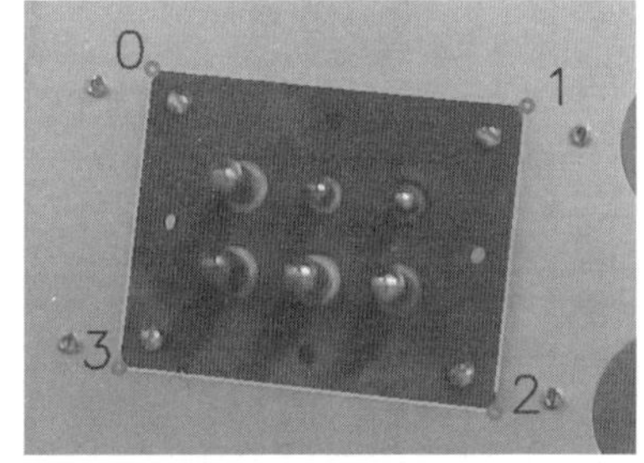

图 10.50　充电目标给定顺序顶点检测结果

(−57.5,45,0)、(57.5,45,0)、(57.5,−45,0)、(−57.5,−45,0)。在获取顶点在图像中的坐标及在三维空间坐标系中坐标的基础上,结合 P4P 算法可求得充电目标在相机坐标系中的位姿。

为验证基于直线的充电目标位姿测量精度,本章开展位姿精度测量,实验场景如图 10.51 所示。该视觉测量闭环中包含 4 个测量量,即相机与激光跟踪仪的相对位姿${}^{cam}\boldsymbol{T}_{las}$、充电目标在相机中的实际位姿${}^{cam}\boldsymbol{T}_{tar}$、靶球盘在激光跟踪仪中的位姿${}^{las}\boldsymbol{T}_{bar}$、充电目标与靶球盘的理论位姿${}^{bar}\boldsymbol{T}_{tar}$。其中${}^{cam}\boldsymbol{T}_{tar}$为充电目标在相机

中实测的位姿，另外三个量构成充电目标在相机中的理论位姿，如下式所示：

$$ {}^{\mathrm{cam}}\boldsymbol{T}_{\mathrm{tar\_theory}} = {}^{\mathrm{cam}}\boldsymbol{T}_{\mathrm{las}} \cdot {}^{\mathrm{las}}\boldsymbol{T}_{\mathrm{bar}} \cdot {}^{\mathrm{bar}}\boldsymbol{T}_{\mathrm{tar}} \tag{10.35} $$

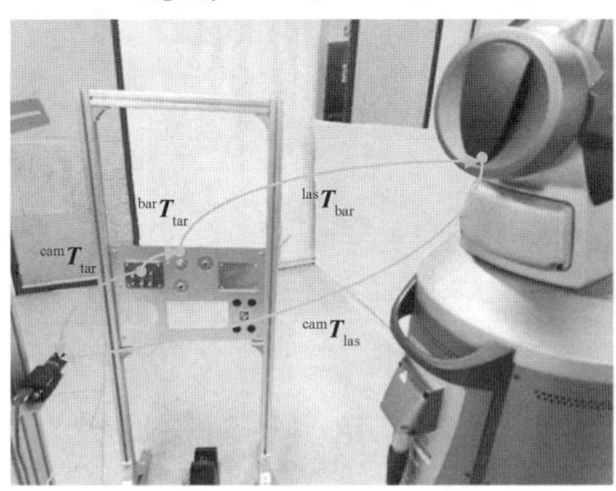

图 10.51　位姿测量精度实验图

为较为可靠地获得位姿精度测量结果，本章进行了 20 组位姿精度测量实验，不同实验中通过调整任务板来改变充电目标在相机中的位置和姿态。在每次测量过程中检测到充电目标之后，对其进行角点提取，并进行位姿解算，其中 3 组角点提取结果如图 10.52 所示。

将求得的位置与理论的位置做差，可求得二者之间的相对偏差，其中一组计算结果为

$$ {}^{\mathrm{cam}}\boldsymbol{T}_{\mathrm{tar\_theory}} = \begin{bmatrix} 0.978\,0 & 0.009\,8 & 0.208\,2 & -26.605\,6 \\ 0.003\,9 & -0.999\,5 & 0.031\,7 & 41.613\,3 \\ 0.208\,4 & -0.030\,3 & -0.977\,6 & 528.429\,0 \\ 0 & 0 & 0 & 1.000\,0 \end{bmatrix} \tag{10.36} $$

$$ {}^{\mathrm{cam}}\boldsymbol{T}_{\mathrm{tar}} = \begin{bmatrix} 0.978\,1 & 0.012\,8 & 0.207\,8 & -26.811\,7 \\ 0.005\,8 & -0.999\,4 & 0.033\,9 & 42.202\,4 \\ 0.208\,1 & -0.032\,0 & -0.977\,6 & 527.744\,8 \\ 0 & 0 & 0 & 1.000\,0 \end{bmatrix} \tag{10.37} $$

该理论值与实际值的位置测量误差为

$$ \boldsymbol{\delta} = [-0.266\,1 \quad 0.589\,1 \quad -0.684\,2]^{\mathrm{T}} $$

将位置测量误差三方向合成，并求 20 组位置误差的平均值，如下式所示：

$$ e = \frac{1}{20}\sum_{i=1}^{20}\Delta p_i = \frac{1}{20}\sum_{i=1}^{20}\sqrt{\Delta x_i^2 + \Delta y_i^2 + \Delta z_i^2} = 1.343\ \mathrm{mm} \tag{10.38} $$

同时计算 20 组数据的均方根误差值为

$$ \mathrm{RMSE} = \sqrt{\frac{1}{20}\sum_{i=1}^{20}(\Delta p_i - e)^2} = 0.296\,1\ \mathrm{mm} \tag{10.39} $$

依据计算结果，很显然充电目标位姿测量误差小于 2 mm。

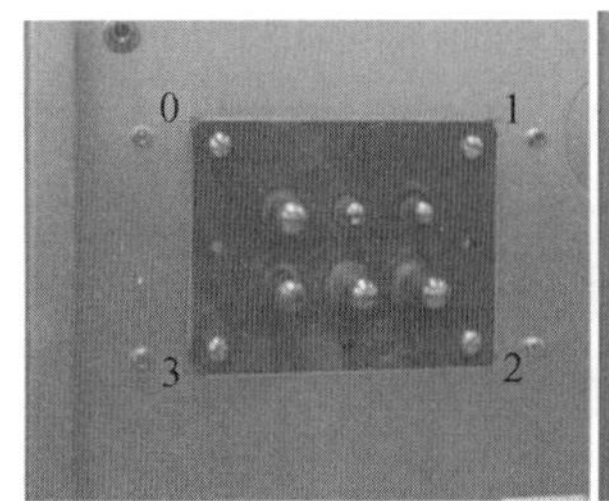

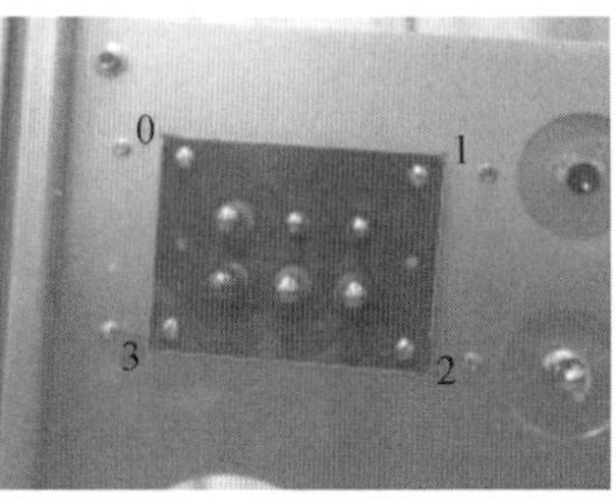

图 10.52　3 组角点提取结果

10.5　充电目标对接实验

利用绳驱柔性机械臂及视觉测量系统，通过末端手眼相机测得充电目标在相机中的位姿，并结合机械臂基座和末端在全局相机中的位姿，可计算得到目标在柔性机械臂基座中的位姿，具体计算如下式所示：

$$^{\text{base}}\boldsymbol{T}_{\text{target}}=(^{\text{fcam}}\boldsymbol{T}_{\text{base}})^{-1}\cdot{}^{\text{fcam}}\boldsymbol{T}_{\text{end}}\cdot{}^{\text{end}}\boldsymbol{T}_{\text{ecam}}\cdot{}^{\text{ecam}}\boldsymbol{T}_{\text{target}}\tag{10.40}$$

式中　$^{\text{fcam}}\boldsymbol{T}_{\text{base}}$—— 基座在全局相机中的位姿；

$^{\text{fcam}}\boldsymbol{T}_{\text{end}}$—— 末端在全局相机中的位姿，这两者均可借助基座与末端二维码的位姿获得；

$^{\text{end}}\boldsymbol{T}_{\text{ecam}}$—— 末端手眼相机在末端转动中心的位姿；

$^{\text{ecam}}\boldsymbol{T}_{\text{target}}$—— 目标在末端手眼相机中的位姿。

在实际运动规划中，可采用式(10.40) 所示的绝对位姿测量方法获得绝对位姿，此后需要运动时再规划运动到该位置。

式(10.40) 中手眼相机在末端转动中心坐标系中的位姿$^{\text{end}}\boldsymbol{T}_{\text{ecam}}$，可借助光学标定板提前标定得到，手眼标定方法及实验如图 10.53 所示。利用手眼相机测量光学标定板在相机中的位姿$^{\text{ecam}}\boldsymbol{T}_{\text{board}}$，且用全局相机测量末端二维码的位姿$^{\text{fcam}}\boldsymbol{T}_{\text{tag}}$ 和标定板在相机中的位姿$^{\text{fcam}}\boldsymbol{T}_{\text{board}}$，并结合标定出的末端坐标系相对于二维码坐标系的位姿$^{\text{end}}\boldsymbol{T}_{\text{tag}}$，具体测得的值为

$$^{\text{ecam}}\boldsymbol{T}_{\text{board}}=\begin{bmatrix}0.060\,9 & 0.877\,4 & 0.475\,8 & -65.212\,1\\0.995\,2 & -0.090\,1 & 0.038\,8 & -31.891\,7\\0.077\,0 & 0.471\,2 & -0.878\,7 & 150.443\,1\\0 & 0 & 0 & 1.000\,0\end{bmatrix}$$

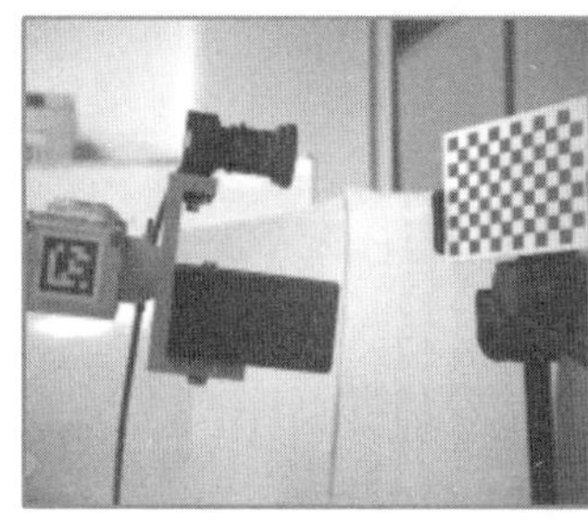

图 10.53　基于二维码的手眼标定方法

$$
{}^{\text{fcam}}\boldsymbol{T}_{\text{board}} = \begin{bmatrix} -0.0075 & 0.6091 & -0.7931 & 120.6528 \\ 0.9954 & -0.0708 & -0.0638 & -84.0791 \\ -0.0950 & -0.7900 & -0.6057 & 642.7815 \\ 0 & 0 & 0 & 1.0000 \end{bmatrix} \tag{10.41}
$$

$$
{}^{\text{fcam}}\boldsymbol{T}_{\text{tag}} = \begin{bmatrix} -0.1236 & 0.9800 & 0.1558 & -140.591 \\ 0.9917 & 0.1166 & 0.0534 & 3.1042 \\ 0.0341 & 0.1611 & -0.9863 & 501.306 \\ 0 & 0 & 0 & 1.0000 \end{bmatrix}
$$

$$
{}^{\text{end}}\boldsymbol{T}_{\text{tag}} = \begin{bmatrix} 0.0105 & -0.0910 & 0.9961 & 0.2140 \\ 0.9999 & -0.0046 & -0.0111 & 44.6233 \\ 0.0056 & 0.9958 & 0.0885 & -30.5406 \\ 0 & 0 & 0 & 1.0000 \end{bmatrix} \tag{10.42}
$$

则可求得手眼相机在末端转动中心的位姿为

$$
{}^{\text{end}}\boldsymbol{T}_{\text{ecam}} = ({}^{\text{tag}}\boldsymbol{T}_{\text{end}})^{-1} \cdot ({}^{\text{fcam}}\boldsymbol{T}_{\text{tag}})^{-1} \cdot {}^{\text{fcam}}\boldsymbol{T}_{\text{board}} \cdot ({}^{\text{ecam}}\boldsymbol{T}_{\text{board}})^{-1} \tag{10.43}
$$

求得的结果为

$$
{}^{\text{end}}\boldsymbol{T}_{\text{ecam}} = \begin{bmatrix} -0.0046 & 0.0282 & 0.9996 & 72.6075 \\ 1.0001 & -0.0039 & 0.0048 & 0.7692 \\ 0.0064 & 0.9994 & -0.0281 & -86.2307 \\ 0 & 0 & 0 & 1.0000 \end{bmatrix} \tag{10.44}
$$

结果符合两坐标系理论上的相对位置和姿态关系。

另外，也可采取确定目标位姿立即运动到达的方式，这只需给定期望末端位置相对当前末端的位姿，及利用二维码测出的关节角度，则可进行运动规划，使其以期望的位姿对接充电目标。

柔性机械臂对接过程主要包括初始伸直、弯曲探测、检测到目标测得位姿、到达期望位置正前方、到达期望位姿这几个主要的过程。图 10.54 所示为运动过程图，检测到目标时重建出的臂型图、充电目标检测结果及最终对接局部视图。初始时，规划机械臂进行弯曲探测，规划的初始弯曲角度为 [0　−5　0　20　0　20　0　20　0　30　0　30]（单位：(°)），当未检测到目标时则往下运动 80 mm 继续寻找，仍未检测到则往左运动 80 mm 继续寻找。中间过程若检测到目标则计算目标的位姿，并进行运动规划，先到达目标正前方再到达目标位姿。

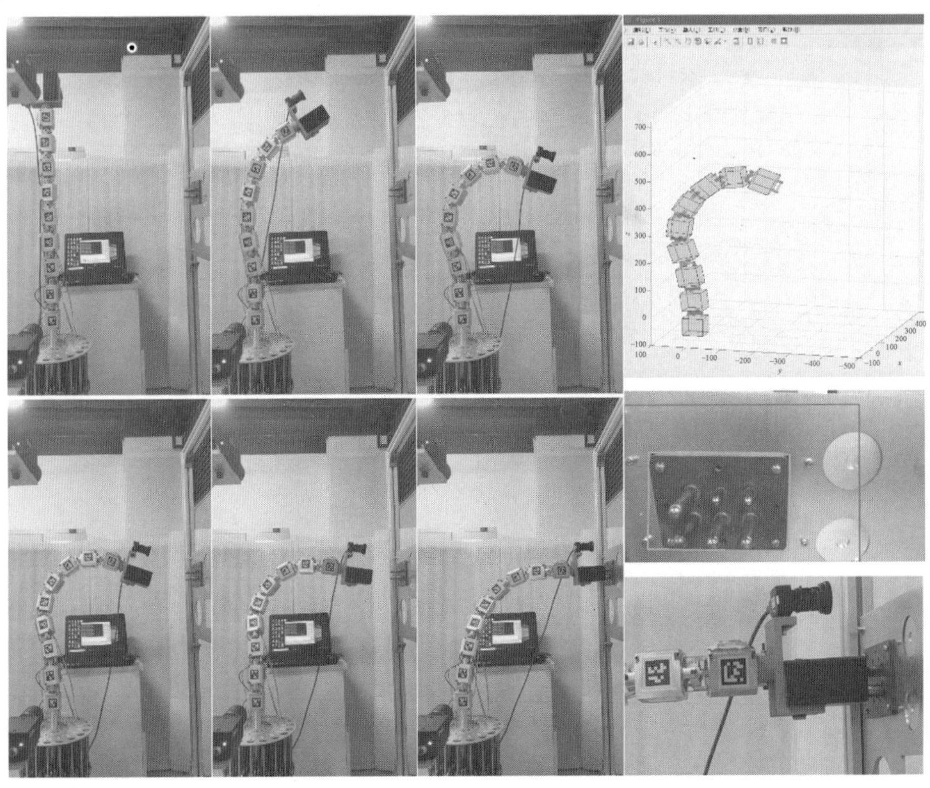

图 10.54　充电目标对接场景图

依据目标检测区域，在该处采用矩形检测并获得矩形顶点如图 10.55 所示，利用 P4P 算法求得充电目标在手眼相机中的位姿 ${}^{\mathrm{ecam}}\boldsymbol{T}_{\mathrm{target}}$ 为

$$
{}^{\mathrm{ecam}}\boldsymbol{T}_{\mathrm{target}}=\begin{bmatrix}0.999\ 4 & 0.024\ 7 & 0.023\ 2 & -51.710\ 1\\ 0.015\ 6 & -0.943\ 1 & 0.332\ 2 & 28.212\ 2\\ 0.030\ 1 & -0.331\ 6 & -0.942\ 9 & 219.364\ 4\\ 0 & 0 & 0 & 1.000\ 0\end{bmatrix}\tag{10.45}
$$

结合式(10.44)和式(10.45),则可得目标在末端坐标系的位姿${}^{\mathrm{end}}\boldsymbol{T}_{\mathrm{target}}$ 为

$$
{}^{\mathrm{end}}\boldsymbol{T}_{\mathrm{target}}={}^{\mathrm{end}}\boldsymbol{T}_{\mathrm{ecam}}\cdot{}^{\mathrm{ecam}}\boldsymbol{T}_{\mathrm{target}}=\begin{bmatrix}0.025\ 9 & -0.358\ 2 & -0.933\ 3 & 292.917\ 6\\ 0.999\ 6 & 0.026\ 8 & 0.017\ 4 & -50.003\ 1\\ 0.021\ 1 & -0.933\ 1 & 0.358\ 6 & -64.530\ 5\\ 0 & 0 & 0 & 1.000\ 0\end{bmatrix}\tag{10.46}
$$

考虑末端带有充电插头,最终需使充电插头到达充电目标所在的位置,因此为便于规划,结合充电插头在末端的理论设计位姿${}^{\mathrm{end}}\boldsymbol{T}_{\mathrm{tool}}$ 将运动转换到末端的运动,计算对接时的末端相对当前末端的位姿${}^{\mathrm{end}}\boldsymbol{T}_{\mathrm{end1}}$ 为

$$
\begin{aligned}
{}^{\mathrm{end}}\boldsymbol{T}_{\mathrm{end1}}&={}^{\mathrm{end}}\boldsymbol{T}_{\mathrm{target}}\cdot({}_{\mathrm{target}})-1={}^{\mathrm{end}}\boldsymbol{T}_{\mathrm{target}}\cdot({}_{\mathrm{tool}})-1=\\
&{}^{\mathrm{end}}\boldsymbol{T}_{\mathrm{target}}\cdot\begin{bmatrix}0 & 0 & -1 & -120.5\\ 1 & 0 & 0 & 0\\ 0 & -1 & 0 & -21\\ 0 & 0 & 0 & 1\end{bmatrix}=\\
&\begin{bmatrix}0.933\ 3 & 0.025\ 9 & 0.358\ 2 & 172.937\ 9\\ -0.017\ 4 & 0.999\ 6 & -0.026\ 8 & -47.346\ 2\\ -0.358\ 6 & 0.021\ 1 & 0.933\ 1 & -40.908\ 1\\ 0 & 0 & 0 & 1.000\ 0\end{bmatrix}
\end{aligned}\tag{10.47}
$$

图 10.55　充电目标检测及顶点提取图

进行位姿测量时,通过二维码测得柔性臂的关节角度为 $\boldsymbol{\theta}_{\mathrm{m}}$ 为

$$
\boldsymbol{\theta}_{\mathrm{m}}=[-0.12\quad -4.71\quad 0.26\quad 22.50\quad 0.05\quad 22.62\quad 0.16\quad 22.05\quad -0.38\quad 28.49\quad -0.15\quad 23.58]\tag{10.48}
$$

关节角度值表明柔性机械臂此时主要为单方向弯曲,结合此时的关节角和式

(10.47)可规划柔性机械臂运动。对接充电目标时,测得柔性臂的关节角度为

$$\boldsymbol{\theta}_{\mathrm{f}}=[9.31\quad 6.66\quad -9.16\quad 13.10\quad -24.58\quad 19.33\quad 7.49\quad 18.01\quad -6.93\quad 17.03\quad 13.18\quad 0.47] \tag{10.49}$$

10.6 本章小结

本章根据绳驱超冗余机器人运动构件多且尺寸小、空间构型复杂等特点,设计了一套基于全局视觉及手眼视觉融合的绳驱超冗余机器人整臂形状及末端位姿同步测量系统,解决了大范围、较高精度的测量问题。该系统由两个固定的单目相机、一个安装于操作臂末端并随操作臂运动的手眼相机及固定于环境中的任务板组成。操作臂每个运动构件及任务板上均装有二维码,形成多点分散的测量标识。通过全局视觉相机对臂杆上的标识、手眼相机对任务板上的标识分别进行识别,再将所有标识的信息融合后,进一步计算得到操作臂各个关节转动角度并重建出臂杆的空间臂型,同时也求得了操作臂末端的位姿,使操作臂能够更准确地感知自身状态,有助于提高运动精度。

以航空设备维护为应用案例,提出了针对实际目标自然特征检测的位姿测量方法,通过提取多个角点及圆形特征后采用P4P算法实现了远距离及近距离下的位姿测量。利用手眼视觉对目标进行成像,采用多个兼顾远近距离和不同视角的模板对目标进行检测,获得有效的目标区域,在该区域提取了角点和圆心特征,根据远近距离分别对角点和圆心特征采用P4P算法计算得到目标位姿。

附录 1

旋转变换矩阵与欧拉角

1. 旋转变换矩阵的定义及性质

坐标系{A}与坐标系{B}各轴的指向关系如附图 1.1 所示，以坐标系{A}为参考系，坐标系{B}的 x、y、z 三轴方向矢量在{A}中分别表示为单位向量 ${}^{A}\boldsymbol{n}_{B}$、${}^{A}\boldsymbol{o}_{B}$、${}^{A}\boldsymbol{a}_{B}$，即

$$
{}^{A}\boldsymbol{n}_{B}=\begin{bmatrix} n_x \\ n_y \\ n_z \end{bmatrix},\quad {}^{A}\boldsymbol{o}_{B}=\begin{bmatrix} o_x \\ o_y \\ o_z \end{bmatrix},\quad {}^{A}\boldsymbol{a}_{B}=\begin{bmatrix} a_x \\ a_y \\ a_z \end{bmatrix} \tag{附 1.1}
$$

式中 n_x、n_y、n_z—— 矢量 ${}^{A}\boldsymbol{n}_{B}$ 的三轴分量；

o_x、o_y、o_z—— 矢量 ${}^{A}\boldsymbol{o}_{B}$ 的三轴分量；

a_x、a_y、a_z—— 矢量 ${}^{A}\boldsymbol{a}_{B}$ 的三轴分量。

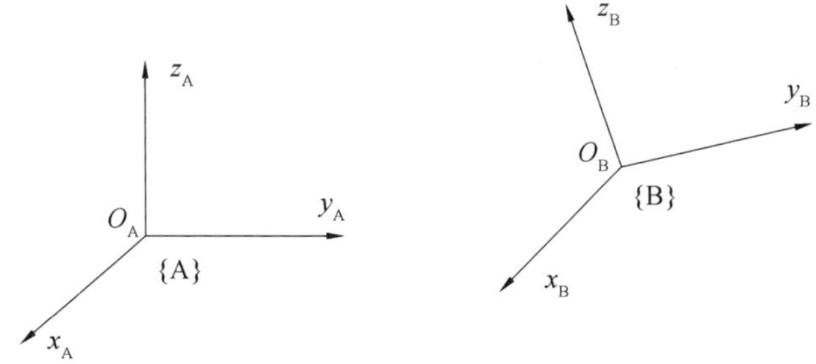

附图 1.1　两坐标系各轴矢量关系

将三轴方向矢量${}^{A}\boldsymbol{n}_{B}$、${}^{A}\boldsymbol{o}_{B}$、${}^{A}\boldsymbol{a}_{B}$分别作为3个列矢量构造一个3×3的矩阵，即

$$
{}^{A}\boldsymbol{R}_{B}=\begin{bmatrix}{}^{A}\boldsymbol{n}_{B} & {}^{A}\boldsymbol{o}_{B} & {}^{A}\boldsymbol{a}_{B}\end{bmatrix}=\begin{bmatrix}n_x & o_x & a_x\\ n_y & o_y & a_y\\ n_z & o_z & a_z\end{bmatrix} \tag{附 1.2}
$$

上式中的${}^{A}\boldsymbol{R}_{B}$可完整描述坐标系{B}相对于坐标系{A}的姿态，称为坐标系{A}到坐标系{B}的旋转变换矩阵，或坐标系{B}相对于坐标系{A}的旋转变换矩阵，该矩阵为3×3的单位正交矩阵，即满足

$$
({}^{A}\boldsymbol{R}_{B})^{-1}=({}^{A}\boldsymbol{R}_{B})^{\mathrm{T}}={}^{B}\boldsymbol{R}_{A} \tag{附 1.3}
$$

式(附1.3)表明，旋转变换矩阵的逆矩阵即为其转置。当坐标系{B}各轴与坐标系{A}各轴指向相同时，旋转变换矩阵${}^{A}\boldsymbol{R}_{B}$为3×3单位矩阵。

定义了该矩阵后，可方便地表示同一矢量在不同坐标系中的表达式之间的关系，以及多个坐标系之间的相对姿态关系。

假设矢量$\boldsymbol{r}$在{A}系中的表示为${}^{A}\boldsymbol{r}$，在{B}系中的表示为${}^{B}\boldsymbol{r}$，则有如下关系：

$$
{}^{A}\boldsymbol{r}={}^{A}\boldsymbol{R}_{B}\,{}^{B}\boldsymbol{r} \tag{附 1.4}
$$

式(附1.4)即实现了将{B}系中表示的矢量转换为{A}系中表示的矢量。

对于多个坐标系的情况，若坐标系{A}到坐标系{B}的旋转变换矩阵为${}^{A}\boldsymbol{R}_{B}$、坐标系{B}到坐标系{C}的旋转变换矩阵为${}^{B}\boldsymbol{R}_{C}$，则坐标系{A}到坐标系{C}的旋转变换矩阵${}^{A}\boldsymbol{R}_{C}$可按下式计算得到(从左向右乘)：

$$
{}^{A}\boldsymbol{R}_{C}={}^{A}\boldsymbol{R}_{B}\,{}^{B}\boldsymbol{R}_{C} \tag{附 1.5}
$$

对于有n个坐标系的情况，若最终的变换关系$\boldsymbol{R}$通过$\boldsymbol{R}_1,\boldsymbol{R}_2,\cdots,\boldsymbol{R}_n$依次变换得到，则总的变换关系为(从左向右乘)

$$
\boldsymbol{R}=\boldsymbol{R}_1\boldsymbol{R}_2\cdots\boldsymbol{R}_n \tag{附 1.6}
$$

2.欧拉角的定义及性质

根据欧拉有限转动定理(Euler's Finite Rotation Theorem)，刚体在三维空间中的有限转动可通过绕坐标轴依次旋转3次(最多3次，且相邻2次的旋转轴不一样；若一样，则同轴的多次连续旋转等效为一次旋转)来实现。

绕坐标轴旋转有限角度的运动称为基本旋转。假设坐标系{A}经过基本旋转形成了坐标系{B}，根据旋转变换矩阵的定义，可以推导出基本旋转所对应的旋转变换矩阵，称为基本旋转变换矩阵。根据前述定义，可以推导得到绕x轴、y轴、z轴旋转φ角的基本旋转变换矩阵，分别如下：

$$
\boldsymbol{R}_x(\varphi)=\mathrm{Rot}(x,\varphi)=\begin{bmatrix}1 & 0 & 0\\ 0 & c_{\varphi} & -s_{\varphi}\\ 0 & s_{\varphi} & c_{\varphi}\end{bmatrix} \tag{附 1.7}
$$

$$\boldsymbol{R}_y(\varphi)=\mathrm{Rot}(y,\varphi)=\begin{bmatrix} c_\varphi & 0 & s_\varphi \\ 0 & 1 & 0 \\ -s_\varphi & 0 & c_\varphi \end{bmatrix} \tag{附 1.8}$$

$$\boldsymbol{R}_z(\varphi)=\mathrm{Rot}(z,\varphi)=\begin{bmatrix} c_\varphi & -s_\varphi & 0 \\ s_\varphi & c_\varphi & 0 \\ 0 & 0 & 1 \end{bmatrix} \tag{附 1.9}$$

式中

$$c_\varphi=\cos\varphi,\quad s_\varphi=\sin\varphi$$

任何两个坐标系之间的指向关系都可以通过 3 次基本旋转来实现，因而，可采用 3 次旋转的角度（若旋转次数不足 3 次，则相应角度为 0）来描述刚体的姿态，这 3 个旋转角统称为欧拉角，转动顺序有 12 种，可以分为如下两种类型。

① 第 Ⅰ 类，$a-b-c$ 旋转顺序，即 3 次基本旋转均不同，有 xyz、xzy、yxz、yzx、zxy、zyx 6 种形式。

② 第 Ⅱ 类，$a-b-a$ 旋转顺序，即第 1 次和第 3 次的基本旋转相同而第 2 次基本旋转不同，有 xyx、xzx、yxy、yzy、zxz、zyz 6 种形式。

在实际应用中，可采用 12 种欧拉角中的任何一种来描述刚体的姿态，具体如何选择遵循相应领域的使用习惯。

本书中，在不做特别说明的情况下，3 次旋转的角度依次记为 α、β、γ（与具体坐标轴无关，仅与旋转顺序有关，即第 1 次旋转的角度记为 α，第 2 次旋转的角度记为 β，第 3 次旋转的角度记为 γ），相应的基本旋转变换矩阵分别记为 $\boldsymbol{R}_1(\alpha)$、$\boldsymbol{R}_2(\beta)$、$\boldsymbol{R}_3(\gamma)$。三轴姿态角表示为

$$\boldsymbol{\Psi}=\begin{bmatrix} \alpha \\ \beta \\ \gamma \end{bmatrix} \tag{附 1.10}$$

不做特别说明时，本书涉及的角度范围为 $(-\pi,\ \pi]$。根据 3 次旋转过程中旋转角对应的坐标轴是动态的还是固定的，又分为两种情况。

① 绕动坐标轴旋转的欧拉角及其等效旋转变换。第 2、3 次基本旋转的坐标轴与前面基本旋转的坐标轴不属于同一个坐标系，而是上一次旋转后形成的新坐标系中的坐标轴，即绕动态坐标系的坐标轴旋转。则经过 3 次旋转后，从原始坐标系 $\{xyz\}$ 到目标坐标系 $\{x_b y_b z_b\}$ 的等效变换矩阵为（即按矩阵从左向右乘的规则计算）

$$\boldsymbol{R}(\alpha,\beta,\gamma)=\boldsymbol{R}_1(\alpha)\boldsymbol{R}_2(\beta)\boldsymbol{R}_3(\gamma) \tag{附 1.11}$$

为方便起见，将绕动坐标轴旋转的欧拉角简称为动轴欧拉角，相应于 xyz 旋转顺序的动轴欧拉角称为动轴 xyz 欧拉角，其他类型的欧拉角类似。

② 绕定坐标轴旋转的欧拉角及其等效旋转变换。3 次基本旋转的坐标轴都

属于同一个坐标系，即绕固定坐标系的坐标轴依次旋转。经过 3 次旋转后，从原始坐标系 $\{xyz\}$ 到目标坐标系 $\{x_b y_b z_b\}$ 的等效变换矩阵为（即按矩阵从右向左乘的规则计算）

$$\boldsymbol{R}(\alpha,\beta,\gamma)=\boldsymbol{R}_3(\gamma)\boldsymbol{R}_2(\beta)\boldsymbol{R}_1(\alpha) \tag{附 1.12}$$

类似地，将绕定坐标轴旋转的欧拉角简称为定轴欧拉角，相应于 xyz 旋转顺序的定轴欧拉角称为定轴 xyz 欧拉角，其他类型的欧拉角类似。

比较式（附 1.11）和式（附 1.12）可知，采用不同的方式时，等效变换矩阵的计算方式有所不同。本书中，在不做特别说明时，默认采用动轴欧拉角来描述坐标系之间的姿态角。

3.欧拉角与旋转变换矩阵的相互转换

以动轴 xyz 欧拉角 $[\alpha \quad \beta \quad \gamma]^{\mathrm{T}}$ 为例，其含义如下：原始坐标系 $\{xyz\}$ 首先绕其 x 轴旋转 α 角后形成坐标系 $\{x'y'z'\}$；坐标系 $\{x'y'z'\}$ 绕 y' 轴旋转 β 角后形成坐标系 $\{x''y''z''\}$；坐标系 $\{x''y''z''\}$ 绕 z'' 轴旋转 γ 角后形成目标坐标系 $\{x_b y_b z_b\}$。

上述过程可简化描述为：原始坐标系 $\{xyz\}$ 依次经过 $\mathrm{Rot}(x,\alpha)$、$\mathrm{Rot}(y',\beta)$、$\mathrm{Rot}(z'',\gamma)$ 三次基本变换后与目标坐标系 $\{x_b y_b z_b\}$ 重合。

① 欧拉角到旋转变换矩阵。根据式（附 1.11）可得相应的旋转变换矩阵为

$$\boldsymbol{R}_{xy'z''}=\boldsymbol{R}_x(\alpha)\boldsymbol{R}_{y'}(\beta)\boldsymbol{R}_{z''}(\gamma)=\mathrm{Rot}(x,\alpha)\,\mathrm{Rot}(y',\beta)\,\mathrm{Rot}(z'',\gamma)=$$

$$\begin{bmatrix}1 & 0 & 0\\ 0 & c_\alpha & -s_\alpha\\ 0 & s_\alpha & c_\alpha\end{bmatrix}\begin{bmatrix}c_\beta & 0 & s_\beta\\ 0 & 1 & 0\\ -s_\beta & 0 & c_\beta\end{bmatrix}\begin{bmatrix}c_\gamma & -s_\gamma & 0\\ s_\gamma & c_\gamma & 0\\ 0 & 0 & 1\end{bmatrix}=$$

$$\begin{bmatrix}c_\beta c_\gamma & -c_\beta s_\gamma & s_\beta\\ s_\alpha s_\beta c_\gamma+c_\alpha s_\gamma & -s_\alpha s_\beta s_\gamma+c_\alpha c_\gamma & -s_\alpha c_\beta\\ -c_\alpha s_\beta c_\gamma+s_\alpha s_\gamma & c_\alpha s_\beta s_\gamma+s_\alpha c_\gamma & c_\alpha c_\beta\end{bmatrix} \tag{附 1.13}$$

式中

$$c_\alpha=\cos\alpha,\quad c_\beta=\cos\beta,\quad c_\gamma=\cos\gamma$$

$$s_\alpha=\sin\alpha,\quad s_\beta=\sin\beta,\quad s_\gamma=\sin\gamma$$

式（附 1.13）即为从 xyz 欧拉角 $[\alpha \quad \beta \quad \gamma]^{\mathrm{T}}$ 到旋转变换矩阵 $\boldsymbol{R}$ 的计算公式。

② 旋转变换矩阵到欧拉角。若已知旋转变换矩阵 $\boldsymbol{R}$ 可计算相应的 xyz 欧拉角，假设 $\boldsymbol{R}$ 矩阵为

$$\boldsymbol{R}=\begin{bmatrix}a_{11} & a_{12} & a_{13}\\ a_{21} & a_{22} & a_{23}\\ a_{31} & a_{32} & a_{33}\end{bmatrix} \tag{附 1.14}$$

令式(附 1.13)与式(附 1.14)相等,可得如下关于$[\alpha \quad \beta \quad \gamma]^T$的方程组:

$$\begin{bmatrix} c_\beta c_\gamma & -c_\beta s_\gamma & s_\beta \\ s_\alpha s_\beta c_\gamma + c_\alpha s_\gamma & -s_\alpha s_\beta s_\gamma + c_\alpha c_\gamma & -s_\alpha c_\beta \\ -c_\alpha s_\beta c_\gamma + s_\alpha s_\gamma & c_\alpha s_\beta s_\gamma + s_\alpha c_\gamma & c_\alpha c_\beta \end{bmatrix} = \begin{bmatrix} a_{11} & a_{12} & a_{13} \\ a_{21} & a_{22} & a_{23} \\ a_{31} & a_{32} & a_{33} \end{bmatrix} \tag{附 1.15}$$

式(附 1.15)两边对应元素相等,可以解出未知数。计算结果如下:

若$a_{13} = \pm 1$,则

$$\begin{cases} \beta = \pm \dfrac{\pi}{2} \\ \alpha \pm \gamma = \mathrm{atan2}(\pm a_{21}, a_{22}) \end{cases} \tag{附 1.16}$$

否则有

$$\begin{cases} \beta = \arcsin a_{13} \quad 或 \quad \beta = \pi - \arcsin a_{13} \\ \alpha = \mathrm{atan2}(-a_{23}/c_\beta,\ a_{33}/c_\beta) \\ \gamma = \mathrm{atan2}\ (-a_{12}/c_\beta,\ a_{11}/c_\beta) \end{cases} \tag{附 1.17}$$

附录 2

齐次坐标与齐次变换

1. 齐次坐标及齐次变换的定义

在实际中，常常需要在不同坐标系中描述空间中任一点的位置，这就需要建立同一个点在不同坐标系中的坐标（位置矢量）之间的关系，即已知两个坐标系之间的相对位姿及点在其中一个坐标系中的坐标，计算该点在另一个坐标系中的坐标。

对于两个坐标系{A}和{B}，假设{B}相对于{A}的姿态为$^{A}\boldsymbol{R}_{B}$（采用旋转变换矩阵表示法），坐标系{B}的原点O_{B}在{A}中的位置矢量为$^{A}\boldsymbol{p}_{ab}$。对于三维空间中的点P，其在坐标系{B}中的位置矢量为$^{B}\boldsymbol{p}_{b}$，则可计算其在坐标系{A}中的位置矢量$^{A}\boldsymbol{p}_{a}$。

对于一般的情况，两个坐标系之间不但原点位置不同，各轴指向也不相同，即同时存在平移和旋转变换，称为一般变换，如附图 2.1 所示，则点P在两个坐标系中的位置矢量满足如下关系：

$$^{A}\boldsymbol{p}_{a}={}^{A}\boldsymbol{p}_{ab}+{}^{A}\boldsymbol{p}_{b}={}^{A}\boldsymbol{p}_{ab}+{}^{A}\boldsymbol{R}_{B}\,{}^{B}\boldsymbol{p}_{b} \tag{附 2.1}$$

仔细观察式（附 2.1），通过增加一行，可将式（附 2.1）拓展为如下形式：

$$\begin{bmatrix} ^{A}\boldsymbol{p}_{a} \\ 1 \end{bmatrix}=\begin{bmatrix} ^{A}\boldsymbol{R}_{B} & ^{A}\boldsymbol{p}_{ab} \\ \boldsymbol{0} & 1 \end{bmatrix}\begin{bmatrix} ^{B}\boldsymbol{p}_{b} \\ 1 \end{bmatrix} \tag{附 2.2}$$

式中　$\boldsymbol{0}$——1×3 的 0 矢量。

假设点P在某坐标系中的坐标为$\boldsymbol{p}=[p_x \quad p_y \quad p_z]^{T}$，则其扩展后的坐标$\bar{\boldsymbol{p}}=[p_x \quad p_y \quad p_z \quad 1]^{T}$称为点$P$的齐次坐标，即

$$\boldsymbol{p}=\begin{bmatrix}p_x\\p_y\\p_z\end{bmatrix},\quad \bar{\boldsymbol{p}}=\begin{bmatrix}\boldsymbol{p}\\1\end{bmatrix}=\begin{bmatrix}p_x\\p_y\\p_z\\1\end{bmatrix} \tag{附 2.3}$$

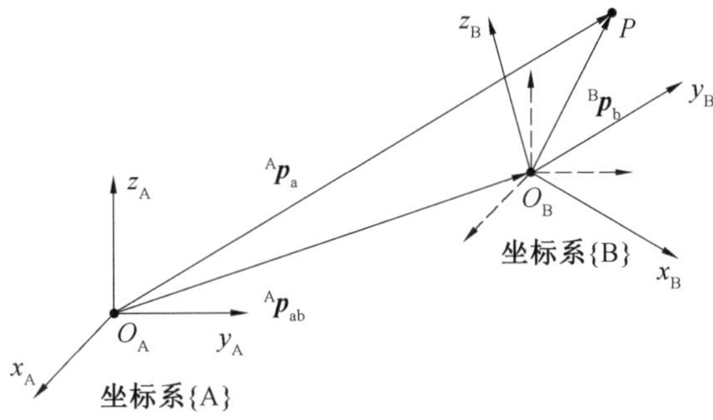

附图 2.1　矢量的一般变换

因而，式(附 2.2)可写成如下的矩阵形式：

$$^A\bar{\boldsymbol{p}}_a={}^A\boldsymbol{T}_B\,{}^B\bar{\boldsymbol{p}}_b \tag{附 2.4}$$

式(附 2.4)所建立的坐标变换关系称为齐次变换。矩阵$^A\boldsymbol{T}_B$为 4×4 的方阵，称为齐次变换矩阵，具有如下形式：

$$^A\boldsymbol{T}_B=\begin{bmatrix}^A\boldsymbol{R}_B & ^A\boldsymbol{p}_{ab}\\ \boldsymbol{0} & 1\end{bmatrix}=\begin{bmatrix}\boldsymbol{n} & \boldsymbol{o} & \boldsymbol{a} & \boldsymbol{p}\\ 0 & 0 & 0 & 1\end{bmatrix} \tag{附 2.5}$$

式中　$\boldsymbol{n}$、$\boldsymbol{o}$、$\boldsymbol{a}$——坐标系{B}的 x、y、z 轴的单位矢量在坐标系{A}中的表示；

$\boldsymbol{p}$——坐标系{B}的原点 O_B 在坐标系{A}中的位置矢量。

由此可见，齐次变换矩阵包含了两个坐标系之间的完整信息，即相对位置和姿态信息，因而，往往可采用齐次变换矩阵来描述刚体的位姿，并简称为齐次矩阵或位姿矩阵。当两坐标系的原点重合、各轴指向完全相同时，矩阵 $\boldsymbol{T}$ 为 4×4 的单位矩阵。

2. 齐次变换算子

基于齐次矩阵的定义，可定义齐次变换算子$\overline{\text{Trans}}()$和$\overline{\text{Rot}}()$，分别对应于平移和旋转变换。

当仅沿 x、y、z 轴平移时，基本齐次变换矩阵分别表示为

$$\boldsymbol{T}_{Lx}(p_x)=\overline{\text{Trans}}(p_x,0,0)=\begin{bmatrix}1&0&0&p_x\\0&1&0&0\\0&0&1&0\\0&0&0&1\end{bmatrix} \tag{附 2.6}$$

$$\boldsymbol{T}_{\mathrm{Ly}}(p_y)=\overline{\mathrm{Trans}}(0,p_y,0)=\begin{bmatrix}1&0&0&0\\0&1&0&p_y\\0&0&1&0\\0&0&0&1\end{bmatrix} \tag{附 2.7}$$

$$\boldsymbol{T}_{\mathrm{Lz}}(p_z)=\overline{\mathrm{Trans}}(0,0,p_z)=\begin{bmatrix}1&0&0&0\\0&1&0&0\\0&0&1&p_z\\0&0&0&1\end{bmatrix} \tag{附 2.8}$$

当三轴均有平移(无转动的情况)且平移矢量为 $\boldsymbol{p}=[p_x \quad p_y \quad p_z]^{\mathrm{T}}$ 时,平移变换为

$$\boldsymbol{T}_{\mathrm{L}}(\boldsymbol{p})=\overline{\mathrm{Trans}}(\boldsymbol{p})=\begin{bmatrix}\boldsymbol{I}&\boldsymbol{p}\\\boldsymbol{0}&1\end{bmatrix}=\begin{bmatrix}1&0&0&p_x\\0&1&0&p_y\\0&0&1&p_z\\0&0&0&1\end{bmatrix} \tag{附 2.9}$$

分别绕 x、y、z 轴旋转 φ 的基本齐次变换矩阵为

$$\boldsymbol{T}_{\mathrm{Rx}}(\varphi)=\overline{\mathrm{Rot}}(x,\varphi)=\begin{bmatrix}1&0&0&0\\0&c_\varphi&-s_\varphi&0\\0&s_\varphi&c_\varphi&0\\0&0&0&1\end{bmatrix} \tag{附 2.10}$$

$$\boldsymbol{T}_{\mathrm{Ry}}(\varphi)=\overline{\mathrm{Rot}}(y,\varphi)=\begin{bmatrix}c_\varphi&0&s_\varphi&0\\0&1&0&0\\-s_\varphi&0&c_\varphi&0\\0&0&0&1\end{bmatrix} \tag{附 2.11}$$

$$\boldsymbol{T}_{\mathrm{Rz}}(\varphi)=\overline{\mathrm{Rot}}(z,\varphi)=\begin{bmatrix}c_\varphi&-s_\varphi&0&0\\s_\varphi&c_\varphi&0&0\\0&0&1&0\\0&0&0&1\end{bmatrix} \tag{附 2.12}$$

附录 3

经典 D－H 坐标系的定义

1.连杆 D－H 坐标系的建立规则

由于中间连杆(即连杆 $i(i=1,\cdots,n-1)$)同时与两个关节(即关节 i 和关节 $i+1$)相连，而基座($i=0$)和末端($i=n$)连杆仅与一个关节轴相连，故其坐标系的定义有所不同。下面分别介绍如何采用经典 D－H 法建立各连杆的坐标系。

(1) 中间连杆坐标系。

① 一般情况 —— 相邻关节轴不共面。对于一般情况，即与连杆 i 相连的两个关节轴不共面时，按如下规则建立连杆 $i(i=1,\cdots,n-1)$ 的坐标系 $\{x_iy_iz_i\}$。

a. z_i 轴。与关节 $i+1$ 的运动轴 ξ_{i+1} 共线，指向为关节运动的正方向。

b. x_i 轴。与等效直杆 l_i 共线，方向由关节 i 上的公垂点 C_i 指向关节 $i+1$ 上的公垂点 D_i。

c.y_i 轴。根据右手定则确定。

d. 原点 O_i。等效直杆 l_i 与关节轴 ξ_{i+1} 的交点，即关节 $i+1$ 上的公垂点 D_i。

上述连杆坐标系如附图 3.1 所示，可简述为以关节轴 ξ_{i+1} 为 z_i 轴，以等效直杆 l_i 为 x_i 轴，以等效直杆 l_i 与关节轴 ξ_{i+1} 的交点为 O_i，再根据右手定则确定 y_i 轴。

② 相邻两轴平行。当两关节轴 ξ_i 与 ξ_{i+1} 平行时，有无数条公垂线，等效直杆 l_i 不唯一。此时，根据关节轴 ξ_{i+1} 和其中一条等效直杆 l_i 可以分别确定 z_i 轴和 x_i 轴(类似于前述的情况)的方向，而原点 O_i 只要在关节轴 ξ_{i+1} 上就行。为简化坐标系之间的表示，可以将下一个连杆的等效直杆(即 l_{i+1})与关节轴 ξ_{i+1} 的交点 C_{i+1} 作为 O_i，此时 C_{i+1} 与 D_i 重合，连杆间距 $d_{i+1}=D_iC_{i+1}=0$。相邻关节轴 ξ_i 与

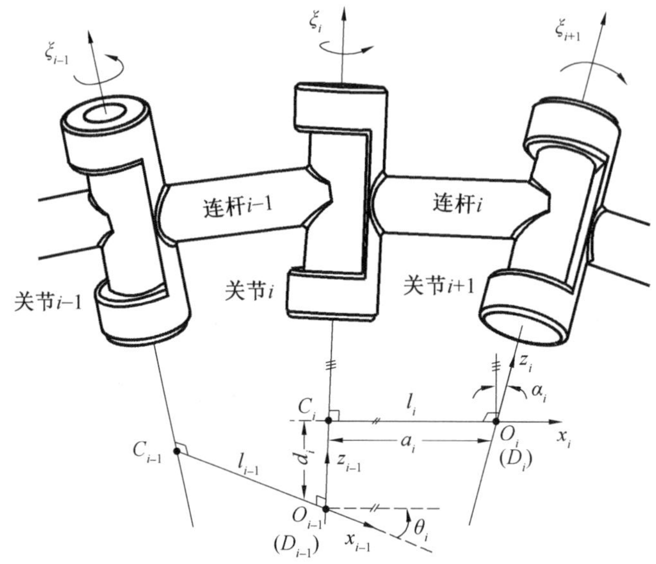

附图 3.1　一般情况下的连杆坐标系(经典 D－H 法)

ξ_{i+1} 平行时连杆坐标系的建立如附图 3.2 所示。

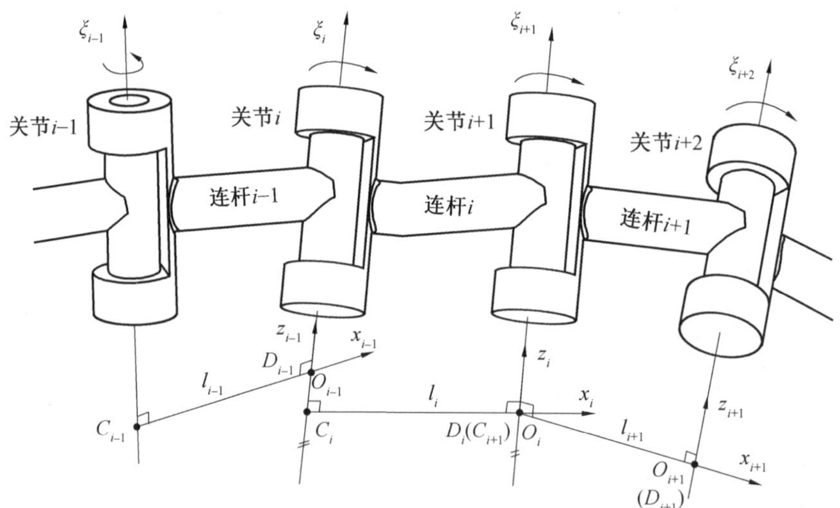

附图 3.2　相邻关节轴 ξ_i 与 ξ_{i+1} 平行时连杆坐标系的建立(经典 D－H 法)

上述确定坐标系的过程总结如下。

a. z_i 轴。与关节 $i+1$ 的轴 ξ_{i+1} 共线,指向为关节运动的正方向。

b. 原点 O_i。为下一个杆件的等效直杆 l_{i+1} 与关节轴 ξ_{i+1} 的交点。

c. x_i 轴。与过 O_i 的等效直杆 l_i 共线,方向由关节 i 指向关节 $i+1$。

d. y_i 轴。根据右手定则确定。

上述过程可以简述为以关节轴 ξ_{i+1} 为 z_i 轴，以等效直杆 l_{i+1} 与关节轴 ξ_{i+1} 的交点为 O_i，以过 O_i 的等效直杆 l_i 为 x_i 轴，再根据右手定则确定 y_i 轴。

③ 相邻两轴相交。当关节轴 ξ_i 与 ξ_{i+1} 相交时，可将交点作为坐标系的原点 O_i、关节轴 ξ_{i+1} 作为 z_i 轴，而由关节轴 ξ_i 与 ξ_{i+1} 所构成平面的法向量作为 x_i 轴。

a. z_i 轴。与关节 $i+1$ 轴线 ξ_{i+1} 共线，指向为关节运动的正方向。

b. x_i 轴。为 z_i 轴与 z_{i-1} 轴构成的平面（即两相交轴构成的平面）的法向量，即 $x_i=\pm(z_{i-1}\times z_i)$。

c. y_i 轴。根据右手定则确定。

d. 原点 O_i。为关节轴 ξ_i 与 ξ_{i+1} 的交点。

此种情况下，连杆坐标系的建立如附图3.3所示。

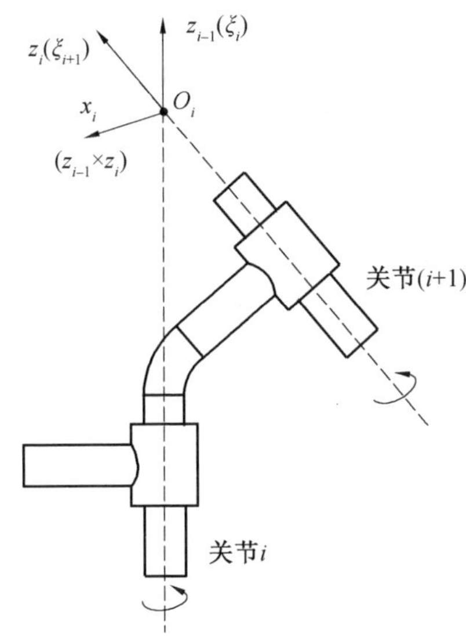

附图3.3　相邻关节轴 ξ_i 与 ξ_{i+1} 相交时连杆坐标系的建立（经典D－H法）

（2）基座及末端连杆坐标系。

基座（连杆0）仅与关节1相连，故按D－H规则只要求 z_0 轴与关节1的轴线重合即可，而对其原点和 x_0 轴没有特殊要求，可根据具体情况进行定义。

由于不存在关节 $n+1$，连杆 n 仅与关节 n 相连，故末端坐标系的 z_n 轴没有特别限制，原点也可任意，但在定义 $\{x_n y_n z_n\}$ 时需要保证 x_n 轴与 z_{n-1} 轴垂直。为方便起见，定义时可先使 z_{n-1} 轴与 z_n 轴平行，同时为了能体现末端杆件的长度，将原点放置在末端特定的位置（如末端法兰盘中心或者工具中心）上，然后按下面两种情况定义坐标系 $\{x_n y_n z_n\}$。

① 若最后一个关节为Roll关节，此时 z_{n-1} 轴沿臂展方向（z_{n-1} 轴为Roll轴），

可定义 x_n 轴垂直于臂展方向（Yaw 轴或 Pitch 轴），参数 d_n 体现了末端杆件长度，如附图 3.4(a) 所示。

② 若最后一个关节为 Yaw 关节或 Pitch 关节，此时 z_{n-1} 轴垂直于臂展方向（z_{n-1} 轴为 Yaw 轴或 Pitch 轴），可定义 x_n 轴沿臂展方向（Roll 轴），参数 a_n 体现了末端杆件长度，如附图 3.4(b) 所示。

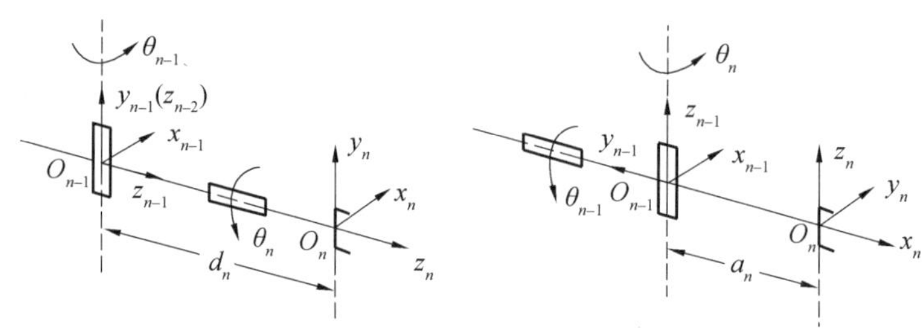

(a)当z_{n-1}轴沿臂展方向时，x_n轴垂直于臂展方向（最后一个关节为Roll关节）

(b)当z_{n-1}轴垂直于臂展方向时，x_n轴沿臂展方向（最后一个关节为Yaw关节或Pitch关节）

附图 3.4　为体现末端位置偏移量的末端坐标系定义方法

2.连杆 D－H 坐标系建立的简化步骤

上面给出了建立连杆坐标系的规则，下面给出建立连杆坐标系的简洁步骤，主要包括构建简化运动链和构建连杆坐标系两部分。

(1) 构建简化运动链。

将所有关节轴、关节轴之间的公垂线描述出来，得到由关节轴和等效直杆组成的简化运动链，如附图 3.5 所示，其中等效直杆 l_i 为轴 ξ_i 与 ξ_{i+1} 的公垂线，相应的公垂点为 C_i 和 D_i（$i=1,\cdots,n-1$）。

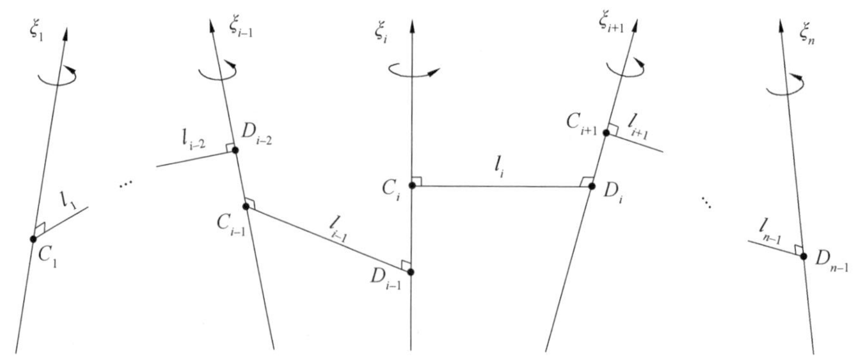

附图 3.5　由关节轴和等效直杆组成的简化运动链

(2) 构建连杆坐标系。

连杆 D－H 坐标系建立的步骤如下。

① 建立基座坐标系$\{x_0y_0z_0\}$。以基座上感兴趣的位置为原点、关节1的运动轴ξ_1正方向为z_0轴，x_0轴和y_0轴与z_0轴垂直，方向任选。

② 对中间杆件i ($i=1,\cdots,n-1$)，可根据等效直杆l_i、关节轴ξ_{i+1}和公垂点D_i构建连杆坐标系$\{x_iy_iz_i\}$，即以公垂点D_i为原点O_i，关节轴ξ_{i+1}为z_i轴，等效直杆l_i为x_i轴，基于简化运动链建立的连杆坐标系如附图3.6所示，考虑到相邻杆件可能存在平行或相交的特殊情况，实际中可按下面的顺序建立。

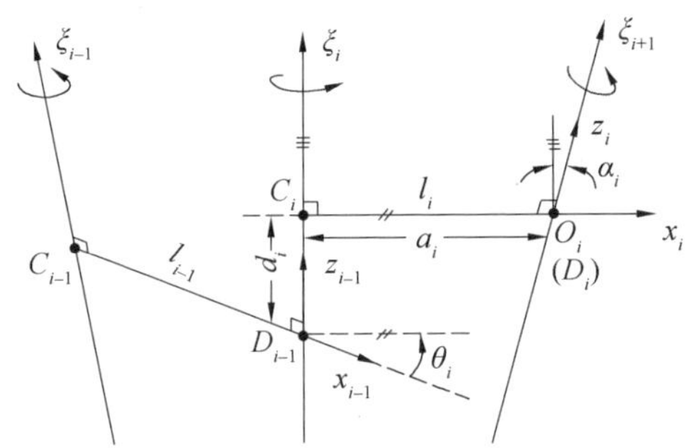

附图3.6 基于简化运动链建立的连杆坐标系

a. z_i轴。以关节$i+1$的运动(转动或移动)轴ξ_{i+1}正方向为z_i轴。

b. 原点O_i。若z_i轴和z_{i-1}轴相交，则以两轴交点为原点；若z_i轴和z_{i-1}轴异面或平行，则以两轴的公垂线与z_i轴的交点为原点，平行的情况可结合下一个坐标系的建立进行灵活处理。

c. x_i轴。对于异面或平行的情况，以等效直杆l_i为x_i轴；对于相交的情况，以$\pm(z_{i-1}\times z_i)$为方向建立x_i轴，以保证x_i轴同时与z_{i-1}轴及z_i轴垂直。

d. y_i轴。以x_i、z_i轴为基础，按右手定则建立y_i轴。

③ 建立末端杆件坐标系$\{x_ny_nz_n\}$。以末端杆件上感兴趣的位置为原点、与z_{n-1}轴平行的方向为z_n轴，然后按如下两种情况确定x_n轴：若z_{n-1}轴沿臂展方向(Roll轴)，可定义x_n轴垂直于臂展方向(Yaw轴或Pitch轴)；若z_{n-1}轴垂直于臂展方向(Yaw轴或Pitch轴)，可定义x_n轴沿臂展方向(Roll轴)。最后，y_n轴由右手定则确定。

3. 连杆D－H参数及机器人运动学方程

(1) 连杆的D－H参数。

将前面定义的连杆参数、相邻连杆间的参数与所建立的连杆坐标系结合起来，赋以明确的正负号含义，即为D－H参数，具体如下(附图3.1、附图3.6)。

①a_i。从z_{i-1}轴到z_i轴沿x_i轴测量的距离，即公垂点(即z_{i-1}轴和x_i轴的交点)C_i到原点O_i的距离，沿x_i轴方向为正。

②α_i。从z_{i-1}轴到z_i轴绕x_i轴旋转的角度，绕x_i轴正向旋转为正。

③d_i。从 x_{i-1} 轴到 x_i 轴沿 z_{i-1} 轴测量的距离，即原点 O_{i-1} 到公垂点 C_i 的距离，沿 z_{i-1} 轴方向为正。

④θ_i。从 x_{i-1} 轴到 x_i 轴绕 z_{i-1} 轴旋转的角度，绕 z_{i-1} 轴正向旋转为正。

上述 4 个参数中，对于平移关节，d_i 为变量（即关节变量），其余 3 个为常数；而对于旋转关节，θ_i 为变量（即关节变量），其余 3 个为常数。

（2）相邻连杆坐标系间的关系。

按 D－H 规则建立了所有连杆的坐标系后，相邻连杆间的位姿关系可以通过坐标系之间的关系来表示。根据前面的定义，可知坐标系$\{x_{i-1}y_{i-1}z_{i-1}\}$通过下面的四次变换后与坐标系$\{x_iy_iz_i\}$重合。

① 坐标系$\{x_{i-1}y_{i-1}z_{i-1}\}$绕 z_{i-1} 轴旋转 θ_i，使 x_{i-1} 轴与 x_i 轴平行，相应的齐次变换矩阵为 $\boldsymbol{T}_{\mathrm{Rz}}(\theta_i)=\overline{\mathrm{Rot}}(z,\theta_i)$。

② 继续沿 z_{i-1} 轴平移 d_i 距离，使 x_{i-1} 轴与 x_i 轴共线，齐次变换矩阵为 $\boldsymbol{T}_{\mathrm{Lz}}(d_i)=\overline{\mathrm{Trans}}(0,0,d_i)$。

③ 继续沿 x_i 轴平移 a_i 距离，使坐标系原点 O_{i-1} 与 O_i 重合，齐次变换矩阵为 $\boldsymbol{T}_{\mathrm{Lx}}(a_i)=\overline{\mathrm{Trans}}(a_i,0,0)$。

④ 继续绕 x_i 轴旋转 α_i，使 z_{i-1} 轴与 z_i 轴共线，齐次变换矩阵为 $\boldsymbol{T}_{\mathrm{Rx}}(\alpha_i)=\overline{\mathrm{Rot}}(x,\alpha_i)$，此时坐标系$\{x_{i-1}y_{i-1}z_{i-1}\}$与$\{x_iy_iz_i\}$完全重合。

根据上述旋转过程可知，坐标系$\{x_{i-1}y_{i-1}z_{i-1}\}$到坐标系$\{x_iy_iz_i\}$的齐次变换矩阵为（按动坐标系，从左往右乘）

$$
{}^{i-1}\boldsymbol{T}_i=\overline{\mathrm{Rot}}(z,\theta_i)\,\overline{\mathrm{Trans}}(0,0,d_i)\,\overline{\mathrm{Trans}}(a_i,0,0)\,\overline{\mathrm{Rot}}(x,\alpha_i)=
\begin{bmatrix}
\cos\theta_i & -\sin\theta_i\cos\alpha_i & \sin\theta_i\sin\alpha_i & a_i\cos\theta_i\\
\sin\theta_i & \cos\theta_i\cos\alpha_i & -\cos\theta_i\sin\alpha_i & a_i\sin\theta_i\\
0 & \sin\alpha_i & \cos\alpha_i & d_i\\
0 & 0 & 0 & 1
\end{bmatrix}=
\begin{bmatrix}
c_i & -\lambda_i s_i & \mu_i s_i & a_i c_i\\
s_i & \lambda_i c_i & -\mu_i c_i & a_i s_i\\
0 & \mu_i & \lambda_i & d_i\\
0 & 0 & 0 & 1
\end{bmatrix}
\tag{附 3.1}
$$

式中

$$
s_i=\sin\theta_i,\quad c_i=\cos\theta_i,\quad \mu_i=\sin\alpha_i,\quad \lambda_i=\cos\alpha_i
$$

式（附 3.1）表明，采用 D－H 规则后，相邻连杆坐标系间的位姿关系可通过 4 个D－H 参数得到，其中，姿态（用姿态变换矩阵表示）和位置分别为

$$
{}^{i-1}\boldsymbol{R}_i=
\begin{bmatrix}
c_i & -\lambda_i s_i & \mu_i s_i\\
s_i & \lambda_i c_i & -\mu_i c_i\\
0 & \mu_i & \lambda_i
\end{bmatrix}
\tag{附 3.2}
$$

$$
{}^{i-1}\boldsymbol{p}_i = \begin{bmatrix} a_i c_i \\ a_i s_i \\ d_i \end{bmatrix} \tag{附 3.3}
$$

需要指出的是，从坐标系$\{x_{i-1}y_{i-1}z_{i-1}\}$到坐标系$\{x_iy_iz_i\}$的变换过程并非唯一，读者可以自行设计其他变换过程，最终得到的${}^{i-1}\boldsymbol{T}_i$是一样的。

参 考 文 献

[1] AGRAWAL S K, LI S, ANNAPRAGADA M. Hyper-redundant planar manipulators: Motion planning with discrete modal summation procedure[C]. San Diego: The IEEE International Conference on Robotics and Automation, 1994:1581-1586.

[2] ALIREZA M, HASSAN Z, HABIBNEJAD K M. A new motion planning method for discretely actuated hyper-redundant manipulators[J]. Robotica, 2015, 35(1):101-118.

[3] ANANTHANARAYANAN H, ORDÓÑEZ R. Real-time inverse kinematics of $(2n+1)$ DOF hyper-redundant manipulator arm via a combined numerical and analytical approach[J]. Mechanism and Machine Theory, 2015, 91:209-226.

[4] ARISTIDOU A, LASENBY J. FABRIK: A fast, iterative solver for the inverse kinematics problem[J]. Graphical Models, 2011, 73(5):243-260.

[5] ATAKA A, QI P, LIU H, et al. Real-time planner for multi-segment continuum manipulator in dynamic environments[C]. Stockholm: The IEEE International Conference on Robotics and Automation, 2016:4080-4085.

[6] BAJO A, SIMAAN N. Kinematics-based detection and localization of contacts along multisegment continuum robots[J]. IEEE Transactions on Robotics, 2012, 28(2):291-302.

[7] BAYANI S, RASTEGARI R, SAMAVATI F C. Kinematic modeling of hy-

per-redundant robot using ball screw mechanism approach[C]. Qazvin: Artificial Intelligence and Robotics, 2017: 17-22.

[8] BENZAOUI M, CHEKIREB H, TADJINE M, et al. Trajectory tracking with obstacle avoidance of redundant manipulator based on fuzzy inference systems[J]. Neurocomputing, 2016, 196: 23-30.

[9] BERGELES C, DUPONT P E. Planning stable paths for concentric tube robots[C]. Tokyo: The IEEE/RSJ International Conference on Intelligent Robots and Systems, 2013: 3077-3082.

[10] BOGUE R. Snake robots: A review of research, products and applications [J]. Industrial Robot: An International Journal, 2014, 41(3): 253-258.

[11] BUCKINGHAM R, GRAHAM A. Nuclear snake-arm robots[J]. Industrial Robot: An International Journal, 2012, 39(1): 6-11.

[12] CAMARILLO D B, MILNE C F, CARLSON C R, et al. Mechanics modeling of tendon-driven continuum manipulators[J]. IEEE Transactions on Robotics, 2008, 24(6): 1262-1273.

[13] CHI Y C, LEE B H, LEE J H. Obstacle avoidance for kinematically redundant robots using distance algorithm[C]. Grenoble: The IEEE/RSJ International Conference on Intelligent Robot and Systems, 1997: 1787-1793.

[14] CHIRIKJIAN G S, BURDICK J W. A geometric approach to hyper-redundant manipulator obstacle avoidance[J]. Journal of Mechanical Design, 1992, 114(4): 580-585.

[15] CHIRIKJIAN G S, BURDICK J W. A modal approach to hyper-redundant manipulator kinematics[J]. IEEE Transactions on Robotics and Automation, 1994, 10(3): 343-354.

[16] CHIRIKJIAN G S. The kinematics of hyper-redundant robot locomotion [J]. IEEE Transaction on Robotics and Automation, 1995, 11(6): 781-793.

[17] CHOSET H, LYNCH K, HUTCHINSON S, et al. Principles of robot motion: Theory, algorithms, and implementations[M]. Cambridge: MIT Press, 2005.

[18] DONG G C, BYUNG J Y, WHEE K K. Design of a spring backbone micro endoscope[C]. San Diego: The IEEE/RSJ International Conference on Intelligent Robots and Systems, 2007: 1815-1821.

[19] FAHIMI F, ASHRAFIUON H, NATARAJ C. An improved inverse kinematic and velocity solution for spatial hyper-redundant robots[J]. IEEE Transactions on Robotics and Automation, 2002, 18(1): 103-107.

[20] FAHIMI F,ASHRAFIUON H,NATARAJ C. Obstacle avoidance for spatial hyper-redundant manipulators using harmonic potential functions and the mode shape technique[J]. Journal of Robotic Systems,2003,20(1):23-33.

[21] FRANK C P,BEOBKYOON K,CHEONGJAE J,et al. Geometric algorithms for robot dynamics: A tutorial review[J]. Applied Mechanics Reviews,2018,70(1):010803.

[22] FREUND E,SCHLUSE M,ROSSMANN J. Dynamic collision avoidance for redundant multi-robot systems[C]. Maui:The IEEE/RSJ International Conference on Intelligent Robots and Systems,2001:1201-1206.

[23] FU L,ZHAO J. Maxwell model-based null space compliance control in the task-priority framework for redundant manipulators[J]. IEEE Access,2020,8(2):35892-35904.

[24] 冯原. 内窥镜机器人驱动单元研究[D]. 哈尔滨:哈尔滨工业大学,2008.

[25] GEORGE T T,ANSARI Y,FALOTICO E,et al. Control strategies for soft robotic manipulators: A survey[J]. Soft Robotics,2018,5(2):149-163.

[26] GLASS K,COLBAUGH R,LIM D,et al. Real-time collision avoidance for redundant manipulators[J]. IEEE Transactions on Robotics and Automation,1995,11(3):448-457.

[27] GRASSMANN R,MODES V,BURGNER-KAHRS J. Learning the forward and inverse kinematics of a 6-DOF concentric tube continuum robot in SE(3)[C]. Madrid:The IEEE/RSJ International Conference on Intelligent Robots and Systems,2018:5125-5132.

[28] GRAVAGNE I A,WALKER I D. On the kinematics of remotely-actuated continuum robots[C]. San Francisco:The IEEE International Conference on Robotics and Automation,2000:2544-2550.

[29] GRZESIAK A,BECKER R,VERL A. The bionic handling assistant: A success story of additive manufacturing[J]. Assembly Automation,2011,31(4):329-333.

[30] GUO D,ZHANG Y. Acceleration-level inequality-based man scheme for obstacle avoidance of redundant robot manipulators[J]. IEEE Transactions on Industrial Electronics,2014,61(12):6903-6914.

[31] GUPTA A,EPPNER C,LEVINE S,et al. Learning dexterous manipulation for a soft robotic hand from human demonstrations[C]. Daejeon:The

IEEE/RSJ International Conference on Intelligent Robots and Systems, 2016:3786-3793.

[32] 高庆吉,王维娟,牛国臣,等. 飞机油箱检查机器人的仿生结构及运动学研究[J]. 航空学报,2013,34(7):1748-1756.

[33] HANNAN M W,WALKER I D. Kinematics and the implementation of an elephant's trunk manipulator and other continuum style robots[J]. Journal of Field Robotics,2003,20(2):45-63.

[34] HANNAN M W,WALKER I D. The elephant trunk manipulator, design and implementation[C]. Como:The IEEE/ASME International Conference on Advanced Intelligent Mechatronics, 2002:14-19.

[35] HU T,WANG T,LI J,et al. Obstacle avoidance for redundant manipulators utilizing a backward quadratic search algorithm[J]. International Journal of Advanced Robotic Systems,2016,13:1-15.

[36] 胡海燕. 半自主式结肠内窥镜机器人系统研究[D]. 哈尔滨:哈尔滨工业大学,2010.

[37] JI X,CONG W Z,WEI W. General-weighted least-norm control for redundant manipulators[J]. IEEE Transactions on Robotics,2010,26(4):660-669.

[38] JONES B A, WALKER I D. Kinematics for multisection continuum robots[J]. IEEE Transactions on Robotics, 2006, 22(1):43-55.

[39] JONES B A,WALKER I D. Practical kinematics for real-time implementation of continuum robots[J]. IEEE Transactions on Robotics,2006,22(6):1087-1099.

[40] KOLPASHCHIKOV D Y, LAPTEV N V, DANILOV V V, et al. FABRIK-based inverse kinematics for multi-section continuum robots[C]. Brno:The International Conference on Mechatronics-Mechatronika,2018:288-295.

[41] KOUABON A,MELINGUI A,AHANDA J,et al. A learning framework to inverse kinematics of high DOF redundant manipulators[J]. Mechanism and Machine Theory,2020,153:103978.

[42] LAFMEJANI A S,DOROUDCHI A,FARIVARNEJAD H,et al. Kinematic modeling and trajectory tracking control of an octopus-inspired hyper-redundant robot[J]. IEEE Robotics and Automation Letters,2020,5(2):3460-3467.

[43] LAIA C,LORETI P,VELLUCCI P. A fibonacci control system with ap-

plication to hyper-redundant manipulators[J]. Mathematics of Control Signals and Systems,2016,28(2):1-32.

[44] LIMA J,PEREIRA A I,COSTA P,et al. A fast and robust kinematic model for a 12 DOF hyper-redundant robot positioning: An optimization proposal[C]. Rhodes:AIP Conference Proceedings,2017:270007.

[45] LIU H,WANG H,FAN S,et al. Bio-inspired design of alternate rigid-flexible segments to improve the stiffness of a continuum manipulator[J]. Science China Technological Sciences,2020,63(8):1549-1559.

[46] LIU T,XU W,YANG T,et al. Cable-driven segmented redundant manipulator: Design, kinematics and planning[J]. IEEE/ASME Transactions on Mechatronics,2021,26(2):930-942.

[47] 李斌. 蛇形机器人的研究及在灾难救援中的应用[J]. 机器人技术与应用,2003,3:22-26.

[48] MA S, LIANG B, WANG T. Dynamic analysis of a hyper-redundant space manipulator with a complex rope network[J]. Aerospace Science and Technology,2020,100(5):105768.

[49] MA S,HIROSE S,YOSHINADA H. Development of a hyper-redundant multijoint manipulator for maintenance of nuclear reactor[J]. Advanced Robotics,1995,9(6):281-300.

[50] MAS,KONNO M. An obstacle avoidance scheme for hyper-redundant manipulators-global motion planning in posture space[C]. Albuquerque:The IEEE International Conference on Robotics and Automation, 1997:161-166.

[51] MA S,WATANABE M,KONDO H. Dynamic control of curve-constrained hyper-redundant manipulators[C]. Banff:The IEEE International Symposium on Computational Intelligence in Robotics and Automation,2001:83-88.

[52] MAHL T,HILDEBRANDT A,SAWODNY O. A variable curvature continuum kinematics for kinematic control of the bionic handling assistant[J]. IEEE Transactions on Robotics,2014,30(4):935-949.

[53] MAHL T,MAYER A E,HILDEBRANDT A,et al. A variable curvature modeling approach for kinematic control of continuum manipulators[C]. Washington:American Control Conference, 2013:4945-4950.

[54] MALEKZADEH M,QUEIßER J,STEIL J J. Learning the end-effector pose from demonstration for the bionic handling assistant robot[C]. Geno-

a: The International Workshop on Human-Friendly Robotics, 2016: 101-107.

[55] MARTÍN A,BARRIENTOS A,DEL C J. The natural-CCD algorithm, a novel method to solve the inverse kinematics of hyper-redundant and soft robots[J]. Soft Robot,2018,5(3):242-257.

[56] MAYORGA R V. A geometrical bounded method for the on-line obstacle avoidance of redundant manipulators[C]. Grenoble:The IEEE/RSJ International Conference on Intelligent Robot and Systems,2002:1700-1705.

[57] MIROSŁAW G. Inverse-free control of a robotic manipulator in a task space[J]. Robotics and Autonomous Systems,2013,62(2):131-141.

[58] MOCHIYAMA H, SHIMEMURA E, KOBAYASHI H. Shape control of manipulators with hyper degrees of freedom[J]. The International Journal of Robotics Research,1999,18(6):584-600.

[59] MOHAMED H A F, SAMER Y. A new inverse kinematics method for three dimensional redundant manipulators[C]. Fukuoka:ICROS-SICE International Joint Conference,2009:1557-1562.

[60] MOTAHARI A,ZOHOOR H,KORAYEM M H. A new motion planning method for discretely actuated hyper-redundant manipulators[J]. Robotica,2017,35(1):101-118.

[61] MU Z,LIU T,XU W,et al. A hybrid obstacle-avoidance method of spatial hyper-redundant manipulators for servicing in confined space[J]. Robotica,2019,37(6):998-1019.

[62] MU Z,LIU T,XU W,et al. Dynamic feedforward control of spatial cable-driven hyper-redundant manipulators for on-orbit servicing[J]. Robotica, 2019,37(1):18-38.

[63] MU Z,XU W,LIANG B. Avoidance of multiple moving obstacles during active debris removal using a redundant space manipulator[J]. International Journal of Control, Automation and Systems,2017,15(2):815-826.

[64] MU Z,YUAN H,XU W,et al. A segmented geometry method for kinematics and configuration planning of spatial hyper-redundant manipulators [J]. IEEE Transactions on Systems, Man, and Cybernetics: System, 2020,50(5):1746-1756.

[65] 周亮. 新松发布最新成果:蛇型臂机器人[EB/OL].(2018-07-06)[2021-05-02]. http://www.elecfans.com/jiqiren/615532.html.

[66] PENG J,XU W,LIANG B. An autonomous pose measurement method of

civil aviation charging port based on cumulative natural feature data[J]. IEEE Sensors Journal,2019,19(23):11646-11655.

[67] PENG J,XU W,LIU T,et al. End-effector pose and arm-shape synchronous planning methods of a hyper-redundant manipulator for spacecraft repairing[J]. Mechanism and Machine Theory,2021,155:104062.

[68] PENG J,XU W,YANG T,et al. Dynamic modeling and trajectory tracking control method of segmented linkage cable-driven hyper-redundant robot [J]. Nonlinear Dynamics,2020,101(1):233-253.

[69] PERDEREAU V,PASSI C,DROUIN M. Real-time control of redundant robotic manipulators for mobile obstacle avoidance[J]. Robotics and Autonomous Systems,2002,41(1):41-59.

[70] POMARES J,PEREA I,TORRES F. Dynamic visual servoing with chaos control for redundant robots[J]. IEEE/ASME Transactions on Mechatronics,2014,19(2):423-431.

[71] POPESCU N,POPESCU D,IVANESCU M. A spatial weight error control for a class of hyper-redundant robots[J]. IEEE Transactions on Robotics,2013,29(4):1043-1050.

[72] ROBINSON G,DAVIES J B C. Continuum robots—a state of the art[C]. Detroit:The IEEE International Conference on Robotics and Automation, 1999:2849-2854.

[73] ROESTHUIS R J,MISRA S. Steering of multisegment continuum manipulators using rigid-link modeling and fbg-based shape sensing[J]. IEEE Transactions on Robotics,2016,32(2):372-382.

[74] ROLF M, STEIL J J. Constant curvature continuum kinematics as fast approximate model for the bionic handling assistant[C]. Vilamoura:The IEEE/RSJ International Conference on Intelligent Robots and Systems, 2012:3440-3446.

[75] RUCKER D C,RD W R,CHIRIKJIAN G S,et al. Equilibrium conformations of concentric-tube continuum robots[J]. International Journal of Robotics Research,2010,29(10):1263-1280.

[76] SAMER Y,MOGHAVVEMI M,MOHAMED H. Geometrical approach of planar hyper-redundant manipulators: inverse kinematics, path planning and workspace[J]. Simulation Modelling Practice and Theory, 2011, 19 (1):406-422.

[77] SAMER Y,MOHAMED H A F,MAHMOUD M. A geometrical motion

planning approach for redundant planar manipulators[J]. Australian Journal of Basic and Applied Sciences, 2009, 3(4): 3757-3770.

[78] SAMER Y, MOHAMED H A F, MAHMOUD M. A new geometrical approach for the inverse kinematics of the hyper redundant equal length links planar manipulators[J]. Engineering Transactions, 2009, 12(2): 109-114.

[79] SARAMAGO S F, JUNIOR V S. Optimal trajectory planning of robot manipulators in the presence of moving obstacles[J]. Mechanism and Machine Theory, 2000, 35(8): 1079-1094.

[80] SERAJI H, BON B. Real-time collision avoidance for position-controlled manipulators[J]. IEEE Transactions on Robotics & Automation, 1999, 15(4): 670-677.

[81] SHUGEN M, NAOKI T, KOUSUKE I. Influence of the gradient of a slope on optimal locomotion curves of a snake-like robot[J]. Advanced Robotics, 2006, 20(20): 413-428.

[82] SINGH I, AMARA Y, MELINGUI A, et al. Modeling of continuum manipulators using pythagorean hodograph curves[J]. Soft Robot, 2018, 5(4): 425-442.

[83] SONG S, LI Z, MENG M Q, et al. Real-time shape estimation for wire-driven flexible robots with multiple bending sections based on quadratic Bézier curves[J]. IEEE Sensors Journal, 2015, 15(11): 6326-6334.

[84] SONG S, LI Z, YU H, et al. Shape reconstruction for wire-driven flexible robots based on Bézier curve and electromagnetic positioning[J]. Mechatronics, 2015, 29: 28-35.

[85] TANG J, ZHANG Y, HUANG F, et al. Design and kinematic control of the cable-driven hyper-redundant manipulator for potential underwater applications[J]. Applied Sciences, 2019, 9(6): 1142.

[86] TANG L, HUANG J, ZHU L M, et al. Path tracking of a cable-driven snake robot with a two-level motion planning method[J]. IEEE/ASME Transactions on Mechatronics, 2019, 24(3): 935-946.

[87] TANG L, ZHU L, ZHU X, et al. Confined spaces path following for cable-driven snake robots with prediction lookup and interpolation algorithms[J]. Science China Technological Sciences, 2020, 63(2): 255-264.

[88] TAO S, YANG Y. Collision-free motion planning of a virtual arm based on the FABRIK algorithm[J]. Robotica, 2017, 35(6): 1431-1450.

[89] TIAN Y,ZHU X,MENG D,et al. An overall configuration planning method of continuum hyper-redundant manipulators based on improved artificial potential field method[J]. IEEE Robotics and Automation Letters, 2021,6(3):4867-4874.

[90] TILL J,ALOI V,RUCKER C. Real-time dynamics of soft and continuum robots based on cosserat-rod models[J]. The International Journal of Robotics Research,2019,38(6):723-746.

[91] TRIVEDI D,RAHN C D,KIER W M,et al. Soft robotics: Biological inspiration, state of the art, and future research[J]. Applied Bionics and Biomechanics,2008,5(3):99-117.

[92] TSOUKALAS A,TZES A. Modelling and control of hyper-redundant micromanipulators for obstacle avoidance in an unstructured environment[J]. Journal of Intelligent & Robotic Systems,2015,78:517-528.

[93] 汤磊,王俊刚,李琳琳,等. 用于线绳传动机械臂的模块化驱动装置设计[J]. 机械设计与研究,2016,32(2):15-18.

[94] WALKER I D,ARCHIBALD J,KOENEMAN J B. Continuous backbone “continuum” robot manipulators[J]. ISRN Robotics,2013:726506.

[95] WALKER I D. Some issues in creating “invertebrate” robots[C]. Montrea:The International Symposium on Adaptive Motion of Animals & Machines,2004:1-6.

[96] WAN W,SUN C,YUAN J. Adaptive caging configuration design algorithm of hyper-redundant manipulator for dysfunctional satellite pre-capture[J]. IEEE Access,2020,8(1):22546-22559.

[97] WANG H,CHEN J,LAU H Y,et al. Motion planning based on learning from demonstration for multiple-segment flexible soft robots actuated by electroactive polymers[J]. IEEE Robotics and Automation Letters,2016,1(1):391-398.

[98] WEBSTER R J, JONES B A. Design and kinematic modeling of constant curvature continuum robots: A review[J]. The International Journal of Robotics Research,2010,29(13):1661-1683.

[99] WEBSTER R J,KIM J S,COWAN N J,et al. Nonholonomic modeling of needle steering[J]. The International Journal of Robotics Research,2006, 25(5-6):509-525.

[100] WEBSTER R J,OKAMURA A M,COWAN N J. Toward active cannulas: miniature snake-like surgical robots[C]. Beijing:The IEEE/RSJ In-

ternational Conference on Intelligent Robots and Systems,2006:2857-2863.

[101] 王维娟.飞机油箱检查机器人结构及运动学研究[D].天津:中国民航大学,2013.

[102] 魏志强,袁伟.蛇形臂机器人高精度位置伺服系统建模与仿真[J].航空制造技术,2014,465(21):130-132.

[103] XIDIAS E. Time-optimal trajectory planning for hyper-redundant manipulators in 3D workspaces[J]. Robotics and Computer-Integrated Manufacturing,2018,50(5):286-298.

[104] XIE H,WANG C,LI S,et al. A geometric approach for follow-the-leader motion of serpentine manipulator[J]. International Journal of Advanced Robotic Systems,2019,16(5):1-18.

[105] XU K,SIMAAN N. An investigation of the intrinsic force sensing capabilities of continuum robots[J]. IEEE Transactions on Robotics,2008,24(3):576-587.

[106] XU K,SIMAAN N. Analytic formulation for kinematics, statics, and shape restoration of multibackbone continuum robots via elliptic integrals[J]. Journal of Mechanisms and Robotics,2010,2(1):1-13.

[107] XU W,LIU T,LI Y. Kinematics, dynamics and control of a cable-driven hyper-redundant manipulator[J]. IEEE/ASME Transactions on Mechatronics,2018,23(4):1693-1704.

[108] XU W,MU Z,LIU T,et al. A modified modal method for solving the mission-oriented inverse kinematics of hyper-redundant space manipulators for on-orbit servicings[J]. Acta Astronautica,2017,139:54-66.

[109] XU W,YAN L,MU Z,et al. Dual arm-angle parameterisation and its applications for analytical inverse kinematics of redundant manipulators[J]. Robotica,2016,34(12):2669-2688.

[110] 徐文福,梁斌.冗余空间机器人操作臂:运动学、轨迹规划及控制[M].北京:科学出版社,2017.

[111] YALÇIN B,ERDINC S C. A real-time path-planning algorithm with extremely tight maneuvering capabilities for hyper-redundant manipulators[J]. Engineering Science and Technology, An International Journal,2021,24(1):247-258.

[112] YOON H S,YI B J. A 4-DOF flexible continuum robot using a spring backbone[C]. Changchun:International Conference on Mechatronics and

Automation,2009:1249-1254.

[113] YOSHIDA E,ESTEVES C,BELOUSOV I,et al. Planning 3-D collision-free dynamic robotic motion through iterative reshaping[J]. IEEE Transactions on Robotics,2008,24(5):1186-1198.

[114] YUAN H,ZHANG W,DAI Y,et al. Analytical and numerical methods for the stiffness modeling of cable-driven serpentine manipulators[J]. Mechanism and Machine Theory,2021,156:1-18.

[115] YUAN H,ZHOU L,XU W. A comprehensive static model of cable-driven multi-section continuum robots considering friction effect[J]. Mechanism and Machine Theory,2019, 135:130-149.

[116] 姚艳彬,杜兆才,魏志强. 蛇形臂机器人装配系统研究[J]. 航空制造技术,2015,491(21):18-22.

[117] 姚艳彬. 蛇形臂机器人在航空制造业中的应用[J]. 航空制造技术,2014,465(21):153-155.

[118] ZHANG W,YANG Z,DONG T, et al. FABRIKc: An efficient iterative inverse kinematics solver for continuum robots[C]. Auckland: The IEEE/ASME International Conference on Advanced Intelligent Mechatronics,2018:346-352.

[119] ZHANG X,LIU J,JU Z,et al. Head-raising of snake robots based on a predefined spiral curve method[J]. Robotica,2021,39(3):503-523.

[120] ZHAO L,JIANG Z,SUN Y,et al. Collision-free kinematics for hyper-redundant manipulators in dynamic scenes using optimal velocity obstacles[J]. International Journal of Advanced Robotic Systems,2021,18(1):1-17.

[121] ZHAO Y,SONG X,ZHANG X,et al. A Hyper-redundant elephant's trunk robot with an open structure: Design, kinematics, control and prototype[J]. Chinese Journal of Mechanical Engineering,2020,33:96.

[122] ZHAO Y, ZHANG Y, LI J, et al. Inverse displacement analysis of a hyper-redundant bionic trunk-like robot[J]. International Journal of Advanced Robotic Systems,2020,17(1):1-11.

名词索引

G

H

J

K

L

M

N

O